한국 수학사

수학의 창을 통해 본 한국인의 사상과 문화

The History of Korean Mathematics

한국 수학사

수학의 창을 통해 본 한국인의 사상과 문화

김용운 · 김용국 지음

살림Math

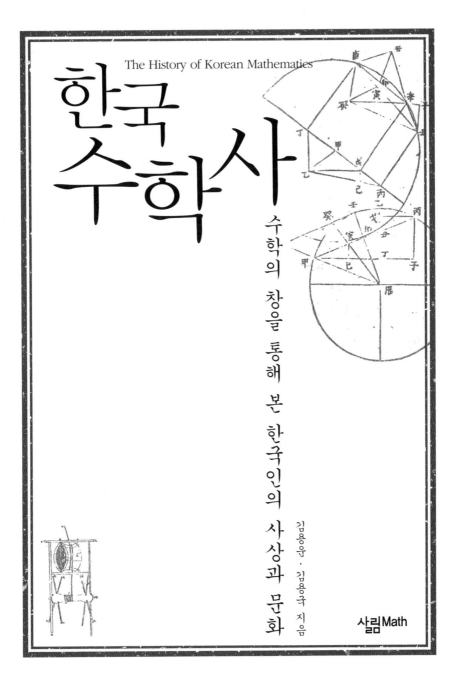

개정증보판을 내면서

이 책은 1977년에 처음 나왔다. 한국 수학에 관한 고문헌이 대부분 한문으로 되어 있는 탓에 초판은 부득이 한자어를 중심으로 쓰였다. 수학도 쉽지 않은데, 한자어가 나열된 수학사는 일반인들에게 적지 않은 부담이었을 것이다. 그럼에도 불구하고 꾸준히 판을 거듭할 수 있었던 것은 오로지 독자들의 두터운 관심 덕분이었다.

그 사이에 두 번의 개정판이 있었으나 30년이라는 세월이 흐르면서 새로 발굴된 수학사 자료들이 적지 않았다. 개정증보판을 내면서 그간 모은 자료까지 새롭게 정리했으며, 한자 사용을 최소화하고 일반인들이 교양 도서로 읽을 수 있도록 최대한 배려했다.

보충한 내용은 다음과 같다.
(1) 조선시대 말기의 중인 산학자들이 접근한 서양 수학에는 유클리드 기하학과 삼각함수론, 방정식론 등이 있었는데, 특히 방정식론에서 한국 수학과 서양 수학의 비교를 통해 수학의 이론적 체계를 수립하려고 시도했던 내용

(2) 조선시대 역산(曆算)에 대한 내용

(3) 중국과 일본 수학에 기여한 조선 수학의 역할에 대한 재평가

(4) 한자어가 아닌 원(原)한국어와 원(原)일본어의 수사에 관한 연구 내용

동양 수학의 정통성은 한국 수학에 의해 유지되어 왔다고 해도 과언이 아니다. 중국과 일본 수학자들조차 "조선 산학이 없었다면 중국 수학의 부활도, 일본 수학의 창조도 없었다."라고 말한다. 그런데 정작 한국인들은 "우리에게 언제 수학이 있었는가?"라고 반문하곤 한다. 이제는 우리 스스로 전통 수학에 좀 더 자부심을 느껴도 좋을 것이다. 『한국 수학사』를 통해 우리나라 전통 수학이 다른 문화 못지않게 훌륭했음을 일반인들에게 알려 주고 싶은 마음이 간절하다.

개정과 증보, 새로운 형식의 편집은 초판만큼이나 어려운 작업이었다. 수고해 주신 살림출판사에 감사드린다.

개정증보판보다는 '한국 수학문화사'로 제목을 바꿔 새롭게 출간할 것도 고려했으나 故 김용국 박사의 노력이 없었다면 감히 초판을 출간할 수도 없었던 일을 되새기면서 공저 형식과 '한국 수학사'라는 제목을 계속 사용하기로 결정했다.

2008년 여름
김용운

서 문

수학사는 크게 두 분류로 연구된다. 하나는 수학의 무모순과 정합을 중요한 목적으로 삼아 성장하여 왔다는 사실에만 주목하는 것이다. 이것은 수학 내부에서의 개념이나 이론 등의 형성과 발전, 또는 쇠퇴의 이유를 분석하여 그 의미를 연구하는 내적 수학사이다. 대표적인 예로 부르바키(Bourbaki) 학파의 수학사를 들 수 있다. 또 하나는 경제·사회·정치·시대사조 등 수학의 '문화적 환경'에 주목하여 수학과 문화 사이의 상호관계에 관심을 모으는 외적인 수학사 연구이다.

수학과 역사라는 수학사의 이중적인 구조를 염두에 둔다면 내적이니 외적이니 하는 표현부터가 무의미한 허구로 느껴질지 모른다. 그러나 유럽 수학사와 동양 수학사를 대비해 보면 실제로 이 두 입장이 성립할 수 있음을 알 수 있다. 유럽 수학은 고대 그리스 이래 이미 자연학이나 형이상학 등과 분리되어 있었다. 특히 근세에 이르러 임마누엘 칸트(I. Kant)는 과학적인 사고가 종교와 예술 등의 사고와 차이가 있음을 철학적으로 분명히 밝혔다. 이처럼 성립과 발전 과정에서 독자적인 인식영역을 뚜렷이 밝혀온 유럽 수학의 흐름은 내적인 파악의 대상이 될 수 있다.

이러한 유럽 수학만을 유일하게 정당한 것으로 인정하는 입장에서는, 학문으로서의 수학의 정의라든지 개념이나 방법에 대한 고찰

등이 거의 없이 논리보다는 계산술이 주된 관심을 둔 동양 수학을 무시하기 쉽다. 기껏해야 수학 이전의 상태 또는 극히 제한된 수학의 일부로 잘못 해석하기 쉽다. 그러나 동양 수학은 성립에서 발전, 그리고 쇠퇴에 이르기까지 긴 역사를 지닌 하나의 학문으로 존재하여 왔고, 그 전통은 지금까지도 동양인의 사고 양식을 규정하고 있다. 따라서 동양 수학사를 다룰 때에는 유럽 수학과의 대비를 통해 부각되는 특이성이 어떻게 해서 이루어졌는지에 관심의 초점을 맞추어야 한다. 동양 수학의 흐름을 외적인 입장에서 파악해야 할 이유가 여기에 있고, 이 점은 한국 수학사 연구에서도 마찬가지이다.

이른바 율령 정치의 산술적 기초로 성립한 동양(중국) 수학은 학문이 아닌 실천적인 기술에서 출발할 수밖에 없었다. 따라서 그것은 플라톤의 아카데미에서 다룬 수학과는 전혀 별개의 수학이었다. 즉, 동양 수학은 그리스인의 논증적인 학문이 아니라 그들이 천시한 계산술(計算術)이었다. 그만큼 동양 수학은 유럽에 비해 관료화된 경제 및 사회 구조 등의 현실을 충실히 반영하고 있었다. 다른 한편에서는 역(歷), 역(曆), 역(易) 등 중국 고유의 전통적인 기본 사상 사이에서 매개변수 역할을 했다. 수가 왕조의 길[歷], 달력의 수[曆], 변화의 수[易] 사이의 관계의 의미를 부여한다는 '형이상학적인 수론'이 중국인의 수학관에 중요한 영향을 끼쳐 왔다는 사실도 결코 가벼이 보아 넘길 수 없다. 이러한 측면에서 보면 수학사는 곧 사상사라고 할 수 있다.

중국 수학은 한반도로 넘어오면서 정통성 추구로 일관한 이상주의와 실천적인 감각에 바탕을 둔 현실주의 사이에서 심하게 요동쳤다. 한편에서는 중국의 학문관에 충실히 따르면서 수학은 과학이 아닌 고전으로 취급받는 경직화 현상을 보였고, 또 다른 한편에서는 관료 조직 내의 실용 기술인 '잡학'으로 격하된 채 끝내 '지위 향상'의 기회를 얻지 못했다.

이러한 사회적 제약 속에서도 수학에 대한 순수한 지식욕에서 출발한 수학 연구열이 중인 수학자들 사이에서 일어났다. 이것은 하나의 줄기찬 흐름을 이루었고, 종래의 폐쇄적인 관료 사회 내의 기술에서 '수학' 그 자체에 주목하는 징조를 뚜렷이 나타내기 시작했다. 조선시대만 하더라도 산사(算士)라는 전문 기술 관료를 2,000명 남짓 배출한 한국의 전통 수학은 중국으로부터는 수용을, 일본에는 전달만 하는 일방통행적인 관계였다. 그러나 한국의 전통 수학은 두 나라의 수학과는 또 다른 독자적인 역사를 이룩했다.

필자는 어느 특정한 민족이 본래부터 수학적인 소질이 많다는 따위의 주장은 터무니없는 허구이며, 다만 어떤 환경 속에서, 어떤 사고의 전통을 바탕으로 삼고 있는지가 문제일 뿐이라는 것, 그리고 특히 오늘날 한국 수학이 낙후된 유일한 이유가 한국의 전통이 유럽과는 다른 바탕 위에 서 있었기 때문이라는 당연한 사실을 새삼 밝히기 위해서 이 책을 썼다. 또한 수학의 내용에 대한 자세한 기술은 생략하고 대략적인 내용만 다루었으며, 오히려 수학보다 주변 사정에 대해 설명한 경우가 많다. 그러나 이것은 동양 수학사의 서술이 외적인 것이어야 한다는 앞서의 이유 외에도 다음과 같은 이유가 있다. 한국의 전통 수학은 중국 수학의 축소판이나 복사판 정도로 오해받기 쉬우나 우리 역사에서 한국 특유의 수학과 그 사상의 발자취는 매우 뚜렷하다. 이 발자취를 돋보이게 하기 위한 수단으로써 한국 수학의 외적인 파악은 꼭 필요하다.

아무튼 이 책이 작게는 오늘날의 우리나라 수학교육, 크게는 과학정책 일반에 대한 반성의 자료로 활용되기를 기대한다.

사료 관계로 고대(삼국, 통일신라시대)와 고려 수학을 다룬 장에서 대담한 가설을 서슴지 않았다. 물론, 나중에 바른 사실(史實)로 뒷받침 또는 수정하는 것을 예상한 시굴(試掘)의 뜻에서였다. 지금껏 발표했던 단편 논문들을 토대로 이 정도나마 엮어서 세상에 내놓을 수 있게 된 것을 다행으로 생각하며 후학들의 질정(叱正)을 기대한다.

1979년 여름
김용운 · 김용국

차례

■ 개정증보판을 내면서 · · · · · · · · · 4

■ 서문 · · · · · · · · · 6

제1장 동양 수학의 전통과 한국 수학의 특징

1. 한국 수학사의 배경 · · · · · · · · · 17
   수력과 비수력 사회의 수학 / 중국과 한반도의 하천 / 산업 및 정치 사회 구조 /
   이데올로기와 과학기술

2. 한국 수학사의 위치 · · · · · · · · · 30
   중국 수학의 특징 / 일본 수학의 특징 / 한국 수학의 특징

제2장 한국의 전통적 수리 사상

1. 동양 수리 사상의 기본 개념 · · · · · · · · · 39
   수론상의 기본 입장에 관한 동서양의 차이 / 「율력지」의 수리 사상 /
   음양오행설과 십간·십이지 사상 / 하도와 낙서의 수리 사상

2. 왕권 상징의 치수 사상 · · · · · · · · · 54
   조형물에 나타난 상징과 사상

3. 『삼국사기』의 일식 기사 · · · · · · · · · 60
   왕권과 일식예보 / 신라의 일식 기사 / 고구려의 일식 기사 / 백제의 일식 기사

제3장 삼국시대의 수학

1. 율령국가의 산술적 기초 · · · · · · · · · 77
   한국 수학사의 시작 / 고구려의 수학 / 백제의 수학 / 고(古) 신라의 수학

2. 중국과 일본의 산학제도 ········· 87
삼국시대의 중국 산학 / 고대 일본의 산학과 천문학

3. 『구장산술』의 세계 ········· 95
수학 지식의 공급원

4. 삼국 및 통일신라의 건축계획에 나타난 수리 ········ 107
공예와 건축상의 기하학적 구성 / 건축계획의 수리에서 본 동양 전통 사상

5. 도량형과 음률 ········ 124
동양의 도량형제도 / 척도 / 악률과 율력 사상

제4장 통일신라시대의 수학과 천문학

1. 산학제도 ········ 137
동양 삼국의 산학제도 비교

2. 천문제도 ········ 147
천문 수학의 교재 『주비산경』 / 첨성대의 구조와 기능 / 시계제도 / 천문제도와 역법

제5장 고려시대의 수학

1. 고려시대 수학사 연구의 한계 ········· 171
고려 수학의 성격

2. 풍수지리사상과 관영 과학의 성격 ········· 174
신비사상과 과학의 공존

3. 관료제 사회의 산술적 기초 ········· 180
토지제도

4. 상업과 도량형제도 ········· 190
수학의 발전을 가로막은 상업의 정체 / 도량형제도

5. 고려의 산학제도 ········ 198
  송·원의 수학 / 송·원의 민간 수학 / 고려의 산학제도

6. 고려의 천문제도와 역산 ········ 214
  관료제도와 역법

제6장 조선 전기의 수학과 천문학

1. 궁정 과학의 황금기 ········ 229
  세종시대의 역·산학 / 산학의 진흥 / 천문과학의 발달 / 역서 편찬 /
  중국의 예악 사상 / 세종의 악률 정비와 도량형 제정 / 문자의 발명 / 과학 문화의 성격

2. 산학제도·산학·산사 ········ 271
  『경국대전』을 중심으로 본 조선 초기의 산학과 천문 / 산서 / 중인 산학자

제7장 조선 중기의 수학과 천문학

1. 임진왜란 이전의 산학과 천문학 ········ 327
  시대 배경 / 농지 측량과 양전척 / 산학 합격자 수 / 천문학에 대한 관심

2. 전란 이후의 정세 ········ 338
  전란의 영향 / 유학 이데올로기의 위치

제8장 실학기의 과학 사상과 수학

1. 실학파의 과학기술관 ········ 349
  새로운 사조 / 실학자들의 과학기술관

2. 실학기의 수학자와 수학책 ········ 362
  새 수학의 태동 / 제도상으로 본 실학기의 수학 / 산학자와 그들의 대표작

제9장 조선 후기의 수학과 천문학

1. 근대 수학의 시작 ········ 429
  조선 산학의 새 기류 / 남병길과 이상혁의 수학연구 활동 / 실학기 수학의 성격 / 대연술

제10장 조선시대의 수리 역산

1. 조선 산학책에 수록된 수리 역산 ········ 463

「구일집」에 나오는 천문역산 / 홍대용과 『주해수용』(『담헌집』 외집) / 『동산』에 나오는 역산 /
남병길과 역산 / 역법의 기점을 정하는 법 / 조선시대 역산의 성격

제11장 전근대의 수 표기 · 계산기

1. 계산기 ········ 513

산가지 / 주산 / 주판 / 서산

2. 개성 상인들의 부기법 ········ 527

사개송도치부법과 수사

3. 서민들의 셈과 수의 표기 ········ 530

결승과 각기 / 죽산과 맘보 / 가결 / 산가지 놀이 / 문헌에 나타난 옛 수사

제12장 한국과 일본의 수사

1. 한일 수사의 비교 ········ 543

언어와 사유 / 인도유럽어(인구어)의 수사 / 수 / 한국과 일본의 사칙연산 용어

제13장 개화기의 수학

1. 신구 수학의 교체 ········ 557

교육제도의 변화

2. 개화기 말의 수학 및 수학관 ········ 564

대표적 수학책과 수학관

■ 후기 ········ 578

■ 주 ········ 583

■ 영문 초록 ········ 634

■ 색인 ········ 636

일러두기

1. 본문에 나오는 길이 단위는 혼용됨

    尺 = 척 = 자

    寸 = 촌 = 치

2. 본문에 나오는 들이 단위는 혼용됨

    斗 = 두 = 말

    升 = 승 = 되

    合 = 합 = 홉

3. 본문에 나오는 무게 단위는 혼용됨

    石 = 석 = 섬

4. 『조선왕조실록』 인용 부분은 'sillok.history.go.kr'에서 참조

5. 『삼국사기』 인용 부분은 'koreandb.empas.com'에서 참조

6. 『삼국유사』 인용 부분은 일연 지음, 김춘식 옮김, 『삼국유사』, 청목사, 2001.에서 참조

제 1 장

동양 수학의 전통과 한국 수학의 특징

# 1. 한국 수학사의 배경

수력과 비수력 사회의 수학

모든 문화 현상에는 풍토의 영향이 반영된다. 다른 문화처럼 인간이 사유하는 형식의 하나인 수학 역시 이 점에서 예외일 수 없다. 그렇기 때문에 수학사를 제대로 알려면 수학의 방법·이론·개념 등 수학 안에서 일어난 사건들 보다 그 사건을 둘러싼 조건들을 먼저 이해해야 한다. 이것은 동양 수학과 서양 수학 그리고 이 책에서 살펴보려고 하는 동양 수학사 속의 한국 수학의 특이성 등 여러 수학 패턴을 주요 연구 대상으로 삼을 때에는 더욱 요구되는 부분이다.

고대 문명을 꽃피웠던 메소포타미아, 이집트, 중국에서는 같은 성격의 수학이 사용되었다. 이들 수학은 기호를 사용하지 않았고 대척점에 있었던 그리스 수학처럼 정의, 공리, 정리 등으로 체계화한 논리 체계도 없었다. 이들 수학은 답을 중요시했다. 더욱 정확하게 말하자면 답이 나오는 과정을 설명할 필요성을 느끼지 못했다. 하지만 지금 보아도 당시의 수학 수준은 놀라울 만큼 뛰어났다.

이에 반해 그리스 수학은 문제의 답을 구하기보다 결과에 이르는 과정을 중시하면서 그것을 논리적으로 설명하는 데 주력했다. 이 같은 차이는 각 나라의 문화에 기인한 바가 컸다. 메소포타미아, 이집트, 중국에서는 관습을 엄격하게 따랐고, 당대 지식인들이 사상의 자유에 별 관심이 없었던 반면, 그리스에서는 시민들이 광장에서 자유롭게 담론을 벌였다. 이러한 문화적 차이가 각 나라의 수학에 그대로 반영되었던 것이다.

비트포겔(K. Wittfogel)은 하천을 관리하고 수리 관개를 제공하는 대가로 권력이 국민을 통제하는 사회를 '수력 사회(hydraulic society)'라고 했다. 이러한 사회는 전제적 황제, 관료 기구, 중앙 집권 등으로 표현된다. 비트포겔은 그것을 '아시아적 사회'라고 불렀으나 그것과 공통점을 지닌 문명권은 아시아뿐만 아니라 여러 곳에 존재했다.

바빌로니아 문명의 발상지 메소포타미아는 그리스어로 '강의 사이'를 뜻하는데 이름 그대로 유프라테스와 티그리스 강 사이에 자리하고 있다. 중국과 황하, 인도와 갠지스 강, 이집트와 나일 강도 치수와 관개를 통해 발달한 문명이다. 영세한 농업 공동체의 힘으로는 거친 대하천에 맞설 수가 없었기에 대하천을 다스리길 바라는 농민들의 욕구를 충족하는 대제국이 형성된 것이다.

비트포겔이 지적한 수력 문화에는 비단 치수와 관개뿐만 아니라 통치 기술, 관료 기구, 상비군, 문자와 통신 수송 시스템 등이 포함된다. 위정자는 하천을 다스리기 위해 계절의 변화를 파악해야 했으며 이는 천문학과 수학의 발달을 가져왔다. 천문학과 수학이 권력 유지를 위한 중요한 지식이었던 것이다. 특히, 수력 문명권의 수학은 체제(왕)를 위한 것이었기 때문에 증명을 경시하는 공통점이 있다. 그러나 그리스 수학은 수력 사회적인 것이 아니었다. 그리스의 수학자들은 모두를 납득시켜야 했으므로 엄격한 증명 체계가 필요했다. 이러한 특성 때문에 각 나라의 전통 수학을 수력(水力)과 비수력(非水力) 사회의 수학으로 구분할 수 있다.

수력 사회가 고전적·봉건적 양식을 갖고 대문명권을 형성할 때, 주변 국가들은 수력 사회의 문화를 수용하면서 독립적인 소문명권을 이루었다. 영국의 역사가 토인비(A. J. Toynbee)도 한반도와 일본 열도를 중국과는 확연히 다른 준문명권이라고 칭하였다. 한국과 일본은 중국 수학의 영향을 받으면서도 고유 수학 체계인 한산(韓算)과 와산(和算)을 수립했다.

아무리 천재 수학자라고 해도 사회와 문화를 빼고 수학을 연구할 수는 없다. 그 당시의 사회 문화 속에서 파생한 것이 수학이기 때문이다. 과학사에 잘 알려진 명제가 하나 있다.

만일 아인슈타인이 1, 2, 3밖에 모르는 원시 사회에서 태어났다

면 평생 동안 수학을 연구한 결과는 10진법 정도를 발명하는 데
그쳤을 것이다.

―랠프 린턴(R. Linton)

수학은 중요한 문화 현상이며 다른 문화와 마찬가지로 외부의 형
식과 내용을 주고받으며 발전한다.

중국과 한반도의 하천

우리나라와 중국은 역사적으로 매우 밀접한 관계를 맺고 있었다. 이
를 염두에 두고 우리나라의 수학을 중국 수학의 흐름과 대응시켜 비
교·검토할 때 두 나라 수학의 동질성과 이질성을 밝혀내는 일은 중
요한 과제가 된다. 그러므로 두 나라 수학의 배경이 된 하천을 중심
으로 풍토 조건의 차이부터 알아보자.

중국 문명을 흔히 '황하 문명'이라고 하는데, 중국 문화는 하천에
크게 의존하여 발전하였다. 일곱 개 성(省)에 걸쳐 그 길이가 4,800
킬로미터에 달하는 황하는 중국 농민에게 생명의 젖줄인 동시에 홍
수가 일어나면 수백, 수천만 명의 이재민을 내는, 유역에 사는 농민
들의 생사여탈권을 쥔 위협적인 존재였다. 예를 들어, 1926년에는
가뭄 때문에 이재민이 2,000만 명, 굶어 죽은 사람이 50만 명에 이

르렀고 1927년에는 황하 남쪽 회하(淮河)[1]에서 일어난 홍수로 무려 1억 명이 수해를 입었다. 이러한 재해는 세계에서 그 유례를 찾아볼 수 없을 정도이며 재해의 모습은 다분히 중국적인 특성이 있다고 할 수 있다. 황하는 평지보다 강의 바닥이 높은 이른바 천정천(天井川)인데, 구조의 특성상 하천의 제방이 한 군데라도 무너지게 되면 그 피해가 근처 지역 전체에 미치기 때문에 황하를 둘러싼 치수(治水)[2]에는 항상 범국민적 협동 작업이 따랐다.

이러한 하천 바닥 구조는 정치 형태에도 중요한 영향을 미쳤다. 이로 인해 독특한 중국적 정치 스타일이 나왔으며, 아울러 중국인의 의식 구조에도 결정적인 구실을 하였다. 이를테면 중국인은 역사적으로 늘 하나의 이데올로기 아래 통합되어 왔다. 유가 · 도가 · 음양가 · 오행가 등 여러 사상 사이에 의견의 대립이 있을지라도 천원지방(天圓地方)[3]이라든지 음양[4] · 오행[5] · 역수(歷數/曆數)[6]의 기본 사상에 관해서는 항상 의견이 일치하였다. 이 현상은 '서양 철학사가 플라톤 철학의 시대 조건을 반영한 해석의 기록' 이라는 러셀(B. Russel)의 말과 대비된다. 이러한 통합성은 황하 유역의 풍토 속에서 자연과 맞서 싸우며 삶을 유지해야 했던 중국인의 특성에서 나온다고 해석할 수 있다. 정치와 윤리를 비롯하여 악률(樂律)[7] · 천문역학(天文曆學) · 의학 · 수학에 이르기까지도 예외 없이 이 중국적인 치수 철학, 즉 우주관은 반영되었다.

우리나라 하천은 황하와는 전혀 다르다. 그러므로 우리나라의 문화는 중국의 치수 문화와는 다른 형태로 나타난다. 한국의 하천은 규모 면에서 중국과 비교가 되지 않을 정도로 작으며 구조적으로도 하천 바닥이 평지와 같은 높이를 이루는 평형 하천(平衡河川, grade river)이어서 하천의 바닥이 평지보다 높은 황하와는 대조적이다. 또한 한국의 하천은 대부분 흐름이 완만한, 마치 뱀이 기어가는 것 같은 이른바 '사행천(蛇行川)'이기 때문에 얼른 보아서는 강인지 늪인지 구별하기가 어렵다. 이러한 하천 구조는 몬순 지대[8]의 계절적 호우와 함께 한반도의 수해 원인 중 큰 부분을 차지한다. 물론 한국의 수해는 중국의 수해보다 피해 규모가 훨씬 작으며 이에 대처하는 치수책 역시 지방적인 문제로 끝나는 경우가 많았다.

동양 삼국의 하천은 구조적으로 대비된다. 한국의 하천 바닥이 평지와 높이가 같다면, 중국은 높고, 일본은 낮다. 이러한 한국 하천의 특징은 처음 한국에 온 어떤 일본인의 글 속에 잘 묘사되어 있다.

기차는 북으로 향해 낙동강 유역을 달리고 있었다. 그런데 창밖으로 보이는 강이 일본의 좁은 평야 안의 강만을 보아 온 나의 눈에는 기이하게 보였다(일본의 강은 급히 흐르고, 둑이 잘 쌓여 있었다). 낙동강은 망망한 초원 속을 둑도 없이 유유히 흐르고 있었다. 어디까지가 강이고 어디까지가 전답인지 분명하지 않았으며, 강물이 흐르고 있는지 멈추어 있는지조차 불투명했다. 내 눈에는 이것이 강인지, 기다란 호수인지, 널따란 늪지대인지, 비가 많이 와서 물이 고여 있는 것인지 알 수 없었다. 기차가 한참을 달려도

벌거벗은 산들과 광활한 초원과, 움직이는지조차 알 수 없는 망
망한 물바다뿐이어서 마치 꿈속에 있는 것만 같았다.[9]

이런 하천의 성격이 바로 한국인의 생활과 사고 양식에 반영되었
다. 그러나 비옥한 황하 유역에 대한 중국인들의 의존도가 절대적이
었던 반면 한국인은 하천에 대한 의존이 상대적으로 덜했다. 중국은
하천의 이점을 충분히 활용하면서 홍수 피해를 막기만 하면 경제적
인 이득을 얻을 수 있었다. 그러나 한반도에서는 수량이 적은 만큼
하천에 대한 의존도도 그만큼 낮았으며 오히려 적당량의 홍수는 농
사에 이롭다고 여겼다. 이것은 대부분의 논이 천수답(天水畓)[10]이며
홍수 피해도 몇몇 지방에만 일어난다는 사실에서 알 수 있다. 한국
속담에 "수해가 없으면 풍년도 없다."는 말이 있을 정도로 이 땅에
서 홍수는 일종의 필요악이었다. 오히려 농사에 큰 위협이 되는 것
은 홍수가 아니라 가뭄이었으며 오늘날에도 이러한 사정에는 변함
이 없다. 수해보다 가뭄이 한국 농민들에게 얼마나 심각한 타격을
주었는가에 대해서는 『삼국사기(三國史記)』를 비롯한 역사 기록에 뚜
렷하게 나타나 있다. 이 때문에 역대 왕조는 가뭄 대책에 가장 많은
관심을 기울였으며, 고대 이래 줄곧 가뭄에 대비한 관개[11] 시설에만
역점을 두었다. 이는 한국 농업의 두드러진 특징 중 하나이다. 조선
말기에 이르러 전국에 저수지가 3,378개에 달했다는 것이 이 사실을
입증한다.

중국 문명은 황하라는 큰 하천을 두고 자연과 인간 사이의 '도전과 응전'의 과정을 통해서 이루어졌다. 그러나 중국 문명권에 속해 있으면서도 한국과 일본은 풍토의 차이 때문에 문화 수입의 과정에서 제각기 다른 모습을 나타냈으며, 이 변형 속에 각 나라의 고유성이 반영되어 독자적인 전통을 만들어냈다. 중국 대륙에서는 현실성이 있던 것이 한반도에서는 관념적인 것이 될 수도 있다. 풍토 조건의 차이에서 오는 한국화 현상은 단지 산업이나 사회의 구조뿐만 아니라 이데올로기의 정통성과 경직화에도 영향을 미치고 과학기술의 성격까지도 규정한다.

산업과 정치 사회 구조

기간산업[12]인 농업은 치수와 관개에 크게 의존하기 때문에 대규모 토목공사로 큰 건조물을 만들게 된다. 이집트의 피라미드와 메소포타미아의 큰 건조물 등이 좋은 예이다. 특히 중국에서 하천은 농업 생산과 직접 관계가 있을 뿐만 아니라 생산물의 수송 수단으로도 널리 이용되어 지방의 범위를 넘어 광대한 지역에 걸친 대집단의 인력 통제라는 결과를 낳았다. 따라서 중국의 하천 경제는 정치 및 사회 구조의 형성에 중요한 영향을 끼쳤다. 그리고 사농공상(士農工商)이라는 동양 사회의 계급 질서와 '사대부'를 정점으로 하는 독특한 관인제도(官人制度, mandarinate)의 성립은 대하천의 관리·관개, 수송용 운하의 건설 등과 매우 밀접한 관계가 있었다. 이러한 하천의 관리 및 이용 사업은 끊임없이 권력을 중앙부, 즉 부족적인 혈연 마을로 이루어진 집단 위에 군림하는 관료제적 장치에 집중시키는 결과를 낳았다.[13]

이처럼 중국의 관인제도는 본래 시작될 때부터 분권적인 봉건제도에 대하여 부정적이었으며 세습적 귀족제도와도 융합할 수 없었다. 관리에 대한 적절한 급료제도를 확립시키지 못하였다는 사실에서 간접적으로도 알 수 있듯이 관인제도는 원래 화폐 경제에 무관심했다. 농업을 유일한 산업 구조로 삼고 그 위에 구축된 관료 조직은 상인계급이 성장하는 것에 적대적일 수밖에 없었다. 유럽의 상업 사회에서 상인층이 누렸던 사회적 기능이나 대사회적인 발언권에 비해 중국 상인의 역할은 보잘것없었다. 그렇다고 중국에서 상업이 전혀 발달하지 못했다는 것은 아니다. 중국에서도 나름대로 일종의 길드(Guild), 즉 상인 조합이 형성되었으며 대상인도 있었다. 또 상업이 사회적으로 천대받는 직업이기는 하였지만 노예처럼 세습적으로 천한 계급은 아니었다. 그러니까 개인의 입장에서 사농공상의 계급 질서는 다분히 유동적이었고, 따라서 상인계급은 스스로 택한 일시적인 계급의 전락일 수도 있는 셈이다.

마찬가지로 중국에서는 상부 관리층도 권력의 교체가 가능한 비세습적인 계급이었으며, 노예제도라고 해도 유럽의 노예와 달리 가

부장제적 가내(家內) 노예였다는 특색을 지닌다. 중국의 전통적인 계급 사회는 심리적으로 평등 의식을 조성하였던 것이다. 이러한 '농업 생산양식 → 관인제도 → 평등 의식'이라는 도식은 중국 특유의 풍토성과 연관시키지 않고는 이해하기 힘들다.

그러나 한국의 전통적인 산업 구조에서는 중국처럼 하천 경제에 바탕을 둔 내적 필연성을 찾을 수 없다. 그러므로 중앙집권적인 관료 체제의 성립 또한 중국처럼 치수 사업을 배경으로 해서 이루어진 것이라고 할 수 없다. 과거라는 관리 등용제도를 중국에서 들여온 후 평등 의식이 한국인의 심리 속에 잠재해 있었지만, 중국과는 달리 한국에서는 '부족적 혈연 마을의 작은 단위 집단'에 뿌리박은 계급 사회가 엄연히 존재했기 때문에 한국인의 평등 의식은 중국인들만큼 유연하지 않았다. 중국에 비해 한국의 계급사회는 훨씬 이동이 힘들고 그 구조가 단단한 것이었다. 상인이 미천한 신분이라는 점에서는 중국과 비슷했지만, 상거래량이 적고 게다가 정부나 관청을 떠나면 당장에 장사의 발판을 놓치고 마는 한국 상업 자본의 속성상 중국적인 상인 길드조차도 조선 시대 후기를 제외하고는 형성된 적이 없었다.[14] 노예제도에 관해서도 삼국시대를 노예국가시대라고 부른 역사가가 있을 만큼, 한국은 중국에 비해서 노예 공급의 기회가 많았을 뿐만 아니라 계급적인 구속도 엄격했다. 삼국시대의 지배 계층이 지배와 동시에 노예소유계급이었다는 사실은 확실히 중국과 다른 점이다.

이러한 산업과 정치 사회의 기본 생리 때문에 대륙 문화, 특히 이 데올로기와 과학·기술을 수용하는 과정에서 당연히 한국적인 굴절 현상이 나타나게 된 것이다.

이데올로기와 과학기술

니덤은 중국의 농촌 사회를 정태적(情態的, static) 또는 항상적(恒常的, homeostatic)이라고 규정하였다. 하지만 농업이 바탕을 이루었던 한 국의 전통 사회 역시 중국과 공통분모를 갖는 안정성이 있었다. 그 러나 이 안정성은 중국의 통합적인 유연성과는 대조적으로 단일적 인 경직성을 보여 준다는 점에서 다르다. 즉, 한국 지배층의 상향적 인 의식은 중국의 고전 문화를 항상 이상적인 모델로 삼아 국가 체 제나 정치·윤리관을 권위화하였고, 이 중국적인 형식을 정통성이라 는 명분으로 체질화하였다. 그러나 정통성과 현실 상황에 틈이 생기 는 경우, 한국에 도입된 중국 사상은 지나치게 형식적이고 관념적인 것이 되면서 결과적으로는 경직된 현상을 드러냈다. 반면 이 정통성 은 현실적인 이유 때문에 편의적인 것으로 바뀌어 쓰이기도 하였다. 따라서 한국에서 대륙 문화의 수용은 이상적인 것을 고집하는 정통 주의와 실천적인 필요에 따른 현실주의가 대립이 아닌 상보적(相補 的)인 관계로 조화를 이루었다고 볼 수 있다. 이러한 두 가지 사고의 공존은 우리 정신사 속에서 얼마든지 예를 찾아볼 수 있는데 특히 한국인의 중요한 전통적 이데올로기였던 불교와 유교, 도교 등을 중국과 비교해 볼 때 잘 나타난다. 한국의 전통 이데올로기는 매우 형식적이고 관념적이고 융통성이 없는 동시에 샤머니즘의 형태를 띤 한국 고유의 현세주의적 특징을 갖고 있다. 이것이 그 본래적 의미를 얼마나 왜곡하였는지를 보아도 한국에서의 두 가지 사고의 공존을 쉽게 납득할 수 있을 것이다.

과학기술도 다를 것이 없었다. 한편에서는 정통성에 집착하여 권위 있는 서적이라면 거의 모두 경전으로 만들다시피 했다. 그중에는 한국 사회의 현실에는 맞지 않는 것도 있었지만 명성과 권위 때문에 소중히 다루어지기도 했다. 가령 관용 과학(官用科學) 중 천문역술 분야에서는 '천기(天機)'에 대한 집권층의 비상한 관심 때문에 사적으로 역서(曆書)[15]를 만드는 일은 중죄에 해당하는 금단의 영역이었다.[16] 이것은 승려나 역술가가 역서를 만들어 민간에 배포하기도 한 일본의 경우와는 엄청나게 달랐다. 다른 한편, 과학기술의 정통성 고수라는 태도와는 딴판으로, 중국 과학의 실천적인 측면은 한국의 현실에서 더욱 편의적으로 실용화되는 경향을 보였다. 언뜻 생각하면 이상주의와 현실주의는 서로 모순이며 대립할 것 같지만, 사실은 병행하고 공존하는 독특한 이원적 구조의 한 형태를 이루었던 것이다. 중국의 과학기술은 말할 나위 없이 중국의 풍토 속에서 스스로 생긴 것이므로 경직될 이유가 없었다. 그렇지만 그 성립과 어떤 내적 연관성도 없는 한국에 전래된 이후, 중국의 과학기술은 새로운 상황 속에서 특유의 유연성을 잃었고, 원형 또한 딱딱해졌으며, 취사선택의 현실 적응 과정을 통해 이루어진 '변형'에는 당연히 틈이 생길 수밖에 없었다. 유럽적인 의미의 역동적인 이원성이 아니라 니덤이 말한 정태적인 사고의 이원 구조가 한국인의 의식을 더욱 강하게 지배하게 된 중요한 이유가 여기에 있다.

지금까지 한국 수학의 전통성을 특징 짓는 기본적인 조건들을 간추려 보았다. 한국 수학사의 특수성을 고찰하면서 앞으로도 기회가 있을 때마다 이러한 주변 상황과의 관련 속에서 수학의 내용뿐만 아니라 사상 문제까지도 따져보기로 하겠다.

2. 한국 수학사의 위치

중국 수학의 특징

동양 수학이라는 공통의 기반 위에 서 있으면서도 풍토 조건과 관련된 의식구조의 차이 때문에 한국 수학이 중국이나 일본과는 다른 특색을 지니게 된 것을 좀 더 구체적으로 비교해 보자. 우선 동양 수학의 원형이었던 중국 수학을 유럽 수학과 견주어 보면, 그 특색을 다음과 같이 정리할 수 있다.

첫째, 일찍이 유럽 수학이 '앎[知]' 자체를 위한 학문으로 성립한데 비해, 중국 수학은 실용을 목적으로 하는 수단이나 기술의 성격을 띠었다. 물론 실용적인 면을 떠나 순수한 지식 체계로서의 학문적인 성격도 있었지만 중국 수학이 유럽에서와 같은 의미의 학문으로 인정받은 적은 한 번도 없었다.

둘째, 중국 수학은 대수적(代數的) 방법[17]이 발달한 반면에 기하학 분야는 전혀 다루지 않았다. 중국 수학자들은 계산술에 능숙하였으나 이론을 증명하는 것에는 무관심했다.

셋째, 대수학이라고 하여도 필산(筆算), 즉 숫자를 써서 하는 계산이 아니라 이른바 '산기대수학(算器代數學)' 즉 기구를 이용한 대수학이 주류를 이루었다.

이상의 특징을 중국 문화의 일반적인 성격에 대응시켜 보면 다음과 같이 설명할 수 있다.

첫째, 농업 생산양식과 밀착된 정태적인 실용주의 수학으로 일관하였다.

둘째, 천명 사상(天命思想)[18]을 배경으로 한 상고주의(尙古主義)[19]적 가치관은 수학에서도 권위주의를 낳게 하였다. 이를테면 옛 산서(算書), 즉 수판을 놓는 방법을 적은 책을 '산경(算經)'이라고 이름 붙여 수학책을 경전화하였다. 중국 수학사는 실용주의와 권위주의가 공존하는 형태를 보였다.

셋째, 유럽의 기하학이 본질을 연구하고 밝히는 데에서 비롯된 것에 비해 중국의 대수학은 기능적인 효과를 추구하는 것에서 비롯되었다. 이것은 존재론[20]에 집중하였던 서양 철학과 생성론[21]을 기본으로 삼은 동양 철학의 차이와도 관련된다.

넷째, 중국 수학은 주로 관료 조직 내부에서 성립·발전하였으며 연구 체제도 대체로 정치 권력의 비호 아래에서 유지되었다.

이러한 점에서 중국 수학의 학문으로서의 자율성과 독립성은 서양 수학보다 약했다.

일본 수학의 특징

일본인들 스스로 '와산(ワサン)'이라고 부르는 전통 수학이 있다. 와산은 임진왜란 때 한국에서 가져간 중국 수학책을 연구한 것을 토대로 성립한 것이므로 그 원형은 당연히 중국 수학이다. 그런데 일본은 중국 만큼 치수경제가 복합적이지 않아서(관개 경제의 광무적 성질의 결여)[22] 일본의 풍토 조건과 사회적 요구에 맞게 중국 수학과 다른 방향으로 흘러가게 되었고, 결국 일본 전통 수학이 형성된 것이다.

'와산'이라는 이름에 어울릴 만한 일본 독자적인 수학 전통이 성립한 것은 일종의 필산 대수인 '점찬술(點竄術)'[23] 및 무한급수론의 방법에 의한 도형 계산인 '원리(圓理)'가 탄생한 후부터이다. 이 중에서도 '원리'는 '와산가'라고 불린 일본의 수학 연구자들 스스로 '무용(無用)의 용(用)'이라고 할 만큼 고답적[24]이어서 실용적인 것과는 거리가 멀며 수학을 일종의 지적 유희로 보는 정신의 소산이었다. 이 점에서 원리를 낳은 일본 전통 수학은 유럽 수학의 지적 풍토와 비슷하다. 이처럼 일본의 와산가는 중국의 산학자와는 유형이 달랐다. 일본 전통 수학의 성격은 와산가의 사회적 위치와 관련지어볼 때 다음과 같은 특색이 있다.

첫째, 와산가는 일종의 길드 조직을 거느린 전문가들로 이루어진 집단이었으며, 중국이나 한국에서는 볼 수 없는 유파를 형성하고 있었다.

둘째, 와산가는 모두 관리가 아닌 민간인이었다. 즉, 와산의 전통은 관료 조직과는 아무 상관이 없는 곳에서 시작되었다.

셋째, 와산가는 학자나 교양인들과는 별개인 그들만의 세계를 형성하였다. 이들은 대체로 수학을 제외한 다른 지식 영역에는 아무런 관심이 없었고 어떠한 소양도 갖추고 있지 않았다.

중국의 산학자가 사대부적인 일반 교양을 두루 갖춘 관료 출신이었다는 사실과 비교해 볼 때 일본의 와산가는 중국의 산학자들과 너무나 대조적인 위치에 있었다. 와산가는 정치와 사회, 경제 분야 등과 직접적인 접촉이 없었으며, 윤리상의 가치관 등에 관심을 기울여야 할 책임이나 의무도 없었다. 와산가의 이러한 사회적인 입장은 일본의 전통 수학이 자연과학이나 생산기술로부터 동떨어진 울타리 안에 스스로를 가두어 버리는 결과를 가져왔다. 실용적인 것이 아닌 것 즉 취미적인 것을 높이 여기는 '무용의 용'이라는 그들의 철학과 현실적 필요성에 무관한 경향이 와산의 중요한 특징이 된 이유의 하나가 바로 이러한 와산가의 독특한 사회적 위치 때문이었다고 할 수 있다.

와산의 역사는 불과 300년 정도이지만, 그동안 중국 수학의 도입과 소화 과정을 거쳐 독자적 발전에 이르기까지 외형상으로는 뚜렷한 성장 단계를 거쳤다. 이것은 계곡의 가느다란 물줄기에서 시작하여 곧바로 세찬 급류로 변하는 일본 하천의 특징에 비유할 수도 있다.

한국 수학의 특징

한국 수학은 중국 수학의 전통 속에 파묻혀 있어 표면적으로는 중국 수학의 복사판이나 축소판으로만 인식하기 쉽다. 이 점에 대해서는 한국의 수학책을 조사하고 연구한 일본의 수학자들도 동일한 생각을 가졌다. 그들은 한국이 일본의 식민지였기 때문에 식민 지배를 위한 식민사관을 가지고 한국 문화를 바라봤고, 식민사관의 편견 때문에 한국 수학의 독자적인 전통에 대해서는 거들떠보지도 않았다. 그러나 이런 사실에 대해 우리가 불만을 늘어놓고만 있을 수는 없다. 왜냐하면 한국 수학사가 존재하지 않는 것은 우리 한국인이 책임져야 할 문제이기 때문이다. 어쨌든 한국 수학은 스스로의 전통을 정립하기에 충분한 다음과 같은 특징이 있다.

첫째, 한국이 중국 수학의 전통을 따르고 있었던 것은 사실이지만, 그렇다고 해서 중국 수학사의 흐름에 맞추어 그때마다 중국 수학을 유행처럼 받아들이고 추종한 것은 결코 아니었다. 예를 들어 조선 세종 대에는 동양의 전통적인 사상을 바탕으로 해서 수학을 비롯한 과학이 급성장한 시기로 알려져 있는데 사실 당시 중국은 오히려 수학의 쇠퇴기에 해당하는 시기였다. 이러한 사실에 비추어 볼 때 우리가 흔히 말하는 '사대 사상(事大思想)'이라는 것은 중화 세력의 압력에 의해 강요된 숭배가 아니라 상고시대의 이상 세계에 관한 정통을 계승하려는 조선의 질서 관념이었다고 해석할 수 있다.

둘째, 한국 수학은 크게 나누어 사대부의 교양 수학과 관료 조직에서 요구된 실용 수학의 이원적 구조를 이루고 있었으며, 전자의 형이상학적인 기본 관념과 후자의 실용·실천적인 기능 사이에는 조선 말기까지 뛰어넘을 수 없는 간격이 있었다.

셋째, 중국이나 일본 수학사에서 말하는 민간 수학 또는 민간 수학자는 한국의 전통 사회에는 존재하지 않았다. 한국의 수학자는 어떤 의미로는 거의 예외 없이 관학자(官學者)였다.

넷째, 관영 과학(官營科學)의 하나인 산학을 담당하는 하급 기능직 관리 사이에서 일종의 길드 조직이 생겨났다. 그리하여 산사제도(算士制度)가 전 기간에 걸쳐 꾸준히 지속되었던 조선시대는 세습적인 중인 산학자들 사이에 견고하고 튼튼한 공동체가 형성되었다.

다섯째, 조선 사대부 수학과 중인 수학은 서로 병행하고 공존하는 위치에서 시작되었다. 그렇지만 조선 말기에는 두 가지가 합쳐지면서 수학 자체의 내부에도 변화가 생겼다.

위에서 설명한 한국 수학의 특징이 구체적으로 어떤 정치적·사회적 제약에 의해서, 그리고 어떠한 경제 조직과 의식구조를 통해 한 국의 역사 흐름 속에서 정착되는지, 또한 역사의 흐름 속에서 살아 남은 전통이 무엇인지가 바로 이 책에서 다루고자 하는 주제이다.

제 2 장

한국의 전통적 수리 사상

1. 동양 수리 사상의 기본 개념

수론상의 기본 입장에 관한 동서양의 차이

수학이 탄생한 이후, 동서양을 막론하고 고대와 중세에 걸쳐서 수학에는 일종의 신비 사상이 뒤섞여 있었다. '아메스(Ahmes)의 파피루스'로 알려진 고대 이집트 수학책 첫머리에는 "이 책은 존재하는 모든 것과 그 숨겨진 신비를 밝혀내는 지식을 베푼다."고 엄숙하게 선언한 구절이 있다. 이와 비슷한 내용은 중국의 대표적인 옛 수학책인 『구장산술(九章算術)』[1]의 서문에서도 찾아볼 수 있다. 서문에는 "옛날 포희씨(庖犧氏)[2]가 처음으로 팔괘(八卦)[3]를 그렸으니 신명(神明)의 지와 덕에 통달하고 만물의 이치를 가늠할 수 있었다. 또 구구법(九九法)을 창안하였다."[4]고 적혀 있다. 이 글들은 동서양 고대인 모두 공통적으로 수(數)의 기능에 대해서 놀라움과 두려움을 갖고 있었다는 것을 보여준다.

고대 그리스인은 '만물은 수'라고 하였으며, 중국인은 '도서상수(圖書象數)' 혹은 '하락변수(河洛變數)'라는 말로 그들의 실재론적인 수리적 우주관을 드러냈다.

러셀은 고대 사상의 전환기를 가져온 우주의 설명 원리로서의 수의 등장에 대하여 다음과 같이 말한다.

> 고대의 수학적 지식은 확실하고 정밀하게 실재 세계에 적응할 수 있는 것처럼 보였다. 또한 이 지식은 관찰이 필요한 것이 아니라 단지 사고를 통해서만 얻을 수 있는 것이었다. 그 결과 수학은 일상적 경험에서 나온 지식이 다다르지 못하는 하나의 어떤 이상을 제공하고 있다고 믿어졌다. 따라서 수학이라는 바탕 위에서 볼 때 사유는 감각보다 우월하고, 감각은 관찰보다도 훌륭하다고 말할 수 있게 되었다. 그러므로 혹 감각 세계가 수학의 명제와 일치하지 않는다고 해도 잘못은 수학이 아닌 감각 세계 쪽에 있어야만 했다.[5]

말하자면 수학은 '세련된 오류'에 빠질 가능성을 그 성립 초기부터 지니고 있었던 셈이다. 수학은 기술적인 면에서는 변화가 없기 십상이다. 그렇지만 다른 과학기술과 동떨어져 수학 그 자체만으로 존재할 때에는 수학이 본래부터 가진 무내용성(無內容性)이 만들어 내는 '공허화(空虛化)'의 위험에 직면하게 된다. 따라서 수의 신비성이 지닌 초월적 기능에 대한 소박한 신앙에서 출발한 수학 외적인 수리 사상의 세계에 비밀 종교와 같은 면이 두드러지게 나타난다고 하더라도 조금도 놀랄 것이 없다.

고대 유럽의 자연철학적 수의 이론은 마방진(魔方陣, magic square)의 숭배에서 시작된, 숫자로 점을 치는 마술적인 점수술(占數術, gematria)에 빠지기도 했다. 그렇지만 다른 한편에서는 유클리드 · 아르키메데스 · 디오판토스 등에 의하여 진정한 수학적 의미의 수론인 수의 수학(mathematics of number)이 발전하였다. 수론의 기초에는 당연히 수의 존재에 관한 철학적인 고찰이 따르게 마련이다. 예를 들어 수의 추상적 존재성을 부정하는 유명론(唯名論)[6]과 수는 구체적 사물과 마찬가지로 현실에 실제로 존재한다고 주장하는 실재론(實在論) 등이 그것이다. 수와 수학에 대한 존재론적 고찰은 서양철학사에서는 늘 중요한 주제로 다루어져 왔다.

그러나 중국의 수리 사상은 발생 초기에 서양의 수학과 비슷한 점을 보이기도 했지만 성립 과정에서는 서양 수학과 전혀 다른 모습을 보였다. 제1장에서 잠깐 언급했듯이 동양철학은 존재론적인 측면이 거의 결여되어 있기 때문에 동양철학을 서양식 범주로는 따지기가 매우 힘들다. 수학 또는 수리 사상의 경우도 마찬가지이다. 니덤이 중국의 수리 사상을 피타고라스 학파의 수리 사상과 대응시켜 살펴본 것은 과장이라기보다는 서구적인 발상에 집착한 데에서 오는 이해 부족의 탓이었다. 그리스와 달리 중국 수리 철학의 주제는 수 자체가 아니라 수의 역수(曆數/歷數)로서의 기능에 관한 것이었다. 즉, 중국 수리 철학의 입장에서 수는 '하늘의 뜻'이라고 하는 제1의 원리와 결합을 통해 비로소 형이상학적인 존재 이유를 얻는 것이다.

수가 천체의 운동을 셈하고 음률을 조화시키며 도량형을 정하는 등의 일[7]외에도 사회생활에 없어서는 안 될 기본적인 지식을 폭넓게 제공한다는 점은 예부터 중국인에게 잘 알려져 있었다.[8] 물론 이같은 수의 효용성은 현상으로서의 '기능[用]'을 말하는 것으로, 즉 '수라는 것은 사람의 힘이 아닌 천연 조화의 힘에 의한 기능'의 영역에 머물러 있는 것이다. 또 본질로서의 '본체(體)'는 자연 존재인 하늘, 즉 역(曆)이었다. 예컨대 '율력[9](천문학)의 수가 천지의 도(道)'[10]라고 했을 때, 이 명제의 핵심은 수가 아니라 수에 의해서 구체화된 법칙(律)과 역법(曆/歷)이다. 여기에서 중국인의 '유추의 비약'이 작용하여 어느새 수의 기능에 보편성을 부여하는 독단론(獨斷論)[11]이 형성된다.

즉, '수를 아는 것은 곧 만물을 아는 것'[12]이라는 단언은 경험을 종합해서 얻은 일반적인 원리가 아니며, 그렇다고 해서 우주를 수라는 존재로 보는 피타고라스적인 신념도 물론 아니다. '수'는 우리가 보통 생각하는 수와 구체화된 원리와 법칙이라는 이중의 의미를 갖고 있을 뿐이다. 동양의 수론에서 수는 그 자체만으로 추출된 개념이 아니라 생성의 과정 속에서 다른 존재와의 관계를 통해 파악되어야 할 성질의 것이다.

사물이 생긴 연후에 상(象)이 있고, 상 다음에 다(多, 滋)가 그러고
난 다음에 수가 이루어진다.[13]

이상에서 살펴본 것과 같이, 동양의 수 개념은 수의 기능을 중요
시하는 실천주의에 입각하고 있다는 점에서 수를 실재화하는 서양
인의 이상주의와 분명한 대조를 보인다.

「율력지」의 수리 사상

율력의 수가 곧 천지의 도라고 하는 고전적인 중국의 사상은 그대로
한국 수리 사상의 뼈대를 이룬다. 그러므로 한국의 전통적인 수학관
이 무엇이었는지 알기 위해서는 『한서(漢書)』[14]의 「율력지」에 나와 있
는 체계화된 수의 사상을 살펴보아야 한다.

「율력지」는 율력의 수가 모든 것에 깃든 우주의 지배 원리라고 하
였다. 또한 '수를 헤아린다는 것'[算數]은 우주 만물의 이치에 들어
맞는다[15]는 기본 명제 아래 음률·역법·역수(易數)·도량형(度量衡)
등을 통합하여 설명하였다. 그러니까 수는 율·역(曆)·역(易)·도량
형을 하나로 엮는, 이를테면 매개변수(parameter)[16]의 역할을 하는 셈
이다. 이때 과학 외적인 역수(易數)[17]의 개념이 수리과학인 역법의 기
본 원리로 정의되었다. 그리하여

$$율 \equiv 역(曆) \equiv 역(易) \equiv 도량형[(\text{mod}, \ 수(數))]$$

이라는 도식이 성립한다. 이 수를 바탕으로 한 수론적 우주 해석은 다음과 같다.

우선 음양관의 바탕 위에서 하늘(양)과 땅(음)에 대응시켜 홀수와 짝수를 정의한다.

'옛 주역에 이르기를, 하늘은 하나, 땅은 둘, 하늘은 셋, 땅은 넷, 하늘은 다섯, 땅은 여섯, 하늘은 일곱, 땅은 여덟, 하늘은 아홉, 땅은 열'[18]이라는 구절에서 맨 끝의 수 9와 10을 하늘과 땅의 마지막 수라 부르고, 두 수의 합인 19를 윤법(閏法)[19]에 대응시킨다.[20] 왜냐하면 '천지의 마지막 수를 합하여 윤법을 얻는 것'[21]이라고 보기 때문이다. 역 사상과 직접 결합하는 수리의 바탕은 "역대연(易大衍)의 수[22] 50을 기본으로 삼고 그 쓰임은 49이며, 양(陽)의 육효(六爻)[23]에 이르러 천지 사방[六虛][24]을 두루 돌아다니는 모양이 생긴다."[25]는 말에서 알 수 있다.

율수와 역수에 대해서는 악률의 기본 율관이 되는 황종관(黃鐘管)[26]의 길이를 하늘의 마지막 수에 대응시켜 9치[寸]로 정하고 9의 제곱인 81을 역수의 으뜸인 일법(日法)의 수로 삼았다.

일법[27] 81은 황종의 수 9를 기준으로 하여 그것의 제곱에서 얻은 수이다.[28] 「율력지」에 바탕을 둔 역법을 81분법이라고 부르는 것도 바로 이 일법의 숫자에서 유래했기 때문이다. 12(辰)·10(干)·4(時)·

1(月, 歲) 등의 역수는 도량형의 수치로도 바꿀 수 있다. 이처럼 천체의 운행과 계절의 변화 등 자연의 섭리와 깊은 관련이 있는 수치들은 인간의 조화를 얻고자 하는 중국적인 천명관(天命觀)을 반영하고 있다고 볼 수 있다.

「율력지」에 전개된 수리 사상은 수의 본질이 무엇인가를 따지는 유럽적인 수론과는 달리, 우주의 생성 및 조화 등과 관련된 수의 기능에 관한 것이다. 한국 수학의 사상적 바탕은 바로 이「율력지」의 수리관이다.

점성술에서 천문학이, 연금술에서 화학이 나왔다고 하는데, 이 논법에 따르면 수가 세상사를 결정한다는 수 신비 사상이 정수론을 낳은 것이 된다. 요컨대 대부분의 과학은 그릇된 신념에서 나왔다. 뉴턴의 업적 또한 그의 신학적 태도와 깊이 관련되어 있다. 특히 고대의 과학적 성과는 그들의 현실적 수요를 크게 웃돌았으며, 그 남은 부분이 신비 사상을 부추겼다. 헨델이 자신이 작곡한 '천지 창조' 연주를 들을 때 신의 강림을 보았다고 했듯이 피타고라스 또한 자신의 음악 이론, 수론을 확립했을 때 수학을 하는 신의 모습을 보았을 것이다.

고대 중국의 수학, 음악, 천문 등이 일정한 단계를 이루고 그들 사이의 연관성이 확인될 때 역(易)은 신비화되고 「율력지」의 수리 사상이 완성되었을 것이다. 그러나 이성주의에 의해 여과되는 기회를 얻지 못하고 있었다.

간단한 예로, 수를 양수와 음수로 생각한 것은 중국 인이었다. 음양론의 입장에서는 '天(一), 地(二), 天(三), 地(四), ……, 天(九), 地(十)'의 식으로 수가 하늘[天]과 땅 [地], 즉 양과 음으로 나뉜다. 한편 그리스인은 "짝수의 합은 짝수이다."(『원론』 9권, 명제 21)라는 명제를 오른쪽 에 있는 그림으로 증명하였다.

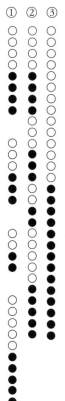

그림 ①에 8, 6, 4, 10의 수가 배열되어 있다. 그리스 인에게 짝수란 이등분할 수 있는 수이다.

그림 ②에 이들 짝수의 합이 표시되어 있다.

그림 ③은 돌을 흑과 백으로 따로 모은 결과이며, 결 국 흑백의 개수가 같음을 보여준다.

요컨대 같은 수도 중국에서는 음수·양수에서, 그리 스에서는 짝수·홀수에서 출발하는 것이다.

음양오행설과 십간·십이지 사상

중국인의 음양관 및 오행 사상 역시 전통적인 수리관이 중요한 기반 이다.

천명 사상이 중심인 음양 이원론을 내세운 주역이 팔괘의 변역 원 리(고쳐 바꾸는 원리)로서 그것에 대응하는 사물과 그 사물의 생성·변화 및 인간사의 길흉화복까지 설명하였다면, 오행설은 우주 만물을 물[水]·불[火]·나무[木]·금(金)·흙[土]의 다섯 가지로 나누어서 이 다섯 요소의 순행과 역행의 과정을 통해 자연 세계와 인간 사회의 변천을 풀이하였다. 음양 사상과 오행설은 처음에는 서로 별개의 것으로 생겨나고 발전하여 왔지만, 중국 한나라 때에 와서 둘이 결합하였으며 춘추전국시대 제나라 사람 추연(鄒衍)이 하나의 유파를 만들었다. [29]

곤(坤) ☷	간(艮) ☶	감(坎) ☵	손(巽) ☴	진(震) ☳	이(離) ☲	태(兌) ☱	건(乾) ☰

상괘 / 하괘	坤 ☷	艮 ☶	坎 ☵	巽 ☴	震 ☳	離 ☲	兌 ☱	乾 ☰
坤 ☷	곤坤	박剝	비比	관觀	예豫	진晉	췌萃	비否
艮 ☶	겸謙	간艮	건蹇	점漸	소小과過	여旅	함咸	돈遯
坎 ☵	사師	몽蒙	감坎	환渙	해解	미未제濟	곤困	송訟
巽 ☴	승升	고蠱	정井	손巽	항恒	정鼎	대大과過	구姤
震 ☳	복復	이頤	둔屯	익益	진震	서噬합嗑	수隨	무无망妄
離 ☲	명明이夷	비賁	기旣제濟	가家인人	풍豊	이離	혁革	동同인人
兌 ☱	임臨	손損	절節	중中부孚	귀歸매妹	규睽	태兌	리履
乾 ☰	태泰	대大축畜	수需	소小축畜	대大장壯	대大유有	쾌夬	건乾

라이프니츠가 중국에 파견된 선교사 부베(J. Bouvet)와의 서신 교환을 통해 중국의 수학을 알게 되었고, 주역의 64괘 속에 0부터 63까지의 수가 2진법으로 전개되어 있음을 알고 경탄하였다는 이야기

는 매우 유명하다. 주역의 이른바 사상·팔괘·64괘 등은 음효(− −)
와 양효(─)의 조합으로 이루어진다.

한 쌍의 팔괘의 순서를 정하고, 각각을 상괘와 하괘로 나누면 앞
의 표처럼 64괘가 된다. 여기에서 실선(양효, ─)이 1, 파선(음효, − −)
이 0을 나타낸다고 생각하면, 곤, 간, 감, …… 등 팔괘의 효는 아래
로부터 위로 첫 효·둘째 효·셋째 효의 순서로 2진기수법의 구조
그대로 차례차례 증가하는 과정을 보여준다.

2진법	000000	000001	000010	000011	000100	000101	000110	000111
10진법	0	1	2	3	4	5	6	7
	001000	001001	001010	001011	001100	001101	001110	001111
	8	9	10	11	12	13	14	15
	010000	010001	010010	010011	010100	010101	010110	010111
	16	17	18	19	20	21	22	23
	011000	011001	011010	011011	011100	011101	011110	011111
	24	25	26	27	28	29	30	31
	100000	100001	100010	100011	100100	100101	100110	100111
	32	33	34	35	36	37	38	39
	101000	101001	101010	101011	101100	101101	101110	101111
	40	41	42	43	44	45	46	47
	110000	110001	110010	110011	110100	110101	110110	110111
	48	49	50	51	52	53	54	55
	111000	111001	111010	111011	111100	111101	111110	111111
	56	57	58	59	60	61	62	63

음양설과 오행 사상은 이원론과 오행 분류라는 점에서 차이는 있
지만, 초월적인 존재의 기능에 수를 대응시키면서 수를 신비화한다
는 점에서는 발상이 동일하다고 할 수 있다. 물론 이 오행론은 고대
그리스의 자연철학자들이 내세운 4원소론(땅·물·불·바람)이나 원자

론의 입장과는 전혀 다른 것이다. 그리스의 다원론 내지 원자론이 자연의 그 보배로운 몸[實體]에 관한 존재론적인 고찰에서 나온 일종의 가설이라고 한다면, 음양론이나 오행 사상은 비교를 통한 수의 생성론적 기능의 확대라고 할 수 있다. 온갖 대상을 모두 수에 대응시켜서 다섯 가지로 구분하는 오행설의 분류법은 자연 현상뿐만 아니라 정치·사회의 영역에까지도 적용된다. 그 대표적인 예가 오덕종시설(五德終始說)[30]이다. 이 사상의 영향을 받은 진나라 시황제는 왕조가 주(周)의 '화덕(火德)'에서 '수덕(水德)'으로 이행하였으므로 오행의 순서에 따라 '물'에 대응하는 수인 6을 중요시해야 한다고 생각했다. 이러한 뜻에서 진시황제는 왕관의 길이를 6치, 길이 단위인 1보(步)를 6자, 왕의 말[御馬]의 수를 6마리 등으로 바꾸어 법으로 제정하였다. 중국의 전통적 수리 사상의 밑바탕을 이룬 이 음양오행 사상은 고대 한반도에 전래된 이후 오랜 세월 동안 한국인의 관념을 지배해 왔다.

천명관을 배경으로 하여 음양오행설과 하나가 된 십간·십이지 사상은 이미 한나라 초기 『회남자(淮南子)』의 「천문훈(天文訓)」, 『여씨춘추(呂氏春秋)』의 「12기(紀)」, 『예기(禮記)』의 「월령(月令)」 등의 고전 속에서 펼쳐지고 있다. 뒤의 표에서 볼 수 있듯이 십간·십이지는 오행을 중심으로 하여 계절·방위 등과 함께 중국 특유의 박물학적 분류법에 의해 체계화된 것이다.

십간은 갑(甲)·을(乙)·병(丙)·정(丁)·무(戊)·기(己)·경(庚)·신

(辛) · 임(壬) · 계(癸)이며 십이지는 자(子) · 축(丑) · 인(寅) · 묘(卯) · 진(辰) · 사(巳) · 오(午) · 미(未) · 신(申) · 유(酉) · 술(戌) · 해(亥)를 가리키는 것으로 이들을 조합하여 간지(干支)를 엮는다.

십간의 10은 10진법의 밑수[底] 10에서, 그리고 십이지의 12는 천문정수(天文定數)에서 유래한 것이다. 10과 12라는 수는 최소공배수 60과 더불어 고대부터 연 · 월 · 일 · 시 · 방향 등을 나타내는 단위로서만이 아니라 천명 사상과 결합된 상징적인 수치로도 사용되었다.

방위 (方位)	오행 (五行)	기제 (其帝)	기좌 (其佐)	기집 (其執)	기치 (其治)	기신 (其神)	기수 (其獸)	기음 (其音)	기일 (其日)	오관 (五官)	계일수 (季日數)	기색 (其色)	십간 (十干)	십이지 (十二支)
동 (東)	목 (木)	태호 (太皞)	구망 (句芒)	규(規, 그림쇠)	봄 [春]	장성 (藏星)	창룡 (蒼龍)	각 (角)	갑을 (甲乙)	전 (田)	봄 72일	청 (靑)	갑을 (甲乙)	인묘진 (寅卯辰)
남 (南)	화 (火)	염제 (炎帝)	주명 (朱明)	형(衡, 추저울)	여름 [夏]	형혹 (熒惑)	주마 (朱馬)	치 (徵)	병정 (丙丁)	사마 (司馬)	여름 72일	적 (赤)	병정 (丙丁)	사오미 (巳午未)
중앙 (中央)	토 (土)	황제 (黃帝)	향토 (向土)	승(繩, 새끼줄)	사방 (四方)	진성 (鎭星)	황룡 (黃龍)	궁 (宮)	무기 (戊己)	도 (都)	중앙 92일	황 (黃)	무기 (戊己)	사계 (四季)
서 (西)	금 (金)	소호 (少昊)	욕수 (蓐收)	구(矩, 자)	가을 [秋]	태백 (太白)	범 (虎)	상 (商)	경신 (庚辛)	리 (理)	가을 72일	백 (白)	경신 (庚辛)	신유술 (申酉戌)
북 (北)	수 (水)	전욱 (顓頊)	현명 (玄冥)	권(權, 저울)	겨울 [冬]	진성 (辰星)	현무 (玄武)	우 (羽)	임계 (壬癸)	사공 (司空)	겨울 72일	흑 (黑)	임계 (壬癸)	해자축 (亥子丑)

하도와 낙서의 수리 사상

음양오행 사상의 기본 원리를 도식화한 '하도'와 '낙서'의 등장에 얽힌 전설은 삼황오제의 아득한 옛날까지 거슬러 올라갈 정도로 오래되었다.[31] 그러므로 그 원형의 발상은 상당히 오래된 것으로 짐작할 수 있다. 하도와 낙서는 언뜻 보아 각각 54개와 45개의 점으로 이루어진 한낱 수도(數圖)에 지나지 않지만, 여기에는 주역 사상의 기본 원리가 집약되어 있다.

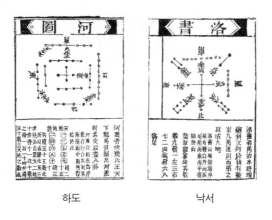

하도   낙서

하도는 홀수(양)와 짝수(음)를 (6, 1), (7, 2), (8, 3), (9, 4), (10, 5) 등의 순서쌍으로 짝 지어 배열함으로써 음양의 조화를 나타낸

(7, 2)
(8, 3)　(10, 5)　(9, 4)
(6, 1)

다(도표 참조). 그리고 3차의 마방진을 구성하는 낙서도 하도와 마찬가지로 (6, 1), (7, 2), ……의 순서쌍을 만들 수 있다(뒤의 도표 참조). 구도상으로 보면 하도의 (10, 5)가 낙서에서는 (5, 5)로 되어 있을 뿐, 5를 법(mod)으로 하는 합동식이라는 점에서 이 둘은 동일하다. 지극히 관념적인가 하면 동시에 실제적인 구실을 하는 것이 동양 사상의 특징 중 하나지만, 하도와 낙서 역시 형이상(形而上)의 신비 사

상인 동시에 다른 한편으로는 역주(曆注)와 일상 생활에서 처세법으로 쓰인 실용성도 지니고 있다.

4	9	2
3	5	7
8	1	6

4	9	2
3	5	7
8	1	6

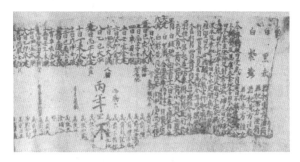

돈황에서 출토된 역주

오행설의 체계화에 중요한 구실을 하였다고 전해지는 하도와 낙서는 또 다른 측면에서 주목할 만하다. 그것은 형이상학의 원리를 설명할 때 그리스 사람들이 글(문장)에 의존했던 것과는 대조적으로 중국 사람들은 도식화된 수를 사용하였다는 점이다.

이것은 단순히 표현 방법의 차이에 그치지 않는다. 이는 동서양의 사유 방식의 문제이기도 하다. 하도와 낙서가 한국 전통 사회의 지식인층에 끼친 영향[32]으로 미루어 볼 때, 한국인의 의식구조 속에도

형이상의 추상적인 관념을 시각적으로 도상화해서 파악하려는 경향
이 지금까지도 짙게 깔려 있을 것이라고 생각한다.

2. 왕권 상징의 치수 사상

조형물에 나타난 상징과 사상

천명을 이어 받은 천자(天子)가 지상 세계를 통치한다는 생각은 중국인의 정치철학이자 국가관의 기본 사상을 이루어왔다. 즉 각 왕조의 집권자들은 왕조의 권위와 체통을 만방에 과시하기 위해서는 하늘의 뜻을 보여주어야 했다. 이 때문에 제단을 비롯하여 왕실의 건축물이나 묘소, 기념비, 일상 생활의 물건에 이르기까지 여러 면에서 하늘의 상징을 나타내는 것을 게을리 하지 않았다. 사실 왕실 중심의 온갖 예술적인 조형물은 이러한 이념을 위에서 형성된 것이라고 해도 틀린 말이 아닐 것이다. 고대 한반도에서 국가가 정립된 시기인 삼국시대의 분묘와 기념비 혹은 공예물 등에서도 이렇게 왕실의 권위를 드러내는 상징을 사용한 흔적을 얼마든지 찾아볼 수 있다.

왕권의 상징적인 장식물에 중국의 고전적
정통 사상이 반영된 것은 선진 문화에 대
한 단순한 모방 의식 때문이라기보다는 대
륙의 왕권과 대등한 독립 국가로서의 긍
지와 권위를 과시하기 위해서였을 것이다.

무령왕릉에서 출토된 규구경

TLV경(鏡)[33] 또는 규구경(規矩鏡)이라는
이름으로 알려진 낙랑(樂浪) 고분에서 출토된 한나라 때의 청동거울
에는 중국 고대의 전통 사상의 상징이 집약적으로 나타난다. 이 거
울의 문양은 다음과 같은 상징적 의미를 가지고 있다.

첫째, 원형인 거울과 그 중앙에 새긴 정사각형은 이른바 '천원지
방(天圓地方)' 즉 하늘은 둥글고 땅은 네모지다는 사상을 상징한다.

둘째, 정사각형의 네 변 위에 같은 간격으로 배열된 12개의 유두
는 십이지를 상징한다.

셋째, 정사각형의 각 변의 바깥쪽에 두 개씩 모두 여덟 개의 유
두는 팔괘를 뜻한다.

넷째, 청룡·주작·황룡·백호·현무 등 방위를 상징하는 신령스
러운 짐승상은 오행 사상을 반영[34]하는 것이다.

다섯째, 이른바 TLV 무늬가 있다. 이것은 고대의 해시계와 밀접
한 관계가 있는 듯하다(해시계 부분 참조).

이와 같이 청동거울에는 천원지방·십이지·팔괘 등이 음양오행
사상을 배경으로 한데 얽혀 있다. 이 거울은 오직 왕실 공예 제작소

인 '상방(尙方)'에서만 만들 수 있었고, 일부 왕후와 귀족들의 전유물이었다. 그러나 청동거울은 단순히 상류층의 장식품은 아니었다. 이것은 왕실 권위의 상징물인 동시에 해시계나 나침반으로도 쓰일 수 있는 실용성을 함께 지니고 있었다. 그리고 이 상징은 동양 삼국 중에서도 조상숭배를 중요하게 생각하는 우리나라의 묘에 대한 관습이나 제도에서 두드러지게 찾아볼 수 있다.

천원지방의 외형을 지닌 고구려 고분에는 무덤의 주인을 모신 고분 내실의 벽화에 천문을 중심으로 한 우주상과 지상 세계에서 무덤 주인의 생전 이력을 집약적으로 그려 놓았다. 고구려 초기의 벽화는 인물 풍속도와 함께 일월상을 천장 주위에 그려 놓았으나, 후기로 갈수록 풍속도는 사라지고 사신도(四神圖)와 비천(飛天)·신선상·천문도 등이 더 많은 비중을 차지한다. 특히 무용총(舞踊塚)과 각저총(角觝塚)의 별자리는 동일한 구조를 지니고 있다는 것이 잘 알려져 있다. 사신도와 천문도가 한나라 대 고분 벽화의 영향을 받았다는 것은 부인할 수 없지만, 고구려 후기로 갈수록 그 규모는 점점 더 커

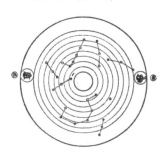

무용총 주실 천정성수도의 복원배치도

무열왕릉 비의 귀부

지고 형태 또한 세련되고 화려해지는 경향을 보인다. 이것은 독립 국가인 고구려의 긍지와 중국을 의식하는 강렬한 왕권 의식의 상징이라고 풀이된다.

백제의 유적 중 벽화가 있는 고분은 극히 드물다. 그렇지만 부여의 동하총(東下塚)과 공주의 육호분(六號墳)의 벽화에 나타난 사신도는 백제의 묘에 대한 관습이나 제도가 고구려로부터 영향을 받은 것임을 보여준다.

신라 고분은 내부의 벽화에 치중하지 않은 대신, 무덤 바깥의 석조 장식이 십이간지 사상을 나타내고 있는 것을 볼 수 있다. 7세기 후반, 삼국 통일기에 접어들면서 신라의 왕권을 상징하는 조형물 중에는 시대적인 격차 때문에 고구려나 백제에서는 볼 수 없는 새로운 유형이 나타난다. 가령 무열왕릉 비(碑)의 귀부(龜趺)[35]는 거북의 등 위에 비석의 몸통을 세우고 용 무늬의 비석 머리를 얹었다. 중국에서는 이 비석의 형식이 이미 후한 시기부터 등장하지만 하도와 낙서를 상징하는 용과 거북이를 새긴 비의 귀부는 동양적인 의미의 국가 건설의 기초를 닦은 옛 왕에 대한 공적을 함축하고 있음이 틀림없다.

첨성대는 김춘추(무열왕)가 재상으로 있던 선덕여왕 시절에 무르익은 통일의 기운과 왕성한 국력을 과시하기 위해 만든 건축물이다. 첨성대의 구조에는 천원지방·십이지·이십팔수(二十八宿)[36] 등 동양 천문 사상의 중요한 형태가 상징적으로 반영되어 있다. 그렇지만 실제로 천체 관측대의 역할을 했다는 증거는 없다(이 점은 나중에 따로 다루겠다).

고려 왕실은 불교를 섬겼음에도 불구하고, 왕권을 표상하는 물건에는 여전히 중국의 치수 사상을 전면적으로 받아들이고 있었다. 고려시대에는 신라에서 자취를 감추었던 고구려 벽화 형식인 사신도와 천정부의 성진도(星辰圖)가 다시 모습을 드러내기도 했다. 이와 함께 무덤 외각의 신라 십이지상도 고려 태조의 능에서부터 고려 말기 공민왕릉에 이르기까지 줄곧 제 위치를 떠나지 않고 있다. 귀부상은 왕후나 귀족들부터 이름난 고승들의 기념비에 이르기까지 널리 유포되었다. 이것은 당시 승려 세력의 힘이 강성했음을 뜻한다(귀부는 유교 국가인 조선에는 더욱 널리 보급되어 토착화된 흔한 조형물이 되었다).

흥미로운 것은 고려의 무덤에 대한 관습이나 제도가 풍수설의 영향을 크게 받았다는 점이다. 통일신라 말기에 중국에서 전래된 지문(地文) 사상[37]은 한반도의 풍토와 토착인의 의식구조 등과 매우 잘 어울려서 마치 그것이 자생적인 토착 관념인 것처럼 체질화되었다. 그 결과 오행설 등에 따른 천문의 표상화보다도 지문에 의한 택지(擇地)를 더 중요하게 생각하게 되었고, 치수 철학의 표면적인 상징은 점차 사라지는 경향을 보였다. 그 후 조선시대에 들어서면 기존의 천문 중심의 상징물은 풍수설에 밀려 왕릉 속에서 자취를 감춘다. 그리고 왕릉의 귀부도 유교식 비석이나 다른 문양의 형태[인조 장릉의 모란(牧丹) 무늬 따위]로 바뀐다. 다만 귀부의 신귀(神龜)는 임금의 옥새에, 용마(龍馬)는 옥좌 등 여러 가지 왕실 용구에 응용되었다. 현재 태극기에서 볼 수 있는 음양 사상의 도안화는 치수 문화가 한국 엘리트 의식의 심층에 의외로 끈질기게 남아 있음을 보여주는 좋은 증거이다.

3. 『삼국사기』의 일식 기사

왕권과 일식 예보

일식 같은 극적인 현상에 고대인들은 일찍부터 비상한 관심을 가졌다. 탈레스가 일식을 예언하여 라디아와 메디아의 전쟁을 멈추게 한 이야기는 잘 알려져 있다.[38] 이 일식은 기원전 585년의 일로, 현대 천문학의 일식 계산과도 일치한다.

　고대 중국의 일관(日官)들도 일식과 월식이 약 19년의 주기로 나타난다는 사실을 알고 있었다. 월식은 비교적 간단하지만 일식은 지역에 따라 안 보일 수도 있고, 그때를 계산하는 것도 어려웠다. 천명 사상에 따르면 일식은 하늘이 자신의 아들인 천자에게 내린 경고였다. 따라서 일관의 가장 중요한 의무는 그날을 예측하여 왕이 하늘에 빌고 뉘우칠 시간적 여유를 갖게 하는 것이었다. 그렇기 때문에 일식을 예측하고도 실제로 일식이 일어나지 않을 때에는 왕의 정성이 하늘을 감동시킨 것으로 여겨 별 탈 없이 넘어갈 수 있었다.

'역(歷)이 곧 역(曆)'이라고 하는 독특한 역사관을 배경으로 하여 엮은 중국의 역사책은 '천문지(天文志)'나 '오행지(五行志)'에서는 물론이며 왕의 사적(事跡)을 기록한 '본기(本紀)'에서도 일식에 관한 기사(記事)를 중요하게 기록하였다. 이처럼 일식 현상에 관심을 보인 것은 사기의 기본 정신이 천명관에 바탕을 둔 정치사상을 구체적으로 나타내는 것에 있었기 때문이다. 그러므로 자연히 왕조의 운명을 예시하는 천체의 변화에 민감할 수밖에 없었다. 예부터 천체 관측을 맡은 일관의 직무는 대단히 중요하게 여겨졌으며, 일찍이 하 왕조 때의 천문관의 씨와 화 씨가 직무 태만으로 처벌을 받았다는 기록도 있다. 물론 천문에는 이러한 계시적인 역할이나 농사와 관련된 천문 기후(일 년의 24절기와 72후)보다도 중요한 실용적 기능도 있었다.

일식의 원인을 하늘의 뜻으로 보고 그것을 왕조의 운명과 연결 지어 생각하는 천문관 때문에, 역대 제왕들은 하늘의 뜻에 의해 좌우되는 화를 면하기 위해 하늘의 이변에 관한 정확한 정보 입수에 늘 비상한 관심을 기울였다. 그렇지만 일식 예보는 운명론이나 미신과는 상관없는 과학의 영역이다. 왜냐하면 일식 관측은 우연히 눈에 띈 현상만을 보고 확인하고 기록하는 정도에 그치는 것이 아니라, 일식 예보를 위해서는 천체 운동에 관한 지식은 물론이고 천체 운동의 계산에 필요한 수치 해석의 능력까지도 갖추어야 하기 때문이다. 그러므로 필연적으로 중국의 영향을 받은 전제 왕권은 이러한 조건을 뒷받침할 수 있는 국력과 제도를 필요로 하였다. 이 때문에 천문제도가 어느 정도 갖추어져 있느냐로 당시의 국가 체제와 규모를 추정할 수 있다. 이 점을 염두에 두고 일식에 대한 기사 내용을 검토함으로써 우리나라 삼국시대의 수학을 비롯한 과학 지식의 수준을 가늠해 보려고 한다.

우리 민족이 삼국시대 이전부터 천체 및 기상 현상에 대해 깊은 관심을 보였다는 사실은 중국의 역사책에도 나와 있다. 옛 부여에서는 기후가 좋지 않은 것을 왕의 책임으로 돌려서 왕을 물러나게 한다든지 살해하기도 했다는 기사,[39] 또 예족(濊族)[40]이 별의 운행을 살펴서 그해의 풍흉(豊凶)을 예측하였다는 내용의 기사[41] 등이 바로 그것이다. 그러나 삼국시대의 일식 관측에 대해서는 김부식의 『삼국사기』에 비로소 나타나 있다. 만일 이 일식 기록이 실제 관측 결과를 그대로 담은 삼국의 옛 기록을 근거로 한 것이라면 삼국시대에도 일식을 관측할 만한 국가제도와 천문학을 비롯한 수학의 체계적인 지식이 명실상부하게 갖추어져 있었다는 간접적인 증거가 된다. 따라서 『삼국사기』 일식 기사의 진위 여부를 밝히는 것은 한국 수학사의 기점을 밝히는 문제와도 관련된다.

일식 관측의 결과를 기록으로 남기려면 우선 기록을 위한 문자의 사용, 날짜를 표시하기 위한 역(曆)의 제정, 그리고 천체 현상을 기록에 담은 천문지 작성이라는 세 가지 조건이 전제되어야 한다. 특히 천문지는 그것을 수록하는 역사책의 편찬이 반드시 수반된다. 왜냐하면 정확한 기록을 구전으로 오랫동안 보존하는 것은 불가능하기 때문이다. 그러므로 『삼국사기』에 나타난 일식 기사의 진위 여부를 따지는 일은 천문·역·국사 편찬제도의 유무를 가리는 것과 필연적으로 깊은 관계를 갖는다.

고려 때 편찬된 『삼국사기』에 나오는 일식 기록이 과연 삼국시대의 옛 기록을 충실히 옮긴 것인지, 혹은 엮은이가 중국의 역사관을 배경으로 만들어진 역사책의 체통을 세우기 위해서 중국의 일식 기사를 의도적으로 삽입하였는지는 역사책으로서의 신뢰성을 가질 수 있느냐는 점에서 문제가 된다. 이 점에 대해서 일본 학자 이이지마 다다오(飯島忠夫)는 부정적인 결론을 내렸다. 그의 주장을 다음과 같이 요약할 수 있다.

> 일식 기사는 『삼국사기』의 내용을 골라서 서술(選述)하던 당시, 나중에 속임수가 폭로된다는 것을 생각하지 않고 중국의 사서 기록을 그대로 옮겨 수공적(手工的)으로 첨가하였다.[42]

당시의 일본 역사학계를 지배하고 있던 황국사관(皇國史觀)에 따른 이러한 견해는 동양 천문학에 대한 그의 권위 때문에 그동안 한번도 진위가 검토된 일이 없이 우리 사학계까지 침투하고 있는 실정이다.[43] 따라서 이이지마 주장의 편견과 오류에 대하여 먼저 알아보기로 한다.

이이지마는 자신의 논문에서 『삼국사기』의 일식 기사를 중국 측의 사서와 대조한 후, 다음과 같은 표를 작성하였다.

이이지마가 작성한 『삼국사기』 일식표

왕	연도	서기	월	일	중국연호	연도	서기	월	일	출전
1. 신라본기(新羅本紀)										
혁거세	4	B.C.54	4	신축 삭	오봉(五鳳)	4	B.C.54	4	신축 삭	『한서』 오행지
혁거세	24	B.C.34	6	임신 회	건소	5	B.C.34	6	임신 회	『한서』 오행지
혁거세	30	B.C.28	4	기해 회	하평	1	B.C.28	4	기해 회	『한서』 오행지
혁거세	32	B.C.26	8	을묘 회	하평	3	B.C.26	8	을묘 회	『한서』 오행지
혁거세	43	B.C.15	2	을유 회	영시	2	B.C.15	2	을유 회	『한서』 오행지
혁거세	53	B.C. 2	1	신축 삭	원수	1	B.C. 2	1	신축 삭	『한서』 오행지
혁거세	59	A.D. 2	9	무신 회	원시	2	A.D. 2	9	무신 회	『한서』 오행지
남해	3	A.D. 6	10	병진 삭	거념	1	A.D. 6	10	병진 삭	『한서』 왕망전
남해	13	A.D.16	7	무자 회	천봉	3	A.D.16	7	무자 회	『한서』 왕망전
지마	13	A.D.124	9	경신 회	연광	3	A.D.124	9	경신 회	『후한서』 오행지
지마	16	A.D.127	7	갑술 삭	영건	2	A.D.127	7	갑무 삭	『후한서』 오행지
일성	8	A.D.141	9	신해 회	영화	6	A.D.141	9	신해 회	『후한서』 오행지
아달라	13	A.D.166	1	신묘 삭	연희	9	A.D.166	1	신묘 삭	『후한서』 오행지
벌휴	3	A.D.186	5	임신 회	중평	3	A.D.186	5	임진	『후한서』 오행지
벌휴	10	A.D.193	1	갑인 삭	초평	4	A.D.193	1	갑인 삭	『후한서』 오행지
벌휴	11	A.D.194	6	을사 회	흥평	1	A.D.194	6	을사 회	『후한서』 오행지
나해	5	A.D.200	9	경오 삭	건안	5	A.D.200	9	경오 삭	『후한서』 오행지
나해	6	A.D.201	3	정묘 삭	건안	6	A.D.201	10	계미 삭	『후한서』 오행지
첨해	10	A.D.256	10	회						
원성	3	A.D.789	8	신사 삭	정원	2	A.D.786	8	신사 삭	『당서』 천문지
원성	5	A.D.791	1	갑진 삭	정원	5	A.D.789	1	갑진 삭	『당서』 천문지
원성	8	A.D.794	11	임자 삭	정원	8	A.D.792	11	임자 삭	『당서』 천문지
애장	2	A.D.803	5	임술 삭	정원	17	A.D.801	5	임술 삭	『당서』 천문지
(일당식부식 : 일식이 있어야 하는데 보이지 않음)										
애장	9	A.D.810	7	신사 삭	원화(元和)	3	A.D.808	7	신사 삭	『당서』 천문지 (『후당서』의 간지 기록은 오식(誤埴)임)
헌덕	10	A.D.820	6	계축 삭	원화(元和)	13	A.D.818	6	계축 삭	『당서』 천문지
흥덕	11	A.D.838	1	신축 삭	개성(開成)	1	A.D.836	1	신축 삭	『당서』 천문지
문성	6	A.D.846	2	갑인 삭	회창(會昌)	4	A.D.844	2	갑인 삭	『당서』 천문지
진성	2	A.D.890	3	무술 삭	문덕(文德)	1	A.D.888	3	무술 삭	『당서』 천문지
효공	15	A.D.911	1	병술 삭	건화(乾化)	1	A.D.911	1	병술 삭	『구오대사(舊五大史)』천문지
2. 고구려본기(高句麗本紀)										
태조	62	A.D.114	3		원초(元初)	1	A.D.114	10	무자 삭	『후한서』 오행지
태조	64	A.D.116	3		원초(元初)	3	A.D.116	3	이일신해(二日辛亥)	『후한서』 오행지
태조	72	A.D.124	9	경신 회	연희(延光)	3	A.D.124	9	경진 회	『후한서』 오행지
(신라본기에도 기록되어 있다)										
차대	4	A.D.149	4	정묘 회	건화(建和)	3	A.D.149	4	정묘 회	『후한서』 오행지
차대	13	A.D.158	5	갑술 회	연희(延熹)	1	A.D.158	5	갑술 회	『후한서』 오행지

					연호					출전
차대	20	A.D.165	1	회	연희(延熹) 8	A.D.165	1	병신 회		『후한서』 오행지
신대	14	A.D.178	10	병자 회	광화(光和) 1	A.D.178	10	병자 회		『후한서』 오행지
고국천	8	A.D.186	5	임진 회	중평(中平) 3	A.D.186	5	임진		『후한서』 오행지
산상	23	A.D.219	2	임자 회	건안(建安) 24	A.D.197	2	임자 회		『후한서』 오행지
서천	4	A.D.273	7	정유 삭	태시(泰始) 9	A.D.273	7	정유 삭		『진서(晉書)』천문지
양원	10	A.D.554	12	회						

3. 백제본기(百濟本紀)

					연호					출전
온조	6	B.C.13	7	신미 회	영시(永始) 4	B.C.13	7	신미 회		『한서』 오행지
다루	46	A.D.73	5	무오 회	영평(永平) 16	A.D.73	5	무오 회		『후한서』 오행지
기루	11	A.D.87	8	을미 회	원화(元和) 1	A.D.84	8	을미 회		『후한서』 오행지
기루	16	A.D.92	6	무술 삭	영원(永元) 4	A.D.92	6	무술 삭		『후한서』 오행지
개루	28	A.D.155	1	병신 회	연희(延熹) 8	A.D.165	1	병신 회		『후한서』 오행지
초고	5	A.D.170	3	병인 회	건녕(建寧) 3	A.D.170	3	병신 회		『후한서』 오행지
초고	24	A.D.189	4	병오 삭	중평(中平) 6	A.D.189	4	병오 삭		『후한서』 오행지
초고	47	A.D.212	6	경인 회	건안(建安) 17	A.D.212	6	경인 회		『후한서』 오행지
구수	8	A.D.221	6	무진 회	황초(黃初) 2	A.D.221	6	무진 회		『진서』 천문지 『송서(宋書)』오행지
구수	9	A.D.222	11	경신 회	황초(黃初) 3	A.D.222	11	경신 회		『진서』 천문지 『송서』 오행지
비류	5	A.D.308	1	병자 삭	영가(永嘉) 2	A.D.308	1	경자 삭 병자 삭		『진서』 천문지 『송서』 오행지
비류	32	A.D.335	10	을미 회	함강(咸康) 1	A.D.335	10	을미 회		『송서』 오행지
근초고	23	A.D.368	3	정사 삭	태화(太和) 3	A.D.368	3	정사 삭		『송서』 오행지
진사	8	A.D.392	5	정묘 삭	태원(太元) 17	A.D.392	5	정묘 삭		『송서』 오행지
아신	9	A.D.400	6	경진 삭	륭안(隆安) 4	A.D.400	6	경진 삭		『송서』 오행지
					원흥(元興) 3	A.D.400	6	경진 삭		『위서(魏書)』천상지(天象志)
전지	13	A.D.417	1	갑술 삭	의희(義熙) 13	A.D.417	1	갑술 삭		『위서』 천상지
전지	15	A.D.419	11	정해 삭	원희(元熙) 1	A.D.419	11	정해 삭		『위서』 천상지
비유	14	A.D.440	4	무오 삭	원희(元熙) 17	A.D.440	4	무오 삭		『송서』 오행지
					태평진군(太平眞君) 1	A.D.440	4	무오 삭		『위서』 천상지
개로	14	A.D.468	10	계유 삭	태시(泰始) 4	A.D.468	10	계유		『송서』 오행지
					황흥(皇興) 2	A.D.468	10	계유 삭		『위서』 천상지
삼근	2	A.D.478	3	기유 삭	승명(昇明) 2	A.D.478	9	을사 삭		『송서』 오행지
					태화(太和) 2	A.D.478	2	을유 삭		『위서』 천상지
동성	17	A.D.495	5	갑술 삭	융창(隆昌) 1	A.D.494	5	갑술 삭		『남제서(南齊書)』천문지
					태화(太和) 18	A.D.494	5	갑술 삭		『위서』 천상지
무령	16	A.D.516	3	무진 삭	희평(熙平) 1	A.D.516	3	무진 삭		『위서』 천상지
성	25	A.D.547	1	기해 삭	무정(武定) 5	A.D.547	1	기해 삭		『위서』 천상지
위덕	6	A.D.559	5	병진 삭	영정(永定) 3	A.D.559	5	병진 삭		『수서(隋書)』천문지
	19	A.D.572	9	병자 삭						
	39	A.D.592	7	임신 회						

이이지마는 이 표를 근거로 조작설을 주장하였다. 특히 신라의 경우 "시조인 박혁거세 때부터 기록된 일식 기사가 당시 최고의 천문

학적 지식을 갖추었던 중국의 관측 기록과 조금도 다르지 않고 일치한다."[44]는 사실 때문에 『삼국사기』가 위작이라는 심증을 굳혔던 것같다. 그러나 설령 기록에 조작이 있었다고 하더라도 이것을 『삼국사기』를 엮은 사람의 행위로 돌리는 것은 지나친 속단이다. 왜냐하면 편자가 사료로 참조한 신라 고기(古記)의 일식 기사 자체에 문제가 있었을지도 모르기 때문이다. 이이지마는 신라 효공왕 15년(911)의 일식 기사만은 신라 진기(眞記)를 토대로 한 것일지도 모른다[45]고 유일한 예외로 간주하고 있으나 그 외의 28회 기록은 모두 중국에서 차용한 것이라고 단정한다. 그 결정적인 이유로 다음 연대 부분의 일식 기사가 중국의 기록과 2년씩의 차이를 보이는데, 그것은 원본을 잘못 베낀 탓이라고 설명한다.

> 이들의 연대에 기록된 다른 기사는 『당서(唐書)』의 연도와 월이 일치하고 있음에도 불구하고 일식 기사만이 잘못된 것은 이러한 일식 기사가 신라의 기록이 아니기 때문이다.[46]

왕	연	(이이지마) 착오	정(正)
원성	3년	A.D. 789	A.D. 787
	5년	A.D. 791	A.D. 789
	8년	A.D. 794	A.D. 792
애장	2년	A.D. 803	A.D. 801
	9년	A.D. 810	A.D. 808
헌덕	10년	A.D. 820	A.D. 818
흥덕	11년	A.D. 838	A.D. 836
문성	6년	A.D. 846	A.D. 844
진성	2년	A.D. 890	A.D. 888

이이지마의 연대 착오 대조표

그러나 사실은 어이없게도 이이지마의 착각이었으며, 이 기사의 연대는 중국의 기록과 일치한다. 이이지마는 전제부터 잘못되었던 것이다.

이이지마의 조작설이 근거가 매우 부족한 주관적인 단정이었다는 것은 다음과 같은 천문학 외적인 사실에서도 찾아볼 수 있다.

첫째, 김부식이 중국 사서에서 일식 기사를 옮겨 쓴 것이라면, 일식 현상이 중국과 한반도에서 동일하게 일어난다는 전제에서만 가능하다. 그러나 『삼국사기』의 일식 기사 중에서 고구려·백제·신라 사이에 공통된 내용은 예외적으로 다음의 경우뿐이다. '신라 지마(祗摩) 13년 9월 경신일 그믐[庚申晦]'과 '고구려 태조(太祖) 72년 9월 (A.D.124)' 및 '백제 개루왕(蓋婁王) 38년 1월 병신일 그믐[丙申晦]'과 '고구려 차대왕(次大王) 20년 1월 병신일 그믐[丙申晦]'이다. 만약 후세 역사가에 의한 조작이라면 이렇게 원칙 없이 베껴 적는 일은 있을 수가 없을 것이다.[47]

둘째, 『삼국사기』의 일식 기사의 수, 즉 신라 29회, 고구려 11회, 백제 26회는 중국의 기록에는 비교도 안 될 만큼 빈약하다. 게다가 기록 연대의 간격도 고르지 않고 때로는 수백 년의 공백이 있다. 『삼국사기』를 엮은이가 책을 편찬할 당시에는 중국의 사서를 거의 모두 참조할 수 있었다. 그리고 연대에 따라 역사를 일일이 기록하고, 시비를 분명히 구별하는 일을 중시하는[48] 사마천의 『사기(史記)』의 역사관을 충실하게 따랐던 엮은이의 사고로는 이것은 절대로 있을 수 없는 일이었다. 즉, 중국인 역사 서술에서 가장 소중한 천문 기록을 편자의 마음대로 옮긴다든가, 원본에도 없는 기록, 예컨대 '신라 첨 해왕 10년(A.D.256)'을 삽입하는 일 따위는 도저히 엄두조차 내지 못했을 것이다. 더구나 일식의 주기에 관한 당시의 상식을 충분히 알고 있었던 엮은이가 그렇게 오랜 기간에 걸친 기사의 공백을 일부러 만들 까닭 또한 없다.

『삼국사기』와 중국 사서의 일식 건수 비교

중국			한국		
기간	왕조	건수	기간	왕조	건수
B.C.206~A.D.220	한(漢)	140	B.C.57~A.D.220	신라	18
			B.C.37~A.D.220	고구려	9
			B.C.18~A.D.220	백제	8
A.D.221~418	위진 (魏晉)	83	A.D.221~418	신라	1
				고구려	1
				백제	9
A.D.419~588	남북조 (南北朝)	109	A.D.419~588	신라	0
				고구려	1
				백제	8
A.D.589~617	수(隋)	15	A.D.589~617	신라	0
				고구려	0
				백제	1
A.D.618~907	당(唐)	102	618~907	신라	9
			618~668	고구려	0
			618~663	백제	0
A.D.907~960	오대(五代)	26	907~935	신라	1

아무튼 다분히 선입견을 가진 이이지마의 주장을 문제 삼는 일은 이쯤 해두고 『삼국사기』의 일식 기사를 우리대로 정리해 보기

로 하자.

신라의 일식 기사

신라 일식 기사에는 부자연스러운 대목이 적지 않다. 우선 편의상 일식 기사와 관련시켜 신라의 역사를 다음과 같이 3기로 나누어 볼 수 있다.

제1기 : 혁거세 4년~첨해왕 10년(B.C.54~A.D.256)

제2기 : 첨해왕 11년~원성왕 2년(A.D.257~A.D.786)

제3기 : 원성왕 3년~효공왕 15년(A.D.787~A.D.911)

제1기 동안에 19회의 일식 기록이 보이지만, 그중 마지막 기사(첨해왕 10년)를 제외하고는 이이지마가 지적한 대로 『한서』의 「오행지」와 「왕망전(王莽傳)」, 『후한서』의 「오행지」 등의 기록과 일치한다. 당시 중국에서는 태초(太初)·사분(四分)·건상(乾象)·경초(景初) 등의 역(曆)이 사용되었으나, 부여가 은력(殷曆)[49]을 썼다는 예로 미루어 보아, 신라가 반드시 중국의 관력을 그대로 채용하였다고는 볼 수 없다. 그렇다면 전후 300년 동안에 있었던 기록이 중국과 월, 일까지 완전히 일치하고 있다는 점은 무언가 분명히 의심스럽다. 게다가 일식 기사가 연대적으로 불규칙하다는 것 역시 석연치 않다. 가령 기원후 16~124년과 201~256년 사이에는 이상한 공백기가 있으며, 제2기의 257~786년 사이 무려 528년 동안 일식에 관한 언급이 전혀 없고, 제3기의 787년 이후부터 다시 기사가 나타나기 시작한다.

이와 같이 무언가 맞지 않는 신라의 일식 기사는 후세에 더해서 작성한 것이 아니라는 전제에서 볼 때 또 다른 가설이 가능하다. 즉, 『삼국사기』의 신라 일식 기록은 분명 고기(古記)에 적힌 것이기는 하지만 그것이 신라에서 실시한 관측 결과가 아니라 어딘가 외부에서 이 정보를 얻어서 적은 것이라고 추정할 수 있다. 그렇다면 그 정보원은 당시 상황으로 볼 때 한반도 서북방을 차지하여 한(漢) 문화의 전진기지 구실을 했던 낙랑(樂浪)이었음이 틀림없다. 기원전 108~기원후 313년 사이의 420여 년에 걸쳐 낙랑은 한나라의 식민지적 군현(郡縣)의 하나였으며, 본국과 멀리 떨어져 있으면서도 대륙 문화를 화려하게 꽃피웠고 천문 관측을 행한 흔적도 있다. 더군다나 천문 역술에 밝은 학자가 있었다는 사실도 알려져 있다.[50] 낙랑시대의 우수한 문화 유산이 신라의 경주에서 출토된 예로 미루어 보아, 신라와 낙랑 사이에 밀접한 교류가 있었을 가능성은 충분하다. 이러한 전제에서 생각해 보면, 545년에 신라가 국사를 편찬할 무렵, 그동안 비정기적으로 모은 일식 정보를 국사에 옮겨 실었거나, 혹은 그때 비로소 낙랑의 기록을 한꺼번에 옮겨 적었을 가능성(이 경우일 가능성이 더 높다)이 있다. 그렇게 해서 사기 속에 정식으로 기사화되었을 것이라는 추측이 성립된다. 따라서 왜 제1기의 일식 기사가 그토록 중국의 그것과 일치하였는지, 그리고 낙랑의 멸망을 전후한 제2기의 기록이 왜 공백으로 남아 있게 되었는지 또한 설명할 수 있을 것이라고 본다.

아무튼 신라 초기는 독자적으로 일식 관측을 실시할 만한 국가 체제는 아니었으며, 대륙의 수학이 소개되었다고 하더라도 그것이 회계 사무를 위한 정도였지 본격적으로 천문 관측에 활용된 것 같지는 않다.[51] 제3기인 787년부터는 신라가 삼국 통일 이후의 시기에 해당하며, 이는 신라가 독자적인 관측 기록을 작성하기까지는 상당한 준비 기간이 필요하였음을 시사한다. 즉, 선덕여왕 치세 기간(632~646) 동안 첨성대를 건설하고, 문무왕 14년(674)에 역술을 연구하고 신라력을 개정하여 사용하였으며, 효소왕 원년(692)에 당에서 천문도를 들여오고, 경덕왕 8년(749)에 누각(漏刻)[52]제도를 실시하고 천문박사·누각박사 임명 같은 일련의 국가제도 마련 및 천문 과학의 연구 과정을 통해서 일식 관측 기사를 내놓을 수 있었던 것이다. 787년 이후 제3기의 일식 기사는 뒤의 오폴처(Oppolzer)[53] 표와 대조해 봤을 때 그 확실성을 입증할 수 있다.[54] 이 시기의 기록은 외래의 기록을 전적으로 차용한 제1기와는 판이하다.[55] 일식 관측이 이처럼 뒤늦게 실시되었다는 사실은 문화사적으로 볼 때 신라가 고구려나 백제에 비해서 그만큼 후진 국가였음을 시사하는 하나의 예이다.

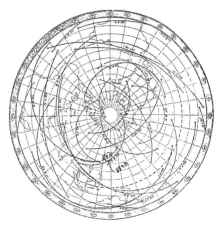

오폴처의 일식표(572년의 일식)

고구려의 일식 기사

건국 초기부터 한자의 사용과 더불어 국사를 편찬하였다는 『삼국사
기』의 서술을 보더라도[56] 고구려가 신라보다 5세기 이상 앞서 있었
으며 특히 일식을 관심 있게 사기에 기록하고 있었음을 알 수 있다.
고분 내실에 새겨진 천문도도 이 사실을 알리는 증거의 하나이다.

「고구려 본기」에 있는 11개의 일식 기사 중, 마지막 554년의 기
록을 제외한 10개는 114~273년의 것이다. 시기적으로는 대략 신라
의 제1기에 해당하지만, 일식을 하늘의 꾸지람[天譴]으로 간주하는 경
향이라든지,[57] 한반도에서만 관측이 가능한 일식을 정확히 기록하고

있다는 점[58] 등으로 미루어 보아 당시 고구려는 이미 신라의 제3기와 견줄 정도의 역산을 통해 관측이 실시되었다고 추정할 수 있다. 양원왕 10년(554)의 기록에 해당하는 일식 현상은 오폴처의 표에서는 보이지 않는다(중국의 사서에도 없다). 이는 후세의 사기 편자가 잘못 옮긴 것으로 보인다. 후기로 접어들수록 천문 사상이 왕릉에 관한 제도에 더 정교하게 표상되는 경향과는 반대로 일식 기록이 사기에서 빠진 것은 틀림없이 사료의 분실 때문이었을 것이다.

백제의 일식 기사

기원전 13년부터 기원후 592년 사이 백제의 일식 기록 26개는 큰 공백 없이 비교적 고르게 나타나 있다. 당시 백제는 송(宋)의 원가력(元嘉曆)을 사용하였고[59] 국사도 편찬하였으므로[60] 이들 기록이 후세의 조작이 아니라는 것은 우선 분명하다.

　기사의 내용을 검토해 보자. 478년의 일식이 일어난 날짜를 '삼월 을유 초하루(三月乙酉朔)'(백제 삼근왕 2년)라고 적고 있는 백제에 비해서 중국은 '이월 을유 그믐(二月乙酉晦)'[『위서(魏書)』의 「천상지(天象志)」]으로 기록되어 있다. 이것을 원가력으로 따져보면 백제의 기사가 맞는다.[61] 더욱 주목을 끄는 기사는 572년[위덕왕 19년 9월 경자 초하루(庚子朔)]에 있었던 일식 현상에 관한 것이다. 이 일식의 중심선은 오폴처의 표에 의하면 동경 48도, 북위 77도의 부근에서부터 시작하여 북부 시베리아를 가로질러 남사할린 남화태(南樺太) 지방을 지나서 태평양상 서경 176도, 북위 19도의 지점에서 그치고 있다. 즉, 이 일식은 한반도에서는 똑똑히 볼 수 있지만, 중국에서는 관측이 어려운 일식이다. 이에 해당하는 기록은 당시 중국 사서인 『수서(隋書)』 (520~616)에는 없다. 이것은 백제의 독자적인 천문 관측 능력을 보여주는 좋은 증거이다.

결론적으로 『삼국사기』의 일식 기사를 검토함으로써 적어도 다음과 같은 사실만은 분명히 밝힐 수 있게 되었다.

첫째, 『삼국사기』의 일식 기사는 여태까지의 통설과는 달리 엮은이가 조작한 흔적이 전혀 없다.

둘째, 삼국 중 고구려와 백제는 신라보다 훨씬 앞서서 역 계산과 천체 관측을 실시했으며, 그만큼 두 나라가 일반 문화 면에서도 신라보다 선진국이었을 것이다.

셋째, 수학 지식은 관료 조직 내의 회계 사무 등에 필요한 실무상의 기술로 쓰이기도 하였지만 천문 활동과 관련해서 그 중요성에 대한 인식이 높아졌다. 따라서 체계적인 지식으로서의 수학은 삼국시대에 이미 충분히 뿌리를 내리고 있었다고 볼 수 있다.

제 3 장

삼국시대의 수학

1. 율령국가의 산술적 기초

한국 수학사의 시작

역사를 구분할 때 예전에는 왕조 중심의 정치 변혁사에 초점을 두는 방법을 흔히 사용하였다. 이 방법은 특히 천명 사상을 역사관으로 삼고 있는 중국 왕조사에서는 유일한 역사 기술 방법이었다. 그러나 문화 개념의 시각에서나, 철학·과학·예술 같은 문화의 각 분야에서 역사의 시대성을 살펴보고자 할 때 이러한 역사 기술 방법으로는 그 역사를 제대로 보기 어렵다는 것이 오늘날 역사학계의 입장이다. 이러한 의미에서 한국의 수학사, 좀 더 엄밀하게 말해서 한국 수리 사상사의 시작을 정하는 문제 역시 그렇게 간단하지 않다.

그렇다면 한국 수학사의 시작을 과연 삼국시대 이전까지 거슬러 올라갈 수 있을까?

기원전 2~3세기의 한반도 정치 정세는 소박하기는 하지만 국가 체제가 형성되는 시기였다. 사학자에 따라 '원삼국시대'라고 이름 붙일 정도로 이 시기는 고구려·백제·신라 등 고대 국가들이 성립되기 직전이었다. 이 시대는 멀리 제주도까지 미친 대륙 문화의 강력한 영향 아래 농경 금속 문명이 널리 보급되고 교환 경제가 활발해진 시기이다. 이에 따라 인간의 사유 또한 원시적이고 경험적인 단계에서 보다 합리적인 형태로 발전하였다. 농업 생산과 밀접한 관련이 있는 천체 운행의 측정 기술과 계산술 등이 이러한 생활 조건의 변화에 따라 토착 과학(ethno-science)의 테두리 안에서 발전하고 있었을 것이다. 그렇다고 해서 원삼국시대를 수학사의 시작으로 설정할 수는 없다. 왜냐하면 고대 그리스 시대 이후의 '자립한 지식 영역'으로서의 수학과 비교하는 것은 차치하고서라도, 중국 수학의 전통적인 기술 지식으로서의 성격에 견주어 보아도 원삼국시대는 아직 그러한 체계적인 수리과학이 성립된 시기가 아니기 때문이다. 낙랑(B.C. 108~A.D. 313)의 한인 이주자들에 의하여 어느 정도 수학 지식이 전래되었을 가능성도 있지만 그것이 토착 한국인 스스로의 수용을 뜻하는 것은 아니기 때문에 이를 염두에 둘 필요는 없다.

여기에서 수리과학이 성립되는 필수적인 선행 조건의 하나로 문자의 사용을 들 수 있다. 일반적으로 조직화된 지식은 문자의 매개 없이는 성립할 수 없기 때문이다. 수학 지식도 경험적인 기술(技術)

의 단계에서 체계화된 기술(記述) 과학으로 발전하기 위해서는 무엇보다 문자의 자유로운 사용이 최소한의 필수 조건이다. 따라서 여기에서 뜻하는 문자나 과학이 중국의 것임을 염두에 둔다면, 이 땅에서 수학을 포함한 과학 기술이 뚜렷한 지식의 체계로 나타난 것은 적어도 중국의 관료 조직이 도입된 시기 이후라고 볼 수 있을 것이다. 수학 지식이 행정 기술의 하나로서 중시된 중국에서는 오래전부터 수리에 밝은 기술 관료가 행정 기구의 일원으로 등장했다. 따라서 삼국이 율령 정치[1]를 시행하였을 때에는 당연히 수리에 밝은 기능직이 채용되었을 것이다.

율령 정치의 관료 체제는 두 가지 측면에서 수학 지식을 필요로 한다. 우선 현실적인 면에서 토지 측량·조세 징수·국고 경리 등의 행정 실무를 수행하려면 이른바 정치의 산술적 기초가 필요하다. 그리고 형식적인 면에서는 국가의 권위를 과시하기 위해 토착 사회의 경제구조와는 다른 정치체제의 원형 혹은 이상적 모델을 본받아야 하고, 그 과정에서 관용 과학으로서의 수학이 현실 정치에서 필요 이상으로 중시되는 경향이 생기게 된다. 관료 조직 안에서의 국영 과학의 하나로 시작된 한국 수학은 실용적인 기능 면에서는 중국 수학책을 수용하는 일에서도 독자적인 입장을 취했다. 무턱대고 중국 수학을 원형 그대로 받아들인 것이 아니라 우리 실정에 맞도록 수학책의 수용을 수적으로 제한한다든지, 『삼개(三開)』·『육장(六章)』 같은 수학책을 재편집하는 주체성을 보여주었다. 그러나 수학이 토착 사회의 현실과는 동떨어진 고답적인 수입 문화로 쓰일 때에는 과학보다는 고전적인 권위로 고정되는 경향을 보였다. 『철술(綴術)』[2] 같은 활용 가치도 없고 소화하기도 힘든 고도의 수학 이론서를 산학 관리(算學官吏) 양성을 위한 교과서로 사용한 것이 좋은 예이다.

현실의 필요에 바탕을 둔 실용주의와 이상적인 고전주의의 모순되는 두 가지 측면이 병행 공존하는 현상이 가능했던 것은 거의 모든 시대에 걸쳐서 한국의 전통 수학이 중국식 관료 체제와 결부되어 있었기 때문이다. 이 점에서 한국 수학사에서 제도화된 산학 연구의 기점은 엄밀하게 말해서 삼국의 율령제도 속에서 천문학과 산학[3]이 체계화되기 시작한 시기와 일치한다. 따라서 필자는 앞에서 이야기한 독자적인 일식 관측의 시기도 수학사의 출발과 당연히 연관이 있는 것으로 본다. 그렇지만 삼국시대 각국의 시대적 상황에 따라 수학의 시작 시기는 모두 다르므로 개별적으로 이 문제를 다룰 필요가 있다.

고구려의 수학

삼국 중에서 최초로 율령 정치의 기초를 이룩한 나라는 고구려이다. 이 사실은 『삼국사기』를 엮은이도 인정하였다.

나라의 창건 당시부터 문자[漢字]가 있고, 역사책을 엮어서 『유기
(留記)』라고 불렀으며, 그 수는 100권을 헤아렸다.[4]

제17대 소수림왕 2년(372)에 중국에서 불교가 전래되었고, 같은 해
에 국학제도가 실시되었다. 이듬해에는 중국의 제도를 본뜬 율령 정
치가 성립되었다. 이후 고구려는 법에 따라 행정상의 일들을 처리하
기 위해, 계산 문제를 전문적으로 담당하는 기술 관리를 제도적으로
둘 필요가 있었다. 그 예로, 당시 정부에서는 복잡한 전문 기술에 속
하는 산부(算賦, 과세)와 양전(量田, 토지 측량)에 쓰이는 계산 지식이 절
실했다. 고구려에서는 조(租)·용(庸)·조(調)의 세금제도가 실시되고
있었으며[5] 그 과세는 일정한 비율에 따라 정해졌다.[6] 과세 담당의
'사자(使者)'와 왕실의 출납을 관리하는 '주박(主薄)'이라는 관직도 있
었다.[7] 소박하게나마 농지 측량도 실시했다.[8] 중국식의 관료 조직을
바탕으로 한 행정 업무와 관련해서 사용된 수학은, 비록 그것이 실
용적인 계산술이라 해도 토착 사회에서 자생한 것과는 다른 신지식
이었으며, 율령 정치 아래의 관청이 사용하는 기술학의 역할이었다.
고구려에 관한 사료가 부족한 것이 가장 큰 이유이지만, 고구려는
주체성이 강해서 관직명도 중국과는 달리 독특한 것을 사용했기 때문
에 고구려 관료제도의 구체적인 내용 파악은 매우 어렵다. 그러나 비
록 점성술적인 성격이 강하지만 '일자(日者)'라고 불리는 천문 관리가
있었고, 중국에서 천문도가 전해졌다는 사실, 그리고 앞 절에서도 이

야기한 바 있는 제6대 태조왕 64년(116)의 일식은 중국 본토에서보다
도 한반도에서 더 잘 관측했다는 사실 등은 정부 기구 속에 이미 천
문 관련 부서가 있었고, 역산(曆算)을 포함한 조직적인 천문 활동이 이
루어지고 있었음을 충분하게 보여준다. 따라서 역술과 관련 있는 분
야에서도 산학을 다루었다고 보아도 무방할 것이다.

백제의 수학

백제에서는 제8대 고이왕 때에 중국식의 관제가 성립되었다.

> 고이왕 27년(260), 정월에 내신좌평(內臣佐平)을 두었는데 왕명 출
> 납[宣納]에 관한 일을 맡았다. 내두좌평(內頭佐平)은 창고와 재정에
> 관한 일을 맡았고…….[9]

이 기록에서 알 수 있듯이, 백제는 관직 명칭에 토착성이 강하게
반영된 고구려와 매우 대조적이다. 중국의 자료[『주서(周書)』의 「북사 백
제전(北史 百濟傳)」]에서도 백제의 관리제도가 잘 정비되어 있다고 기
술한 것을 찾아볼 수 있다. 그중에서도 특히 사공부(司空部, 공작부)·
일관부[日官部, 역산(曆算)·복서(卜筮)]·도시부(都市部, 시장·도량형) 등의
관청이 있었다는 것은 당시에 율령 정치 아래에서 이른바 규구준승

(規矩準繩)[10] 용법을 비롯한 수리 지식이 상당히 폭넓게 쓰였음을 알려준다. 또 의약(醫藥)·점[복서(卜筮)]·관상술 등에 관한 기술책이나 여러 가지 책 따위까지도 중국으로부터 전해지고 있던 정도이니, 고대의 관권적(官權的)인 제도에서 실무상 반드시 필요한 수학책은 당연히 갖추고 있었을 것이다.

수학책의 존재는 다음의 기록에서도 추정해 볼 수 있다.

그 하나는 "서적을 소유하고 있으며, 중국인처럼 역(曆)을 엮었다."[11], "송(宋)의 원가력을 사용하여 인월(寅月, 1월)을 한 해의 처음[歲首]으로 삼다."[12]는 등의 기사이다. 이는 수학 지식을 필요로 하지 않는 역법이란 있을 수 없다는 의미이기도 하다. 중국의 고전 세계로 복귀하려는 생각이 역서에 대한 연구를 자극시키기는 했지만, 수학은 역법, 즉 수리 천문학의 실제에서도 당연히 중심 문제가 되었다. 역(歷) ↔ 역(曆) → 산(算, 경전의 사상)이라는 전통 관념은 물론 이 경우에도 적용되어야 한다.

또 하나는 일본의 사료를 근거로 들 수 있다. 특히 백제가 일본에 영향을 준 과학 기술 문화의 내용을 검토하면 간접적으로나마 백제의 산학을 짐작할 수 있다.[13] 백제가 일본에 주역과 역(曆)의 전문 학자를 파견하였다는 『일본서기(日本書紀)』의 기사[14]는 널리 알려져 있다. 그러나 그 후 '대보령(大寶令)'[15] (701)에 나타난 '산박사(算博士) 두 명, 산생(算生) 30명'이라는 기사에서도 일본의 수학이 백제와 간접적인 관계가 있음을 알 수 있다. 이 산학제도의 실무진이 거의 백제계 사람들이었을 것이다. 이미 고대 일본에는 각 분야의 전문 기술을 세습하는 백제계의 기술 집단이 사부(史部, 文部)·장부(藏部)·재부(財部) 등의 하급 전문직을 담당하여, 기록관의 필록 기능(筆錄技能, 써서 기록하는 기능)이나 재무관의 계수 기능 면에 임명되어 있었다.[16] 적어도 '대보령' 반포 당시까지 백제계 귀화인들에 의해 이 상태가 계속되었을 것이라고 본다.

그러나 백제 자체의 산학에 관해 직접 언급한 문헌은 없다. 이는 다음과 같은 이유 때문인 듯하다. 산학이라는 명칭이 중국에서 쓰이게 된 것은 겨우 수나라(449~617)부터이며[17], 그것이 본격적으로 제도화되기 시작한 것은 당나라 대(618~906)에 이르러서이다. 바꾸어 말하자면 그때까지도 수학은 관료 조직 속에서 독립적인 기술학으로서의 자리를 차지하지 못한 셈이다. 수당시대에는 백제가 (663년에 멸망할 때까지) 이 산학제도를 수용하고 실시할 겨를이 없었다거나, 혹은 삼국시대의 수학이 역법이나 기타 실무상 기술에 대한 부수적인 수단의 위치에서만 사용되었을 뿐 독립된 지식 체계로는 인정받지 못하였던 것 같다.

어쨌든 백제의 수학―정확하게 말해서 관용 수학(官用數學)이지만―은 중국식으로 잘 정비된 정치 행정 체제 속에서 다루어졌다는 사실, 그리고 일본에 끼친 영향 등을 고려할 때 삼국 중에서는 최고 수준에 이르렀음이 분명하다. 이 문제에 대해서는 나중에 다시 설명하기로 하자.

고(古)신라의 수학

삼국 중에서 문화적으로 가장 후진국이었던 신라는 산학에서도 낙후되었음을 『삼국사기』의 기록으로 알 수 있다. 첨해 이사금(沾解尼師今)[18] 5년(251)에 "정월에 왕은 한기부의 부도(夫道)라는 사람이 가난함에도 불구하고 남에게 아첨함이 없고, 글씨와 셈을 잘하여 이름이 알려졌으므로 아찬(阿飡)의 관직을 주어 물장고의 사무를 맡겼다."[19]는 기록이 있다. 이것을 좌평·좌두의 관직자로 하여금 선납과 고장의 사무를 보게 한 백제 고이왕 27년(260)의 기사와 비교해 보면, 언뜻 보기에는 국고의 출납 회계를 담당하는 재무관리직의 출현은 신라가 백제보다 약간 앞섰다고 생각할 수도 있다.

그러나 신라는 유능한 사람을 가끔 등용해서 재무 관리를 맡기는 정도에 그친다. 신라의 부정기적인 관리 등용 현상에 비해 백제는 관직의 사무 분장이 제도화된 상태라는 점에서 두 나라 사이에는 본질적인 차이가 있다. 사실 신라가 재무직을 제도화한 것은 이보다 훨씬 뒤의 일이다. 예를 들어 공부(貢賦, 공물·조세)를 담당한 부서인 '조부(調部)'가 생긴 것은 584년(진평왕 6년)이고, 조세와 창고를 맡는 부서인 '창부(倉部)'가 생긴 것은 651년(진덕왕 6년)이다. '공장부(工匠部)'는 682년(신문왕 3년)에 설치되었으며, 천문 관측과도 깊은 관련이 있는 물시계의 조작과 관리를 주요 업무로 삼는 '누각전(漏刻典)'이 선보인 것은 718년으로 모두 통일신라시대에 속하는 일이다. 여기에서 특히 주목을 끄는 것은 누각제도가 성립하기 이전에는 천문역법을 담당하는 관서의 명칭을 찾아볼 수 없다는 점이다. 이것은 법흥왕이 율령을 처음 반포할 당시에조차(520) 역법을 국가의 중대한 법전으로 섬긴 중국식 정치 이념을 반영하지 않았다는 것을 의미하며, 또 앞에서 언급한 신라의 일식 기사가 이 무렵 긴 공백이 되어 있다는 사실과도 관련이 있다고 볼 수 있다. 토착성이 강하게 반영된 신라의 정치체제는 일찍부터 일관부(日官部)를 두었던 백제와는 다른 형태의 관료 조직을 가졌던 것 같다.

반면에 상업 무역은 비교적 활발하여 5세기 말(490)에는 시장을 관리하는 기관인 '시전(市典)'이 설치되었으며, 이 관청이 도량형 제정을 비롯하여 물가의 통제 및 매매에 따르는 세금 징수 등을 맡았다는 것이 알려져 있다.[20] 그러나 적어도 중국식 국가 조직 정비라는 면에서는 삼국 중 신라가 가장 뒤져 있었던 것이 확실하다. 국사 편찬은 백제보다는 170년, 고구려보다는 5세기나 늦게 시작되었으며, 국학은 고구려보다 310년 뒤인 통일신라시대에 설립되었다. 중국 문화와의 교류를 염두에 두고 따져본다면, 당시 한반도의 벽지(僻地)였던 신라는 학문적으로 눈에 띄는 활동이 거의 없었을 것이다. 따라서 관료제도 내에 산학을 둘 만한 처지가 못 되었을 것은 당연하게 보인다. 신라가 산학제도를 갖게 된 것 역시 통일 이후의 일이다.

2. 중국과 일본의 산학제도

삼국시대의 중국 산학

우리나라 삼국시대에 해당하는 중국의 당 나라 대까지의 중국 수학을 수학책을 중심으로 살펴보면 대략 다음과 같다.

① 기원후 480년경, 유송(劉宋)의 조충지(祖沖之)가 『철술(綴術)』을 저술했다.

② 500년경, 조충지는 일종의 적분법을 써서 구의 부피를 구했다.

③ 550년경, 북주(北周)의 견란(甄鸞)이 『오경산술(五經算術)』을 저술했다. 그의 『수술기유(數術記遺)』 주석도 있다. 이 무렵 『하후양산경(夏侯陽算經)』, 『장구건산경(張丘建算經)』 등이 나왔다.

④ 625년경, 당나라의 왕효통(王孝通)이 『집고산경(緝古算經)』을 저술하여 2차방정식을 사용하였다.

⑤ 665년경, 당나라 이순풍(李淳風)이 칙명으로 여러 수학책을 주석하여 『산경십이서(算經十二書)』를 교과서에 사용하였다(그중 10서가 남아 있다).

⑥ 727년 승려 일행(一行)이 대연력(大衍曆)을 만들었다. 부정방정식을 역법에 사용하였다.

①~⑥까지에 의하면 『산경십이서』를 주석한 해가 665년경으로 되어 있지만, 그보다 훨씬 이전부터 고산서가 존재하였을 것이다. 산경십이서 중에서도 가장 대표적인 『구장산술(九章算術)』에 이미(경원 4년, 263) 위나라 유휘(劉徽)가 넣은 주석이 있다는 점으로 미루어 보아도 이 수학책이 한(漢) 대에 엮어진 것만은 틀림없다. 이 때문에 특히 『구장산술』은 일찍부터 한국 및 일본에 전해져 있었다.

산학은 당나라의 정비된 교육제도 내의 전문 과정으로 정착하였다. 그 밖의 태사국(太史局)에서도 역법을 가르쳤는데, 역의 작성에 필요한 수학을 따로 가르쳤다. 그러나 사대부의 교양을 위한 학문이 아닌, 관영 기술의 하나로 등장한 산학은 아시아적 농경 사회가 요구하는 실용적인 기능 이상은 평가받지 못하였다. 따라서 산학과 관계된 관리의 지위도 낮을 수밖에 없었다. 산학박사의 위계는 종9품에 지나지 않았고, 산생(산학의 생도)은 8품 이하의 하급 관리 또는 서인(庶人)의 자제에 한정했다. 역법 담당 기술 관리가 산학보다 조금 더 지위가 높았던 것은 그 성격상 당연한 일이다.

당의 산학은 국자학(國子學)[21]의 일부이며 그 고시(考試)에 관한 것은 국자학의 다른 교과와 마찬가지로 예부(禮部)에서 관장하였다. 칠 년이라는 꽤 긴 수업 연한의 산생 교육[22]의 교과 과정은 다음과 같다.

교과서명	수업 연한	
『손자산경』	1년	제1조 (초급반)
『오조산경』		
『구장산술』	3년	
『해도산경』		
『장구건산경』	1년	
『하후양산경』	1년	
『주비산경』	1년	
『오경산술』		
『철술』	4년	제2조 (고급반)
『집고산경』	3년	

이 산학제도는 당시 당에 유학을 한 삼국의 유학생들에 의해서 국내에 소개되었다. 그렇지만 실제로 당의 학제를 실시한 시기는 통일신라시대 이후였다.

고대 일본의 산학과 천문학

고대 일본의 산학제도가 성립할 때까지의 한일 문화 교류 관계를 일본 문헌(『일본서기』)에서 살펴보면 대략 다음과 같다.

① 오진 천황(應神天皇) 15년(284)에 백제인 아직기(阿直岐), 태자(太子)의 스승[師傅]이 되다.

② 오진 천황 16년에 백제인 왕인(王仁)이 논어와 천자문을 전하고 태자의 스승이 되다.

③ 게이타이 천황(繼體天皇) 7년(513)에 백제에서 오경박사(五經博士) 단양이(段楊爾)를 파견, 10년에는 오경박사를 교체하였다.

④ 긴메이 천황(欽明天皇) 14년(553)에 백제에 의박사(醫博士), 역박사(易博士), 역박사(曆博士)의 정기 교체 및 점서(占筮), 역서(曆書)와 기타 각종 약재(藥材)를 요청하였다. 15년에는 일본의 요청에 따라 백제가 역박사(易博士) 시덕(施德)·왕도량(王道良) 및 역박사(曆博士) 고덕(固德)·왕보존(王保存) 등으로 교체했다.

⑤ 수이코 천황(推古天皇) 10년(602)에는 백제의 승려 권륵(勸勒)이 역서(曆書)[23] 및 천문책, 방술(方術), 둔갑술(遁甲術) 등을 전하고 학생을 가르쳤다.

⑥ 조메이 천황(舒明天皇, 재위 629~641) 때 중국제도에 따라 두(斗)·근(斤)·승(升)·량(兩) 등의 도량형제를 정했다.

⑦ 고토쿠 천황(孝德天皇) 2년(646)에는 글과 수학에 밝은 자에게 회계 업무를 맡겼다.

⑧ 사이메이 천황(齊明天皇) 6년(660)에는 처음으로 물시계를 만들었다.

⑨ 덴지 천황(天智天皇, 재위 661~671)·덴무 천황(天武天皇, 재위 673~686)때에는 관리 양성 기관을 만들어서 산박사(算博士) 2명, 산생 20명을 두고 신대(新臺, 漏刻臺)와 점성대(占星臺)를 설치하였다.

⑩ 몬무 천황(文武天皇) 2년(701)에 대보령(大寶令)을 반포하였다.

⑪ 겐쇼 천황(元正天皇) 2년(718)에 양로령(養老令)을 반포하였다.

이상의 기사들을 훑어보면 고대 일본의 역과 산학에 끼친 백제의 영향력이 거의 절대적이었음을 알 수 있다. 대보령과 양로령이 중국의 율령제도를 그대로 형식적으로 재현한 것에 불과하기 때문에 이때의 산학제도가 당의 명산과(明算科)의 내용을 반영하는 것은 지극히 당연했지만, 자세히 살펴보면 여기에도 여전히 백제계의 전통이 남아 있음을 알 수 있다. 당시 일본 산학 교과서는 『손자산경(孫子算經)』, 『오조산경(五曹算經)』, 『구장산술(九章算術)』, 『해도산경(海島算經)』, 『육장(六章)』, 『철술(綴術)』, 『삼개중차(三開重差)』, 『주비산경(周髀算經)』, 『구사(九司)』로 되어 있다. 이 중에는 당제(唐制) 명산과에는 없는 『육장』, 『삼개중차』, 『구사』가 포함되어 있다. 또 『육장』과 『삼개중차』의 이름은 통일신라의 산학제도에도 나타나고 있다는 점이 흥미롭다.

이렇게 서로 잘 맞는 것에 대해 일본의 수학사가들은 야마토 조정(大和朝廷)이 신라의 국학제도를 본보기로 하였기 때문이라는 견해를 내세우고 있다.[24] 그러나 이 신라 모방설은 다음과 같은 이유 때문에 도저히 수긍하기 어렵다.

첫째, 신라의 누각제도는 일본보다 50여 년이나 늦게 시작되었으며, 산박사라는 관직 명칭이 일본에서는 701년 대보령에서 나오는 데 비해, 신라는 717년의 일이다.

둘째, 통일기를 전후한 신라와 일본의 사이는 정치적으로 적대 관계였다. 그러므로 일본 야마토 정부는 과학기술 정책을 신라로부터 차용할 처지가 못 되었을 것이다.

그렇다면 양국 간의 산학 교과 과정의 유사성은 어디에서 유래한 것일까? 그 가능성은 백제와의 관계 이외에서는 찾을 수 없다. 백제의 선진 기술이 신라에 진출한 것은 황룡사 9층탑에서도 찾아볼 수 있다. 그리고 통일 이후에도 백제계 기술 관료들이 신라의 중요한 실무를 맡았을 것으로 생각되며, 그중에는 물론 산학도 포함되어 있었을 것이다. 요컨대 『육장』·『삼개중차』·『구사』 등은 백제인이 중국 수학책을 재편집하여 신라와 일본에 보급하였을 것이라는 추정이 가능하다. 이에 대한 더 자세한 내용은 후에 통일신라의 산학제도를 다루는 자리에서 다시 하도록 하자.

야마토의 제도는 산학을 국학에 소속시키고, 천문과 역법을 온묘료[陰陽寮]에서 가르치는 등 형식적으로는 잘 정비되어 있었다. 그렇지만 이 제도의 운영은 사실상 백제계 관리(특히 백제의 멸망을 전후해서 일본으로 건너간 사람들) 및 그 후손들에 의해 유지된 것으로 보인다. 일본 토착인들이 아닌 외래인들에 의해 장악된 역·산학은 사회의 실정과 유리된 매우 고답적인 과학일뿐더러, 본래의 배경인 중국의 이데올로기를 빼버린 지식의 내용만을 문제 삼았기 때문에 호기심의 대상 이상으로는 존재 가치가 없었다. 배경이 되는 이데올로기를 버리거나 혹은 도외시하는 일본인 특유의 학문관과 과학관은 한국인의 그것과는 처음부터 재미있는 대조를 보였다. 일본의 수학은 정확하게 말해서 외래 수학의 유입기보다 훨씬 후인 에도[江戶]시대(1703~1866)에 비로소 정착한다. 수학이 유입된 시기와 에도시대는 수학사의 관점에서는 완전히 단절되었다. 따라서 '수학·천문학이 가장 융성하였던 다이호[大寶]시대와 요로[養老]시대' 25)는 알고 보면 사실 토착 일본인 자신들에게는 외래 과학을 표면적으로만 수용한 시기였다.

일본 수학사의 이 특이한 단층은 과학의 사상적 배경에 대해 무관심했기 때문에 나타나는 현상이다. 동일한 과학 기술을 수용하였으면서도 한국과 일본 두 나라는 수용 자세부터가 전혀 달랐다. 한국이 과학 자체보다도 배경 이데올로기에 집착하는 전통주의적인 입장을 지켜왔다면, 일본은 과학 외의 이데올로기뿐 아니라 과학 사상마저도 외면하는 극단적인 태도를 보였던 것이다(이 '무사상성'에 관하여 일본의 과학사가들은 별로 주목하고 있는 것 같지 않다). 그 단적인 예로,

야마토 정부가 물시계와 천문제도의 형식을 재빨리 받아들인 반면, 가장 중요시해야 할 국사 편찬은 이보다 훨씬 후인 700년대에 가서야 했다는 것을 들 수 있다.[26] 삼국시대의 국사 편찬은 고구려가 1세기, 백제가 4세기, 제일 늦은 신라의 경우도 일본보다는 2세기 이상 앞서 있다.

결론적으로 말해서 고대 일본과 한국 사이에는 열도와 반도의 지리적 간격만큼이나 사유 구조 면에서 차이가 크다. 그 후 일본의 천문제도는 관료 조직으로부터 이탈하여 특정 문벌이 천문제도를 장악하였으며 산학은 아예 소멸해 버린 것에 비해, 한국에서는 천문과 산학 모두 지속적으로 존재해 왔다. 이 대조적인 현상은 사상성을 둘러싼 사유 형식의 차이 때문일 것이다.

3. 『구장산술』의 세계

수학 지식의 공급원

한참 발전하고 있던 삼국에서는 수학의 실용 지식이 토지 측량·과세·토목·무역·수송 등 여러 분야에서 점차로 더 많이 요구되었다. 『삼국사기』에는 다음과 같은 기사가 있다.

창고 관리는 …… 사(史)는 여덟 명으로 진덕왕이 설치하였다. 문무왕 11년(671)에 세 명을 더하였고, …… 효소왕 8년에 한 명을 더하였고, 경덕왕 11년에 세 명을 더하였고, 혜공왕이 여덟 명을 더하였다.[27]

이 기사를 보면 관리의 정원을 계속 늘리지 않으면 안 될 정도로 창고 수납 업무가 해를 거듭할수록 늘어났다는 것을 알 수 있다. 그러자면 마땅히 계산 능력을 갖춘 관리가 필요했을 것이다. 비록 당시의 계산 서류가 어떠한 것이었는지에 대한 구체적인 자료는 없지만, 일본 정창원(正倉院)에 보관되어 있는 고대 일본의 주계(主計)·주세료(主稅寮) 등의 정세장(正稅帳)이나 조장(租帳)과 비슷한 형태의 것이 있었으리라고 추측된다. 1933년 정창원에서 발견된 신라의 「민정문서(民政文書)」에는 네 개의 촌락에 관한 주위 사방의 거리(步數), 집의 수(戶數), 인구, 전답의 면적, 가축의 수, 나무의 수[桑株數] 등이 기록되어 있는데,[28] 여기에서도 회계 관리의 업무에서 다룬 계산 내용이 무엇이었나를 추측할 수 있다.

이러한 계산 기술을 뒷받침하는 수학 지식의 공급원은 앞서 설명한 것처럼, 『구장산술』을 중심으로 한 산서 이외에는 없다.[29] 그러면 이 수학책의 내용이 구체적으로 삼국의 정치·경제 생활에 어떻게 활용되었는지를 살펴보기로 하자.

토지 측량

농본 경제 중심의 국가는 재정의 대부분을 차지하는 수확량을 확보하기 위해서 토지제도를 마련해야 했다. 따라서 농지 측량에 종사하는 기술 관료가 반드시 필요했다. 이들 기술직의 명칭은 중국이나 일본에서는 '산사(算師, 토지 측량사)'라고 하였으나, 『삼국사기』 등의 문헌에는 그 명칭이 보이지 않는다. 그러나 예를 들어 『삼국사기』 지리지가 편찬할 때 기본 자료로 고지도와 지지(地志)를 분명히 참고하였을 것이니, 그렇다면 토지제도에 따라 논밭 등 땅을 구획하는 법이 실시되었을 것이 분명하다.[30]

농지라고 해도 지금과 달리 자연 그대로의 지형을 이용한 것이기 때문에 그 형태는 각양각색이었다. 그렇지만 실제 측량에서는 정사각형(방전) · 직사각형(직전) · 이등변삼각형(규전) · 사다리꼴(제전) · 원형(원전) · 궁형(호전) · 고리 모양(환전, 동심원 사이의 넓이)[31] 등 몇 가지 유형으로 나누어 땅의 넓이를 계산하였다. 그리고 각 땅의 모양마다 계산 규칙을 물론 익혀 놓았을 것이다.

> 지금 원형의 땅(圓田)이 있다. 둘레의 길이는 30보(步), 지름이 10
> 보(步)라고 할 때 넓이는 얼마인가?
> 답 75보
> 풀이 반원주(半圓周)에 반지름을 곱하면 된다. (『구장산술』 제1장, 방전)

그리고 이것의 역산(逆算)이 될 다음 문제도 일정한 면적의 농지를 개간하고자 하였을 때 꼭 알아두어야 할 방법이었다.

> 폭이 1보 반인 땅 1무(畝, 240보)를 만들고 싶다. 길이를 얼마로
> 하면 좋을까? (『구장산술』 제4장, 소광)[32]

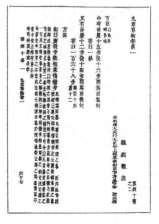

『구장산술』 제1장　　　　　『구장산술』 제4장

　토지에 대한 지배층의 관심은 토지의 넓이보다도 거기서 얻을 수 있는 곡식의 수확량에 있었기 때문에 농지 면적을 정밀하게 재는 측량법은 그들에게는 별 의미가 없었다. 그러므로 고구려의 경무법(頃畝法), 백제의 결부법(結負法),[33] 그리고 두 가지를 겸한 신라의 토지제도, 또 이것을 계승한 고려의 토지제도의 배경에는 '생산량=경지 면적'이라는 등식을 성립시키는 사고 방식이 있었다. 이 도식은 조선 말에 이르기까지 전통 사회의 농지에 대한 관념을 지배하였으며, 현재에도 이런 생각은 여전히 남아 있다.[34] 이것은 농업 생산방식만의 문제가 아니라, 토질에도 원인이 있다. 곳에 따라 토지의 비옥도가 다르기 때문에 집약 농업이 가능한 한반도의 토질은, 거의 모두가 박토라서 조방농업(粗放農業)[35] 방식만을 사용한 유럽과는 근본적으로 다르다. 이렇게 경지 면적을 수확량과 결부시키는 이중적인 사고는 과세 면에서 큰 혼란을 불러왔으며, 역대 왕조는 기회가 있을 때마다 토지제도의 정비에 힘을 기울였다. 그렇지만 결정적인 시정은 끝내 이루어지지 않았다.

아무튼 실제 측량 현장에서는 목측 보수(目測 步數, 눈대중으로 크기를 추정하는 방식)라든지 고랑[畝]의 수 등에 바탕을 둔 원시적 방법도 사용했을 것이다. 그러나 적어도 방전·직전·규전·구전(勾田, 직각삼각형 모양의 밭) 등 비교적 구별하기 쉬운 몇 가지 형태로 분류해서 경우에 따라 다소의 가감을 한다는 내용의 측량 계산 원칙이 있었음은 사실일 것이다.[36]

조세와 부역

삼국시대에는 조[租, 전세(田稅), 땅에 대한 세금]·용[庸, 인두세(人頭稅), 개인에 대해 일률적으로 부과하는 세금]·조[調, 호세(戶稅), 집집마다 징수하는 세금] 등의 세금제도를 실시하였다. 이를 관장하는 관청에서는 당연히 조세 수납에 필요한 다음과 같은 계산법이 활용되었다.

밭 1무(畝)에서 곡식 6과 3분의 2되(升)의 수확이 있을 때, 1경 26 무[37] 159보의 땅에서는 얼마의 수확이 있어야 하는가?(『구장산술』 제3장, 쇠분)

또한 용세의 한 형태로서 요역[徭役, 무역(賦役)]제의 예로는 성을 쌓거나 제방을 쌓는 일을 비롯한 토목 공사에 관한 기사가 『삼국사기』에 많이 소개되어 있다. 그때마다 노동력을 징발하기 위한 산술이 필요하다.

> 지금 북향에 8,758명, 서향에 7,236명, 남향에 8,356명의 장정이 있다. 이 세 고을에서 378명을 징발하려고 할 때 각각 몇 명씩 할당하면 좋은가?(『구장산술』제3장, 쇠분)

곡물 교환과 조공 무역

삼국시대에는 은을 실용 화폐로 사용한 적도 있으나, 일반적으로는 곡물과 베[布]가 중요한 물품 화폐였다. 그중에서도 쌀·보리·콩·좁쌀 등이 가장 흔한 교환 수단이었으며, 상호 교환은 신라의 시전(市典), 백제의 도시부(都市部) 등 관청의 감독 아래에 있는 관설 시장에서 이루어졌다. 이러한 거래 과정에서는 다음과 같은 계산 문제가 필요했을 것이다.

> • 좁쌀 50에 대하여 현미 30의 비율로 교환한다면 좁쌀 한 말일 때 현미는 얼마가 되는가? (『구장산술』제2장, 속미)
> • 좁쌀 50에 대하여 현미 60의 비율로 교환한다면 현미 12말 6되 15분의 14되로는 좁쌀 얼마가 되는가? (『구장산술』제2장, 속미)

삼국과 중국 사이에는 교린 관계에 목적을 둔 조공 이외에도 나라에서 경영하는 국제 무역도 함께 이루어졌다.[38] 이때 중국 화폐를 기준으로 생산물을 교환했기 때문에 다음과 같은 계산 문제를 다루었다.

- 720전(錢)으로 비단 한 필(匹) 두 장(丈) 한 자(尺)를 매입하였다면 한 장의 단가는 얼마인가? (『구장산술』 제2장, 속미)
- 실[絲] 한 근(斤)의 가격은 240전이다. 1,328전으로는 얼마만큼의 실을 살 수 있는가? (『구장산술』 제3장, 쇠분)

소득 지출의 비례 배분

『구장산술』 제3장 쇠분의 첫머리에는 고대 중국의 사회상을 반영하는 예로 자주 인용되는 다음과 같은 문제가 실려 있다.

- 지금 대부(大夫) · 불경(不更) · 잠뇨(簪裊) · 상조(上造) · 공사(公士)의 다섯 계급[39]에 각각 속하는 다섯 사람이 다섯 마리의 사슴을 사냥하였다. 이것을 계급에 따라서 분배하면 각자의 소득은 얼마인가? 단 각자의 소득은 5 : 4 : 3 : 2 : 1의 비율로 배분하기로 되어 있다.

여기에서 '쇠분'이라는 낱말은 계급에 따른 비례 배분이라는 뜻으로 쓰인다. 신라의 계급사회에서도 이와 비슷한 예를 볼 수 있다. 가령 계급별로 주택의 규모를 제한하는 조례 따위가 그것이다.

진골(眞骨)은 방의 크기가 가로 세로 24척을 넘지 못하며, …… 육
두품(六頭品)은 21척, 5두품은 18척, 4두품 이하 서민은 15척을
넘지 못한다.[40]

즉, 하위의 품계부터 차례대로 배분한다면, 5 : 6 : 7 : 8의 비율에
따라 상한선을 정하는 것이다. 이 밖에 이른바 관료전(官僚田)제도를
두어 관리의 등급에 따라 차별적인 배분을 하기도 하였다. 토착의
골품 신분제와 중국식 관료제를 혼합한 통일신라의 지배 체제에서
는 이러한 계급적 배분이 경제생활에도 강하게 투영되었다고 보아
야 한다.

축성과 기타 토목 공사

『삼국사기』에는 성곽 · 왕릉 · 제방 · 교량 등에 관한 수많은 기사가
등장한다.[41] 특히 한국의 축성술은 중국의 토성과는 달리 자연 지세
를 이용한 석성(石城)이 대부분인데, 성은 매우 견고해서 외부의 침
입으로부터 놀랄 정도의 빙어 효과를 보여주었다고 여러 사서에 나
와 있다.[42] 그 대표적인 예인 고구려와 당나라의 싸움에서 당태종이
60일간 근 50만 명을 동원하여 산을 쌓아 올려 안시성(安市城)을 공
략하였으나 끝내 실패하였던 유명한 전쟁 일화[43]를 보더라도 당시
한국의 탁월한 축성술을 짐작해 볼 수 있다. 이것은 한편으로는 토
목 수학이 발달하였다는 방증이기도 하다. 축성의 기술자들은 다음

과 같은 지식을 갖추고 있었을 것이다.

- 1만 입방척의 땅을 파는데, 견토(堅土, 굳은 흙)와 양토(壤土, 굳지 않은 흙)는 각각 부피가 얼마나 되는가? 단, 파인 땅과 거기에서 나온 견토, 양토의 부피의 비는 4 : 3이다. (『구장산술』 제5장, 상공)

- 한 성이 있다. 아랫부분의 가로 폭이 4장(丈), 윗부분의 가로 폭은 2장, 높이 5장, 그리고 전장(全長) 126장 5척이라 한다면 부피는 얼마인가? (『구장산술』 제5장, 상공)

공예 제작

삼국의 예술 중에서는 금속 공예와 기와 · 벽돌[瓦塼] 기술이 발달했다. 한반도에서는 일찍부터 금 · 은 · 동 · 철 등 금속이 풍부하게 채굴되었으며, 이에 따라 야금술(冶金術, 광석에서 금속을 골라내는 기술)도 발달하였다. 철 생산량이 많았던 신라는 왕실 전속의 '탄전(炭典)'[44]과 '철유전(鐵鍮典)'[45] 등을 두어 금속 공예품의 제작을 맡겼다.

금과 은은 재화로서의 가치가 중요시되었음은 물론이고,[46] 지배계급의 장신구로도 쓰임새가 다양하였음을 왕과 왕후의 분묘에서 출토된 부장품을 통해 알 수 있다. 그러므로 금과 은의 칭량(秤量, 저울로 무게를 다는 것)은 해당 관서의 중요한 업무였을 것이다.

• 지금 금 9매(枚)와 은 11매의 무게가 같다고 한다. 금 1매와 은 1매를 바꾸어 넣었더니 13냥(兩)이 가벼워졌다. 금과 은 1매의 무게는 각각 얼마인가? (『구장산술』 제7장, 영부족)[47]

기와와 벽돌을 제조하는 것은 건물의 조영 양식과 관련하여 절대적으로 필요한 일이었다. 삼국의 문화를 일명 '와전 문화'라고 할 정도로 기와와 벽돌의 아름다움 속에 세 나라의 예술적 특징이 들어 있다. 백제는 와공(瓦工)을 '와박사(瓦博士)'라고 존칭하며 사회적으로 우대하였고, 신라는 '와기전(瓦器典)'을 두어 국가적 차원에서 기와와 벽돌 제작에 힘썼다. 이러한 대규모 계획 생산에는 반드시 다음과 같은 계산 문제가 따랐을 것이다.

• 한 사람이 사흘 동안 수키와 38장, 이틀 동안 암키와 76장을 만들 수 있다고 한다. 만약 하루에 한 사람이 수키와와 암키와를 반반씩 만들려고 한다면 기와는 모두 몇 장이 되는가?(『구장산술』 제6장, 균수)

화물 수송

삼국의 영역이 확대되는 추세에 따른 교통기관의 시설 확충 및 정비는 공통 과제였다. 그렇지만 문헌상으로 그에 대한 기록이 분명하게 남은 것은 5세기 말의 신라 우역제(郵驛制, 지금의 역과 같은 제도)이다.

관도(官道, 국가에서 관리하던 간선길)·역(驛)·역마(驛馬)·역노(驛奴) 등의 통신 기관을 구비한 우역제도가 어떤 기능을 발휘하였는지는 확실하지 않다.[48] 그렇지만 이 교통기관을 통해서 화물 수송이 활발해진 것만은 확실하다. 나당 연합군이 고구려를 침공했을 당시의 상황을 그린 기사가 그것을 증명한다.

> 문무왕 2년(662), 왕은 김유신에게 명하여 수레 2,000여 대에 쌀 4,000섬과 조(租) 2만 2,000여 섬을 싣고 평양으로 가서 당나라 군사를 돕게 하였다.[49]

이 막대한 화물을 1,000킬로미터가 넘는 평양까지 예정된 기일에 운반하기 위해서는 수송 일정, 징발 인원의 할당 등에 관한 여러 가지 계산을 세밀하게 해야 했다. 그러기 위해서는 다음과 같은 문제를 풀 수 있어야 했다.

- 좁쌀을 수송하고자 한다. 갑현(甲縣)에는 1만 호가 있고, 거기에서 목적지까지의 일정은 팔 일이며, 을현에는 9,500호가 있고, 목적지까지의 일정이 10일, 병현에는 1만 2,350호가 있고, 일정은 13일, 정현에는 1만 2,200호가 있고, 일정은 20일이 소요된다. 네 현에 전부 합하여 좁쌀 25만 섬이 부과되었다고 한다. 이 결과 수레 1만 대가 필요하게 된다. 일정의 멀고 가까움, 호수의 많고 적음에 따라 차이를 두어 할당한다면 좁쌀과 수레는

각각 얼마씩 있어야 하는가?[50)

이상에서 살펴보았듯이 삼국에는 조세, 곡물 교환, 토목공사, 배분, 물가, 이자, 공예품 생산, 수송의 문제 등을 다루기 위하여 당연히 그 나름의 계산술이 요구되었다. 그러나 이러한 실용 수학의 내용은 『구장산술』 하나만으로도 충분하였다. 사실 당시 삼국의 사회 현실이 요구하는 수리적 지식은 『구장산술』 중에서도 초보적인 부분에 한정되어 있었다. 이 현실에 맞추어서 『육장』이나 『삼개』 등의 간추린 수학책이 편집되었을 것이라는 추측을 할 수 있다.

4. 삼국 및 통일신라의 건축계획에 나타난 수리

공예와 건축상의 기하학적 구성

이제까지는 정치와 경제 등 실생활에서 불가피하게 쓰인 산술의 응용에 대해 살펴보았으나, 이제부터는 기하학적인 발상이 어떻게 전개되었는지를 알아보기로 하자.

동양에서는 고대 그리스처럼 기하학을 순수한 학문의 대상으로 독립시키지 못했으며 따라서 동양 수학에서는 기하학이 차지하는 비중이 거의 없다고 해도 과언이 아니다. 그러면 왜 동양에 기하학이 형성되지 않았는지 그 이유를 알아보자. 중국, 이집트, 바빌로니아 수학은 비그리스적 수학이며 수력 문화의 수학이라 할 수 있다. 이들 문명을 탄생시킨 강의 성격은 서로 다르다. 오늘날의 기하학은 그리스의 전통을 바탕으로 하며, 그리스 수학은 이집트 수학을 이어받았다. 역사의 아버지 헤로도토스는 『역사(Historiae)』에서 기하학의 기원을 다음과 같이 설명한다.

> 이집트 왕은 나라 전체의 땅을 사람마다 사각형의 같은 면적으로 나누어 주고 거기에서 세금을 걷어 나라 경제의 기본으로 삼았다. 강이 범람하여 땅이 소실될 때에는 왕이 관리를 파견하여 그 실상을 조사하게 한 후 세금을 줄여주었다. 나는 기하학은 이와 같은 동기에서 발명되었으며 이것이 그리스에 전해졌다고 생각한다.

기하학(Geometry)은 '땅(geo)'과 '측량(metry)'의 합성어이다. 그리스의 이성주의는 이 도지 측량술과 존재론적 사고를 결합하여 기하학을 완성시켰다. 유클리드의 『원론(stoicheia)』은 이집트와 그리스 문명이 기적적으로 만든 작품이다. 이 책은 도형을 소재로 삼은 논리학 책이다.

나일 강은 황하와는 달리 규칙적이며 그 변화에 조직적으로 대응할 수 있었기 때문에 변덕스러운 황하에 대처하는 것보다 합리적이었다. 이러한 조건에서 형성된 토지 측량술은 세련된 논리적 사고와 쉽게 결합할 수 있는 소지가 있었다.

수학책에서 다루지 않은 기하학의 원형, 즉 수학 외의 목적에 사용된 기하학적인 수법을 살펴본다는 의미에서 이 장은 이를테면 막

다뉴세문경

간에 해당하는 셈이다.

그러나 이 문제는 기하학적인 발상은 있었지만 그것이 수학 속에 정착하지 못한 이유가 무엇인지 생각해 볼 기회를 제공한다는 점에서 한국 수학사에서 당연히 다루어야 할, 놓쳐서는 안 될 영역이라고 생각한다.

한국에서는 일찍이 청동기시대부터 다양한 형태의 기하학적 도형으로 된 의장(意匠)[51]이 활용되었다. 가령 다뉴세문경(多鈕細文鏡)이라고 부르는 거울은 중국식 청동거울과는 다른, 스키타이 문화가 섞인 독특한 한국식 스타일이다. 그렇지만 그것이 무엇을 상징하는지는 분명하지 않다.[52]

그러나 완전한 원형 바탕 위 네 군데에 각각 한 쌍씩의 작은 동심원을 그리고 그 사이에 서로 마주 보는 삼각형[對向三角形]을 규칙적이고 조밀하게 배치해 놓은 정교한 디자인에는 일부러 기하학적 무늬를 만들기 위해 고심한 흔적이 역력하다.

또한 낙랑시대의 청동거울이나 화전(貨錢) 등에도 완원(完圓)·정사각형·정팔각형의 도형이 새겨져 있으며, 벽돌의 세로 : 가로 : 길이의 비가 1 : 3 : 6으로 되어 있다든지, 고분의 전랑문(塼槨門)이 반원형으로 꾸며져 있는 것 등을 보면, 삼국시대에 이미 이러한 기하학적 도형을 그리는 방법이 널리 알려져 있던 것이 틀림없다.

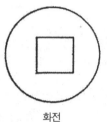

화전

감경문

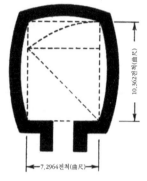

조왕리 69호 전곽분의 평면도

이러한 기하학적 구도는 분묘와 건축의 설계에서 가장 두드러지게 나타난다. 주로 이 측면에 초점을 맞추어 삼국시대와 통일신라시대를 통틀어 그 특징을 간추려 보고자 한다.

삼국시대의 건축이 상당한 수준에 도달하였음은 많은 사료가 뒷받침해주고 있다.[53] 또 오늘날까지 남아 있는 유적을 통해서도 삼국의 건축 양식이 가진 미학적 특성을 충분히 찾아볼 수 있다.[54]

낙랑시대의 벽돌덧널무덤[55]은 고대 한국의 건축 양식에 많은 영향을 끼쳤다. 이 무덤의 평면도를 보면 전면의 너비를 한 변으로 하는 정사각형의 대각선 길이가 옆면의 길이와 일치하는데, 이것은 실제 조사를 통해서도 밝혀졌다. 이것으로 당시에 정사각형과 그 대각선을 대응시키는 기하학적 조형 기법이 있었다는 것을 알 수 있다.

고구려의 고분이나 도성, 궁궐의 평면도는 정사각형을 기본으로 삼았다. 특히 수나라의 도성제도를 본받은 고구려 정전제(井田制)[56]의

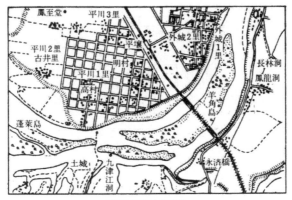

평양 정전지(井田地)

방안구분법(方眼區分法)은 '직각의 작도'라는 공법상의 문제를 안고 있었다. 이를 보더라도 당시의 기술자들은 세 변의 비가 3 : 4 : 5인 직각삼각형의 작도법을 알고 있었음에 틀림없다.

따라서 『주비산경』[57]에 실려 있는 피타고라스 정리의 응용 지식은 당시의 천문학자뿐만 아니라 측량 기술자들에게도 잘 알려져 있었던 것으로 보인다.

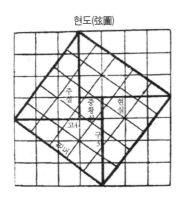

현도(弦圖)

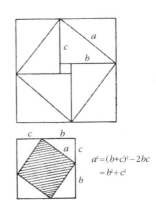

$$a^2 = (b+c)^2 - 2bc$$
$$= b^2 + c^2$$

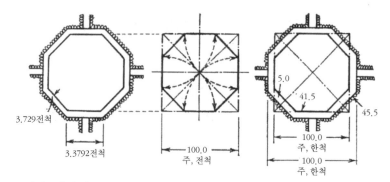

3.729전척

3.3792전척

100.0
주, 전척

5.0
41.5
45.5

100.0
주, 한척
100.0
주, 한척

평양 청암리의 건축군 유적지 중 기단(基壇, 건축물의 터전이 되는 단)의 평면도는 세로 : 가로의 비가 낙랑 고분의 경우와 마찬가지로 정사각형 의 한 변(100자)과 그 대각선 길이의 비로 되어 있으며, 팔각형 전당탑지 (殿堂塔址)의 평면도에서는 정사각형 을 기본으로 한 정팔각형 작도법이 사용되었다. 또 정사각형의 각 변의 중심을 꼭짓점으로 하여 차례로 사 각형을 쌓아 올리는 고구려 고분의

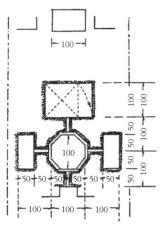

평양 청암리 고구려시대 건축군지와 그 구성 배치(건축군의 배치 규모 구성에 100척 또는 50척 단위 방격으로 땅을 분할 했음을 알 수 있음)

천장 구성 기법 역시 일종의 기하학적 구조를 의식한 것이라고 볼 수 있다.

백제도 고구려와 마찬가지로 정사각형을 바탕으로 하는 기본 구 조를 사용하였다. 정확한 방격등할(方格等割, 사방을 균등하게 나누는 것)

로 이루어진 부여의 네모반듯한 건축지[방형건축지(方形建築址)]는 그 좋은 예이다. 백제 건축의 영향을 받은 일본의 사천왕사와 황룡사 배치 구성도 이와 마찬가지로, 정사각형의 한 변에 대한 대각선 길이의 비로 되어 있다. 정사각형을 바탕으로 한 이러한 직사각형 구성법은 그리스 건축에 나타난 황금분할[58]을 떠올리게 하지만, 둘 사이의 연관성 여부보다는 기하학의 미를 구성하는 패턴이 동서양 어디에서나 같기 때문이라고 볼 수 있다.

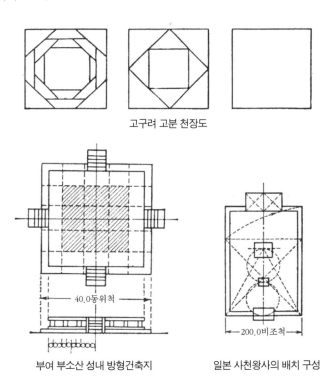

고구려 고분 천장도

부여 부소산 성내 방형건축지

일본 사천왕사의 배치 구성

통일신라의 건축에 나타난 기하학적 구도 방법을 열거하면 다음과 같다.[59]

망덕사지(望德寺址)

① 방격지(方格地) 분할과 그 단위

② 단위의 정수 분할 전개

　　(땅을 나누는 것과 탑의 관계에 20 : 10 : 5 : 3 : 1)

③ 분수와 등분할

④ 정사각형과 정삼각형

천군리사지(千軍里寺址)

① 방격지 분할과 그 단위

② 단위와 분수 비례(땅을 나누는 것과 석탑 크기의 관계)

③ 분수와 등분할

④ 정삼각형과 정사각형

천군리사지 쌍탑(千軍里寺址 雙塔)

① 기본 단위와 정수 분수

② 등차급수적 체감(等差級數的 遞減)

③ 정사각형과 대각선

④ 정삼각형과 수직선의 길이

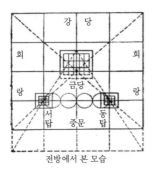

전방에서 본 모습

망덕사 조영계획-배치와 규모

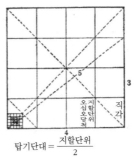

$$탑기단대 = \frac{지할단위}{2}$$

직각기법 및 땅의 분할과 목조 탑의 크기 비례

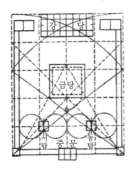

천군리 폐사 조영계획-배치와 규모

17당척

천군리 폐사 쌍탑 의장계획

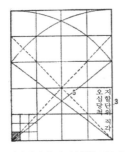

직각기법과 땅의 분할[地割]과
석탑 크기의 비례

불국사의 평면도

① 방격지 분할과 단위

② 단위의 분수 비례(땅을 나누는 것과 석탑의 관계)

③ 분수와 등분할

④ 정삼각형과 높이

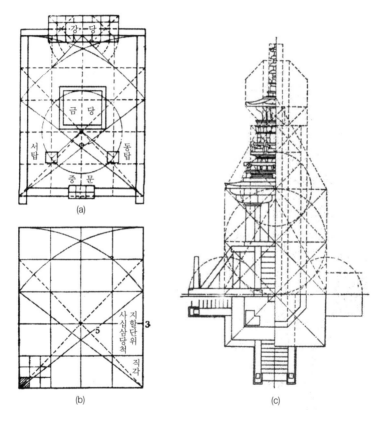

a) 불국사 조영계획 - 배치와 규모
b) 직각기법 및 땅의 분할과 석탑 크기의 비례

c) 불국사 다보탑의 의장계획

⑤ 정사각형과 대각선의 등분

⑥ 원(세 점의 등거리)

불국사 다보탑

① 기본 단위와 정수 분수

② 등비급수적 체감(1:2:4:8)

③ 정사각형과 대각선의 전개

④ 정삼각형과 수직선의 길이

⑤ 정팔각형

석굴암 평면도

① 기본 단위

② 분학(分學) 등분할

③ 정사각형과 대각선의 전개 및 이들 사
이의 입체적 구성 관계

④ 정삼각형과 수직선의 분할(본존(本尊)과
대좌(臺座)의 크기)

⑤ 등차급수적 체감(본존의 형태)

⑥ 정육각형의 한 변과 외접원(굴 입구와 내
부의 평면도의 관계)

⑦ 정팔각형과 내접원(본존 대좌의 구성 관계)

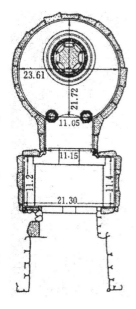

석굴암 평면도(보수 전)

⑧ 원과 원주율(굴원(窟圓)과 아치형 천장 구축 관계)

⑨ 구면(아치형 천장)

⑩ 타원(입구 천장)

석굴암 석탑

① 정사각형과 대각선

② 정삼각형과 수직선의 길이

③ 정팔각형과 내접원

④ 비례중항(比例中項) : $\sqrt{2} : 2 : 2\sqrt{2}$

이 중에서 특히 불국사와 석굴암의 건축 기법에 쓰이는 아주 세밀하고 다양한 기하학적 구성에 대해서 요네다 미요지(米田美代治)는 다음과 같이 견해를 밝혔다.

건축 계획에 쓰이는 응용 수학은 아주 세밀하고 진보된 시대 성신을 잘 반영한다. 석굴암의 예술 건축물에서 유출할 수 있는 응용수학은 통일신라시대의 대표적인 기초 수학을 거의 빠짐없이 갖추고 있다. 극히 치밀하고도 조직적으로 구축한 의장(意匠) 전체의 통일적인 기법은 동양 건축사상 특기할 만한 하나의 유구(遺構)[60]일 뿐만 아니라 한국 건축의 자랑이 되고도 남는다. 또 평면 기하학을 바탕으로 한 입체 기하학의 지식까지도 발휘되어 있으

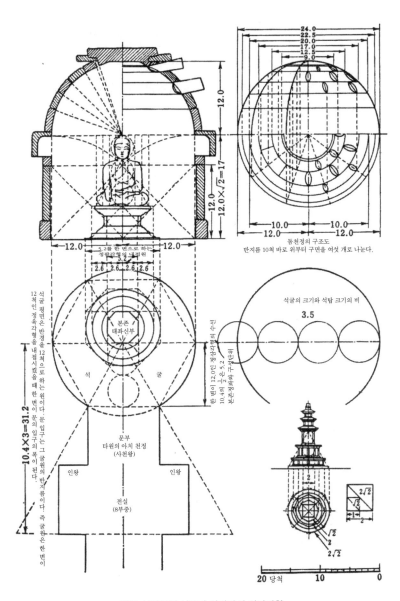

경주 석굴암의 석굴과 석탑과의 의장계획

돌천정의 구조도
반지름 10척 바로 위부터 구면을 여섯 개로 나눈다.

석굴의 크기와 석탑 크기의 비
3.5

본존
태좌신부

석   굴

문부
타원의 아치 천정
(사천왕)

인왕   인왕

전실
(8부중)

12척인 정육각형을 내접시켰을 때 한 변이 문의 입구의 폭이 된다.

석굴 평면은 반경을 12척으로 하는 원이다. 문입구는 그 굴원의 반지름이다. 즉 굴원은 한 변이

한 변이 12.0인 정삼각형의 수선 10.4의 높은 5.2 본존정좌와 구조단위

20 당척   10   0

며, 궁륭천장(穹窿天障, 돔 형식의 천장)은 반구면체의 부재(部材)를 써서 구축했고, 궁륭의 반경 10자에서 위쪽 구면 둘레를 10등분 하여 원주율을 써서 즉시 셈할 수 있도록 꾸며 놓은 것은 실로 놀 랄 만큼 정교한 방법이라 할 수 있다.[61]

그러나 건축 미학에서 수학 지식을 응용하는 것은 다음의 조건에 서 그 의미를 평가해야 한다.

첫째, 건축가에게는 기하학이나 계산술은 그 자체의 의미보다는 건축물의 전체적 조화와 관계된 것, 이를테면 '배치의 법칙'에서 활 용되는 이차적인 기법의 의미만을 지닌다.

둘째, 과학 지식이 종교 의식과 분리되어 있지 않던 고대 사회에 서 건축에 응용된 수학도 당시의 종교 및 이데올로기를 반영하는 조 형 의지의 일부로 파악되어야만 한다는 점이다. 고대 인도의 베다 (Veda) 의식과 관계된 기하학적 건축이 그 후 인도 양식으로 계승되 지 않은 것처럼, 통일신라시대를 정점으로 한 이러한 기하학적 기 법은 그 이후의 건축에서는 나타나지 않는다는 점에 주목할 필요가 있다.

셋째, 건축 기술은 수학을 포함한 과학의 지식 체계와는 그 방법 론에서 본질적으로 다르다는 점이다.[62] 건축공학의 입장에서는 사각 형이나 팔각형 또는 원의 작도 자체보다도 이러한 기법을 써서 전체 적으로 어떤 구성미를 드러냈는가에 의의를 둔다. 통일신라시대를 포함해서 중국과 한국의 전통 수학 속에 '기하학'이라는 학문의 자리가 없었다는 것을 다시 한 번 상기할 필요가 있다.[63] 따라서 석굴암의 구조 속에 담긴 수학의 응용 지식이 "통일신라시대의 대표적인 기초 수학을 거의 빠짐없이 갖추고 있다."는 요네다의 단정은 사실상 아무 근거가 없다고 할 수 있다. 이러한 기하학적 방법의 도입에 대해서는 당시의 수학과 분리시켜서 생각해 보아야 할 것이다.

그러나 위의 둘째 조건처럼, 어떤 종교적 목적이나 이데올로기의 상징을 위해서 수리적 표현이 건물 구조 속에 활용될 수 있는 가능성은 충분히 있었다. 이제 그 가능성을 살펴보자.

건축 계획의 수리에서 본 동양 전통 사상

건축의 구조적 형태나 배치 등에 수리를 사용하여 드러낸 고대 사상을 요약하면 다음과 같다.

첫째, 음양오행 사상의 영향이다. 고구려 고분에도 표상되어 있는 이 사상은 건축물의 배치도 반영되었다. 평양 청암리 건축군지는 『사기』의 「천관서(天官書)」에 실려 있는 오성좌(五星座)의 명칭과 위치를 그려낸 대표적인 예이다.

둘째, 동양적 우주관, 즉 천문 사상의 표상이다. 오행 사상도 일종의 천문 사상이기는 하지만, 천체의 운행과 관련된 우주 구조의 상징을 석굴암이나 첨성대의 건축 양식에서 찾아볼 수 있다. 첨성대는 후에 다루기로 하고, 우선 석굴암을 살펴보자.

석실 입구와 굴 내 평면원의 반지름 길이 12당척은 1일 12각(刻)을 상징하고, 석실의 평면 내 둘레는 황도의 도수 365도, 즉 일년을 상징하며, 동일한 원둘레상에 짜인 반구면체의 궁륭은 유구한 천체 우주를 상징하고, 편견일지는 모르지만 천장 중앙의 연화문(蓮花紋, 연꽃 무늬) 및 돔(dome) 사이의 돌은 하늘에 위치한 해, 달, 별에 비유할 수 있다. [64]

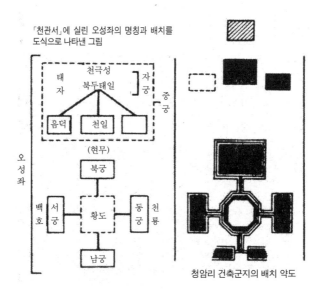

청암리 건축군지와 오성도의 비교

셋째, 불교 사상의 변용이다. 석굴암 조형의 아름다움 속에는 불교의 우주관과 중국의 천문관이 조화를 이루고 있다. 그중에서도 중국의 천문관의 경향이 강하게 드러나는 것을 보면, 당시 신라의 중국 전통에 대한 경도(傾倒)를 느낄 수 있다.

이 외에도 신선 사상의 영향도 찾아볼 수 있으나 수리적인 표상이 없기 때문에 이 논의에서는 제외하기로 한다.

5. 도량형과 음률

동양의 도량형제도

동양에서는 진나라 시황제 때(B.C.221) 최초로 도량형제도가 성립되었으며 『한서』의 「율력지」에 성문화된 것을 볼 수 있다.[65] 내용은 다음과 같다.

'도(度, 척도尺度)'는 황종관(黃鐘管)[66]의 길이를 기본으로 삼는다. 기장(秬黍)의 중간쯤 되는 낱알을 황종관과 나란히 배열하면, 이 관의 길이는 기장 알 90톨의 몫에 해당한다. 이 한 톨의 폭을 1푼(分), 10푼을 1치(寸), 10치를 1자(尺), 10자를 1장(丈)……이며 냥(量, 들이)은 황종관의 들이(용적)를 기본으로 한다. 즉, 황종관에 기장 알을 넣으면 1,200톨로 가득 찬다. 이때 용적을 '약(龠)'으로 하고, 2약을 홉(合), 10홉을 되[升], 10되를 말[斗], 10말을 곡[斛], ……이라 하며, 권[(權), 형(衡), 무게]은 황종관의 무게를 기본으로 한다. 1약에 채워지는 1,200톨의 기장 무게를 12수(銖)로 삼고, 24수를 냥(兩), 16냥을 근(斤), 30근을 균(鈞), 4균을 섬(石)으로 한다.[67]

황종관을 기본 도구로 하며, 그 보조 수단으로 곡식인 기장을 사용하여 이 둘 사이의 상호관계를 통해 도량형제도를 세운 것이다. 일정한 음계를 내는 피리의 길이가 고정되어 있다는 점에 주목하여 이것을 표준으로 삼은 것은 당시로서는 상당히 뛰어난 과학제도라고 할 수 있다. 『수서』의 「율력지」, 『당육전(唐六典)』을 비롯하여 중국의 역대 왕조는 이 도량형제도를 계승하였고, 일본의 '대보령'(701)도 이것을 따라 사용하였다.[68]

삼국이 일찍부터 이 같은 도량형의 표준 단위를 받아들였다는 사실은 『삼국사기』나 『삼국유사』를 통해서 알 수 있다.[69] 삼국이 율령정치를 실시한 무렵에는 도량형제도가 성립되어 있었을 것이라고 짐작하지만, 이에 대해 직접 언급한 기록은 없다. 그러나 백제의 '도시부'나 신라의 '시전' 등 국영 시장 감독 기관이 설치되어 있다는 점으로 볼 때 도량형제도가 실시된 것은 확실하다고 할 수 있다.

도량형제도가 있었다고 해서 그것이 곧 도량형이 통일되었다는 것을 의미하지는 않는다. 특히 동양 전통 사회에서는 더욱 그렇다. 일본이 정식으로 도량형을 제도화한 것은 701년 대보령부터지만, 그 이전에 한국에서 건너간 도량형제도가 있었다. 일본은 이것을 대보령 반포 이전의 것이라는 의미에서 '영전(令前)의 법' 또는 이것이 한국(백제)에서 전해졌다고 해서 '고려법(高麗法)' 혹은 '고려술(高麗術)'이라고도 부른다. 대보령 이전에 '고려척(高麗尺)'이라는 이름으로 알려진 척도가 있었는데 이것 역시 한국 기술이 일본에 보급되었음을 시사하는 것이다.[70] 이 고려척은 당의 도량형제도와는 차이가 있었다고 한다.[71] 중국의 도량형제도는 형식상의 체제와 그 실시 사이에 커다란 격차가 있다. 길이에 관해서는 수 왕조 당시 이미 12종류의 척(尺)이 있었고 그중 가장 큰 것과 작은 것의 길이의 비가 1.5 : 1에 이르렀으며, 근래에 와서 청나라 건륭 15년(1750)에는 양지척(量地尺, 논밭 측량용 자)만으로도 3.2척부터 7.5척까지 여러 종류가 있었다고 한다. 후에 언급하겠지만 한국에서도 토지의 비옥도에 따라 여섯 종의 척도를 다르게 적용했다.

들이[量]의 혼란은 더욱 심했을 것이다. 이는 현재 쓰이는 다양한 표현에서도 느낄 수 있다. 다만 무게[衡]는 귀금속이나 화폐 따위의 무게를 재기 위해서 각별히 조심하였고, 그 정밀함의 수준도 상당했기 때문에 명칭이나 기준법이 시대에 따라 다소 달라졌다고 하더라도 그 내용은 거의 변하지 않았다[72]고 본다.

요컨대 삼국이 도량형제도를 갖춘 것은 틀림없지만 그 실시는 관료 조직의 테두리 안에서 통용되는, 극히 형식적인 것에 지나지 않았으며, 서민의 경제생활에까지 반영되기는 어려웠을 것이라고 생각한다. 이는 조선사회에서조차 지방 시장마다 도량형 내용이 달랐다는 사실을 보더라도 충분히 짐작할 수 있다. 중국식 도량형제도가 통일된 단위 기준으로 일반의 경제 유통 질서에 사용되지 못한 가장 큰 이유는 이 제도가 경제 외적인 동기에서 시작된, 일종의 부산물이었기 때문이다. 『중국도량형사(中國度量衡史)』의 저자 오락(吳洛)은 중국의 도량형이 문란해진 이유를 다음과 같이 정리하는데, 이는 한국에도 해당된다고 볼 수 있다.

첫째, 역대 도량형제도의 기본이 되는 황종률(12음률의 기본)에 관한 사실만으로도 한 권의 책이 만들어질 정도로 복잡하다. 이처럼 도량형제도가 복잡해진 것은 황종관의 길이를 결정하는 기장 알의 길이에 따라 황종률이 달라지기 때문이었다. 중국 도량형의 기초는 절대성을 지니지 못했다고 할 수 있다.

둘째, 역대 왕조가 처음 정권을 수립할 때, 예악(禮樂)제도를 가장 먼저 해야 할 일로 여겼으며, 이 입장에서 율과 척(律尺)을 고증하였다. 따라서 사대부들은 예악만을 중시했지 경제 유통의 기본 질서를 세우는 도량형에는 무관심할 수밖에 없었다.

셋째, 정부 자체에서도 도량형의 통일에 대한 일관적인 태도가 없었다. 역대 왕조가 초기에는 도량형의 오차를 조정하고 잘못을 바로잡기도 하였으나 일시적일 뿐이었고, 결국은 감독과 단속도 흐지부지되기 일쑤였다.

넷째, 왕실과 관청의 출납에 사용하는 도량형 또한 정확하지 못했고, 명목만 지킬 뿐 공평하지 못할 때가 많았다. 수입할 때 사용하는 도량형은 지출할 때의 도량형과 다른 것이 일반적이었다. 관청의 이러한 태도는 결국 민간에서도 자신의 이익에 편리한 대로 각자 도량형을 결정하는 결과를 낳았다.

다섯째, 정부는 도량형 행정에 관해 엄격한 검사를 하지 않고 방임하는 태도를 취했다. 정기적으로 대조하여 부정을 단속하는 규정은 있었으나, 그것을 제대로 실시하지 않았다. 민간에서는 이러한 정부의 약점을 이용하여 개인적으로 부당한 이익을 취하였다.[73]

도량형의 통일 및 보급은 국가 조직의 중요한 척도의 하나로서 그 사회의 문화 수준과 밀접한 함수 관계를 지닌다. 그렇다고 해서 특수한 배경을 지닌 중국식 도량형제도를 유럽 근대의 도량형제도와 그대로 비교하는 것은 무의미하다. 율·도량·형의 사상적 배경이 결여된 고대 일본의 도량형제도와 한국의 도량형제도가 본질적으로 다른 것처럼 말이다.

삼국의 도량형은 문헌에는 모두 중국식의 단위명으로 표시되어 있다. 그러나 구체적으로 중국 어느 시대를 기준으로 삼은 것인지, 또 그것과 토착 관습 때문에 생겼을, 실제 사용할 때의 차이는 어느 정도였는지를 밝힐 수 있는 자료는 충분하지 않다. 그중 비교적 고증의 근거가 많은 '도(度)' 즉 척도에 대해서 이제까지 알려진 바를 토대로 그 부분적인 내용을 검토해 보자.

척도

척도는 능·궁전·사원·성곽·탑 등의 건축 토목 기술과 관련하여 사용되었기 때문에 그만큼 사용법 또한 엄격하였을 것이다. 그러므로 이 측면에서 고찰하면 당시 척도의 내용을 비교적 정확하게 파악할 수 있을 것이다. 낙랑시대에 한나라 본토의 척도인 '한척(漢尺)'이 사용된 것은 당연한 일이며, 한나라의 영향을 받은 고구려 또한 이 척도를 사용하였다. 이 사실은 평양 청암리 건축군지의 실측 조사를 통해 밝혀졌다. 삼국시대 후반으로 갈수록 남북조시대의 영향을 받아 한척과는 척도의 내용이 조금씩 다른 '동위척(東魏尺)'을 삼국이 사용하였다. 백제에서는 백제 나름의 동위척을, 신라에서는 또 신라 나름의 동위척을 쓰는 등 삼국 모두 어느 정도 차이는 있었다. 예를 들어 황룡사 건축에 사용된 척도의 경우, 금당지(金堂址)에는 신라식 동위척이 쓰이고 탑지(塔址)에서는 백제식 동위척이 사용되는 등 두 척이 함께 사용되었다.[74] 통일신라시대에는 당과의 문화적 관계 때문에 '당척(唐尺)'으로 바꾸어 사용하였다.

한편 『삼국사기』·『삼국유사』 등의 키에 관한 기사를 토대로 척도에 대한 흥미로운 추정을 해볼 수 있다.[75] 기사의 내용은 대강 다음과 같다.

석탈해 이사금은 …… 키가 9척에 풍채가 빼어나고 환했다.[76]

아달라 이사금은 키가 7척에 콧마루가 두툼하고 커서 범상치 않은 형상이었다.[77]

고국천왕은 키가 9척이고 자태와 겉모습이 크고 위엄이 있었다.[78]

구수왕은 키가 7척이며 위엄과 거동이 빼어났다.[79]

실성 이사금은 키가 7척 5촌에 지혜가 밝고 사리에 통달하여 앞일을 멀리 내다보는 식견이 있었다.[80]

지철로왕은 여자이고 키가 7척 5촌이었다.[81]

무령왕은 키가 8척이고 눈매가 그림과 같았다.[82]

법흥왕은 키가 7척이고 성품이 너그럽고 후하여 사람들을 사랑하였다.[83]

안원왕은 키가 7척 5촌이었고 그릇이 넓은 사람이었다.[84]

진평대왕은 키가 11척이고 운이 좋아야 가마를 타고 궁에 갈 수 있으며 계단을 오를 때 세 개를 깰 정도였다.[85]

진덕왕은 키가 7척이었고 팔을 늘이고 있으면 그 길이가 무릎을 넘었다.[86]

이상의 키에 관한 기사를 종합하면, 당시 왕들의 키는 7~11척에 이르렀다. 현재의 척도를 기준으로 생각할 때 대단히 키가 컸다는 이야기이다. 그러나 돌계단을 오를 때 세 개를 깨뜨릴 정도로 몸이 육중했다는 진평왕의 11척 되는 키는 터무니없는 과장일 것이며, 키가 7척이나 되는 진덕여왕이 "팔을 늘이고 있으면 그 길이가 무릎을 넘었다."는 묘사는 상식적으로 납득하기 어렵다. 그러니 이 척수(尺

數)는 오늘날의 척과는 다른 단위 기준에 입각하고 있었다고 생각할 수 있다.

삼국시대에 사용된 척도는 주로 전한척(前漢尺)·후한척(後漢尺)·동위척(東魏尺) 등인데, 기록상 나타난 최저 치수 7척과 최고 치수 11척을 위의 척도를 기준척으로 하여 셈하면 다음과 같다.

		7척	11척
전한척		$7 \times 27.65 = 193.55$cm	$11 \times 27.65 = 294.11$cm
후한척	전	$7 \times 23.04 = 161.28$cm	$11 \times 23.04 = 253.44$cm
	후	$7 \times 23.75 = 166.25$cm	$11 \times 23.75 = 261.25$cm
동위척		$7 \times 29.97 = 209.79$cm	$11 \times 29.97 = 329.67$cm

만일 전한척이나 동위척을 기준으로 삼았다면, 왕들의 평균 신장은 최소 2미터에서 최고 3미터를 상회한다는 셈인데, 일반적으로 키가 작은 몽고계인 한민족의 신장이 갑자기 삼국시대에 급성장했을리는 만무하다. 그래서 오늘날 한국인의 키를 표준으로 삼아 위 기사의 치수를 따져 본다면, 후한척 중에서 전기 또는 후기의 어느 하나를 기준으로 하였을 가능성이 가장 큰 것으로 나타난다.

후한척(전기)	후한척(후기)
$7(척) \times 23.04 = 161.28$cm	$7(척) \times 23.75 = 166.25$cm
$7.5 \times 23.04 = 172.8$cm	$7.5 \times 23.75 = 178.123$cm
$8 \times 23.04 = 184.32$cm	$8 \times 23.75 = 190$cm
$9 \times 23.04 = 207.36$cm	$9 \times 23.75 = 213.75$cm

가령 7척이라면 남성은 중키, 여성은 장신이며, 7척 5촌의 남성은 장신에 속하고 여성은 이례적으로 큰 키이고, 8~9척의 남성은 이례적인 장신이다. 사서의 기록관들이 유달리 큰 키를 가진 왕만을 골라 약간 과장해서 적었다고 하더라도 그것은 후한척 중 후기 척도제도의 기준치를 벗어나지 않았던 것이 확실하다.

결론적으로 척도에 관해서는, 삼국시대 전기에는 삼국이 모두 후한척을 사용하였으며, 특히 키만은 후기까지도 계속 후한척을 기준으로 삼는 관습이 있었다고 추정할 수 있다.

악률과 율력 사상

고대 한국의 국가 체제, 특히 율령 정치가 이루어지면서 「율력지」 사상이 악률 속에 깊이 파고들었다. 이에 따라 우리나라의 향악(鄕樂)이 공식 행사에서는 중국의 음악으로 대치되어갔다. 『삼국사기』의 「악지(樂志)」에 소개된 많은 곡명이 뜻하는 것처럼 대중음악은 향악이 주도했고, 궁정 음악은 외래 음악이 주도하게 된다. 가령 고분벽화라든가 일본의 기록에서 보면, 중국 및 서역의 악기가 일찍 전래되었음을 알 수 있다. 6세기에 백제인들이 일본에 전한 악기도 이러한 외래품이었을 것이다. 통일신라의 음악은 이러한 외래 악기가 가장 많은 부분을 차지하고 있었다. 『삼국사기』 「악지」에 실린 거문고

[玄琴]에 관한 기사를 한번 살펴보자.

거문고[琴]의 길이인 3자 6치 6푼은 366일을 상징한 것이고, 너비 6치는 천지와 사방[六合]을 상징한 것이다. …… 넓고 뒤가 좁은 것은 존귀함과 비천함을 상징한 것이다. 위가 둥글고 아래가 네 모난 것은 하늘과 땅을 본받은 것이다. 5줄은 오행(五行)을 상징하고, …… 금의 길이 4자 5치는 사계절[四時]과 오행(五行)을 본받은 것이고, 7줄은 칠성(七星)을 본받은 것이다.[87]

거문고는 7세기 후반까지도(신라 효소왕 천수 4년, 693) 신기로 여겼기 때문에 숨겨서 소중하게 간직하던 악기이다.[88] 또한 중국의 쟁(箏)으로부터 비롯되었다는 가야금(伽倻琴)은,

위가 둥근 것은 하늘을 상징하고 아래가 평평한 것은 땅을 상징하며, 가운데가 빈 것은 천지와 사방[六合]을 본받고 줄과 기둥은 열두 달에 비겼으니, …… 길이가 6자이니 음률의 수에 응한 것이다. 줄이 열두 개가 있는 것은 사계절[四時]을 상징하고, 기둥의 높이가 3치인 것은 하늘·땅·사람[三才]을 상징한다.[89]

이며 비파(琵琶)는,

길이 3자 5치는 하늘·땅·사람[天地人]과 오행(五行)을 본받은 것

이고 4줄은 사계절[四時]을 상징한 것이다.[90]

　이러한 설명으로 볼 때, 이 악기들이 「율력지」의 사상을 반영한다는 것을 알 수 있다. 백판(柏板)은 당에서 전래되었고, 삼죽(三竹)은 당피리[唐笛]의 모방이다. 심지어 무용수의 옷에 이르기까지 당의 제도를 가져올 정도로 통일신라는 중국 음률을 전적으로 수용하였고, 그 결과 신라의 음악은 획기적으로 세련되게 바뀐다.

　경덕왕 대(742~765)에 한때 '대악감(大樂監)'으로 이름을 바꾼 적이 있는 예부(禮部) 소속의 음성서(音聲署)는 명백하게 당의 제도를 모방한 것이다.[91] 이것으로 보아 『당육전』의 도량형제도가 황종률을 기본으로 삼고 있었다는 점에서 결국 당시의 음률은 율력지의 전통을 충실히 따랐다고 보아야 할 것이다.

제 4 장

통일신라시대의 수학과 천문학

1. 산학제도

동양 삼국의 산학제도 비교

신라에 국학이 처음 생긴 것은 당나라에 사신으로 갔던 김춘추(金春秋)가 당나라의 제도를 시찰하고 돌아온 지 사 년 후인 진덕왕 5년(651)의 일이었다. 그러나 '국학'이라는 명칭으로 정식 교육제도가 시작된 것은 『삼국사기』의 기사에 나오는 것처럼 신문왕 2년(682)부터이다.

국학에는 현재의 대학 총장에 해당하는 '경(卿)'을 정점으로 몇 명의 박사와 조교, 두 명씩의 '대사(大舍)'와 '사(史)'가 있었다. 교육 방법은 당나라 국자감의 삼분과제(國子監 三分科制)를 모방하였는데, 분과 중 하나로 산학을 가르쳤다는 기록이 『삼국사기』에 짧게 언급되어 있다.

산학박사(算學博士) 또는 조교(助教) 한 사람을 두어 『철술』·『삼

개』·『구장』·『육장』을 가르친다. 무릇 학생은[1] 관등이 대사(大
舍)[2]에서부터 관등이 없는 자[無位者]에 이르기까지, 나이는 15세
에서 30세까지인 자를 모두 입학시켰다. 구 년을 기한으로 하되
만약 우둔하여 깨닫지 못하는 자는 퇴학시켰으며, 만약 재주와 기
량이 이룰 만하나 미숙한 자는 비록 구 년이 넘어도 재학을 허락
하였다. 그리고 관등이 대나마[3] 혹은 나마[4]에 이른 후에 국학을
나가도록 하였다.[5]

이 기사를 당 및 일본의 산학제도와 대조해 보면, 신라 산학의 독
특한 성격을 알 수 있을 것이다.

당의 산학제도[6]는 교과서로 『산경십서』 전부를 사용하였고, 그 밖
에도 산학 두 과정의 공통 과목으로는 『수술기유(數術紀遺)』 및 『삼등
수(三等數)』를 사용했다. 수업 연한은 칠 년으로 한정하였고, 학생은
14세부터 19세까지로 제한하였으며, 입학 자격은 8등품 이하 서민
의 자제로 정하였다. 학력 평가의 방법은 다음과 같았다.

응용 수학(또는 초등 수학) 분야에 해당하는 제1조의 학생에게는
『구장』 중 2조와 『해도(海島)』·『손자(孫子)』·『오조(五曹)』·『장구
건(長丘建)』·『하후양(夏候陽)』·『주비(周髀)』·『오경산(五經算)』 중
에서 각각 한 문제씩 합계 10문제를 출제하여 그중 여섯 문제만
통과하면 급제로 한다. 순수 수학(또는 고등 수학) 분야인 제2조에
서는 『철술(綴術)』 여섯 문제(혹은 일곱 문제)·『집고(緝古)』 네 문
제(혹은 세 문제) 합계 10문제를 출제하여 역시 여섯 문제만 통과

하면 급제로 한다. 1·2조 공통인 『수술기유』와 『삼등수』에 관해
서는 일종의 구술시험인 첩독(帖讀, 임의로 발췌한 한두 문장을 외우
는 것)을 시켜서 10문제 중 아홉 문제를 통과해야 급제시킨다.

한편 양로율령(養老律令)에 포함된 일본의 산학제도[7]는 경학(經學)·
산(算)·서(書)·음(音)의 네 과로 이루어진 대학에 산박사 두 명과 산
생 30명을 두었다. 입학 자격은 다른 과와 마찬가지로 관직 5위 이
상의 자제와 동서 사부(史部)의 자손으로, 지위가 7·8위인 관리의 자
제일지라도 산학에 지원하면 입학을 허락하였다. 그 외에도 군사(郡
司)의 자제도 입학할 수 있었다. 대학생의 연령은 13세 이상 15세 이
하로 한정되었다. 학력 평가의 방법은 다음과 같았다.

실용 수학(또는 초등 수학) 분야에 해당하는 제1조의 학생에게는 『구
장(九章)』 중에서 세 문제 및 『해도』·『주비』·『오조』·『구사(九
司)』·『손자』·『삼개중차(三開重差)』 중에서 각각 한 문제씩 합계
아홉 문제를 출제하여 모두 통과하면 학점은 갑, 여섯 문제만 통
과하면 을로 한다. 다만 『구장』에서 '불통' 다시 말해서 통과하지
못하면 다른 여섯 문제를 모두 통과한다고 해도 낙제가 된다. 이
론 수학(또는 고등 수학)인 제2조에서는 『철술』 여섯 문제, 『육장(六
章)』 세 문제 합계 아홉 문제를 낸다. 갑·을의 학점 배당은 제1
조의 경우와 같지만 여섯 문제를 맞혔다고 해도 『육장』에서 실패
하면 낙제가 된다. 그리고 『구장』과 『육장』을 서로 바꾸어 『구장』

과 『철술』, 『육장』과 『해도』 이하의 여섯 책 등으로도 응시할 수
있다. 학점 배당은 이미 설명한 제2조의 학점 배당과 동일하다.

이상의 당 및 일본의 제도와 비교하면, 신라 산학의 특징은 다음
과 같이 추정할 수 있다.

첫째, 학생의 신분을 보면 신라의 경우 15세 이상 30세의 연령은
그 당시로서는 훌륭한 성인층에 속하는 연령대이다. 실제로 그들은
관등 제12위인 대사 이하의 관리로 재직 중이기도 했다. 13~15세의
미성년층만 입학시킨 일본이나 그보다 조금 높은 14~19세를 입학시
킨 당의 제도와는 상당히 다르다는 것을 알 수 있다. 재학생이 성인
이고, 구 년이나 되는 긴 과정을 마치고도 고작 1~2위 정도 승진하
는 신라의 제도는 운영 면에서도 중국이나 일본과는 차이가 크다는
것을 보여준다. 이는 신라가 통일을 이룬 후 급격히 늘어난 영토와
이를 관리하기 위한 관료 기구의 확장에 대비하기 위해 제도적으로
실무 관리 양성 및 기존 관리의 재교육을 서두르지 않으면 안 되었
던 당시 상황과 깊은 관련이 있었기 때문으로 해석할 수 있다.

학생 또는 그 아버지의 사회적 신분을 비교해 보면, 당에서는 국
자(國子)·태학(太學)·사문학(四門學) 등의 고급 행정 관리를 양성하는
과정과 산학을 비롯한 기술 과정 사이에 명확한 신분 구별이 있었음
을 알 수 있다. 이에 비해 신라와 일본은 유학부(儒學部)와 기술부(技
術部)의 입학 자격에 차이를 두지 않고 똑같이 취급하고 있는 셈이지

만, 일본이 상층부의 자제로 그 입학 자격을 국한한 반면, 신라는 중·하급의 관리 중에서 학생을 선발하였다는 점이 다르다. 여기에서도 신라와 일본 두 나라의 현실주의와 형식주의의 대조적인 입장을 엿볼 수 있다. 고대 일본의 산학이 율령국가로서의 형식을 갖추기 위한 외부적인 형식의 일부였다면, 신라의 산학은 정치적 현실이 절실히 요구했던 기술의 차원이었다.

둘째, 수업 연한 및 교과목 수를 보면, 신라는 당이나 일본에 비해 교과목 수가 훨씬 적음을 알 수 있다. 반면에 수업 연한은 오히려 구 년 혹은 그 이상으로 당과 일본보다 훨씬 길다.[8] 이것은 신라가 새 제도를 갑자기 실시한 데에서 온 교수·학습상의 문제와도 연관된다. 그러나 그보다도 국가행정의 현실에 적용되어 바로 사용할 수 있는 수리 기술을 가르치는 것에 초점을 맞추었기 때문이었다고 보아야 한다.

셋째, 가르치는 과목(산서) 및 교육 내용을 보면, 산학 교과서의 차이를 알 수 있다. 세 나라에서 공통적으로 산학 교과서로 사용한 책은 『철술』·『삼개』·『구장』·『육장』의 사서(四書)였다. 이 중 『철술』에 대해서 『수서』 「율력지」[이순봉(李淳鳳) 엮음, 665년경]의 '비수(備數)'의 조(條)에 다음과 같은 내용이 있다. 이 수학책은 유송(劉宋) 말기의 사람 조충지(祖沖之)가 썼고, 그는 원주율의 값을 정밀하게 계산하고 그 한계를 3.1415926＜π＜3.1415927로 정하였으며 이 근사값을 밀률(密率, 정밀한 값)·약률(約率, 대략의 값)의 두 분수 형식, 즉

$$\text{밀률} = \frac{355}{113}, \quad^{9)} \quad \text{약률} = \frac{22}{7}$$

와 같이 나타냈다는 것, 그러나 내용이 너무 어려워서 배우는 사람이 없어졌다는 것 등이 대강의 내용이다.[10] 『철술』은 이미 자취를 감춘 지 오래여서 더 이상 자세한 내용은 알 수 없지만, 중국 본토의 산학자조차도 외면했을 정도로 고도로 다듬어진 이 책의 내용을 당시 한반도에서 그대로 가르쳤을 것이라고는 믿기 어렵다. 더구나 보수적인 현실주의에 뿌리 내린 후진국의 관영 과학이라는 성격적 제약을 가진 신라 수학의 수준에서 볼 때 더욱 믿기 어렵다. 그러니 『철술』 중에서도 아마 측량이나 역법 등과 관련이 있는 기초적인 산법만을 가르쳤을 것으로 보인다.

『삼개』와 『육장』에 대해서도 전혀 알 길이 없으나, 신라와 고대 일본의 학제가 백제의 큰 영향을 받았다는 전제를 두고 생각해 보면 어떤 실마리를 얻을 수 있다. 즉, 통일신라의 산학 교과서인 『철술』·『삼개』·『구장』·『육장』이 모두 일본 교과서에 포함되어 있다는 사실에 주목하면, 전자가 후자의 축소판이었거나 혹은 후자가 전자를 바탕으로 하고 그 위에 당의 제도를 본받아 보완했거나 아니면 그중 어느 한쪽이었을 것이라는 추정이 가능해진다.[11] 다시 말해서 일본의 산학이 신라와 당의 제도를 이중으로 채택한 점으로 미루어 볼 때, 일본과 신라 사이에 직접적인 영향 관계가 있었던 것이 아니라 백제의 수학책이 일본과 신라 양쪽에 따로 전달되었고, 신라는 처음의 원형을 그대로 지켰지만 일본은 제도를 당의 명산과(明算科)에 따라 다시 꾸민 것으로 보인다.

『구장』과 『육장』은 거의 같은 내용으로 되어 있다. 두 책에서 각각 '불통(不通)'하면 낙제를 시키되, 두 수학책을 바꾸어 전공할 수 있다는 일본의 제도는 이 둘이 모든 수학책 중에서 가장 중요시되었고 또 내용도 공통되는 부분이 많다는 것을 의미한다.

이상을 종합하여 다음과 같은 가설을 세울 수 있다.[12]

가설 A : 『육장』은 『구장산술』을 원본으로 하여 편찬한 수학책이다(혹은 문자 그대로 『구장산술』 중 6장만을 취급한 것일지도 모른다).

가설 B : 『철술』·『삼개』·『구장』·『육장』에서, 제1조는 『육장』(또는 『구장』)·『삼개』, 제2조는 『구장』(또는 『육장』)·『철술』의 두 과정으로 나누어 편성되었다.[13] 이 가설은 일본 산학제도의 다음과 같은 과목 배정에서 힌트를 얻은 것이다.

제1조 : 『구장』(또는 『육장』)·『해도』·『주비』·『오조』·『구사』·
　　　『손자』·『삼개중차』
제2조 : 『육장』(또는 『구장』)·『철술』

다음으로 『삼개』는 『철술』·『해도산경』·『주비산경』 등과 비슷한 내용을 담은 측량이나 역법을 다룬 응용 수학책이라고 생각한다. 왜냐하면 『구장』과 『육장』을 대응시킨다면 마땅히 『철술』과 『삼개』도

분리하지 않을 수 없기 때문이다. 그러나 그 원본이 무엇인지는 알수 없다. 지금까지 설명한 것을 종합하여 고대 동양 삼국의 산학제도에 대한 도표를 만들면 다음과 같다.

고대 동양 삼국의 산학제도 대조표

내용＼국명	신라	당	일본	비고
학생 연령 (입학당시)	15~30세	14~19세	13~15세	
입학자격	대사(大舍, 중앙 17관등 중 12위) 이하 관등을 가지고 있거나 장차 가질 사람	8등품 이하 서민의 자제	5위 이상의 자제 및 동서사부(東西史部)의 자제	당에서는 국자학과 산학(기타 기술학)은 자격상의 구별이 있으나, 신라나 일본에서는 그 차이가 보이지 않음
교과목	『육장』(또는『구장』) 『삼개』(제1조) 『구장』(또는『육장』) 『철술』(제2조)	『구장』 『해도』 『손자』 『오조』 『장구건』 『하후양』 『주비』 『오경산』(제1조) 『철술』 『집고산경』(제2조) 『수술기유)』 『삼등수』(공통)	『구장』(또는『육장』) 『해도』 『주비』 『오조』 『구사』 『손자』 『삼개중차』(제1조) 『철술』 『육장』 (또는『구장』)(제2조)	신라의 교과목을 이와 같이 분류하는 것은 가설이다. 원래는 네 과목이 그대로 나열되어 있다.
교육기간	구 년 또는 그 이상	칠 년	칠 년	신라의 구 년은 국학의 수업 연한인데, 산학도 마찬가지였는지에 대해서는 더 검토할 여지가 있다.

통일신라의 산학제도는 당시 일본의 형식에 치우친 산학제도와 비교할 때 훨씬 현실적인 제도였다. 그 배경에는 신라 사회의 뿌리 깊은 토착성·보수성·현실주의 등이 작용하고 있다. 가령 조부(貢賦 담당)·예부를 비롯한 일곱 개 부서가 설치되어 명실공히 신라 관제의 기초를 확립한 진평왕 대(579~632)에서조차도 공부(工部)에 해당하는 관청이 없었고, 그보다 50년이 지난 후에 가서야 겨우 나타났다는 사실로 미루어 볼 때, 당시 신라 사회는 공부가 독립할 만큼 생산조직이 분화되어 있지도 않았고 동시에 관료 조직을 운영하는 감각이 보수적이고 현실적이었다는 것을 의미한다. 경덕왕 18년(759)에 단행한 중국식 관제 개혁이 다음 대 혜공왕 12년(776)에는 반발 때문에 이전 대로 환원되어 버린 경우도 있었다. 또 관리의 녹봉을 문·무·잡관의 구별 없이 일률적으로 위계에 따라 정하는 것이 훨씬 편리하지만 골품제도에 의한 녹봉 책정 기준을 버리지 않고 끝까지 고수한 점 등을 볼 때도 신라 사회가 얼마나 토착적이며 보수적인 풍토를 유지했는지를 알 수 있다. 이러한 내적인 제약에 관료의 과밀화·행정의 이완이라는 외적 요인이 더해져서 통일 초기의 활기 넘치던 산학제도는 통일신라시대 중기를 넘어가면서부터는 침체되기 시작했고, 다시 이 침체가 가속화되어 통일신라시대 말기에는 산학제도 자체가 소멸해 버린 것으로 추측된다. 통일신라시대 중기 이후 국가 체제가 정비되고 관직이 고정화된 반면, 정치 운영의 매너리즘화는 산학 등의 기술학을 외면하는 결과를 가져왔다. 게다가 '독서

삼품과(讀書三品科)'로 알려진 국학 출신에 대한 관리 등용 제한은 산학에 상당한 타격을 주었을 것이다. 그렇다고 산학제도의 쇠퇴나 소멸이 정부 조직 내의 산사(算士)에 해당하는 회계 관리직(會計官吏職)의 존재까지 없앤 것은 아니었다. 관료 기구가 제대로 갖추어진 이상 국가 재정을 맡은 회계 관리가 반드시 필요하기 때문이다. 따라서 신라 말기까지 산사는 계속 존재했겠지만, 산학이 부실했기 때문에 이들의 직무 소양이 크게 떨어졌을 것은 분명하다.

산학제도가 비록 소멸했다고 해도 산학 자체의 흐름은 계속 이어져 있었을지도 모른다. 그러나 당시의 상황으로 보아서 수학은 관료 사회 내부에서만, 그것도 극히 제한된 테두리 안에서만 존재 이유를 지녔던 만큼, 제도적인 뒷받침이 사라진 이후에는 산사들의 개인적인 연구는 가능했어도 어떤 흐름을 이룰 만한 공동체는 형성하지 못했을 것이다.

한국 전통 관료 체제 속의 산학이 '급격한 대두와 망각'이라는 주기를 되풀이하는 패턴을 형성하는 것은 통일신라의 산학사에서 부터 시작한다. 그것은 '소중화(小中華)'로 자처하는 정통성에 대한 이상주의와 실천적인 정치 현실에 입각한 현실주의라는 이중적 구조가 빚은 특징의 하나였다.

2. 천문제도

천문 수학의 교재 『주비산경』

동양의 수학과 천문학은 발생 초기부터 마치 쌍둥이 같은 관계였기 때문에 성장 과정에서도 당연히 서로 영향을 주고받을 수밖에 없었다. 여기에서 천문제도까지 언급하는 것도 수학의 주변 과학을 알아보기 위한 것이 아니라 고대 수학의 또 다른 단면을 살펴보기 위한 것이다.

누각(물시계)박사와 천문박사 등을 임명하였다는 『삼국사기』의 기사[14]로 미루어 볼 때, 이들 교수직 아래에 누각생·천문역생을 두는 천문제도가 있었던 것은 분명하다. 그렇지만 그 교육과정의 구체적인 내용은 전혀 알 수 없다.[15] 따라서 역학과 관계된 교재가 무엇이었는지도 알 수 없다. 그렇지만 『주비산경』은 『산경십서』 중 하나이며 동양 천문학자들의 필독서였으므로 신라 천문관 교육에서도 당연히 교재로 쓰였을 것이다. 고대 일본에서는 이 천문 수학책이 산학에서 뿐 아니라 역생(曆生)의 교육에도 사용되었다.[16] 그리고 한국 천문학의 최전성기인 조선 세종 대에서도 이 책은 기본적인 역술책의 위치를 차지했던 듯하다.[17] 이 사실들은 신라의 통일기를 전후하여 『주비산경』이 존재했음을 간접적으로 뒷받침해 준다.

『주비산경』은 '구고법(勾股法)[18]의 이치', 즉 직각삼각형에 관한 피타고라스 정리를 주제로 한 주공(周公)과 상고(商高)의 대화에서 시작한다. 중국인은 이 경우에도 피타고라스 정리의 특수한 예에 지나지

『주비산경』 서문, 주공과 상고의 대화

않는 3 : 4 : 5라는 세 변의 비를 천원지방(天圓地方)의 형이상학적인
독단론에 결부시키는 것을 잊지 않았다.

> 수학의 원리는 원과 네모에 기초를 둔다. 원은 네모에서 나오고,
> 네모는 구(矩, 양변의 길이가 같은, 곱자처럼 직각으로 생긴 모양)에서
> 나오며, 구는 구구 팔십일로부터 이루어진다. 그런 고로 구를 잘
> 라서 밑변을 3, 수선을 4로 하면 빗변은 5가 되는 것이다.[19]

조군경은 이 구절을 다음과 같이 풀이하였다.

> 지름이 1이면 원주는 3이 된다. 정사각형의 한 변을 1로 하면 정
> 사각형의 둘레는 4이다. 3을 밑변, 4를 수선으로 하는 이유는 원
> 주·정사각형의 둘레의 3·4에 대응시키기 위해서이다. 그렇다면
> 빗변이 5가 되는 것은 순서로 보아 당연하다.

이 주석 역시 모든 수는 음양의 이치에 따라서 양(하늘 즉 원, 圓) 또
는 음(땅 즉 네모, 方)의 어느 한쪽에 속해야 한다는 개천설(蓋天說), 즉
음양 사상과 수의 계열성을 얽어 놓았다. 주석 역시 원문 못지않게
수론(數論)을 수학적인 이론이 아니라 전통적인 이데올로기와 결부시
켜 설명하고 있다.

3과 4를 밑변과 수선으로 하는 직각삼각형의 빗변은 $3^2+4^2=5$[220]
에서 5를 얻는다. 이에 관해서 다음과 같은 응용문제가 실려
있다.

비(髀, 그노몬)가 서 있는 곳으로부터 태
양의 바로 아래, 즉 비의 그림자가 생기
지 않는 곳까지는 6만 리이다. 처음 지점
에서 태양 바로 아래까지의 거리를 밑변,
여기에서 태양까지의 높이를 수선으로 하
면, 밑변과 수선을 각각 제곱하여 합한
값을 개방(開方)할 때, 비에서 태양까지의
거리 10만 리를 얻는다.[21]

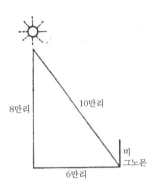

즉, $3^2+4^2=5^2$의 형태를 바탕으로 하여 $6^2+8^2=10^2$을 얻을 수 있
다는 것이다. 이 정리는 비단 3:4:5의 비를 이룰 때뿐만 아니라 일
반적인 경우에도 적용된다.

주나라 땅에서 북극까지는 10만
3,000리이고, 북극에서 동짓날에 태
양 바로 아래 있는 곳까지는 23만
8,000리이다. 이때 주나라 땅에서
태양 바로 아래 있는 곳까지의 거리
는 21만 4,557리 반이다.

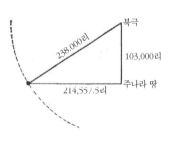

이 문제에는 3:4:5의 비례식을 쓸 수 없다. 대신에 일반 정리에
의하여 $\sqrt{(238,000)^2-(103,000)^2}=\sqrt{46,035,000,000}$이라는 수식을 셈

하지 않으면 안 된다. 그 밖에도 『주비산경』은 앞에서 이미 소개한 바와 같이, 이 정리를 명쾌하게 증명한 그림으로 유명하다.

그러니까 중국인이 유독 3, 4, 5의 비례 수치에 집착했다고 해서 피타고라스 정리의 특수한 예밖에 몰랐던 것은 결코 아니다. $a^2 + b^2 = c^2$이라는 명제의 보편성은 오히려 실천적인 입장에서 보면 의미가 없고, 그보다도 활용도가 높은 이 구체적인 수치에 관심이 집중되었던 것이다. 그것은 마침내 형이상학으로까지 승화되었다고 볼 수 있다. 『주비산경』은 순수한 과학책이면서 3, 4, 5의 대비를 비롯하여 그 배수치, 그리고 $\frac{3}{5}$(cosine), $\frac{4}{5}$(sine) 등을 애써 상징화하고 있다는 점에서 고대 수리 사상의 영향을 강하게 드러내 보인다(이 비는 당시의 건축 설계에 자주 쓰였다). 『주비산경』의 과학성을 제약하는 형이상적 수리관이 신라인의 천문 사상 속에 깊이 스며들었을 것이라는 점은 첨성대 구조를 통해서도 짐작할 수 있다.

첨성대의 구조와 기능

신라 선덕여왕 16년(647)에 지은 첨성대의 한국적이면서도 독특한 곡선미는 널리 알려져 있다. '첨성대'라는 명칭이 말하는 것처럼 이 건축물은 분명 천문(天文)과 관련이 있을 것이다. 하지만 막상 천문대로서의 기능을 했었는가에 대해서는 의문이 든다. 첨성대에서 했던 천문 활동이 어떤 과학적인 목적을 띤 '천문학(astronomy)'이었는지, 아니면 점성술적인 '천문학(astrology)'이었는지는 정확히 알 수 없다. 실제로 첨성대에서 천체 관측을 했는지는 여전히 논쟁거리다.

여기서는 지금까지 학계에서 논의가 분분했던 문제들과 관련하여 필자의 소견을 간추려 보겠다.[22]

첨성대는 천문과 관련된 건조물로서는 동양에서 가장 오래되었다. 그렇다고 해서 첨성대가 정기적인 천문 관측의 역할을 했으며, 당의 천문대 구조를 첨성대에서 짐작해 볼 수 있다는 니덤의 견해[23]는 지나친 억측인 것 같다. 일본은 덴지, 덴무 두 천황의 치세 기간 동안(661~686)에 신대(新臺, 누각대)와 점성대(占星臺)를 만들었다는 기록이 있다. 물론 천문제도의 원산지인 당나라에 천문대가 없었을 리는 없

다. 그러나 첨성대와 같은 특수한 형태의 석조물은 동양 어느 나라에도 보이지 않는다. 그 외형에 나타난 상방하원형(上方下圓型, 위쪽은 네모이고 아래쪽은 둥그런 형태)의 건축 구조는 고려나 조선의 천문대 건축 양식과도 전혀 다른 독특한 것이다.

첨성대만이 지니는 이 특

첨성대

『주비산경』에 있는 방원도

이한 형태는 축조 양식에 동양적 우주관이 반영되었기 때문이다. 첨성대의 기단부(基壇部)의 원형과 정사각형은 『주비산경』에 있는 방원도(方圓圖)를 본뜬 것으로 볼 수 있으며, 돌로 쌓아올린 27개의 동심원 맨 꼭대기에 '井'자형의 돌을 얹은 것은 28개 별자리의 운행을 상징하는 것으로, 칠형도(七衡圖)에 대응한다(첨성대 평면도는 TLV경에 나타난 천원지방의 상징과 같다). 칠형도란 일년 중 태양의 운행을 가리키는 중국 전통의 천문 도식이다. 일곱 개의 동심원으로 되어 있는데 그중 가장 큰 것은 동지 때의 황도, 최소의 것은 하지 때의 황도를 나타낸다. 따라서 첨성대 꼭대기의 '井'자형 돌을 중심으로 그 둘레에 27개의 동심원이 그려진 첨성대의 평면도를 칠형도와 비교해 보면, 가장 바깥쪽에 있는 원은 평면도의 '동지월출견우(冬至月出牽牛)'의 우숙(牛宿)을, 중앙의 '井'자형 돌은 중심원인 '하지일출동정(夏至日出東井)'의 정숙(井宿)을 나타낸 것이 된다.[24] 즉 27층의 돌들과 정상의 '井'자 모양의 돌로 이루어진 원통형의 첨성대는 28숙을 상징하도록 계획적으로 구조화한 것으로 볼 수 있다. 또 기단 돌의 12개는 1년 12개월과 대응하고, 원통부 1층에서 6층까지의 돌(石雙)의 수는 각각 16·15·15·16·16·15로 동지~소한, 소한~대한, 대한~입춘, 입춘~우수, 우수~경칩, 경칩~춘분 사이의 일수와 딱 맞는다. 27층까지와 꼭대기의 정(田)자형의 돌의

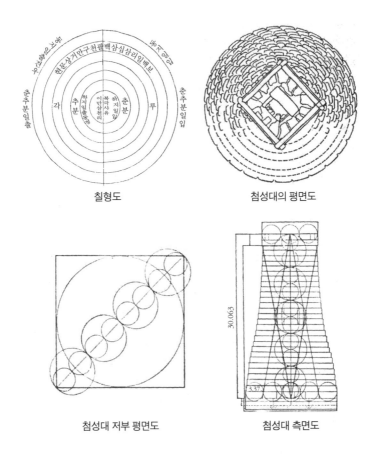

칠형도   첨성대의 평면도

첨성대 저부 평면도   첨성대 측면도

개수는 모두 366개로, 일 년의 날 수와 일치한다.[25] 이것은 『주비산경』에 실린, 1년 $365\frac{1}{4}$ 일로 하는 사분력(四分曆)의 입장과 같다

이러한 첨성대의 구조에 관하여 홍사준[26]은 다음 표와 같이 수치를 조사하였다. 이 표를 참조하여 『주비산경』의 상징적인 수치, 즉 원주율 3, $\sin\alpha = \frac{4}{5}$, $\cos\alpha = \frac{3}{5}$ 등을 찾아보면 다음과 같다.

첨성대 각부분의 수치

단 번호	단의 높이	지름	원둘레	사중심 높이(척)			
				동	남	북	서
29	1.00~1.10			1.00	1.00	1.02	1.02
28	0.95~1.00			0.95	0.85	1.00	1.00
27	0.85~0.87	9.64	30.30	0.86	0.86	0.86	0.86
26	0.80~0.91	9.64	30.30	0.91	0.80	0.90	0.87
25	0.70~0.87	9.64	30.30	0.75	0.87	0.70	0.70
24	0.90~0.95	9.75	30.60	0.90	0.92	0.92	0.95
23	0.90~0.97	9.80	30.80	0.95	0.92	0.90	0.97
22	0.90~1.00	9.84	30.90	0.92	1.00	0.90	0.94
21	1.00~1.10	9.94	31.20	1.00	1.00	1.10	1.06
20	1.15~1.20	10.06	31.60	1.15	1.20	1.15	1.07
19	1.00~1.10	10.32	32.40	1.10	1.07	1.05	1.00
18	1.00~1.06	10.57	33.20	1.00	1.05	1.02	1.06
17	1.90~1.07	11.08	34.80	1.07	1.05	1.00	1.05
16	0.92~1.07	11.43	35.90	1.00	1.07	0.92	1.02
15	1.05~1.10	11.81	37.10	1.10		1.00	1.10
14	1.03~1.10	12.29	38.60	1.07		1.00	1.03
13	1.00~1.07	12.42	39.00	1.05		1.05	1.05
12	1.02~1.03	12.83		1.02	1.08	1.05	1.05
11	0.93~1.09	13.63	42.80	1.09	0.93	1.00	1.02
10	1.02~1.12	16.20	44.60	1.03	1.02	1.05	1.05
9	1.00~1.10	14.61	45.80	1.00	1.00	1.05	1.02
8	1.00~1.05	15.00	47.20	1.00	1.00	1.00	1.00
7	0.95~1.00	15.25	47.90	1.00	1.00	1.00	0.95
6	0.95~1.00	15.49	48.60	1.00	0.85	1.05	1.00
5	0.95~1.15	15.57	48.90	0.98	1.15	1.00	0.98
4	0.90~1.05	15.67	49.20	0.94	0.90	0.97	0.97
3	0.95~1.08	16.27	51.10	1.03	1.08	1.04	1.015
2	1.00~1.02	16.60	52.10	1.00	1.02	0.98	1.00
1	0.95~1.09	16.84	52.88	0.70	1.05	0.95	1.03
B′ 기단	1.10~1.30			1.30	1.30	1.30	1.30
1~27단과 정자석을 합한 돌의 개수 366개			계	30.9	30.14	29.93	30.115

(1) 기단의 대각선과 첨성대의 높이는 각각 24.20척, 30.63척으로 그 비는 약 0.8,[27] 즉 $\frac{4}{5}$가 된다.

(2) 정자석(井字石)의 한 변과 1층 원의 지름은 각각 10.10척, 16.85

척으로 그 비는 약 0.6,[28) 즉 $\frac{3}{5}$ 이다(이 원리는 중요한 절[寺]의 구도에도 나타난다).

명칭	돌의 개수	명칭	돌의 개수
A′ 지대석(址臺石)	8	E′ 25~26단 정자석	4
B′ 남창계(南窓桂)	2		
C′ 19~20단 정자석	4	F′ 27단 판석(板石)	1

(3) 최상층의 원지름과 중앙부에 있는 창의 한 변 길이는 각각 3.18척, 9.64척이며 그 비는 약 3이다.[29)

이러한 상징적인 수치의 배합은 우연한 결과라기보다는 계획적인 설계로 만들어진 것이라는 느낌을 준다.[30) 또한 첨성대는 경주의 수호산인 남산의 주 봉우리와 왕성(王城)을 잇는 직선의 연장선상에 서 있으며, 남쪽을 향한 창문으로는 한눈에 왕성과 남산을 바라볼 수 있다. 이 사실 또한 중요 건물의 설계에서 으레 볼 수 있는 계획적인 상징과 어떤 관련이 있는 듯하다.

그렇다고 하더라도 첨성대가 상징적인 천문 표상 외 실제로 천문 관측을 목적으로 한 건조물이라고 하기에는 어려운 점이 많다. 그 이유는 다음과 같다.

첫째, 정기적인 관측 활동을 하기 위한 형태적 구조로서 첨성대는 역대 천문대 구조와 잘 맞지 않는다. 만약 실제로 관측을 한다고 가정할 경우, 우선 지금까지의 추측대로 중간 창문을 거쳐 원통 내부를 통해 첨성대 꼭대기까지 올라가야 한다(정상에 오르는 방법은 이 길뿐이다).[31] 그렇다면 당시 신라의 관복을 입은 일관(日官)이 대석(臺石)에서부터 높이 13.7척(4.17미터)에 있는 중앙 창문 입구까지 사다리를 타고 올라가 사방 1미터의 좁은 입구로 첨성대 안으로 들어가고, 내부에서 자연석 그대로인 돌을 밟으면서 5미터 높이에 있는 정상의 정자석 위에까지 올라야 했을 것이다. 이는 매우 거추장스럽고 힘든 일이었을 것이다. 특히 얼어붙은 겨울밤과 같은 때에 이 곡예처럼 위험한 일을 일과로 삼았을 것이라고는 상상하기 힘들다.

정상부 정자석에 둘러싸인 내부의 넓이는 사방 약 3미터에 지나지 않는다. 따라서 이 비좁은 자리에 당시의 천문 관측 기구인 '혼천의(渾天儀)'를 설치했을 것이라는 견해는[32] 옳지 않다고 본다. 상고적인 동양 과학의 전통에 따라 규표(圭表)의 길이나 혼천의의 지름은 고구법 높이의 상징인 4를 기본으로 그 배수인 여덟 척(이 길이는 사람의 키에 맞춘 수치이기도 하다)으로 삼는 것이 일반적이었다는 점을 감안한다면, 첨성대의 정자석은 관측을 하기에는 너무도 좁은 공간이다.

둘째, 천문대 건물은 관측의 기준이 되는 방위가 정확해야만 한다. 첨성대의 기단의 방위는 대체로 동·서·남·북에 맞추어져 있다고는 하지만, 약 16도나 편차가 생긴다. 이집트 피라미드의 구조가 동지와 하지, 춘분과 추분의 어떤 시점에서도 천체의 위치를 살필 수 있도록 설계된 것을 염두에 둔다면, 첨성대의 방위는 과학적인 관측을 하기에는 매우 엉성하다. 이것은 첨성대를 남산과 왕성을 잇는 직선의 연장선상에 놓았던 점에서 보더라도 천문적인 방위를 위한 위치와는 직접 연결되지 않는다.

셋째, 천문대를 설치했다면 마땅히 따라야 할 천체 관측 기사가 보이지 않는다. 『삼국사기』를 보면 첨성대가 세워진 선덕여왕의 재위 기간에는 지진이나 우박, 비 등에 관한 기록은 있으나 천체의 이변을 알리는 관측 기사는 하나도 보이지 않는다. 그 이후 진덕왕이나 무열왕 대에도 천문 기사는 겨우 한 건이 있었을 뿐이고,[33] 그것도 본격적이라고는 할 수 없다. 본격적인 관측 결과 기사는 문무왕(661~681) 때에야 비로소 보인다.[34] 이것은 당시 신라가 일식 관측을 할 만한 천문 기술이 없었다고 추측했던 앞 장의 삼국시대 일식 기록과도 부합한다.

일본에서는 천문대와 누각이 거의 동시에 설치된 반면, 신라는 첨성대 건축 이후 70년이 지난 성덕왕 때(718) 누각을 설치했다. 과학적인 천체 관측을 위해서는 우선 무엇보다도 시각을 측정하는 물시계를 필수적으로 비치해야 한다. 이 점에서도 첨성대가 천문대의 기능을 했다는 이론에 의심을 품지 않을 수 없다.

신라가 고구려 또는 백제 역법의 영향을 받아 그대로 시행하였음을 보여주는 기사가 『삼국사기』에 있다. 진덕왕 2년(648)에 당에 보냈던 사신 한질허(邯帙許)는 당 태종의

신라는 우리나라를 섬기면서 왜 따로 연호를 사용하는가?

라는 물음에,

> 일찍이 중국 조정에서 『정삭(正朔)』(역서)을 나누어 주지 않았기 때
> 문에 선조인 법흥왕 이래[35] 사사로이 기년(紀年)을 가지고 있는 것
> 입니다.[36]

라고 대답하였다. 만일 이 연호 사용을 당나라에서 반대한다면 감히
고집하겠느냐고 대답은 했지만,[37] 이는 상당히 궁색한 답변이었다.
실제로 중국의 연호였던 영휘(永徽)를 사용한 것은 이 년 후인 진덕
왕 4년(650)이었으니[38] 그동안 신라 조정에서 이 문제를 둘러싸고 많
은 논란이 있었을 것이라고 짐작할 수 있다. 『삼국사기』를 엮은이는
이 일을 다음과 같이 논평하였다.

> 변두리의 작은 나라로서 천자의 나라에 신하로 속한 자라면 진실
> 로 사사로이 연호를 칭할 수 없다. 신라와 같은 나라는 한결같은
> 마음으로 중국을 섬겨 사신의 배와 공물 바구니가 길에서 서로 마
> 주 볼 정도로 잇달았다. 그런데도 법흥왕이 스스로 연호를 칭한
> 것은 알지 못할 일이다. 그 후에도 그 잘못된 허물을 이어받아 여
> 러 해를 지냈다. 태종의 꾸지람을 듣고도 오히려 머뭇거렸다.[39]

위의 인용문이 보여주듯이 신라가 독자적으로 연호를 사용한 것
은 정치적으로 중국의 신하가 되는 것을 거부하려는 자주의식을 반

영한 것이다. 어쨌든 중국의 『정삭』을 받지 않았다는 것은 그때까지는 당의 역이 아닌 종전 그대로의 역, 즉 원가력을 사용하였다는 것을 뜻한다. 그렇다면 선왕인 선덕여왕 때 만들어진 첨성대는 역법과 관련이 있는 관측대의 역할을 하지 않았다는 이야기가 된다. 황룡사 9층탑이 풍수 사상의 영향을 받아 세워진 '구이(九夷)의 제압'과 여왕으로서의 체통 과시를 겸한 국위 선양에 있었다는 점을 생각할 때, 첨성대 역시 이러한 정치적 목적을 띠고 있는 것이라고 볼 수 있다.

거듭 말하지만, 첨성대는 상설 천문대가 아니라[40] 독립 왕국으로서의 신라의 국력을 과시하는 정치적 의도에 따라 천문을 상징적으로 보여주는 건조물이었던 것으로 보인다.

시계제도

물시계(漏刻)

고구려와 백제가 물시계 또는 그 제도를 가졌다는 기록은 전혀 보이지 않는다. 그렇지만 두 나라의 정밀한 천문 관측 기록─일식 관측 기록─으로 미루어 볼 때, 누각제도는 당연히 존재했을 것이다. 백제의 경우 역박사(曆博士)가 수시로 일본에 초청되었고, 671년에는 야마토(大和) 대의 누각제도가 백제계 과학자에 의해 설치되었다는 사실이 그 확실성을 뒷받침한다.

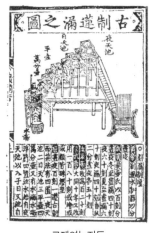

고제연누지도

삼국 중 문화적으로 가장 뒤떨어진 신라가 누각제도를 둔 것은 삼국 통일 이후(718)의 일이다.[41] 이 물시계는 중앙 관청의 근무 교대 시간이나 왕실의 여러 제사와 행사의 시각을 알리기 위해 설치되었다. 물시계는 다루기가 쉽지 않고 조작도 번거롭기 때문에 많은 전문 기술자가 필요했다. '누각박사 여섯 명(漏刻博士 六人)'이라는 기사는 바로 이것을 뜻한다. 그러니 이렇게 거창한 장치를 일반 가정에서 마련할 수는 없었을 것이다. 민간에서는 기껏해야 사원 등에서 수행 시각을 알리기 위해 소규모의 물시계를 설치하는 정도였을 것이다.

물시계가 천문과 관련되기 시작한 것은 처음 물시계제도가 생긴 지 31년이 지난 경덕왕 때의 일이다. 다음의 기사는 이 사실을 말해 준다.

경덕왕 8년, 3월에 한 명의 천문박사(天文博士)와 여섯 명의 누각 박사(漏刻博士)를 두었다.[42]

이 기사에서 흥미로운 부분은 비교적 업무가 단순한 물시계에는 여섯 명의 박사가 배치되었는데, 복잡하고 난해한 천문 역술 분야에는 단 한 명의 박사만을 두었다는 점이다. 이 모순된 인원 비율로는 본격적인 천문 관측이 실시될 수 없다. 그러나 신라 말기의 정밀한 일식 기록으로 미루어 볼 때, 이후 천문제도의 보완이 있었을 것이다.[43]

해시계(日晷)

물시계는 날씨의 좋고 나쁨에 구애받지 않고 야간에도 사용할 수 있다는 점에서 해시계보다 편리하다. 하지만 물시계만으로는 시간 오차가 커질 수 있다는 단점이 있었다. 또한 음양 사상이라는 전통적인 관념에서 볼 때, 음인 물시계에 대해 양인 해시계가 필요하다는 생각이 있었다.

현재 국립 경주박물관에는 해시계 단편이 하나 있는데, 음각된 한자의 글씨체로 볼 때 이 단편은 통일신라시대 이후의 것으로 추정된다. 크기가 약 33.4센티미터인 원형의 화강암 재질이며, 그중 $\frac{1}{4}$가량이 현재 남아 있다. 이것을 복원해 보면, 이 해시계의 표면에는 두 개의 동심원이 그려져 있고, 그중 작은 원을 24등분한 각 분점에는 방향에 따라 십이지·십간을 나타내는 한자가 음각되어 있다. 큰 원의 바깥쪽에는 주

해시계의 단편

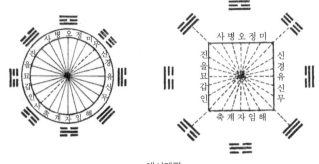

해시계판

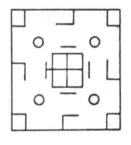

한나라 해시계판의 기본도

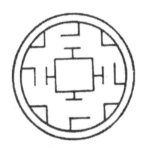

TLV경의 기본도

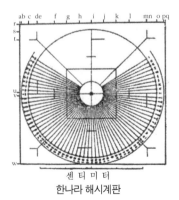

센 티 미 터
한나라 해시계판

TLV경

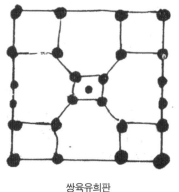

쌍육유희판

당나라 청동거울

윷놀이판

역의 팔괘가 새겨져 있다.

현재 남아 있는 해시계 단편에는 '기(己)'의 오자임이 분명한 '사(巳)'자가 적혀 있으며, 원을 24등분했는데도 오차가 0.5도 내외나 된다. 이러한 엉성한 설계는 이 해시계가 하루 한 번 표준시를 맞추는 정도의 구실만 했기 때문이라고 생각한다. 그러나 세월이 흐르면서 점점 정교한 시계 장치가 나타난다. 시계 장치의 역할과 기능이 점점 커지면서 팔괘 · 십간 · 십이지 등의 방위 표상이 사라지거나 있어도 단순한 기호로서 사용됐을 뿐이다. 한나라 해시계의 표면이 TLV경의 구도와 민속적인 '쌍육(雙六)' 유희의 반면(盤面)과 같고 신라의 해시계가 당나라 청동거울의 구조와 비슷한 것은 이들 사이에 어떤 연관성이 있음을 뜻한다.[44]

천문제도와 역법

고구려와 백제에 천문 역법을 맡은 관리가 있었던 것은 확실하지만, 제도상의 기구가 존재했는지는 분명하지 않다.[45] 이미 언급했듯이 신라 경덕왕 8년(749)에 천문박사를 두었지만, 이것만으로는 제도적으로 천문관서가 있었다는 증거가 되지 못한다. 아마 당시 국가 조직이 그러한 기구를 둘 만한 처지에 있지 않았고, 정원이 단 한 명뿐인 천문박사[후에 사천박사(司天博士)로 고쳤다]는 일종의 전문기사로 지냈을 뿐이며, 천문 역생을 양성하는 것은 도제 교육의 방식으로 행해졌을 것이다. 그러나 신라 말기[선명력(宣明曆) 실시, 822년 전후]에는 당의 제도를 모방한 태사국(太史局) 또는 그것과 비슷한 천문관서를 제도화하였고, 거기에서 정식으로 천문 관리를 양성한 것으로 보인다. 고려 초기부터 태복감(太卜監) · 태사국(太史局) 등의 기구를 갖추었다는 문헌상의 기록은[46] 신라 후대에 만들어진 이 제도를 고려가 계승한 것으로 볼 수 있다. 이것은 동시에 당시의 천문관들이 입교정일(入交定日)·일월식(日月蝕) 등에 관한 역계산을 통해 산학제도 소멸 이후의 신라 산학의 명맥을 가냘프게나마 이어왔다는 뜻이기도 하다.

삼국시대인 5세기 이후부터 역법은 송(宋)의 하승천(何承天)이 편찬한 원가력을 사용하였고, 일본은 백제 성왕 32년(554)에 역박사 고덕과 왕손, 그리고 무왕 3년(602)에 권륵이 천문학 책과 역서를 전래한 후인 604년부터 사용하였다. 따라서 진덕왕 2년(648)에도 아직 당의 역을 사용하지 않았다는 것은 신라가 여전히 종래의 원가력을 사용하였음을 뜻한다. 당나라에서는 처음에 무인력(戊寅曆)을 쓰다가 인덕(麟德) 2년의 이듬해인 건봉(乾封) 원년(666)부터 이순풍의 인덕력(麟德曆)으로 고쳐 썼다. 고구려가 영류왕 7년(624)에 당에서 구한 역서가 무인력인 것을 보면, 고구려는 신라보다 항상 한 걸음 앞서서 새 역을 받아들였음을 알 수 있다. 신라는 진덕왕 이후 26년 만에 인덕력을 사용하였는데, 다음의 기사가 그것을 말해 준다.

> 문무왕 14년(674) 봄 정월에 당나라에 들어가 숙위하던 대나마 덕복(德福)이 역술(曆術)을 배워서 돌아와 새 역법으로 고쳐 사용하였다. [47]

인덕력 이후 당에서는 여러 차례 역을 바꾸었는데, 그 종류와 시행된 해는 다음과 같다.

> 인덕력(麟德曆) : 666~728년(63년)
>
> 대연력(大衍曆) : 729~761년(33년)
>
> 오기력(五紀曆) : 762~782년(21년)
>
> 정원력(正元曆) : 783~806년(24년)
>
> 현상력(現象曆) : 807~821년(15년)
>
> 선명력(宣明曆) : 822~892년(71년)

이렇게 빈번하게 역이 바뀐 것은 역산을 시행하면서 드러나는 오차를 계속 수정했기 때문이다. 일본은 의봉력(義鳳曆)이라는 이름으로 인덕력을 시행했고, 대연력(763)·오기력(857) 등도 실시하였다. 신라는 인덕력 이후 역을 바꾸었다는 기록이 없다. 여기에서 일본이 역을 바꾸었다는 것은 신라의 영향을 받았을 것이므로 신라의 역도 바뀌었을 것이라고 추측하는 것은 두 나라 사이의 차이를 망각한 근거 없는 판단이다. 그것보다도 신라의 보수성으로 보았을 때 역을 선명력으로 바꾸는 말기 무렵까지 신라는 줄곧 인덕력을 사용했다고 보아야 할 것이다. 그리고 선명력을 이어 받은 고려 역시 오랫동안 선명력을 고수하였다.

제 5 장

고려시대의 수학

1. 고려시대 수학사 연구의 한계

고려 수학의 성격

삼국 및 통일신라시대의 수학은 중국의 영향을 받아 제도화되었지만, 당시 이 땅의 정치와 사회적 현실, 민족의 강한 토착성과 주체성은 그것을 굴절시켜 독특한 산학 체제를 이루어 놓았음을 앞에서 살펴보았다. 이러한 성격의 수학은 그대로 고려시대로 이어진다. 고려시대는 한국 수학사의 입장에서는 내재적 발전을 향한 발판을 굳힌 시기였다.

고려(918~1392)는 479년 동안 송(宋)·요(遼)·금(金)·원(元) 등 중국 대륙의 국가들과 빈번하게 문화를 교류했다. 그중에서도 고려 중기까지 가장 많은 영향을 끼친 것은 송의 문화였다. 예를 들어, 고려의 뛰어난 문화유산 중 하나인 고려청자가 발달한 것도 송의 자기와 밀접한 관계가 있다. 고려는 특히 많은 양의 서적[典籍]을 중국에서 수입했다. 그중에는 중국 수학사의 황금기를 이룬 송나라 말에서 원나라 초기의 수학책도 당연히 포함되어 있을 것이라고 생각하지만, 그것을 확인하는 구체적인 기록은 보이지 않는다. 고려사 연구 자료는 비교적 잘 정리되어 있지만, 수학사에 관한 자료는 그 이전 시대와 마찬가지로 빈약하기 짝이 없다. 그렇지만 한정된 사료를 토대로 추정해 본 고려 수학의 성격은 대략 다음과 같다.

첫째, 고려의 수학은 통일신라시대 수학의 연장선상에 있다. 수학적으로 전 시기에서 별다른 진전이 없이 도입 → 성장 → 쇠퇴의 순서를 밟았다. 이것은 전 시대의 산학제도를 거의 그대로 이어받았다는 점에서도 알 수 있다.

둘째, 중국을 비롯하여 우리나라와 일본에 공통적으로 나타났던 '관영 기술(官營技術)'의 전통은 이 시대에도 충실하게 지켜졌다. 즉, 기술로서의 수학은 계속 사용되었지만 여전히 학문으로서의 수학의 심화와 발전이 없었다. 송·원 수학의 눈부신 업적 대부분이 관료사회를 떠난 개인적인 연구로 이루어진 것과는 대조적으로, 고려에서는 산학제도와 상관없는 민간 수학은 아예 존재하지도 않았다. 사대부층에 명목상 '수학'이 있기는 했지만,[1] 이는 유학적 교양의 하나였을 뿐이지 순수한 지적 탐구의 대상은 아니었다. 고려의 수학은 관학의 영역에만 고립되어 있었을 뿐, 당시의 중국 사정과 조금이라도 어울리는 학문으로서의 심화나 일반 사회로의 확대 등은 전혀 찾아볼 수 없었다.

셋째, 고려 산학의 수준은 『구장산술』의 단계를 벗어나지 못했다.[2] 농업을 유일한 경제 수단으로 삼은 고려의 권력 구조는 관용 계산 기술로서 사용한 『구장산술』 이상의 수학 지식을 필요로 하지 않 았다.

넷째, 수학과 천문학의 과학적인 성향은 전통적인 이데올로기의 큰 제약을 받았다. 기술학으로서의 수학보다도 형이상적인 수론 혹 은 점성술과 관련해서 수를 보는 사상이 널리 퍼졌으며, 풍수 도참 사상은 고려와 조선의 천문제도 속으로 깊이 파고들었다.

문제는 당시의 수학책이 하나도 남아 있지 않다는 것이다. 이 때 문에 당시 수학 내용을 설명하는 것에 한계가 있다. 그러므로 삼국 시대와 통일신라시대의 수학을 설명한 것처럼 고려시대의 주변적 문 제를 살펴보면서 고려 수학에 간접적으로 접근해 보기로 하자.

2. 풍수지리 사상과 관영 과학의 성격

신비사상과 과학의 공존

숭유억불(崇儒抑佛) 정책을 실시한 조선시대와 달리 고려시대에는 불교와 유교가 평화롭게 공존했다. 불교가 계급을 가리지 않고 모든 계층에서 생활화된 신앙으로 호국 종교의 역할을 했다면, 유교는 관료 지배층의 윤리적인 가치관을 담당했다. 불교가 송나라의 영향으로 흥성했던 반면, 같은 시대의 사상인 성리학은 원이 지배했던 고려 말기가 되어서야 비로소 고려에 소개되었다. 송나라 말기에서 원나라 초기의 중국 수학이 조선시대에 와서야 비로소 산학에 반영되었다는 사실과 관련지어 보면, 과학을 포함한 중국의 학문이나 사상을 한국에서 수용하기까지는 그만한 시간이 필요했던 모양이다.

유교와 불교라는 공식적인 이데올로기 외에도 고려 전 시기를 통해 모든 사회계층의 의식을 실제로 지배한 것이 있다. 음양오행 사상이 바로 그것이다. 본래 음양 사상은 자연철학의 하나로 성립되었으나, 그 사상은 하늘의 뜻, 즉 천문을 땅에 사는 인간의 삶과 연결시키려는 예언적인 점술의 성격으로 점차 변질되었다. 이러한 점술적인 천문에 대응하여 지문[地文, 지덕(地德)]의 오행을 해석하려고 하는 것이 바로 풍수지리설(風水地理說)이다. 여기에서 다시 장래의 길흉화복을 예언하는 신비적인 면이 곁들여져서 독특한 도참(도위·참위) 사상이 태어났다. 이러한 지문관은 삼국시대에 이미 중국에서 전래되어 도성과 능, 사탑 등의 위치를 정할 때 자주 사용되었고, 마침내 고려 태조 왕건에 의해 정식으로 사상으로서의 권위를 부여받았다. 태조의 유훈(遺訓)인 '훈요십조(訓要十條)'는 풍수도참 사상을 정치와 교육의 기본 이념으로 내세우고 있는 것으로 잘 알려져 있다. 이와 같은 미신이 비단 고려시대뿐만 아니라 조선에도 이어져 줄곧 나라의 기본적인 신앙의 하나로 한국인의 의식을 사로잡았다는 것[3]은 그것이 그만큼 한국의 풍토에 적합했기 때문이라고도 할 수 있다.

당시 냉철한 일부 유학자들도 옳지 않은 설이라며 배척했던 이 불합리한 지배 관념이 과학, 특히 천문학에 끼친 영향은 결코 적지 않다. 가령 과학적인 업무를 담당해야 할 태사감의 관리들에게 풍수도참설에 의해서 궁을 옮길 장소를 정하게 했다든지,[4] 이 사상을 갖고 조정과 민간을 뒤흔들었던 승려 묘청이 누각원의 책임자였다는 것[5] 등이 그 예이다. 여기에서 고려 과학, 그중에서도 특히 천문학의 두

가지 모순된 특징을 엿볼 수 있다. 하나는 천문학이 정치와 지나치게 밀착되어 있었다는 것이다. 자연의 이상 현상을 인간사에 대응시켜 해석하는 제도적인 기능 때문에 필연적으로 천문 관리가 정치적인 발언을 했을 것이지만, 이는 동시에 천문 과학의 업무나 그 연구의 방향이 정치적인 규제를 받는다는 것을 뜻한다. 과학의 영역이 왜소해진 것은 이러한 정치 현실의 결과였다. 또 하나는 나름대로 과학기술의 영역이 보장되어 있었다는 점이다. 과학 활동에 많은 제약을 받은 것은 사실이지만, 정치적인 현실이나 이데올로기 등과 부딪히지 않는 범위 안에서 기술 관리들은 많은 노력을 기울였으며 그들의 활동과 능력에 따라 그에 상응하는 대우를 받기도 하였다.[6]

전자의 경우에 대해서는 『고려사(高麗史)』의 기사 중에서 많은 예를 찾아볼 수 있다. 「천문지」·「오행지」 등을 보면 이례적으로 나타나는 천체 운행이나 흰 무지개, 특정 방향(서북쪽)에서 오는 폭풍우, 짙은 안개 등은 모반이나 전쟁, 민란의 위험을 경고하는 하늘의 조짐으로 간주되었다. 그때마다 태사감에서는 왕에게 근신을 권하고 구체적으로는 죄수를 석방하거나 일을 중지하기도 하였고, 심지어 관리의 밀린 봉급을 지불해 줄 것 등을 건의하였다.[7] 천문 관제가 서운관(書雲觀)으로 통합되기 이전에도 과학적 및 객관적인 업무를 담당하는 태사국(太史局)과 주술적이고 주관적인 성격을 지닌 사천대(司天臺) 두 부서를 겸직한 고위 관리가 있었다는 사실은[8] 순수한 과학 공동체의 성립을 불가능하게 만든 이유가 그 구조적인 것에 있었음을 보여준다.

그렇다고 해서 전통적인 이데올로기나 정치적인 이유로 객관적인 과학 활동이 모두 정지된 것은 아니다. 이데올로기의 지배라는 형식 아래 실제로는 과학적인 조사 연구 활동이 보호를 받은 셈이기도 하다. 여기에 앞에서 지적한 후자의 측면이 있다. 『고려사』의 「오행지」는,

하늘에는 다섯 행성의 운행, 땅에는 다섯 가지 원료(금·나무·물· 불·흙)가 있다. 그것의 쓰임은 막히는 일이 없다. 사람에게는 다 섯 성질(기쁨·노함·바람·두려움·근심)이 있고 다섯 가지 일(용 모·말·보는 것·듣는 것·생각하는 것)로 나타나는데 이것을 잘 지 키면 복이 되고 못 지키면 해가 된다.[9]

라는 내용이 있다. 이러한 오행 사상으로 포장되어 있는 데다가, 이 와 아울러 중국의 박물학적 방법에 따라

물은 습하고 아래로 떨어지는 성질이 있다. ……
一曰水, 潤下 水之性也……
불은 타오르는 성질이 있다. ……
二曰火, 炎上 火之性也……
나무는 휘어지기도 하고 곧기도 한 성질이다. ……
三曰木, 曲直 木之性也……
금은 반듯한 성질이다. ……
四曰金, 從事 金之性也……

흙은 중앙에서 만물을 기르는 성질이다. ……

五曰土, 土居中央, 生萬物者也……[10]

의 다섯 가지로 분류하고 있다. 그러나 사실 내용을 보면 폭우·홍수·화재·이상 고온·병충해·가뭄·메뚜기의 습격·기근·풍해·짙은 안개로 인한 피해와 전염병 등 자연의 위협적인 재해를 빠뜨리지 않고 기록하고 있다. 이는 한반도 풍토가 음양오행적인 해석에 적합하였기 때문이다.

이러한 풍토 조건 이외에도 끊임없는 외부 침략에 시달리고, 방어력의 한계를 체험해야 했던 지정학적인 조건 내지는 현실적인 무력함은 초자연적인 힘에 의탁하려는 주술적인 경향을 더 두드러지게 만들었다. 국가적으로 실시한 큰 사업인 '대장경(大藏經)' 간행 역시 원나라의 침략을 주술적인 힘에 호소해서 막아보려는 방편의 하나였다. 오행 철학의 한국화는 이러한 극한적인 현실에서의 필연성, 또는 반대로 극한 상황을 탈출하기 위한 이유를 제시하는 설명 원리의 형태로 나타났다.

동쪽은 나무의 성질에 속하는데, 나무의 생수(生數)는 3이며 성수(成數)는 8이다. 따라서 기수(奇數) 3은 양(陽)이며 우수(偶數) 8은 음(陰)이다. 우리나라에 남자가 적고 여자가 많은 것도 이러한 이수(理數)에서 비롯된다.[11]

이 논리가 황당무계한 것이라 하여 일축해 버리기 전에, 왜 이러한 점수 사상(占數思想)이 현실적으로 설득력을 지녔는지 생각해 볼 필요가 있다. 고려시대 남녀 인구 통계의 기록이 없는 이상 이 기사의 내용이 확실하다고는 할 수 없지만, 부단한 외부의 침략에 맞서 전사한 남자의 수가 많아 전국의 남성 숫자가 많이 줄었을 것이다. 그리고 출가승 등 독신 남자가 많았던 추세였으며, 원나라에 보낼 공녀 문제와 관련된 여자 수에 대한 관심 등으로 미루어 볼 때, 남자가 적고 여자가 많다는 기록은 분명히 당시의 실정을 드러내고 있다고 할 수 있을 것이다. 또 다음과 같은 수론적 해석은 민족국가로서의 주체성 회복을 오행적 운명론과 결부시켜서 말한다.

하늘의 기수(氣數)는 순환하여 한 번 회전하면 다시 처음으로 돌아오게 된다. 600년이 일소원(一小元)이 되고, 3,600년이 쌓이면 대주원(大周元)이 된다. 이것은 황제 왕패(王覇)의 난을 다스리는 흥쇠(興衰)의 주기이다. 따라서 우리 동국(東國)은 단군 때부터 지금에 이르기까지 3,600년이 지났으니 바야흐로 대주원의 기회가 온 것이다.[12]

고려의 국영 과학은 위에서와 같은 시대 사조를 배경으로 하여 이루어졌으며, 수학도 물론 예외일 수는 없었다.

3. 관료제 사회의 산술적 기초

토지제도

고려의 관료 조직은 통일신라 말기의 제도를 그대로 이어받은 건국 초기의 과도기적 단계를 지나 성종 대(982~997)에 이르러 당의 제도를 모방하여 재편성되고, 이로써 중앙집권적 문무 양반 관인제도가 성립되었다. 당의 3성 6부제 · 부병제(府兵制) · 형률(刑律)제도 · 학교 · 과거제도 · 토지제도(班田制) · 화폐제도 · 의례제도 등을 채용하여 왕도정치를 표방하는 전통주의 정치체제 형식을 갖추었다. 그러나 중국의 제도를 고려에서 실제 운영하는 과정에서 고려 사회의 현실에 제약을 받기도 하였다. 한 예로 고려 관료 조직의 산술적 기초를 농업 정책과 관련된 토지제도 측면에서 살펴보자.

당의 반전제를 본받은 고려의 토지제도는 국왕을 최대의 지주로 하는 토지국유제(공유제)[13]였다. 이 제도는 통일신라 말기, 귀족들의 대규모적 토지 지배로부터 농민들을 어느 정도 해방시킨 것이었으나 그들의 생활 조건을 개선하는 데는 별로 도움이 되지 않았다. 이 토지제도는 근본적으로 왕을 정점으로 하는 관료 계층의 재정적인 기초를 뒷받침하는 것이었기 때문이다. 그러니 오히려 일반 농민은 농노적(農奴的) 소토지 경작자(小土地 耕作者)가 되었고 한층 더 땅에 얽매이게 되었다. 계급적 신분과 관직의 높낮이에 따라 차등 지급되는 과전제(科田制)는 실질적으로 고려시대의 토지 경제를 좌우하는 핵심이었다. 고려는 역대 왕조들 중 조세(특히 땅에 대한 세금)를 징수하기보다 농업 장려에 가장 힘을 많이 쏟았다.[14] 당연한 이야기이지만 경작할 땅을 분배하는 것이나 땅값(조세)을 어떻게 할당할 것인지에 공정을 기하기 위하여 고려에서는 토질의 좋고 나쁨에 따라 땅[田地]의 등급을 매기는 전품제도(田品制度)를 바탕으로 토지를 측량하였다. 신라도 땅을 상·중·하의 세 등급으로 구분하였는데[15] 땅의 등급을 매기는 것을 법적 규정으로 명확하게 문헌에 기록해 놓은 것은 고려 성종 때의 일이다.

성종 11년(992)의 조세 징수 규정에는 논[水田]과 밭[旱田]을 구별하고 각각 상·중·하의 땅마다 징수액을 정하였다.

공전의 세금은 수확량의 $\frac{1}{4}$을 취하여, 논 상등 1결에 3섬(石) 11

말(斗) 2되(升) 5홉(合) 5작(勺), 중등 1결에 2섬 11말 2되 5홉, 하
등 1결에 1섬 11말 2되 5홉을, 그리고 밭은 상등 1결에 1섬 12말
1되 2홉 5작, 중등 1결에 1섬 10말 6되 2홉 5작, 하등 1결에 (이
하 결(缺)). 또 논 상등 1결의 세는 4섬 7말 5되, 중등 1결에는 3
섬 7말 5되, 하등 1결에는 2섬 7말 5되, 그리고 밭은 상등 1결에
2섬 3말 7되 5홉, 중등 1결에는 1섬 11말 2되 5홉, 하등 1결에는
1섬 3말 7되 5홉으로 정하였다.[16]

성종 대에 제정된 조세액[17](1결당 징수량)

		공전(公田)		사전(私田)	
		징수액	수확고	징수액	수확고
논	상전	3섬11말2되5홉5작*	15섬	4섬7말5되	18섬
	중전	2섬11말2되5홉	11섬	3섬7말5되	14섬
	하전	1섬11말2되5홉	7섬	2섬7말5되	10섬
밭	상전	1섬12말1되2홉5작**	7.5섬	2섬3말7되5홉	9섬
	중전	1섬10말6되2홉5작***	5.5섬	1섬11말2되5홉	7섬
	하전	결(缺)****	3.5섬	1섬3말7되5홉	5섬

이 기록을 보면 논에 대한 세금 징수액이 밭 징수액의 두 배가 된다는 점을 한눈에 알 수 있다.
그러므로 수치 표시가 잘못된 것을 다음과 같이 고쳐야 한다.
  * 3섬11말2되5홉5작 → 3섬11말2되5홉
  ** 1섬12말1되2홉5작 → 1섬13말1되2홉5작
  *** 1섬10말6되2홉5작 → 1섬5말6되2홉5작
  **** 결(缺) → 13말1되2홉5작

위의 표를 보면 이때의 농지 측량에는 상·중·하 세 등급의 경
지에 공통적인 측량 도구[量地尺]가 사용되었다는 것을 쉽게 알 수 있
다. 일정량의 수확을 내는 세 등급의 경지 면적을 동일한 척도로 재

어 나타내는 것이다. 또 1섬=15말, 1말=10되, 1되=10홉, 1홉=10
작의 도량제가 있었다는 것도 알 수 있다. 그러나 1결의 넓이가 얼
마인가에 대한 언급은 없다. 다음 기록은 이에 대한 간접적인 설명
이 된다.

신라 30대 왕 문무왕[법민(法敏)]에 일러 용삭(龍朔) 원년(문무왕 1
년, 661) 3월에 영을 내리기를, …… (수로왕의) 사당에 가까운 상
상전(上上田) 30경을 내주어 왕위전(王位田)이라 이름 지었다. ……
순화(淳化) 2년(991)에 김해부 양전사 중대부 조문선의 보고에 의
하면, 수로왕의 사당에 소속된 땅이 넓으니 15결만 남기고 나머
지는 그곳에서 부역하는 자들에게 나누어 주었으면 좋겠다고 하
였다. …… 왕위전의 반은 종전대로 능묘에 쓰고 반은 나누어 주
라고 조정에서 분부했다. 그 후 사신이 그 땅을 조사해 보니 겨우
1결 12부 9속뿐이고 3결 87부 1속이 부족했다.[18]

이 기사를 통해서 우선 단위 면적 '경'과 '결'이 같은 내용이라
는 것을 알 수 있다. 정약용의 말대로 신라의 경무법(頃畝法)과 성종
대를 포함한 고려 초의 결부법(結付法)은 명칭만 다를 뿐 실제로는 동
일했던 것 같다.[19] 그리고 또 1결(경)은 100부(무), 1부(무)는 10속이
었다는 것도 알 수 있다. 그 후 문종 22년(1069)에는 1결은 33^2보
(1,089보^2), 1보는 6자[尺], 1자는 10푼[分], 1푼은 6치[寸]로 정해 놓은
'양전보수(量田步數)'가 정해졌다.[20] 여기에서 6치는 종래 사용해 왔

던 주척(周尺, 한 자가 약 19.8센티미터)을 기준으로 했음이 틀림없다. 즉, 새 양전척은 주척으로는 6치의 열 배, 그러니까 6자에 해당한다. 1보는 주척 36자, 따라서 방 33보인 1결의 넓이는 약 55,330제곱미터[200평을 1두락(斗落)이라고 한다면 지금의 약 83.7두락]가 되는 셈이다.[21] 문제가 되는 것은 성종 때의 규정과는 달리 땅의 등급 표시가 없이 일률적으로 1결은 방 33보로 되어 있다는 점이다. 토지제도의 기본인 전품제가 문종 때 일시적으로 폐지되었다고는 볼 수 없다. 만일 그렇다면 동일한 단위명이면서도 땅의 등급에 따라 내용이 다른 양전척을 따로 사용하였다고 보아야 한다. 성종 당시의 전제(田制)는 동일 면적에서의 등급별 수확량을 문제 삼았지만, 여기에서는 반대로 동일 수확량에 대한 등급별 면적을 정한 것으로 보인다. 즉, 공양왕 당시 이른바 동과수조(同科收租) 제도[22]가 이때 이미 실시되었다고 추측해 볼 수 있다.[23] 그리고 양전보수를 정할 때에 기준이 된 땅의 등급은 다시 등급을 재는 번거로움을 되도록 피한다는 원칙을 적용해야 할 것이다. 그렇다면 기준은 당연히 농지의 대부분을 차지하는 하등급의 땅이었어야 한다. 그렇게 해서 하등급 땅의 결부수는 종전 그대로인 채로 두고 단지 일부 상·중등급 땅의 실제 면적을 새 양전척으로 재어 나타낸 것이다.[24]

그러나 한 가지 미심쩍은 점이 있다.

10부에 쌀 7홉 5작, 1결에 이르면 7되 5홉, 20결이 되면 쌀 1섬[25]

이 세금은 수송 도중의 '손실된 쌀[損耗米]'을 보충하기 위한 일종의 추가 세금, 부가세인 듯[26]한데, 여기에서 과연 '7홉 5작'을 산출하는 근거가 무엇인가가 문제가 된다. 이 값이 세금으로 걷는 쌀(조세미) 징수량을 기준으로 하고 그것을 정돈한 결과여야 하며, 또 문종 7년의 부가세 내용과 크게 차이가 있어서는 안 된다는 점을 고려한다면, 10부 3말, 즉 1결(100부)의 세금을 2섬을 기준으로 그 $\frac{1}{40}$을 여분으로 더 거둔 것으로 볼 수 있으며, 그렇다면 이 부가세 산출 근거도 정확한 것이 된다.[27] 고려 태조 당시의 세금제도[28]를 부가세 산출의 근거로 따로 둔다는 것은 언뜻 보면 모순인 듯 보이기도 한다. 그렇지만 이러한 이중 구조는 현실주의와 이데올로기가 교차하는 한국의 전통적인 정치 사회에서는 별로 드문 현상이 아니다.

이상 문종 당시의 양전제(문종 23년)의 내용에 관한 추정을 요약해 보면 다음과 같다.

첫째, 새 양전척 1자는 6치의 10배이므로, 10치 1자의 주척으로서는 6자에 해당하고 1보의 길이는 주척으로 36자가 된다.

둘째, 고려 초의 전제는 중국의 것을 본받아 1결(경)=100보사방(=10,000보²)=100부(무)에 의한 단위 환산을 하였다. 새 제도에서는 세 등급의 땅 중·하등급의 땅 1결의 면적을 이 옛 제도에 의한 1결의 내용과 동일하게 정하였다. 바꾸어 말하자면, 새 양전척 1자=옛 양전척 3자, 즉 옛 제도 100보사방=새 제도 33보사방(100÷3=33.33……의 정수 부분)의 환산식이 성립하게 된다.

셋째, 상·중·하급 땅에 사용된 양전척의 길이의 비가 2 : 2.5 : 3[29] 이라는 전제 아래에서 새 양전척의 단위 내용을 옛 제도의 척도로 환산하면, 상급 땅의 1자는 옛 제도 2자, 중급 땅의 1자는 옛 제도 2자 5치, 하급 땅의 1자는 옛 제도 3자가 된다.

『고려사』에는 양전(量田)에 관한 기사가 눈에 많이 띤다. 게다가 백관지(百官志) 속에도 이를 담당하는 관청으로 문종 때의 급전도감(給田都監), 충목왕 때의 정치도감(整治都監), 우왕 때의 절급도감(折給都監) 등의 이름이 보인다.[30] 그러나 이상의 도서 안에는 땅 측량을 직접 담당해야 할 기술 관리직이 없었다. 이는 현장의 실무를 중앙 관청의 산사가 아닌 지방 서리에게 전담시켰기 때문이다. 물론 '양인(量人)'[31]이라는 명칭이 보이기는 하지만,[32] 이는 궁중 예식의 절차상 필요한 상징적인 관직명이었던 것 같다. 어쨌든 산사나 계사(計士)는 직접 측량 현장에는 참석하지 않고 양전에 관한 기본적인 수리(數理)를 마련하는 등 책상에서만 계산 관련 일을 하는 정도에 그친 것으로 생각된다. 이것은 고대 일본이 전제와 관련해서 반전시(班田司)에 여러 명의 산사를 두었던 것과는 대조적이라고 할 수 있다.[33] 그러므로

태조가 즉위하자 먼저 전제(田制)를 바로잡았다.[34]

라든가

문종 8년, 모든 땅의 등급(전품)을 사정하였다.[35]

등의 기록을 문자 그대로 해석해서 실제로 획기적이고 대규모의 양전이 실시된 것으로 판단해서는 안 된다. 그리고 또 문종 23년에 있었던 1결=33²보, 2결=47²보 등의 양전보수를 정한 것 역시 실제로는 양전 실시를 위한 새로운 기준을 마련한 것이 아니라, 등급별로 1결의 면적을 정하는 동과수조 제도의 입장에서 새삼 그 보수를 공식 확인한 것에 지나지 않는다는 것을 잊어서는 안 된다. 만약 땅을 일일이 측량했다면 최소한 면적 단위를 '결'보다도 작은 '부'로 했어야 옳다. 왜냐하면 한반도 지형에는 경사면이 많아서 한 뼘 땅의 면적이 몇 결씩이나 되는 경우가 거의 없었기 때문이다. 따라서 '부'에 대한 언급이 없는 문종의 양전보수는 어떤 지역 전체의 경지 면적을 대강 읽어보기 위한 표 이상의 의미를 지니지 않았을 것이다. 다음 표에서 볼 수 있듯이, 1결보수의 실제 배를 한 수치와 비교해 보면 상당한 오차가 있다는 점에서도 문종 때의 '각급보수(各給步數)'는 실제 측량 계산용이 아니었음을 짐작할 수 있다. 그렇다고 해서 물론 양전을 전혀 실시하지 않았다는 뜻은 아니다. 가령 땅의 경계가 애매하여 문제가 생긴 경우나 아니면 매우 적은 수의 중등급, 상등급 땅에 대해서는 부분적으로 측량했을 것이다.

전제에서 각 결의 보수(문종 23년)

	후한척(전기)	후한척(후기)	오차
1결	33보사방(1089)		
2결	47보사방(2209)	1089보^2×2=2178	31보^2
3결	57.3보사방(3282.29)	1089보^2×3=3267	33.29보^2
4결	66보사방(4356)	1089보^2×4=4356	
5결	73.8보사방(5446.44)	1089보^2×5=5445	1.44보^2
6결	80.8보사방(6528.64)	1089보^2×6=6534	5.36보^2
7결	87.4보사방(7638.75)	1089보^2×7=7623	15.75보^2
8결	90.7보사방(8226.49)	1089보^2×8=8712	485.51보^2
9결	99보사방(9801)	1089보^2×9=9801	
10결	104.3보사방(10878.49)	1089보^2×10=10890	11.51보^2

　　땅을 측정하는 기구로는 조선시대처럼 1보마다 '소표(小標)', 10보마다 '대표(大標)'를 붙인 '승척(繩尺)'을 사용했을 것이다.[36] 측량 계산의 방법에 관한 구체적인 기록이 사료에 나타나지 않아 확실히 단언할 수는 없지만, 일반적으로 '방·보'의 방법이 쓰인 것으로 미루어 보아, 대체로 땅의 형태를 사각형으로 잡아서 가로 폭에 세로 폭을 곱해서 넓이를 셈한 것이 아닌가 생각된다. 좀 더 세밀한 측량에서도 방전(方田)·직전(直田)·제전(梯田, 사다리꼴 모양의 땅)·규전(圭田, 모가 난 땅)·구고전(句股田, 직각삼각형 모양의 땅) 중 하나로 적당히 어림잡아 이들의 넓이를 셈하는 공식을 이용해서 보수를 구하는 방법을 사용했을 것이다. 요컨대 농지 측량의 기술 면에서는 삼국시대 이래 거의 진전이 없었던 것으로 보인다. 그나마도 국정이 문란해지기 시작한 중기 이후, 특히 원나라의 지배 말기에는 토지대장마저 제

대로 갖추지 못할 정도였다[37]고 하니, 토지제도와 관련된 산술적 기초가 얼마나 형편없었는지 짐작하고도 남는다.

4. 상업과 도량형제도

수학의 발전을 가로막은 상업의 정체

중앙집권적인 관료 체제의 절대적인 지배를 받은 중농주의 경제구
조 아래에서 고려 상업은 당시 중국 상업보다 보잘것없었다. 상업의
통제권은 일반적으로 정부가 쥐고 있었고, 상인의 자본축적은 정부
에 의해 막힌 처지였다. 그러나 송나라가 상입의 눈부신 발달로 세
계 무역의 중심지가 되자 고려의 국제 무역도 예성강을 통해 활발해
졌다. 그렇지만 고려의 무역은 이른바 '조공 무역(租貢貿易)'의 한계
를 벗어나지 못했다. 결과적으로 고려는 중국 상인들에게 무역의 주
도권을 빼앗겨 수입 초과로 재정적인 큰 손실을 입었다. 『고려사』에
보면 송나라 상인들이 빈번하게 고려를 찾아왔다는 기록이 보이는

고려시대 화폐들

데, 이것은 무역의 주도권을 송에 빼앗겼음을 보여주는 것이라 할 수 있다.

중국 화폐가 고려에 들어오자, 그 영향으로 고려에서도 일찍부터 화폐를 만들고 보급하기 시작하였다.[38] 문헌상에도 삼한중보(三韓重寶)·동국통보(東國通寶)·동국중보(東國重寶)·해동중보(海東重寶)·해동통보(海東通寶) 등의 이름이 보이지만,[39] 권력층이 상업에 부정적이었기 때문에 화폐 유통은 부진했고, 이는 어찌할 수 없는 부분이었다. 화폐의 보급을 중국 문화의 정통성 계승과 연관시켜서 그 당위성을 역설한다고 하더라도[40] 그것은 이데올로기와는 전혀 다른, 별개의 문제였다. 인종 대(인종 원년, 1123)에 고려를 찾아온 송나라 사신에게 보인 현상이[41] 고려 말까지도 거의 그대로였다는 것은 『고려사』「식화지2」의 기사를 통해서도 확인할 수 있다. 즉, 물물교환 중심의 이른바 '미포경제(米布經濟)'는 근본적으로 어떤 변화도 일으키지 못했다.

이와 같은 유통의 침체 때문에 회계·부기·이식계산(利息計算) 등의 상업 수학은 극히 초보적인 단계에 머물러 있었다. 송나라의 화려한 상업 경제를 배경으로 하여 이루어진 민간 수학의 성과가 무역 상인들의 손을 거쳐 고려에 반입된 책들 가운데 당연히 포함되어 있었을 것이라고 보아야 하겠지만,[42] 이러한 새 지식은 상인 사회와는 거의 관련이 없는 극소수의 관인 산학자들에게만 전해졌으리라 생각한다. 또 새삼스럽게 계산 능력을 필요로 할 정도로 경제활동이 복잡해지지도 않았고, 수학책을 읽을 정도로 상인들의 소양이 깊은 것도 아니었다. 어쨌든 '산(算)'은 여전히 관료 조직 속에 갇힌 채였으며, 그 배경이 확대될 조짐은 전혀 보이지 않았다.

고려의 도시는 수도인 개경을 비롯하여 서경(평양) · 동경(경주) · 남경(서울) 그리고 중앙에서 파견된 행정관이 주재하는 주부(州府), 즉 관위도시(官衛都市)가 전부였다. 고려의 이러한 도시 형태는 유럽계 도시와는 여러 면에서 달랐고, 중국형이면서도 송나라 때의 상업 도시와는 또 다른 면을 지니고 있었다. 고려의 도시 상업은 농촌에서 현물(現物)로 수납되는 조세와 공납품 및 생활품 등을 시전을 통해 거래하는, 정부의 감독 아래 있는 어용 상업이었다. 경시서(京市署)의 지휘를 받은 관에서 설치한 시장이었던 '시전'은 관수품(官需品)의 조달은 물론 상거래를 통해서 얻은 이익을 관료들에게 상납하는 등, 관료 조직과 밀착되어 있었다. 도시의 어용 상인들은 권력층의 위임을 받은, 일종의 관에 속한 자들이었다. 따라서 이러한 상황 아래에서 독자적인 상업자본이 형성된다는 것은 처음부터 불가능한 일이었다. 도시 이외의 곳에서의 상업은 비상설적인 시장을 중심으로 이루어진 물물교환이 전부였다. 농민이나 수공업자들, 행상 사이의 영세적인 거래 과정에서는 화폐의 사용이라는 것이 무의미했다. 그러니 금융경제가 이루어질 리 없었다.[43]

게다가 관료·승려·양반 지주 등 상인이 아닌 계층에 의한 수탈경제는 유통 질서를 더욱 침체시켰다. 정치 권력의 비호를 배경으로 한 사원재단[佛寶]의 고리대금업, '반동(反同)'이라는 이름의 상품 강제 매매 행위,[44] 모든 세금을 정부에 선납하고 그것의 두 배를 징수하는 선납 청부제, 고리를 체납한 대가로 땅을 빼앗아가는 지방 호족들의 횡포[45] 등이 그것이다. 영세 농민을 상대로 한 고리대가 얼마나 혹독한 수탈이었는지는 다음의 법정 이자율을 보아도 곧 짐작이 간다.

모든 공사의 대차(貸借)[46]는 쌀 15말(1섬)에 대해서 (가을 수확기에) 5말의 이자를 받고, 포(布) 15필에 대해서 5필의 이자를 받는 것을 원칙으로 한다.[47]

그러나 고리사채의 폐단이 종식되기는커녕, 해를 거듭할수록 심각해지고, 고려 말기에는 극에 달하였다.[48]

요컨대 상인 세력은 봉건적 지배계층의 기생적 매개자로 혹은 지배계층의 이해와 대립할 수 없는 미미한 집단으로 지냈을 뿐, 농업사회의 기본 구조를 위협할 정도까지는 성장하지 못했다. 다음 기사는 이 사실을 가장 함축적으로 표현한다.

공양왕 3년 3월, 중랑장 방사량이 글을 올려 말하기를, 사민(사농공상) 등에 농업이 가장 고생스럽고 공업이 그다음이다. 상업에 종사하는 자는 무리를 지어서 놀기만 하고 누에를 치지도 않고 비단옷을 걸치며 천한 신분이면서도 호식을 한다. 그 부는 왕실에 비길 만 하고 그 생활은 왕후와도 같으니, 실로 현세의 죄인이라 할 수 있다.[49]

상인계층의 진출에는 언제나 제도적으로 제동이 걸리곤 했던 것이다. 이러한 극소수의 권력형 자본을 제외한 대다수의 상인들은 농민들에게는 동지처럼 호의적으로 받아들여졌다는 사실[50]로 볼 때, 그들이 여전히 농본사회에 몸담고 있었음을 알 수 있다.

이상과 같은 상업의 정체는 곧바로 민간 수학의 성립을 가로막는 부정적인 요인으로 크게 작용하였다. 같은 논리로 따져서, 유럽의 봉건제를 무너뜨린 강력한 상업사회의 형성이 중세 사원 수학에 이은 민간 수학 발달의 동인이 된 것이다. 시민계급 대두 이전의 유럽 중세 수학은 이른바 사원 수학이어서 실용적인 면에서는 기껏 토지 측량이나 달력에 의한 종교 행사일 계산(중국의 역계산과는 다른 의미임) 정도에만 사용되었다. 십자군에 의해 동방 시장이 개척되고, 이를 계기로 이탈리아나 독일 등에 상업 도시가 갑자기 생겼고, 마침내 그

부력(富力)으로 상업 도시는 봉건 왕후와 맞서는 독립된 자치 도시로 발전하였다. 이러한 활기 넘친 상업 사회에서 상업 계산은 무엇보다도 신속하고 정확해야 했다. 그러나 종래의 사원 수학으로는 이 요구를 따를 수 없었다. 상인들은 아라비아 숫자가 매우 편리하다는 것을 깨닫고, 로마 숫자를 사용하라는 법왕청의 명령[51]을 어기면서까지 아라비아 숫자를 사용하였고, 13세기 말에는 이미 인도 · 아라비아 식 기수법을 전적으로 채용하게 되었다. 이 상업 계산의 획기적인 기운이 있었기 때문에, 수학자의 저술은 승려의 손으로만 엮어진다는 전통을 깨고 상인이 직접 수학책을 만들었다. 피사의 상인 피보나치(Leonardo Fibonacci, 1170~1250)의 『계산론(Liber Abaci)』[52](직역하면 '계산판의 책')이 대표적인 예이다. 유럽의 경우처럼 뚜렷하지는 않지만, 중국에서도 상업이 활발해진 남송 시대에는 당시 상공업사회에서 소재를 찾는 민간 수학이 관료 조직에 유착했던 전통 수학을 떠나서 성립하기 시작하였다. 그러나 참고할 만한 상업사회가 없었던 고려의 수학은 방법이나 소재 면에서 아무런 굴절이나 변화가 없는, 전통적인 관료 수학으로만 일관하였다.

도량형제도

관설 시장의 운영을 전적으로 맡은 장구검시전(掌句檢市廛) 경시서의 가장 중요한 업무 중 하나는 도량형을 공정하게 실시하는 것이었다. 지방의 시장을 감독하는 관서(知官)의 경우도 마찬가지였다. 교환 시장에서 사실상 가치 척도로 유통된 쌀이나 베를 비롯하여 은병·쇄은(碎銀) 등 상품 화폐가 많이 사용되었기 때문에 경제생활에서 도량형의 의의는 점점 더 커져갔다.

도량형의 명칭이나 단위는 거의 중국제도를 모방한 것이지만, 도·양제의 내용은 통일신라의 영향을 강하게 받았다. 고려시대의 도량형제도와 송나라의 그것을 비교한 옆의 도표를 보면, 무게[衡]를 제외한 길이[度]와 들이[量]가 내용에서 상당한 차이가 있다는 것을 알 수 있다.

정기적인 도량형 검사,[53] 불량품 사용에 대한 벌칙[54] 등도 물론 있었다. 그러나 위탁 상업에 의한 부당 이윤을 챙기거나 여러 가지 세금을 가혹하게 징수하는 등 귀족 관료층 스스로가 생산과 분배의 질서를 파괴한 상황에서 도량형의 공정한 검사가 과연 얼마만큼이나 효과적으로 실시되었는지는 심히 의심스럽다.[55]

고려와 송의 도량형제 비교

(송 도량형제는 중국 도량형사에 의함)

	고려	송
길이	포백척(布帛尺)* ー곡척 1척 8두 (약 54.5cm) 금척** (金尺, 營造尺) ー주척 1두 2척 양지척 ー주척 6척	태부포백척(太府布帛尺) ー약 31.1cm (21종의 송척(宋尺) 중 대표적인 것이 바로 이 척이다) 민간척(民間尺) ー석척(淅尺)ー24.9cm ー회척(淮尺)ー19.9cm
들이	미곡(米斛) ー가로·세로·높이 각 1척 2촌 패조곡(稗租斛) ー가로·세로·높이 각 1척 4촌 5푼 말장곡(未醬斛) ー가로·세로·높이 각 1척 3촌 9푼 대소두곡(大小豆斛) ー가로·세로·높이 각 1척 9촌 1석=15두, 1두=10승 1승=10합, 1합=10작 (1도=6합)	상착하광(上窄下廣(角錐臺形)) 1석짜리 용기 1석=10두
무게	1근=16냥, 1냥=10전 1전=10분(=2.4수) 1분=10리(釐) 1관=1,000전	1근=16냥 1냥=10전=24수 1분=10리, 1=10호(毫) 1호=10사(絲), 1사=10홀(忽)

*백남운, 『조선 봉건사회 경제사』(상), p.752.

**같은 책, p.753. 주 1.

5. 고려의 산학제도

송 · 원의 수학

고려시대 수학의 특징을 파악하기 위해서는 같은 시기의 중국 수학과 대조해 보는 것이 가장 효과적이다. 이러한 뜻에서 고려의 산학을 다루기 전에 송(宋) · 원(元)의 수학을 잠깐 살펴보자.

고려시대 475년(918~1392)은 중국 수학의 황금기라고 일컬어지는 송 · 금 · 원나라 시대(960~1367)에 해당한다. 산가지[56]를 사용하여 고차방정식의 해법(천원술)을 발명한 것이 바로 이 시기였으며, 인쇄술의 발달에 힘입어 많은 수학책이 출판되었다. 그 사이 단절되었던 산학제도가 송나라 때 다시 부활했다.

송(北宋, 960~1126)의 산학제도는 극히 짧은 기간에 몇 번의 굴절을 겪었다. '원풍(元豊)' 때의 '산학조례'(1084)에 의하면 산학고시를 봐서 합격자 중 성적이 우수한 자는 박사(博士), 중간 정도의 성적인 자들에게는 학유(學諭)라는 관직을 주었다.[57]

산생(算生)의 교과서로는 『철술』을 제외한(중국에서 이 시기 이미 『철술』은 없어졌다) 『산경십서』와 『산술습유(算術拾遺)』 등이 사용된 것으로 보인다. 그것은 이 고전 수학책의 간행본이 비서성(秘書省)에 바쳐진 사실에서 짐작할 수 있다. 그 기록의 일례를 보면 다음과 같다. 다음 기록은 『주비산경』을 받은 비서성 직원의 이름이 일일이 적혀 있는 것이다.

비서성
주비산경(周髀算經) 일부(一部) 상하공이책(上下共二冊)
　　원풍 7년 9월 일
　　　　교정강수선덕랑비서성교서랑　　　신 섭조치 상진
　　　　교정승의랑행비서성교서랑　　　　신 왕중수
　　　　교정조봉랑비서성교서랑　　　　　신 전장경
　　　　봉의랑수비서승　　　　　　　　　신 한종길
　　　　조청랑시비서소감　　　　　　　　신 손각
　　　　강수조산랑시비서감　　　　　　　신 조언약 랑

산학의 실제 역할과는 별도로 전통적인 고전관 때문에 수학책을 간행하는 데에도 위와같은 격식을 갖추었던 것이다.

송나라 숭령(崇寧) 3년(1104)에 개편된 학제에서, 산생의 정원은 210명, 과목은 『구장』·『주비』를 비롯하여 『해도』·『손자』·『오조』·『장구건』·『하후양산경』 및 『천문(天文)』·『역산』을 포함하고, 서민 출신에게도 입학을 허락하였다. 관리 등용 시험으로는 공시(公試)와 사시(私試)[58]가 있었는데, 그 방법은 태학(太學)의 경우와 거의 비슷하였다.[59] 이어서 숭령 6년에는 '국자감 산학 칙령 격식'이 반포되었다. 대관(大觀) 4년인 1110년에는 산학이 천문관서인 태사국에 흡수되었다가[60] 정화(政和) 3년인 1113년 또다시 산학으로 복귀하였다.[61] 그러나 실제 시험 운영은 극히 부진하여 제도 수립 이후 불과 30여년 만에 폐지되고 말았다.[62]

그 후 남송시대에는 산학의 교과서로 쓰인 『산경십서』마저 자취를 감추고, 13세기 초에야 겨우 복간되어 다시 햇빛을 보게 되었다.[63]

중국 수학의 전통은 송(북송)의 수도를 점령하고 그 문화 유산을 차지한 이방 민족인 금나라를 거쳐 원나라로 이어졌다. 원나라 대에는 당시의 수학자들이 말하듯, 중국 역사에서 수학이 최고로, 또 마지막으로 비약했던 시대였다.

바야흐로 산학을 섬기는 기운 때문에 그 연구가 점차 활발해졌다.[64]

이슬람 천문학의 도입, 보간법(補間法)·구면삼각법(球面三角法)을 사용한 동양 천문학(역산학)의 금자탑인 『수시력(授時曆)』[65](1280)과 천원

술을 한층 더 발전시킨 『사원옥감(四元玉鑑)』(주세걸, 1303) 간행 등이
이 시기에 이루어졌다.

결론적으로 말해서, 옛날 방식 그대로의 산학제도를 다시 재현하
려는 송의 복고주의적인 계획은 현실에서는 실현하기 힘들었고, 명
분으로만 끝나고 말았다. 관영 과학이라는 점에서 산학 그 자체는
이미 실질적인 의미를 잃고 있었던 것이다.

송·원의 민간 수학

1126년에 금나라가 송을 장악하고 황제를 사로잡은 후, 송은 수도를
남쪽 항주(杭州)로 옮겨서 1279년까지 '남송' 시기를 보낸다(수도를
옮기기 전은 '북송'이라고 부른다). 남송의 영토는 원래의 영토에 비해서
많이 작아졌지만 남부의 비옥한 땅과 양자강이라는 훌륭한 교통 수
단을 이용하여 북송의 전성기 때보다 훨씬 많은 국가 수입을 올렸
다. 150년에 걸친 이 시기를 중국사에서는 '상업혁명'의 시기라고
부른다.[66] 견직물이나 자기류를 비롯한 전통 산업이 발달했고, 차 재
배가 증가했으며, 목화를 생산·보급 및 광산 자원의 개발 등 기술
상의 진보를 배경으로 하여 관영 전매사업을 능가하는 민간 무역이
대규모로 행해졌기 때문이다. 이 시기에 급속도로 성장한 상업은 정
부의 통제를 벗어나 마침내 세계 최초의 대양 통상 시대를 개척하였

다. 그리하여 비단이나 칠기, 도자기 등의 정교한 수공업품을 멀리 이집트에까지 수출하였다. 이는 결과적으로 고도의 화폐경제시대를 가능하게 했다. 정부의 국고 수입에서 곡물 등의 현물보다 화폐 액수가 더 많았다고 한다.[67]

화폐 유통의 대량화 및 다변화는 당연히 이에 걸맞은 계산술의 발달을 가져왔다. 라이샤워(E. O. Reischauer)는 중국의 주판이 이 무렵에 나온 것이라고 주장하였다.[68]

중국의 수학은 송·금·원 시대를 지나며 두드러진 변화를 보인다. 송 초기까지는 수학이 사대부의 교양 혹은 관용 기술학의 테두리 안에만 머물러 있었으나, 금나라의 지배를 피해 남쪽으로 내려간 이후, 은둔 생활의 명상 속에서 실용이나 교양과는 상관없는 순수 수학 연구가 이루어지기도 했다. 그리고 상업사회의 절실한 요구 속에서 민간 수학이 발생하고 활발하게 성장했다. 전자를 대표하는 수학자가 이야(李冶), 후자는 양휘(楊輝), 그리고 그 중간쯤에 진구소(秦九韶)가 있다.[69]

양휘에 대해서는 13세기 후반의 수학자로 항주에서 가까운 전당(錢塘) 태생이라는 정도밖에 알려져 있지 않다.[70] 그러나 그는 『구장산술』을 해설한 『상해구장산법(詳解九章算法)』 12권(1261)을 비롯하여, 초학자용 『일월산법』 두 권(1262), 그리고 『양휘산법』이라는 이름으로 알려진 『칠권본』(七卷本, 1274~1275) 등 많은 저서를 남겼다(『양휘산법』의 내용에 대해서는 조선시대의 수학을 다루는 장에서 자세하게 살펴볼 것이

다). 양휘는 민간 수학자답게 수학을 가르치면서 생계를 유지한 것 같다.[71]

천원술 연구를 더 발전시켜서 사원(四元)의 고차방정식을 다룬 『사원옥감』(1303)의 저자인 원나라의 주세걸도 당시 민간 수학자 중 한 사람이었다. 보통 '천원술의 책'이라고 잘 알려진 『산학계몽(算學啓蒙)』(1209)은 조선시대 산학의 핵심을 이룬 중요한 수학책인데(『양휘산법』과 함께 다룰 것이다) 내용을 보면 향(香) · 약초 · 귀금속 등

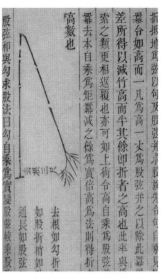

『상해구장산법』의 본문

의 거래에 대한 문제를 다루면서 당시 사회상을 반영하고 있다. 주세걸은 '주류사방이십여년(周流四方二十餘年)'[72]의 당대 으뜸인 인기수학자였던 모양이다. 『산학계몽』 출간보다 훨씬 뒤인 명나라 초(1373, 공민왕 22년)에 출판된 안정제(安正齊)의 『상명산법(祥明算法)』 두권(역시 조선의 주요 수학책 중 하나였다)도 같은 민간 수학의 계보에 속한다. 이상의 중국 수학이 당시 고려에 끼친 영향에 대해 알아보기로 하자.

고려의 산학제도

통일신라의 제도를 계승한 건국 초의 고려 국학은 성종 11년(992)에 이르러 당나라의 제도를 본떠 만든, 이른바 '국자감'으로 재정비되었다. 산학이 국자감 속에 처음부터 편성되어 있었던 것은 아니다. 성종 당시에는 국자학 · 대학 · 사문학 등의 유학 과정 학부와 그 교수진(박사와 조교)이 있었을 뿐이며, 문종 대(1047~1082)에 비로소 기술학부인 율학 · 서학 · 산학 등이 갖추어졌다.[73] 그러나 국자학 · 대학 · 사문학 · 율학 · 서학 · 산학의 경사육부제(京師六府制)를 명실공히 갖춘 고려의 교육제도가 확립된 것은 이보다 더 뒤인 인종 대(1123~1146)의 일이다.

통일신라시대의 학제에서는 유학부와 기술부의 입학 자격에 구별이 없었으나, 고려의 국자감은 당과 송의 제도를 본받아 국자학 · 대학 · 사문학 등[74]에 이어서 기술 3과의 자격을 다음과 같이 규정하였다.

율 · 서 · 산 및 주현(州縣, 향학)의 학생은 모두 8품 이하의 자제 및 서인 출신으로 하되, 7품 이상의 자제도 청원하면 이를 허락한다.[75]

모집 정원은 국자학 · 대학 · 사문학이 각각 300명씩으로 명시되어 있으나[76] 산학 등 기술학부에 대해서는 언급이 없다.[77] 이것은 기록의 누락이라기보다는 당시의 관료 기구에서 필요로 하고 또 수용할 수 있을 만한 범위 내에서 그때그때 필요한 인원을 뽑았기 때문이다. 문자 그대로 '실학'이라는 기능에 초점을 맞추어서 일부러 정원제를 채택하지 않은 것으로 보아야 한다. 유학 3부의 경우에는 지배층의 인적 구성의 정기적인 교체의 필요성과 최소한 사대부 자체의 교양을 위한다는 명분만으로도 정원제는 충분히 가능했다. 그러나 산학을 비롯한 기술학은 학문이나 교양 따위와는 전혀 상관이 없는 관에서 쓰는 도구 이상의 의미를 지니지 않았던 것이다.

이상의 사실을 전제로 국자감의 입학 자격을 보면 고려사회의 신분제도는 엄격히 세분화되고 규제되었으며, 실제로는 하층계급에서 상층계급으로 진출할 수 있는 기회가 막혀 있었던 것 같다. 국자감 제도가 비록 당의 제도를 모방한 것이라고 해도[78] 이러한 신분 제한이 실시되었다는 한 가지 사실만으로도 고려사회의 계층 질서가 그만큼 견고했다는 것을 알 수 있다. 남반[南班, 내시직(內侍職)]·잡로(雜路)[79] 기타 양민층 등이 복합적으로 구성된, 이른바 서인계급이 들어갈 수 있는 학교의 문은 산학 등의 기술학 분야에 한정되었고, 그나마도 특별한 소양이나 연고 없이는 사실상 입학이 불가능했던 것으로 보인다. 기술 관료층의 입장에서는 비록 상류 지배계급은 아니지만 서민층과는 엄연히 구별되는 특권적인 지위[80]를 영구적인 신분으로 굳히기 위해서라도 폐쇄적일 수밖에 없었다. 농민을 포함한 일반 서민층이 기술 관료로 진출하는 길이 열려 있다는 말과 달리, 실제로는 기술직의 전문성과 배타성 때문에 그 문은 극히 좁았다. 그중에서도 산학은 그 지식의 특수성 때문에 일반 지원자는 엄두도 못내는 영역이었다.

국자감의 학생은 입학 이후 삼 년이 지나면 과거 응시 자격을 얻을 수 있었다.[81) 이는 바꾸어 말하면 국자감의 최저 수업 연한이 삼년이라는 뜻이다. 최대 연한은 유학부 구 년, 그리고 기술부의 율학은 육 년으로 되어 있으나,[82) 서학과 산학에 대해서는 전혀 언급이없다. 기술 3학 중에서 율학에 가장 중점을 두고 있는 점으로 미루어 볼 때[83) 산학과 서학(書學) 역시 육 년 이내였을 것이라고 짐작할수 있다. 이 점은 당의 제도와는 약간 다르다. 당의 국자 6학은 그연한이 모두 칠 년으로 되어 있다.

앞에서 이미 언급한 것처럼 유학부와 기술학부의 수업 연한의 차이는 아마 통일신라시대부터 생겼을 것이라고 사료된다. 유학부의학생도 반드시 산학을 배우도록 하였는데[84) 이것은 산(算)을 [육예(六藝) : 예(禮)·악(樂)·서(書)·어(御)·사(射)·수(數)] 중의 하나로 꼽는 중국의 전통을 답습하여 사대부 교양의 하나로 삼기 위해서인 것으로 보인다. 여기에서 분명히 해둘 것은, 비록 산사는 하급 관리직이었지만, 산학 교육이 중앙에서만 실시되었다는 사실이 말해 주듯이, 산학 그 자체는 일반 서민에게는 물론 사대부층에게도 극히 고답적인지식으로 여겨졌다는 점이다. 전통적인 교양 사회는 산학을 늘 외경

(畏敬)의 눈으로 대했던 것이다. 아무튼 고려의 수학에는 직업 산사의 수학 외에도 사대부 수학이 있었던 셈이지만, 그렇다고 이것을 지나치게 확대 해석해서는 안 된다. 본격적인 수학 연구는 국자감의 산학[部]에서 이루어졌다.

고려의 산학 교육과정의 내용이 무엇이었는지를 구체적으로 알려주는 문헌은 없다. 그러나 산학의 과거 시험인 명산과의 시험이 이틀에 걸쳐 실시되었고, 그중 첫날은 『구장산술』, 둘째 날은 『철술』·『삼개』·『사가(謝家)』 중에서 출제되었다는 사실은 다음 글에서 찾아볼 수 있다.

> 명산과[明算業]는 이틀에 걸친 시험에서 수학책(산서)의 내용을 출제하여 답안을 작성하게 한다. 첫날에는 『구장산술』 10문제, 둘째날은 『철술』 네 문제 · 『삼개』 세 문제 · 『사가』 세 문제를 모두 풀게 한다. 또 『구장』 10권의 내용을 암송하고 그 이치를 설명하는데, 각 시험관마다 여섯 문제씩 물어보고, 그에 대답을 하고 그중네 명을 통과해야 한다. 『철술』은 네 조에 걸친 암송 중 2조에서 질의를, 그리고 『삼개』 3권에서 2조의 질의를, 『사가』 3조 중 2조의 질의에 답해야 한다.[85]

위의 시험 출제 내용을 보고 분명히 알 수 있는 것은 고려 산학의 중심이 『구장산술』이었다는 점, 그리고 당나라의 산학제도에서는 사년의 수업 연한을 필요로 했던 『철술』이 고려에서는 그 비중이 낮아졌다는 점 등이다. 또 『구장』·『철술』·『삼개』·『사가』 등의 '명산과'의 시험 범위가 동시에 산학생 양성에 쓰인 교과서 거의 전부라고 보아도 틀림없을 것이다. 고려 명산과의 내용이 당나라와 송나라의 그것과 비슷하지 않고 신라의 산학제도를 바탕으로 하고 있으므로 교과과정에서도 신라 산학의 전통을 이어받았다고 보는 것이 타당할 것이다. 또 실제로 암기 위주의 고시를 전제로 한 교과 지도 과정에서 고시과목 이외의 수학책을 가르친다는 것은 무의미한 일이다. 그렇지만 송나라 대의 많은 수학 서적 중 상당량이 수입된 것으로 보이는 당시 고려의 사정을 고려할 때, 산생들은 과외 독서로 그밖의 다른 수학책들을 읽었을 것이다.

산생의 교과서가 그대로 명산과의 시험 범위였다고 전제한다면, 고려 산학의 교과 내용은 통일신라시대의 그것과 별 차이가 없다.

신라	고려
『구장』·『철술』	『구장』·『철술』
『육장』·『삼개』	『사가』·『삼개』

표에서 볼 수 있는 것처럼, 신라의 『육장』이 고려에서는 『사가』로 바뀐 것만이 다를 뿐이다. 『사가』는 중국 성씨 중 흔히 있는 사씨가 지은 수학책이라는 뜻으로 추측될 뿐[86] 그 외에 이 책에 관해서는 간접적인 자료마저도 전혀 보이지 않는다. 송·원 대에 이르기까지 알려진 중국 수학책 중에는 사씨 이름으로 엮인 것은 없다. 다만 다음과 같은 추정은 가능하다. 앞에서 신라의 산학제도는 『구장』·『철

술』과 『육장』・『삼개』의 2부제였다는 가설을 세웠으나, 고려에서는 명산과의 내용을 통해 분명히 알 수 있듯이 이 모두가 하나로 통합되어 있다. 여기에서 내용이 거의 같은 『구장』과 『육장』이 겹치기 때문에 중복을 피하기 위해 『육장』을 빼고 (따라서 『구장』과) 다른 기초 수학서를 넣었을 것이라는 추측은 가능하다(그렇지만 이에 대해서는 앞으로 더 연구해 보아야 한다).

한 가지 덧붙일 것은, 과거 시험의 방법에서 짐작하건대, 산학의 교수 및 학습이 원리의 이해나 응용능력보다는 수학책의 내용을 얼마나 충실히 기억하고 있느냐에 거의 전적으로 치중했다는 점이다. 이는 암기 위주의 전통적인 고전 습득 방법을 과학 교육에도 그대로 적용했기 때문이다.

명산과의 고시 실시에 관해서는

목종(穆宗) 원년(998) 정월에 네 명, …… 같은 해 3월에 11명 급제[87]

라는 기사만이 『고려사』에 보인다. 이때 이후의 과거 합격자는 갑과・을과・명경・진사 등 유학부에 한해서만 기록되는 점으로 미루어 산학 등의 기술 분야가 어떤 사정에 의해서인지 누락된 것이 확실하다. [88]

중앙집권적 관료 체제 아래에서 많은 관서가 재정 사무의 처리와 관련하여 계산 기술에 능숙한 전문 관리들을 두었을 것이다. 이들 산사의 배치 규모를 근거로 산생의 정원과 산학식 합격자 수의 윤곽을 대강이나마 짐작할 수 있을 것 같다. 다음 도표를 보면 삼사(三司)에 가장 많은 산사가 배치되어 있는데, 이는 전국의 조세와 물가 그리고 국가 재정의 출납 회계를 모두 관장하는 최고 기관이란 점에서 당연한 배정 비율이라고 볼 수 있다. 그 밖의 관청에서도 업무 내용에 따라 각각 한두 명씩의 산사를 두고 있으나, 내·외직을 합쳐서 그 수가 50명 정도에 지나지 않는다는 점(이 숫자는 역대 왕마다 다소 차이가 있다), 게다가 이들이 특수 기술직이어서 관리의 교체가 쉽지 않았다는 점, 고려 중기 이후는 행정 기구가 정체되어 갔다는 점까지 아울러 생각하면, 산사 채용이 의외로 저조했음을 짐작할 수 있다.

표를 보면 알 수 있듯이, 수도를 비롯한 서경·동경·남경 등의 대도시에만 산사가 있었기 때문에 군·현 소재의 지방 관리나 서민 사회에는 수학책에 실린 고도의 계산 지식이 전혀 알려져 있지 않았다고 볼 수 있다. 사실 농촌 중심의 서민 경제는 기껏해야 잉여 생산물의 물물교환 정도에 그치는 원시적인 유통 단계였기 때문에 교환량의 규모나 유통의 빈도를 넘어서는 고도의 기술은 필요하지 않았으며 기록의 문제도 일어날 수 없었다. 이는 지방 관청의 세금 업무 처리나 출납 회계 등이 특별한 기술을 필요로 하지 않는 간단한 산술로도 충분했다는 의미도 된다. 고려 중흥기에조차 지방 관리[計吏]의 계산법에 산대가 아닌 부목(符木, tally)이 쓰였다는 『고려도경』

각 관서에 배치된 산사의 수 : 중앙 정부[89]

상서부성(尙書部省)	1	장작감(將作監)	1	대영서(大盈署)	1
삼가(三司)	4	사재사(司宰寺)	2	도평의사사(都評議使司)	1
상서고공(尙書考功)	1	군기감(軍器監)	2	영송도감(迎送都監)	1
상서호부(尙書戶部)	1	상식국(尙食局)	1	산정도감(刪定都監)	1
상서형부(尙書刑部)	2	상악국(尙樂局)	2	팔관보(八關寶)	1
상서부관(尙書部官)	1	중상서(中尙署)	1	내장택(內庄宅)	1
어사대(御史臺)	1	대관서(大官署)	1		
전중성(殿中省)	1	장치서(掌治署)	1		
예빈성(禮賓省)	1	내원서(內園署)	1		
대부사(大府寺)	1	전구서(典廐署)	1		
소부감(小府監)	1	대창서(大倉署)	2		

서경(평양)의 관제에 나타난 산사 배치 : 외직

본청(本廳)	1	병조(兵曹)	2	공조(工曹)	2
의조(儀曹)	2	보조(寶曹)	2	제학원(諸學院)	1
호조(戶曹)	2	창조(倉曹)	2	영송도감(迎送都監)	

의 기록은[90] 과장된 묘사나 어느 한 지방에만 해당하는 이야기가 아니라 당시의 일반적인 계산 방식을 솔직하게 전한 보고로 받아들여야 한다.[91] 고려 수학이 궁정 과학의 테두리를 벗어나지 못했음을 입증하는 실례를 여기에서 볼 수 있는 것이다.

결론적으로 고려시대 수학의 성격을 다음 두 가지 측면에서 요약할 수 있다.

첫째, 제도(중국과 대비한) 면에서 당과 송의 문물제도를 본받았으나 산학의 내용에 대해서는 통일신라의 것을 거의 그대로 이어받고 있으며, 중국에서 받은 영향을 반영한 흔적은 없다. 앞에서 본 것처럼 당의 산학제도가 송 대에는 매우 간략해지고, 『구장산술』에 치중하는 경향이 두드러졌다는 점에서 언뜻 고려의 산학과 동일한 유형에 속하는 것처럼 생각하기 쉽다. 그러나 이것은 『구장산술』이 동양의 전통적인 관인 사회에서는 언제 어디서나 '원론'의 구실을 한다는 이유에서 비롯된 우연의 일치이다. 신라에서 고려로 이어진 『철술』이 송 대에는 이미 존재하지 않았다는 사실만으로도 고려와 송, 두 나라의 산학제도가 서로 아무런 연관이 없음을 확인할 수 있다.

산학 고시의 과목 이름 이외에는 당시 어떤 수학책이 있었는지 그 이름조차도 밝혀진 것이 없다.[92] 그러나 송 대의 많은 수학책 중 적어도 『산경십서』(『철술』을 제외한)가 전해졌을 가능성은 충분히 있다. 그리고 고려 후기에 『산학계몽』·『양휘산법』·『상명산법』 등이 들어와 있었음이 틀림없다. 그러나 이 모두가(『구장산술』은 제외) 산학의 정식 교과서로 사용되지는 않았다고 보아야 한다. 『산학계몽』을 비롯한 세 권의 책은 조선의 산학에서 다루어진다(『산학계몽』은 수시력의 계산과 관련해서 역산가 사이에서 특히 관심 있게 읽혔을 것이다).

내용 면에서 신라의 제도를 거의 그대로 답습한 고려시대의 산학은 처음부터 경직되어 있었지만 중기 이후에는 수학 연구의 폭이 더 좁혀져서 학문적인 체계를 갖추기 어렵게 된 것으로 보인다. 비록 형식으로는 국자감에 소속되어 있었으나 잡과십학의 하나로 옮겨졌다는 사실은[93] 초기에는 그나마 학문적인 성격을 인정받던 산학이 실천적인 기술로 격하되었음을 의미한다. 학문의 위치에서 떨어지고, 그렇다고 기술학으로 정립되지도 못한 과도기적 상태에서 고려의 어용 수학은 점점 더 정체되었다.

둘째, 산학가(관인산사)의 연구 활동 면에서, 고려의 산학자(관료)는 어쨌든 난해하기로 유명한 철술을 익힌, 당대 최고의 수학 교양을 갖추었던 것은 확실하다. 그만큼 그들 스스로는 높은 긍지를 갖고 있었을 것이다. 그러나 그들이 맡은 업무 내용은 극히 초보적인 산술에 속하였고, 게다가 기술 관료라는 점에서 승진도 없었다.[94] 산사는 민간과의 접촉이 차단된 내무직이었으며, 특수한 전문 지식의 소유자인 데다가 같은 일을 하면서 수적으로도 극히 제한되어 있었다. 또 빈번한 권력 구조의 변화 속에서 특수 기술직으로서의 위치를 계속 유지해 나가야 했던 그들의 처지를 생각한다면, 수학 지식이 폐쇄적이고 비밀스러워지며 또 산사들끼리의 이해 공동체가 생기거나 심지어는 산사직을 세습화하는 경향도 있었을 것으로 짐작할 수 있다. 그러나 폐쇄된 세계에 갇힌 지식은 필연적으로 정체되는 법이어서, 이러한 상황에서 수학은 어떤 진전도 없었을 것이다.

요컨대 고려의 산학은 통일신라시대에 비해 실질적으로 아무 차이가 없었다. 다만 수학사적으로는 『산학계몽』·『양휘산법』·『상명산법』 등의 수학책을 통하여 조선의 산학을 준비했다는 점에서 고려시대 수학의 의의를 평가할 수 있다.

6. 고려의 천문제도와 역산

관료제도와 역법

초기의 고려 천문제도는 신라의 제도를 따라 천문 · 역법을 관장하는 태사국과, 비과학적이고 주술적인 성격이 짙은 음양과 점치는 것을 담당하는 태복감에서 분담하였다.

연대	천문 · 역	음양
건국 당시	태사국(太史局)	태복감(太卜監)
현종 14년(1023)	태사국	사천대(司天臺)
예종 11년(1116)	태사국	사천감(司天監)
충렬왕 1년(1275)	태사국	관후서(觀候署)
충렬왕 34년(1308)	태사국	사천감
충선왕 대(1309~1313)	서운관(書雲觀)	
공민왕 5년(1369)	태사국	사천감
공민왕 11년(1356)	서운관	
공민왕 18년(1369)	태사국	사천감
공민왕 21년(1372)	서운관	

서운관으로 고정되는 고려 말에 이르기까지 천문제도의 개편과 개칭이 몇 번이나 번갈아 일어났지만, 그것은 국자감이 성균관으로 바뀐 경우와 마찬가지로 외래제도의 한국화 과정에서 일어나는 정통형식과 토착 현실 사이의 갈등을 그대로 반영한 것이다. 실천적인 산학에 비해서 국학이나 천문제도는 이데올로기와 매우 밀착해 있기 때문에 그만큼 현실화하는 데에 저항도 컸던 것이다.

태사국(또는 서운관)에서 마땅히 실시했어야 할 천문생·역생의 교육 내용·입학 자격·정원 등에 관해서는 전혀 기록이 없다. 다만 점치는 것(음양)과 지리(풍수) 등 사천감 소속의 기술 고시에 관한 기록은 있다. 그렇지만 영대랑(靈臺郞, 천문생 교육)·보장정(保章正, 역생 교육) 등의 관직명이 보인다는 점에서 비록 과거를 통한 등용은 없었을지라도, 천문생과 역생을 배출하는 일정한 교육이 행해졌음을 알 수 있다. 아마 그들의 입학 자격은 국자감의 기술학부의 예(8품 이하의 자제와 서민, 7품 이상의 자제 중에서 희망하는 자)를 따랐을 것이라고 생각한다. 분명하지 않은 것은 태사국 소속의 기술관을 어떤 절차로 채용하였는가이다. 이는 아마도 도제교육의 과정을 거친 세습적인 천거 방식이 관례적으로 행해졌을 것이라고 추측된다. 그러나 천문관의 가장 중요한 업무가 천문 현상을 정확하게 예보하는 것이기 때문에 다른 관서보다 능력 위주의 인사가 단행되었을 것이다. 따라서 업무에 태만하거나 능력이 부족한 자는 가차 없이 파면시켰던[95] 반면에, 실력만 인정받는다면 출신이나 경력에 상관없이 특별 채용하

였다.[96] 따라서 정밀한 계산을 요하는 역술 부문에서는 산학 출신을 수시로 기용하였을 것이다.[97]

이 비교표를 보면 알 수 있듯이 고려와 일본의 천문제도는 중국의 제도를 바탕으로 하고 있으면서도 제각기 고유의 정치 및 사회적 현실을 반영하고 있다는 점이 흥미롭다. 예를 들면 일본의 경우, 음양 분야가 퇴화한 반면 고려에서는 누각생을 가르치는 누각박사는 보이지도 않는다.[98] 그런가 하면 음양 부분인 태복감에는 많은 고위 관리를 배치함으로써 태사국보다도 중요한 관서로 격상시켰다. 관리의 정원을 당나라와 비교해 보더라도 누각을 포함한 천문·역술은 '15 : 513'이라는 엄청난 차이를 보이는데 음양에서는 '14 : 49'로 그 차이가 많이 준 것을 볼 수 있다. 이는 고려 천문학이 과학적인 측면보다도 점을 치는 일에 관심을 더 기울였다는 것을 단적으로 보여주는 것이다. 이미 앞에서 살핀 것처럼 풍수도참 사상이 고려의 기본적인 이데올로기였음을 다시 확인시켜 주는 것이라 할 수 있다. 음양, 즉 점을 치는 기술이나 풍수의 분야에 비해 천문과 역과 관계된 관리들은 수적으로도 열세였고 실제 과학적인 관측이나 연구 활동도 위축되었을 것이다.

동양 천문학이 지니는 이중적 성격—농사의 절기에 대한 과학적 예보와 천명관에 입각한 음양오행적 해석—은 고려시대에도 여전했다. 게다가 형식적으로 잘 정비된 천문제도를 배경으로 하고 있다는 점이 합리와 불합리의 야릇한 혼재를 더욱 부각시킨다. 가령 혜성의

구분		고려			중국			일본		
		궁직	위계	정원	궁직	위계	정원	궁직	위계	정원
행정		판사	정3	1	태사령	종5하	2	음양두	종5하	1
		지국사	종3	1	태사승	종7하	2	음양조	종6상	1
		령	종5	1	영사		2	음양윤	종7상	1
		승	종7	1	서영사		4	음양대속	종8하	1
					해서수		2	음양소속		1
					정장		4			
					장고		4			
천문	태사국	영대랑	정8	2	영대랑	정8하	2	천문박사	정7하	1
		감후	종9	2	감후	종9하	5	천문생		10
					천문생		60			
					천문관생		90			
역		보장정	종8	1	보장정	종8상	1	역박사	종7상	1
		사역	종9	2	사력	종9상	2	역생		10
					역생		36			
					장서역생		5			
누각		설호정	종8	2	누각박사		6	누각박사	종7하	2
		사진	정9	2	설호정	종8하	2	수진정		20
					사진	정9하	19	사부		20
					누각전사		16	직정		2
					누각생		360			
					전종		280			
					전기		160			
음양	사천대	판사	정3	1	태복령	종8하	1	음양박사	정7하	1
		감	종3	1	태복승	정9하	2	음양사	종7상	6
		소감	종4	2	태복부		1	음양생		10
		춘관정	종5	1	태복사		2			
		하관정	종5	1	복정	종9하	2			
		추관정	종5	1	복사		20			
		동관정	종5	1	무사		15			
		승	종6	2	복박사	종9하	2			
		주부	종7	2	조교		2			
		복정	종9	1	복서생		45			
		복박사	종9	1	장고		2			

1) 앞 표에 나타난 고려 천문제도는 문종 시대의 것이며 행정에는 태사국의 관직만을 나타내고, 사천대의 행정관은 '음양'의 자리에 넣었다.

2) 후에 충선왕(1309~1313) 당시 사천대와 태사국을 통합하여 서운관으로 고쳐 불렀을 때의 정원은 다음과 같다.

제점(提點) 1명이 관3품을 겸하고, 영(令) 1명이 정3품, 정(正) 1명이 종3품, 부정(副正) 1명이 종5품, 주박(注薄) 2명이 정6품, 장누(掌漏) 2명이 종7품, 시일(視日) 3명이 정8품, 사력(司曆) 3명이 종9품, 사진(司辰) 2명이 종9품(『고려사』, 권 76, 백관일, 서운관)

공민왕 5년(1356)에 문종 당시의 옛 제도를 부활시키면서 복조교(종9품)의 직을 첨가하였다. 즉, 음양에 치중한 반면에 역학은 그만큼 비중이 가벼워진 셈이다.

출현을 민심의 동요와 연결시켜 안정책을 도모했다든지,[99] 천문도를 작성하고 관후서 판사를 지낸 이름난 천문 관리까지도 별이 변하거나 화재가 있거나 심지어 물고기가 죽은 것을 두고 왕조의 길흉과 관련지어 해석한 것 등의 사례는[100] 태사국의 과학적 관측 활동이 점성적(占星的) 영역에서 독립하기 어려웠음을 잘 보여준다. 그뿐만 아니라 실제로 사천대와 태사국의 업무가 뚜렷하게 구별되지 않았다는 흔적도 보인다.[101] 물론 475년 동안에 132회의 일식, 5회의 월식, 기타 혜성이나 유성, 태양의 흑점, 별자리의 운행, 이상 기후 현상에 관한 면밀한 기록을 남긴 것을 비롯하여 천문도를 제작하고 천문 관측대를 설치하는 등 고려 천문학의 과학적인 측면은 인정해야 한다. 그렇기 때문에 이러한 천문 활동의 구체적인 내용을 더 따져볼 필요가 있다.

고려의 역법은 처음에는 신라 이래의 선명력(宣明曆)[102]을 그대로 사용했으나, 말기에는 원의 수시력으로 바뀌었다. 허형과 곽수경 두 사람이—전자는 역산을, 후자는 천문의기의 제작을 주로 담당—편찬하였던 전통적인 동양 천문학의 최고봉인 수시력은 충렬왕 7년(1281)에 고려에 전해졌으나[103] 이 역법은 다음 왕인 충선왕 대(1309~1313)에야 실시되었다. 다음 기사는 이 사실을 증명한다.

충선왕이 원에 머물렀을 때 태사원(太士院)이 역계산에 정밀하다는 사실을 알고, 천문 역술에 조예가 깊은 최성지(崔誠之)에게 금 1백근을 주어 스승을 구하여 지도받도록 하였다. 마침내 수시력을 익힌 다음 귀국하여 그 방법을 전하였다.[104]

대륙(북송·남송 등)에서는 건흥력(乾興曆)·칠요력(七曜曆)·태일력(太一曆)·구집력(九執曆) 등 빈번하게 역을 바꾸었고, 그 영향으로 고려에서도 많은 역서를 비교·검토하여 역법을 바로잡기 위해 고심하였다.[105] 그러나 『고려사』「역지(曆志)」의 서술에서 알 수 있듯이, 많은 역법 중 고려에서 정식 역으로 사용한 것은 선명력과 수시력뿐이었다. 특히 일식은 고려 말까지 선명력 계산법만을 사용하였다.[106]

왜냐하면 일식과 월식[交食] 계산에서는 당대 어떤 역법보다도 선명력이 편리했기 때문이다.[107]

선명력에서는 천문 계수를 산출하는 공통분모로서의 통법(統法)을 8400으로 정하고

장세(章歲)   3068055

장월(章月)   248057

통여(通餘)   44055

장규(章閨)   91371

      ……

      ……

과 같이 두었다. 즉, 이 역으로는

1회귀년의 일수＝장세÷통법

＝3068055÷8400

＝365.24464(현재는 365.2422일)

1개월의 일수＝장월÷통법

＝248057÷8400

＝29.530595

가 된다. 그러나 실제로 역관들은 복잡한 일식을 추론하여 계산하는

것뿐 아니라 비교적 간단한 월식이나 역일의 계산에서도 빈번하게 실수를 했다.

현종 15년(1024) 5월 정해 초하루, 태사국에서 아뢰기를, 마땅히 일식이 있어야 할 것인데 하지 않았다고 하였다. …… 11월 을유 초하루에 태사국에서 아뢰기를, 마땅히 일식이 있어야 할 것이나 일어나지 않았다고 하였다.[108]

현종 21년 2월, 무진(戊辰)에 달이 월식할 것이라는 보고가 있었 으나 일어나지 않았다. 4월 을유, 왕이 분부하기를, 지난해 12월 이 송의 역으로는 대진(大盡, 30일)인데 우리나라 태사가 올린 역 에는 소진(小盡, 29일)이 되어 있고, 또 올해 정월 15일에 일식이 있다고 보고하였는데 일어나지 않았다. 이것은 반드시 역술이 모 자라기 때문이다.[109]

인종 21년 12월 계미(癸未), 일식이 일어날 것을 태사국에서 아뢰 었으나 나타나지 않았다.[110]

충렬왕 15년 3월, 경진 초하루 일식이 있었으나, 일관이 예보하지 않았기 때문에 유사(有司)의 탄핵에 의해 처벌하였다.[111]

일식의 예보를 게을리 하였을 때에는 엄한 벌을 받았지만, 반대로 예측한 일식이 일어나지 않았을 경우, 구름에 가려서 보이지 않았다는 등 그럴듯한 핑계로 얼버무리고, 흉조(凶兆)가 나타나지 않은 것이 오히려 다행인 것처럼 자축하기도 하였다.[112] 이러한 매너리즘이 통용되었다는 것은 과학 활동을 과학 외적인 것, 즉 정치 이데올로기에 포함시켰기 때문이며, 과학의 비과학화를 가능하게 하는 분위기가 사대부 계층의 의식을 지배하고 있었기 때문이다. 이데올로기의 지나친 간섭은 결과적으로 천문 과학의 발전을 더디게 만들었고, 타성에 젖게 만들었다.

수시력의 채용 이후로는 일식 예보를 중국에 의지하려는 경향도 나타났다.

> 충숙왕 7년(1320) 정월 신사 초하루(辛巳朔), 원나라에서 일식이 있을 것이라고 알려 왔기 때문에 새해를 축하하는 의식을 중지하고 백관은 소복 차림으로 (일식을) 기다렸으나, 일식은 일어나지 않았다.

원나라 기록에는 이달 일식이 있었기 때문에 황제는 어소(御所)를 청결하게 하여 상선(常膳)을 줄이고 조하(朝賀)를 중지하였다고 적혀 있다.[113]

> 공민왕 원년 4월 계묘 초하루에 원나라에서 일식이 있을 것이라고 알려왔으나 일식이 일어나지 않았다. …… 2년 9월 을축 초하루에 원나라에서 일식이 있을 것이라고 알려 왔으나 일식이 일어

나지 않았다.[114]

여기에서 오해가 없도록 다시 한 번 다음 사실을 강조해 둘 필요가 있다. 그것은 고려는 초기부터 독자적인 천문 활동을 계속해 왔으며 원나라의 지배를 받은 후에도 그런대로 일식과 월식 예보를 위한 역산이 실시되었다는 점이다. 그러니까 위의 기록은 중국과의 지역 차이 때문에 일식 현상을 보지 못했다는 의미일 뿐, 나머지 일식에 관한 기록마저 모두 중국에 의존하였다는 뜻은 아니다. 예를 들면 공민왕 6년(1357)의 일식 기사[115]는 중국이나 일본 어느 쪽의 문헌에도 나타나지 않은 독자적인 기록이다. 또한 당시에 강보(姜保)의 『수시력해설서(授時曆解設書)』가 편찬되었다는 사실도 염두에 둘 필요가 있다.

현재, 고려시대의 역서와 수학책을 통틀어 남아 있는 것은 『수시력첩법입성(授時曆捷法立成)』 상권뿐인데 현재 우리나라에서 가장 오

『수시력첩법입성』의 표지   『수시력첩법입성』의 제1면

래된 역서이다. 책의 마지막 부분에 적혀 있는 지정(至正) 6년(충목왕 2년, 1346) 11월, 서운승(書雲丞) 손광사(孫光嗣)의 서문을 보면 서운정 강보의 신명신통(神明神通)한 수시력에 계산법을 옮겨 썼다는 책의 취지가 적혀 있다. 첩법입성이란 문자 그대로 수시력에 의한 일상 계산을 한눈에 쉽게 알아보게 만든 표인데, 이러한 역산 입문서가 고려 천문관 스스로의 힘으로 이루어졌다는 것은 높이 평가할 만하다. 『수시력첩법입성』은 수시력과 관련해서 동양 천문학사 연구의 귀중한 문헌임은 분명하지만 고려의 역관 사이에서 수시력의 기본 계산법이 일상화되어 있었다는 것, 또 이례적이기는 하지만 수준 높은 천문학자가 고려 말에 있었다는 사실을 보여준다는 점에서 매우 흥미롭다.

수시력에는 황도의 좌표와 적도 좌표의 변환에 4차방정식(숫자 계수)을 사용한다. 그러나 중국 수학사에서는 이미 『구장산술』에도 2차방정식 문제가 있으며, 당나라 대에는 3차방정식에 관한 해법도 알려져 있었다. 그 후 11세기 후반에 쓰인 심괄의 『몽계필담(夢溪筆談)』에는 회원술(會圓術)[116] 해법의 과정에서

$$l = 2\sqrt{(\frac{d}{2})^2 - (\frac{d}{2} - a)^2} \quad [l = 원호, \ d = 지름, \ a = 시(矢)]$$

이라는 식을 유도했다. 13세기에는 이미 이야기한 바와 같이 세계 최초로 고차 숫자 계수 방정식의 일반적 해법에 관한 알고리듬이 완성되었다. 따라서,

충의왕에 이르러 원나라의 수시력으로 바꾸어 썼으나, 개방(開方)의 술이 전해져 있지 않았기 때문에 일식과 월식에 관한 것은 여전히 선명의 역법을 따랐다. 따라서 실제의 천체 현상과 맞지 않았다. 일관은 앞뒤의 수치(천문 계수)를 대강 맞추어 셈할 정도에 지나지 않았다.[117]

위와 같은 정인지(鄭麟趾)의 말을 그대로 믿는다면, 적어도 고려 말의 천문관들은 역산가의 기본 상식이라고 할 수 있는 평방근을 구하는 방법조차 전혀 몰랐다는 이야기가 된다. 그러나 수시력의 교식법(交食法)을 사용하지 않고[118] 옛 법을 사용했다고 해서 그것이 곧 역산 능력(개방법)의 결여라고 보는 것은 무리이다. 왜냐하면 일상의 역계산은 수시력, 일식과 월식은 선명력이라는 다른 역법을 사용했기 때문이다. 또한 이는 선명력으로도 일식 계산이 충분히 가능했기 때문이기도 하다.

고려 말기의 천문 관리들이 일식 등에 관한 복잡한 역계산을 체념하고 원나라의 예보에 의지하는 경향을 보인 것은 사실이다. 이는 음양 신앙 쪽으로 치닫는 천문관과 원나라의 우수한 역술 사이에 끼어 마침내 존재 이유를 거의 상실한 고려 천문학의 현실을 드러낸 것이기도 하다.

제 **6** 장

조선 전기의 수학과 천문학

1. 궁정 과학의 황금기

세종 시대의 역·산학

고려 왕조가 멸망한 직접적인 원인은 고려 말기의 실력자였던 이성계가 추진한 전제(田制) 개혁 때문이었다고 한다. 바닥이 난 군량, 오랫동안 밀린 관리의 월급 등 당시의 절박한 재정 위기를 해결한다는 구실 아래 이성계는 전국의 장원(莊園)을 몰수하고 토지를 재분배하는 사전(私田) 개혁을 단행했고, 이는 대지주를 겸했던 구세력의 경제적 기반을 한꺼번에 무너뜨렸다. 한편 고려 말에는 총 80만 결이었던 경지 면적이 조선 태종 때에는 100만 결, 세종 때에는 180만 결에 이르렀다고 한다. 이는 경지 면적 자체의 증가 때문이기도 하지만 농지 측량을 철저하게 시행했기 때문이기도 하다. 즉, 조선 왕조는 농본 국가의 정석대로 농경지를 정리하고 재분배해서 경제 기초를 튼튼하게 하는 일에서부터 국가 조직 정비를 시작했다. 이 점은 신라의 고려 건국 초기와 같은 유형이라고 할 수 있다.

조선 태조의 다소 유연했던 억불책(抑佛策)에 비해 태종의 불교 탄압은 철저하였다. 유학의 소양을 갖춘 태종의 합리적인 현실 감각은 『참위서(讖緯書)』나 『비록(秘錄)』 따위를 태워 없애는 등 비현실적인 일체의 미신 행위를 단호하게 배척한 것에서도 찾아볼 수 있다. 조선의 정치 구조는 중앙집권적 봉건 체제라는 형식에서는 이전 시대와 다를 바 없지만, 이처럼 유학적 이데올로기 위에 확립된 관료 조직이었다는 점에서는 중요한 사상적 전환에 의해 세워진 것이라고 할 수 있다.

세종이 재위했던 32년 동안은 조선을 건설하였던 혁명적 에너지가 절정에 이른 시기였다. 이 기간에 세종이 행한 일들은 한국 문화사에서뿐만 아니라 동양 과학사에도 큰 족적을 남겼다. 특히 세종은 '왕립 아카데미'라고 할 수 있는 집현전(集賢殿)을 충실하게 운영하였다. 널리 인재를 모으고 '유산독서(遊山讀書)'라고 하는 학자들에게 봉급을 주는 연구제도를 실시하고, 집현전의 사업으로 역사(『고려사』)·지리(『팔도지리지』)·농학(『농사직설』)·의학(『의방유취』)·정치(『치평요람』)·음운(『동국정운』)·예와 윤리(『오례의』·『삼강행실』) 등의 여러 책을 편찬하였다. 이 백과사전식 편찬 사업은 아마도 명나라의 『영락대전(永樂大典)』(1407)의 체제를 모범으로 삼은 것으로 보인다. 그러나 위에서 언급한 저서가 모두 심혈을 기울인 좋은 책의 가치를 지닌다는 것은 지금도 변함이 없다.

여기에서는 세종의 다채로운 과학 정책 중 수학 및 수리 사상과 관련 있는 것만을 염두에 두고 산학의 진흥, 천문역법의 발달, 음률의 정비 및 그에 따르는 도량형의 제정과 한글 창제를 살펴보기로 하자.

산학의 진흥

고려 왕조가 멸망한 주요 원인 중 하나는 양전제의 문란이었다. 세종은 이것을 거울 삼아 '전제평정소(田制評定所)'를 설치하고 전제를 확립하려고 애썼다. 이러한 정치 기술상의 필요 때문에 필연적으로 통일신라나 고려 초기와 마찬가지로 산학에 대한 수요가 갑자기 늘어났다. 이 요구가 얼마나 절실하였는지는 세종의 다음과 같은 말에서 충분히 엿볼 수 있다.

> 산학은 비록 술수(術數)에 지나지 않는다고는 하지만, 국가의 행정
> 에는 필수적인 기술이다. 역대 왕조가 모두 산학을 중요시한 것
> 은 이 때문이다. 정자(程子)나 주자(朱子) 등의 선현이 산학에 마음
> 을 쏟지 않았다고는 하지만, 이것을 알고는 있었을 것이다. 최근

농지를 등급별로 측량하는 데 이순지·김담 등의 활약이 없었다면 그 셈을 능히 할 수 있었을까. 널리 산학을 익히게 하는 방안을 강구하라.(『세종실록』 25년 11월 17일)

일찍 정치의 산술적 기초에 주목하였던 세종은 곧 그의 생각을 실천에 옮겨 고위층 문관인 집현전 교리까지도 산학을 배우게 하였으나,[1] 실은 이보다 앞서 이조(吏曹)로부터 회계 관리의 적임자가 극히 부족하므로 산사를 양성하고 임용해야 한다는 건의를 받았다.[2] 세종 13년에 '문자를 해독하고 한음(漢音)에 능통한, 통사 중에서 총명이 뛰어난'[3] 사역원(司譯院)의 주부(注簿) 두 사람을 선발하여 수학 연구를 위해 중국으로 유학을 보냈으며, 이보다 먼저 습산국(習算局)을 설치했다.[4] 세종 15년 경상도 감사가 『양휘산법』 100권을 복각하여 왕에게 바쳤다는 기록도 있다. 세종은 이 책을 호조와 서운관, 습산국에 나누어 주었다.[5] 고려 후기 이래 거의 잊고 있었던 산학이 새 왕조와 함께 다시 시작된 것이다.

세종은 당시 부제학이었던 정인지로부터 『산학계몽』에 관한 강의를 받았을 정도로 산학에 열의가 있었다.[6] 이에 그치지 않고 세종은 상류층의 자제들이 산학을 배우도록 장려하였다. 또 문관 등용 시험 과목 중에 산학을 넣어야 한다는 건의도 있었다고 한다.[7] 이러한 사실은 말단의 잡직으로 멸시를 당했던 산사들의 사기를 높이는 데에도 도움이 되었을 것이다. 고려 초기 당의 제도를 본받은 산학제도

232 | 한국 수학사

가 국자감에 소속되어, 유학을 전공하는 학생들도 수학책을 익히게 하는 등 산학이 어느 정도 대접을 받은 것은 사실이지만, 세종의 산학 장려책은 그 당시와는 비교도 안 될 정도로 진지하고 열의가 있는 것이었다. 왕 자신이 솔선하여 산학을 공부하고, 정부 고위층의 학자 관료들도 산학을 중요하게 여기는 풍조가 이룩된 시대는 한국사 전체를 통틀어서 이 시기뿐이었다. 이처럼 갑작스럽게 과학 문화가 각광받을 수 있었던 것은 과학기술의 재능만 갖고 있다면 보수 관료들의 강경한 반대에도 불구하고 신분을 가리지 않고 파격적으로 등용한 세종의 개인적인 성격과 역량 때문이었다.

그러나 세종의 수학관이 전통에서 벗어난 새로운 입장에서 이루어진 것은 결코 아니었다. 관료 조직 속의 어용 기술로서의 산학과 전통적인 형이상적 수론이 어떤 때는 분리되기도 하고, 또 어떤 때에는 얽히는, 이중적인 사유 태도를 보이고 있다는 점에서 세종도 역시 전통의 입장에 충실했다고 말할 수 있다. 정인지로부터 산학을 배울 당시 세종이 산수에 관해 다음과 같이 언급한 내용은 이것을 잘 나타내고 있다.

> 산수를 배우는 것이 왕의 교양에 구태여 필요하다고는 생각하지 않지만, 이것도 성인이 정한 것이기 때문에 배우려고 한다.[8]

세종의 이러한 발언은 『산학계몽』의 서문에 있는 '옛사람 황제가

3수를 정하고(昔者, 黃帝氏定三數, 爲十等……)'라는 고전적인 수리관을 강하게 의식한 탓일 것이다. 세종의 이 고전적인 수리관은 수학의 실용적 기능에 대한 관심과 분리되지 않고 섞여 있었으며, 이 때문에 수학사상은 더 이상 진전되지 못했다. 이런 현상은 세종 한 사람만의 문제가 아니라 그 후 사대부층의 수학 연구 태도 역시 마찬가지였다. 지금의 산술(算術)을 뜻하는 산학과 일종의 점수술(占數術)인 '수학(數學)' 또는 '이수(理數)'는 전통의 입장에서도 어느 정도 구별되어 있었다. 그러나 본래 실천적이고 과학적이어야 할 산학이 '예언에 의한 질서'를 뜻하는 '이수', 즉 형이상적 역수에 집착하는 것은 조선 사대부 계층 사이에서 형성된 전통 수학의 한 패턴이기도 했다. 이 경향은 후에 설명할 최석정(崔錫鼎)의 『구수략(九數略)』에 잘 집약되어 있다.

세종의 고전적인 수학관은 수시력의 방법과 원리에 관한 획기적인 역법 연구서로 알려진 『칠정산 내편(七政算內篇)』을 엮을 때, 옛 방법에 따라 원주율을 그냥 3으로 하고 있다는 사실에서 단적으로 드러난다. 당시 천문학 재건을 위한 연구진의 지도자 중 한 사람이었던 정인지는 명나라의 사신과 다음과 같은 대화를 하였다.

낙양이 천하의 중심이기 때문에 예부터 해그림자의 측정은 그곳에서 실시하였다. 그런데 북경을 수도로 정한 지금 관측은 어디에서 하는가. …… 우리나라에서는 북극이 지상 38도의 위치에 있다. …… 한 치마다 천 리의 차가 생기기 때문에 이 이치를 따르면 8척의 비로는 9만 리의 거리가 된다.[9]

이 사상이야말로 중국에서 가장 오래된 역산책으로 알려진 『주비산경』의 그것이다. 세종의 복고주의적 과학 사상을 간접적으로 보여주는 좋은 예이다.

한국의 전통 수학이 지닌 독자적인 사상에 관해서는 일단 넘어가자. 그리고 과학의 방법이라는 입장에서만 본다면, 한국 수학은 중국 전통의 틀 밖으로 한 번도 벗어난 적이 없었다. 이것은 한국 수학의 역사가 연속적으로 성장한 것이 아니라 극히 짧은 시간 안에 성립하고 발전한 다음 다시 오랫동안 정체 상태에 빠졌다는 것, 즉 '건국→의욕적인 국가 사업→매너리즘화'라는 역대 왕조 정치의 탄생부터 쇠퇴까지의 과정을 그대로 반영하는 국영 과학으로서의 숙명적인 도식을 따르고 있었음을 뜻하기도 한다. 간헐적인 정부 주도형 연구에서는 모방의 단계에서 벗어나 탁월한 성과나 독자적인 방법을 개발하는 것을 기대할 수 없다. 세종 시대의 과학이라고 예외는 아니었다. 그러니 종래의 중국 수학을 발판으로 삼고 출발을 해야만 했다. 따라서 세종이 이룩한 산학 부흥 업적을 공정하게 평가하려면 당시 중국 수학의 상황이 어떠했는지를 먼저 알아야 한다.

세종 20년에 제정된 잡과십학에 관한 교육과정 중 산학의 내용은 상명산(詳明算)·양휘산(楊輝算)·계몽산(啓蒙算)·오조산(五曹算)·지산

(地算)의 다섯 개 교과로 되어 있다.[10] 여기에서 오조산의 교재로 쓰인 것은 물론 당나라의 『산경십서』 중 하나인 『오조산경』이었음이 틀림없고, 상명산·양휘산·계몽산의 교재는 각각 『상명산법』·『양휘산법』·『산학계몽』이었을 것이다. 특히 이 세 권의 수학책은 나중에 산학의 채용 고시(取材) 시험 범위에 포함된 것으로 『경국대전』에 기록되어 있다. 그러니 이 책들을 얼마나 중요시했겠는가. 그런데 이 책들은 모두 명나라 초기, 즉 1370년대에 중국판 간행본을 한국에서 복각한 것이다.[11] 그러니까 당시 중국에서 입수할 수 있었던 최신의 수학책이었던 셈이다. 『양휘산법』과 『산학계몽』은 13세기 후반에 처음 쓰였고, 『상명산법』은 이보다 약 100년 후인 명나라 초기에 나왔다. 이 세 가지 책은 상업 경제의 발전을 배경으로 한 일종의 민간 수학이었다는 공통점이 있다. 양휘가 활약하던 남송의 수도 항주는 중국 역사에서 '상업혁명'이라고까지 일컬어지는 경제 발전 시대의 중심지였고, 송 대의 화폐경제는 『산학계몽』의 저자인 주세걸이 활약한 원나라 시대에 들어서면서부터 유럽에서 건너온 마르코 폴로를 놀라게 할 정도로 눈부시게 발전이 가속화되었다. 하지만 송, 원 시대의 경우 아직 외국 무역에 있어서 아라비아 상인이 중개를 떠맡다시피 했다. 그 다음 명나라 때에는 중국 상인의 손을 거치게 되어서 한층 내실을 가져다 주었다.

중국이 이와 같이 상업 경제의 발전을 배경으로 한 수학이 발달하고 있을 때, 조선의 수학은 어떠했는지 살펴보자.

세종 시대의 수학은 두 가지 입장을 가지고 있었다. 하나는 회계 등과 같은 실무를 처리하는 데 필요한 하급 기술 관리에게 요구하는 실용 지식으로서의 입장이었다. 다른 하나는 유교 국가의 정통성을 계승해야 한다는 뜻에서 역서의 내용을 이해해야만 하는 엘리트 학자 관리에게 요구하는 고급 지식으로서의 입장이었다.

하급 관리의 실용 수학으로는 『상명산법』·『양휘산법』·『산학계몽』 중 어느 하나만으로도 충분했으나, 『수시력』에서 다루는 고차 방정식에 익숙해지려면 천원술이 꼭 필요했다. 이 때문에 역산 연구와 관련해서 특히 『산학계몽』이 중요시되었다. 정인지가 고려의 역산가는 개평(開平)의 방법조차 알지 못해서 수시력을 소화할 수 없다고 혹평하였는데, 그것은 천원술을 알고 있는 조선 산학자의 자부심을 은연중에 과시한 것으로 풀이할 수 있다.

여기에서 한국의 전통 수학이 사상 면에서 본질적으로 중국의 축소판이 될 수 없었다는 예증을 볼 수 있다. 중국 수학사의 흐름은 『양휘산법』과 『산학계몽』 그리고 『상명산법』으로 이어지는 민간 수학이 오경(吳敬)의 『구장산법비류대전(九章算法比類大全)』(1450)을 거쳐 마침내 정대위(程大位)의 『산법통종(算法統宗)』(1592)에 이르러 절정에 달한다. 그러나 한반도에서 『구수략』(17세기 말경)으로 대표되는 교양 수학의 경향은 중국과는 매우 동떨어진 성격의 것으로 굴절된다.

천문과학의 발달

세종이 다스리던 초기, 천문제도는 관직도 허술하였고,[12] 서운관의
전문 기술자 중에도 역산에 능통한 사람이 없어서 서운관이 제 기능
을 다하지 못하고 있었다.[13] 새삼스럽게 중국식 물시계를 제작해야만
하는 처지였다. 당시 기록은 이를 다음과 같이 적고 있다.

> 궐내의 경점(更點)을 알리는 기구는 중국 기구의 체제를 상고하여
> 구리로 주조해서 바치도록 명하였다.(『세종실록』, 세종 6년 5월 6일)[14]

세종 대에 제작된 '간의'(세종대왕릉에 전시)

복고주의자였던 세종은 고려로부터 이어받은 천문과학 중 특히 관측 시설이 보잘것없다는 사실을 알고 그 원형인 중국 것의 재현을 시작하였다. 우선 연구 팀을 구성하는 것이 급선무였다. 그래서 정인지·정초(鄭招)·김빈(金鑌)·이순지(李純之)·박연(朴堧)·김진(金鎭)·이장(李藏), 그리고 동래현의 관노라는 천한 신분이었던 장영실 등으로 구성된 과학기술 팀이 만들어졌다.

당시 중국의 천문과학은 송·원 대의 화려한 전성기를 겪은 후 정체의 시기를 보내고 있었으며, 명 왕조가 새로 반포한 대통력(大統曆)은 이름만 달라졌을 뿐 내용은 종래의 수시력을 거의 답습하고 있었다. 다만 원나라 때부터 있었던 이슬람 천문대 과학자들의 연구는 계속되었고, 그들은 대통력에 의한 일식과 월식의 계산 착오를 수정하는, 이른바 '회회력(回回曆)'을 작성하는 일을 하였다.

과학 문화가 쇠퇴한 명대이기는 하지만, 혼천의(渾天儀) 등 원의 곽수경(郭守敬)이 제작한 정교한 천문의기(天文儀器)는 여전히 중국에 있었다. 그러나 이러한 천문 관측 시설은 '천기누설'을 두려워했기 때문인지 일반에게 공개되지 않았고, 특히 외국인에게는 극비에 부쳐졌다. 이는 후에 조선에 천문대가 설치되었을 때에도 마찬가지였다. 따라서 세종이 의기를 제작하라고 지시했을 당시인 세종 14년(1432)에도 실물을 본 사람은 아무도 없었다.

이 복원 작업은 언뜻 보기에는 한낱 모방에 지나지 않는 것 같지만, 당시 상황에서는 거의 무에서 유를 창조하는 독창적인 발명이었

천문 관측 기구인 '혼천의' (세종대왕릉에 전시)

다. 세종 스스로도 즉흥적인 착상과 그에서 비롯된 명령 정도의 가벼운 부담으로 끝나는 것이 아니었다. 이것은 일종의 사명감이 뒷받침된 집요하고 정력적인 추진력이 요구되는 대사업이었다.

정초·정인지 등은 서운관에 보관되어 있는 원대까지의 천문에 관한 문헌, 그중에서도 장형(張衡)의 '혼천의', 소송(蘇頌)의 『신의상법요(新儀象法要)』, 서전(書傳)의 '기형(璣衡)' 등을 보면서 의기의 구조에 관한 이론을 연구하였고, 이장과 장영실은 기술적인 면에서 감독과 지도를 담당하였다. 이론과 기술의 협동 작업의 최초 성과는 세종 15년(1433) 6월 9일, 정초·박연·김진 세 사람의 이름으로 헌상된 '간의(簡儀)'였다.[15] 다음 달에 세종은 간의를 중심으로 새로 관측대를 설치할 것을 지시하였다.

> 내가 간의(簡儀) 만드는 것을 명하여 경회루 북쪽 담 안에다가 대(臺)를 쌓고 간의를 설치하게 하였는데, 사복시(司僕寺) 문 안에다가 집을 짓고 서운관에서 교대로 숙직하면서 기상을 관측하게 함이 어떻겠는가.(『세종실록』, 세종 15년 7월 21일)[16]

8월에는 혼천의가 완성되었다.

대제학 정초·지중추 원사 이장(李藏)·제학 정인지·응교 김빈(金鑌) 등이 혼천의(渾天儀)를 올리매, …… 이로부터 임금과 세자가 매일 간의대에 이르러서 정초 등과 함께 그 제도를 의논해 정하였다.(『세종실록』, 세종 15년 8월 11일)[17]

세종 16년에는 크고 작은 두 개의 관측대가 완성되었다. 경복궁 내에 있는 넓이 약 6.6미터 사방의 대간의대(大簡儀臺)에는 혼천의·'대간의'·'혼상(천구의)' 등이 설치되었고, 그 서쪽에는 높이 8미터 24센티미터(40척)의 비(圭表)가 세워졌다. 보통 관측대로 불린 소간의대는 당시 서운관 내에 설치되었으나 휘문고등학교에 남아있다가 지금은 계동으로 옮겨져 있다. 세종 19년에는 처음부터 계획하였던 천문의기가 모두 갖추어졌다.

혼의(渾儀)·혼상(渾象)·규표(圭表)·간의(簡儀) 등과 자격루(自擊漏)·소간의(小簡儀)·앙부(仰釜)·천평(天平)·현주일구(縣珠日晷) 등의 그릇을 빠짐없이 제작하게 하셨으니, 그 물건을 만들어 생활에 이용하게 하시는 뜻이 지극하시었다(『세종실록』, 세종 19년 4월 15일).[18]

위에 적힌 '규표', '앙부일구', '천평일구', '현주일구'는 모두 일종의 해시계이며, 같은 날의 기사에 그 밖의 '정남일구'(定南日晷)라는 이름도 보인다.[19] 이 다섯 종류의 해시계 중 '앙부일구'는 일반 서민용으로 공개되었다.

'앙부일구'

무지한 남녀들이 시각에 어두우므로 앙부일구(仰釜日晷) 둘을 만들고 안에는 시신(時神)을 그렸으니, 대저 무지한 자로 하여금 보고 시각을 알게 하고자 함이다. 하나는 혜정교(惠政橋) 가에 놓고, 하나는 종묘 남쪽 거리에 놓았다.(『세종실록』)[20]

그리고 태양시와 항성시 측정을 위한 주야 겸용 시계 장치인 '일성정시의'도 네 벌을 만들었다. 이것은 구리로 만든 바퀴 둘레를 주천도분환, 일구백각환, 성구백각환이라는 세 개의 원환이 둘러싸면서 돌아가는 장치로 되어 있다.

'자격루'란 시각을 자동으로 알려주는 물시계이다. 자격루를 제작하기 위해서 많은 고문헌, 예를 들어 『후한서』·『진서』·『당서』·『송사』 등에 있는 천문지, 소송(蘇頌)의 혼천의 중 물시계에 관한 기사를 고증했다. 작업을 하면서 발명과 고안을 위해 그야말로 뼈를 깎는 실패와 좌절이 몇 번이고 되풀이 되었을 것이다. 그리하여 세종 20년에 장영실이 만든 '옥루(玉漏)'가 완성되었다. 이것은 전통적인 천문 사상의 상징을 새겨놓았으며, 또한 아마추어의 호기심을 만족시키기에 충분한 장식들로 눈부시게 꾸민 정교한 시계 장치였다.

흠경각(欽敬閣)이 완성되었다. 이는 대호군 장영실(蔣英實)이 건설한 것이나 그 규모와 제도의 묘함은 모두 임금이 마련한 것이며, …… 풀[糊]먹인 종이로 일곱 자 높이의 산을 만들어 집 복판에 설치하고, 그 산 안에다 옥루기(玉漏機) 바퀴를 설치하여 물로써 쳐 올리도록 하였다. 금으로 해를 만들었는데 그 크기는 탄환만 하고, 오색 구름이 둘러서 산허리 위를 지나도록 되었는데, 하루에 한 번씩 돌아서 낮에는 산 밖에 나타나고 밤에는 산속에 들어가며, 비스듬한 형세가 천행에 준하였고, 극의 멀고 가까운 거리와 돋고 지는 분수가 각각 절기를 따라서 하늘의 해와 더불어 합치하도록 되어 있다. 해 밑에는 옥으로 만든 여자 인형 넷이 손에 금 목탁을 잡고 구름을 타고, 동·서·남·북 사방에 각각 서 있어 인·묘·진시 초정(初正)에는 동쪽에 선 여자 인형이 매양 목탁을 치며, 사·오·미시 초정에는 남쪽에 선 여자 인형이 목탁을 치고, 서쪽과 북쪽에도 모두 이렇게 한다. 밑에는 네 가지 귀형(鬼形)을 만들어서 각각 그 곁에 세웠는데 모두 산으로 향하여 섰으며, 인시가 되면 청룡신(靑龍神)이 북쪽으로 향하고, 묘시에는 동쪽으로 향하며, 진시에는 남쪽으로 향하고, 사시에는 돌아서 다시 서쪽으로 향하는 동시에 주작신(朱雀神)이 다시 동쪽으로 향하는데, 차례로 방위를 향하는 것은 청룡이 하는 것과 같으며, 딴 것도 모두 이와 같다. …… 당나라의 황도유의(黃道遊儀)·수운혼천(水運渾天)과 송나라의 부루표영(浮漏表影)·혼천의상(渾天儀象)과 원나라의 앙의(仰儀)·간의(簡儀) 같은 것은 모두 정묘하다고 일렀다. 그러나 대개는 한 가지씩으로 되었을 뿐이고 겸해서 상고하지는 못했으며, 운용하는 방법도 사람의 손을 빌린 것이 많았는데 지금 이 흠경각에는 하늘과 해의 도수와 날빛과 누수 시각이며, 또는 사신(四神)·십이신(十二神)·고인(鼓人)·종인(鍾人)·사신(司辰)·옥녀(玉女) 등 여러 기구를 차례대로 다 만들어서, 사람의 힘을 빌리지 않고도 저절로 치고 저절로 운행하는 것이 마치 귀신이 시키는 듯하여 보는 사람마다 놀라고 이상하게 여겨서 그 연유를 측량하지 못하며, 위로는 하늘 도수와 털끝만큼도 어긋남이 없으니 이를 만든 계교가 참으로 기묘하다 하겠다.(『세종실록』, 세종 20년 1월 7일)[21]

그러나 동양의 과학기술사상 보기 드문 이 발명은 단시일 안에 집중적인 노력에 의해 발휘된 한국인의 창조력에 관한 예증일 뿐이다. 이것을 만든 계기가 국방이나 산업과 관련된 기술의 필요나 혹은 순수한 과학적 지식욕에서 비롯된 것은 아니다. 이 업적은 전통적인 유교 문화의 후예임을 과시하기 위한 것에 지나지 않는다. 다음 글이 이를 뒷받침한다.

우리나라는 멀리 바다 밖으로 떨어져 있으나, 모든 문물은 오로지 중화(中華)의 제도를 따르고 있다. 다만 천문 관측의 의기만 갖추어져 있지 않다.(『세종실록』, 세종 19년 4월 15일)[22]

따지고 보면, 누각제도 역시 일반 대중에게 시각을 알린다는 것은 둘째 문제였고, 왕실의 정통성 확보가 가장 큰 목적이었다. 옥루를 설치하였던 흠경각의 '흠경'이란, 실록에서 밝히고 있듯이 『서경요전편(書經堯典篇)』의 다음 글에서 유래한 것이다.

하늘을 대하는 것처럼 공경하고, 백성에 시(時)를 베푼다(欽若昊天, 敬授人時).

이처럼 과학 활동의 근거까지도 애써 중국 고전에서 찾으려고 하였기 때문에, 장영실의 정교한 시계 장치가 발명되는 한편으로 민간용 시계가 고장 난 채 내팽개쳐 있었다고 한들 조금도 이상한 일이 아니었다.[23]

역서 편찬

세종 5년, 왕은 과학 연구진에게 선명력과 수시력의 역법 차이를 비교·검토하고 그릇된 점을 수정하라고 명하였다. 그리고 세종 14년에는 정초·정인지·정흠지(鄭欽之)에게 『칠정산 내편(七政算內篇)』, 그리고 이순지·김담(金淡) 그룹에게는 『칠정산 외편(七政算外篇)』의 편찬을 지시하였다. 그로부터 10년 후인 세종 24년에 마침내 『칠정산 내외편』이 완성되었다. 이 사업을 성공적으로 마친 학자 관료들의 의기는 정말 하늘을 찌를 듯했다.

천문에 관해서는 칠정(七政)의 법을 따르고 중외(中外) 관성(官星)의 거극도(去極度)와 팔수(八宿)를 정확하게 파악하고, 28수에 대해서는 각각 수도(宿度) 및 거성(距星)을 분명히 밝혔다. 12차의 별 전체의 도수는 수시력에 따라 바르게 관측하여 종래의 잘못을 바로잡고 석판으로 간행하였다. 역법은 『대명력』·『수시력』·『회회력』·『통궤(通軌)』 등과 대조·비교하여 교정을 거친 후에 『칠정산내외편』을 편찬하였다. …… 그래도 만족하지 않고, 부족함을 메우기 위해서 천문·역법·의상·구루(晷漏) 등에 대하여 여러 전기류를 섭렵하여 조사하였다.(이순지, 『제가역상집(諸家曆象集)』의 서문)

칠정(七政)이란 일월(日·月) 및 목성·화성·토성·금송·수성(木星·火星·土星·金星·水星) 등 오성(五星)을 뜻한다. 따라서 『칠정산』은 일종의 천체력(天體曆)이다. 이 책의 내용을 간단하게 살펴보자.

『칠정산 내편』

『칠정산 내편』은 관측값이 부정확한 대목이 눈에 띄는 등 다소의 오류는 있지만, 수시력에 대통력의 장점을 더하고, 그것을 보완하였다는 점에서 이 둘보다 한걸음 앞섰다고 할 수 있다. 그런 면에서 『내편』은 수시력 연구의 훌륭한 교재였다. 이는 『내편』이 17세기 일본 역산가들의 모범적인 경전이었다는 사실에서도 알 수 있다.

상·중·하 세 권으로 이루어진 『내편』은 첫머리에 있는 짧은 서문에 이어서 천행제솔(天行諸率)·일행제솔(日行諸率)·월행제솔(月行諸

率)·일월식(日月蝕) 등에 관한 지본적인 천문상수(天文常數)를 열거한 다음, 역일(曆日)·태양·태음·중성·교식(일식과 월식)·오성·사여성(四餘星)의 일곱 장으로 나누어서 설명한다. 그리고 마지막에 서울을 중심으로, 동지 및 하지부터의 일출과 일몰, 밤낮의 시각 일람표가 실려 있다. 먼저 천행제술 장에서는 주천(周天)의 도수를 365도 25분 75초로 정하고, 다음의 일행제술에서는 세주(歲周), 즉 1년의 길이를 365.2425일로 하고 있다. 제1장 율(律)의 역일 첫머리에는 '추천정동지(推天正冬至)', 즉 천정동지(天正冬至)를 짐작해 본다는 글이 보인다. 천정동지란 이른바 삼정교체론(三正交替論)[24]의 표현을 본뜬 것으로, 동지를 1년의 기점으로 삼는다는 뜻이다.

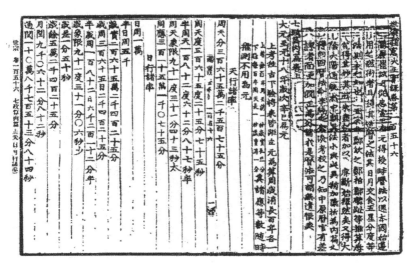

『칠정산 내편』 본문

『칠정산 외편』

명나라가 원나라에서 이어받은 회회역법을 해설한 『외편』은 다섯 권으로 되어 있다. 그 내용은 태양 · 태음 · 교식 · 오성 · 태음오성능범(太陰五星凌犯, 달과 오성이 다른 천체와 교차하는 현상)의 다섯 장으로 나누어져 있다.

회회력은 중국의 오랜 전통을 지닌 수시력과는 많은 차이가 있다. 예를 들면 수시력에서는

원둘레≒365.23도

1도＝100분

1분＝100초

로 정하고 있으나, 회회력에서는 아라비아 및 그리스 이래의 전통을 따라

원둘레＝360도

1도＝60분

1분＝60초

로 나타낸다. 또, 128태양년 동안에 31일의 윤년을 둔다는 것이기 때문에

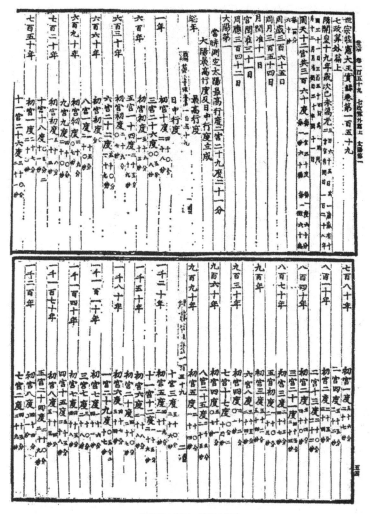

『칠정산 외편』 상권 본문

$$128태양년 = 365 \times 128 + 31(일)$$

즉,

$$1태양년 = (365 \times 128 + 31)/128(일)$$
$$= 365 + \frac{31}{128}(일)$$
$$= 365.242188(일)$$
$$= 365일 \ 5시간 \ 48분 \ 45초$$

이다. 이 값은 현재 측정치와 1초의 차이가 있을 뿐이고, 수시력의 365.2425일에 비한다면 두 자리가 더 정확한 수치이다. 『알마게스트(Almagest)』의 후예인 회회력은 수시력과는 비교가 안 될 정도로 기하학적인 구성으로 되어 있다. 그러나 이론 체계는 나중에 프톨레마이오스의 우주 구조의 모델이 파괴됨과 동시에 그 의미를 상실하였다. 회회력의 방법을 그대로 충실히 옮긴 『외편』은 그 장점과 함께 약점까지도 짊어진 셈이지만, 한반도의 역산가들은 우주 구조론에는 어떤 관심도 없었기 때문에 사실 이 점에 대해서는 어떤 상처도 입지 않았다.

『칠정산』은 계산의 결과를 소수점 이하 다섯 자리까지나 소상히 기록하고 있으면서도 파이(π) 값을 3으로 두는 엉성한 면을 보였다.

중국의 예악 사상

그리스의 학문이 수학·자연학·형이상학의 세 갈래로 분리되는 것과는 달리, 동양 과학의 원형은 모든 학문의 일체화였다. 그것을 체계화한 이론이 이미 이야기한 『한서』 「율력지」·『회남자』 등이다. 악률 및 도량형의 정비, 그리고 한글 창제 등 세종의 업적은 사상 면에서는 역지(歷志)의 정신을 배경으로 하여 이루어진 것이다. 여기에서 다시 동양 사상사에서 음악의 위치를 생각해 보기로 하자.

　음악은 옛날 주나라 때부터 육예(六藝) 중에서도 '예(禮)' 다음으로 섬기는 것이었다. 육경(六經)의 하나였다고 하는 악경(樂經)은 이미 없어졌지만, 『우서(虞書)』·『주례(周禮)』·『논어』·『예기』·『관자(管子)』·『구자(苟子)』 등의 경전에 있는 단편적인 구절을 훑어보기만 해도 예부터 중국인이 얼마나 음악을 중요시했는지를 알 수 있다. 고대 그리스에서도 음악은 최고의 예술로 여겨졌지만, 중국의 음악은 그 밖에도 중요한 역할을 하였다. 공자가

　　음악의 진수는 아름다움이요, 또한 그 진수는 착한 것이다.(韶盡美矣, 又盡善也, 『논어』)

라며 감격한 예술의 극치로서의 음악은

음악은 덕의 꽃이다.(樂者, 德之華, 『예기』·『악기』)

와 같이 옛 성현의 덕을 구현하는 것이기도 하였다. 따라서 그것은 듣는 이의 마음을 맑게 하고, 평화로운 분위기를 만들고, 더 나아가서 태평천하를 이루는 역할도 한다. 즉,

음악을 행하는 것은 마음을 깨끗이 하는 것이고, 눈과 귀를 청명하게 하고, 혈기를 맑게 하고, 풍속을 바꿀 수 있으며, 천하가 모두 편안해진다.(樂行而倫淸, 耳目聰明, 血氣和平, 移風易俗, 天下皆寧, 『예기』·『악기』)

인 것이다. 결국 음악은 중국인의 실천적인 생활관과 결부되어 정치사상의 지배 원리의 위치에까지 오른다.

음악의 도는 정치와도 통한다.(聲音之道, 與政通矣. 『예기』·『악기』)

악(樂)은 또 '예악'이라는 낱말의 뜻 그대로 항상 예(禮)와 함께 어울린다. 예와 악은 서로 얽히면서 음양의 조화를 이루고 치국평천하(治國平天下)의 기본 원리가 된다.

음률은 그 자체의 구조에 잘 어울려서 규칙적으로 진동할 때, 즉 협력해서 화합할 때에 한해서만 희열을 느끼게 한다. 여기에서 그리스의 경우처럼 협화음(協和音)의 이론이 탄생한다. 기본 음(황종)을 내

는 관의 길이를 옛 법에 따라 9치로[25] 정하는데, 여기에서 '9'라는 음악 외적인 요소가 음악 그 자체를 지배하지는 않는다. 9라는 수에 대응해서 치[寸]의 단위 내용도 조정되기 때문이다. 그래서 황종관을 기준으로 이른바 '삼분손익법(三分損益法)'에 따라서 음정을 정한다. 처음의 '삼분손'은 관의 길이를 $\frac{1}{3}$만큼 짧게 하는 것, 그

『세종실록』의 악보·아악보서

러니까 9치가 6치로 된다는 의미이다. 이때 기본 음인 황종보다 5도 높은 소리가 난다. 다음 '삼분익', 즉 6치의 관을 $\frac{1}{3}$만큼 더하면 길이는 8치가 되고 음정은 4도 낮아진다. 같은 방법으로 계속해서 조화로운 음을 갖는 12개의 율관을 만든다. 이 원리는 그리스 음악 이론과 구조가 같다.

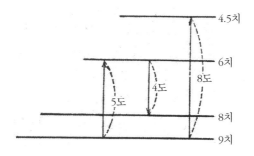

관의 길이에 따라서 서로 화음을 만드는 음계를 '율(律)'이라고 부른다. 다시 말해서 음계 상호 간의 비율이 곧 '율'이다. 중국인들은 이 비율의 이론을 음악의 세계에만 가두지 않고 '질서 있는 배열(또는 규칙)'이라는 훨씬 보편적인 개념으로 확대하고 인간 사회뿐만 아니라 널리 우주 현상에까지 적용하였다. 예를 들면 계층 간의 조화라는 전통적인 윤리·정치관의 밑바탕에는 이 음계(율)의 사상이 있었다고 볼 수 있다. 또 율은,

율은 모든 것을 정하는 기본이다.(律者所以定分之事, 관자)

즉, '규범'이라는 의미로도 바뀌지만, 그 결과 인간의 가장 기본적인 사회 활동인 경제 생활에 질서를 부여하는 도량형 제정의 원리로도 쓰이게 되었다.

도(度)는 황종관의 길이에서 나온다. 기장 중에서 중간쯤 되는 것 1알의 폭으로 도를 삼았다. 황종관의 길이를 90등분하면, 그 하나가 1푼이고, 10푼은 1촌이다.(度者, 本起黃鐘之長, 以子穀秬黍中者, 一黍之廣度之, 九十分黃鐘之長, 一爲一分, 十分爲寸.)

양(量)은 황종관의 약(龠 : 황종관의 용적)에서 나온다. 기장 중에서 중간쯤 되는 것으로 황종관을 채우면, 1,200알이 되는데, 이것이 1약이고, 2약은 1합이다.(量者, 本起黃鐘之龠, 以子穀秬黍中者, 千有二百實其龠, 合龠爲合.)

권(權)은 황종관의 무게에서 나온다. 1약인 1,200개의 기장의 무게를 12수로 한다. 24수가 1냥이 된다.(權(衡)者, 本起黃鐘之重, 一龠容千二百黍, 重十二銖, 兩之爲兩. 『한서(漢書)』, 「율력지」)

흔히 '율도량형'이라고 함께 묶어서 부르는 것은 여기에서 유래한다.

그리스와 마찬가지로, 동양의 음악 이론에서 가장 중요한 표현 수단으로 등장하는 수는 지식이라든지 경험을 합리적으로 분류하고 정리할 수 있다는 점에서 신비화가 되기 쉽다. 거기에 비유의 정신이라는 여과 작용을 거쳐서 중국의 독특한 수리 신앙(數理信仰)을 낳은 것이다. 도량형에서 각 단위 사이의 수량 관계를 나타내는 계수로서의 수는 사회 생활의 기준이 되는 동시에 국가제도의 일부이기도 하다. 반면 수는 자연 현상의 법칙성 및 사회 생활의 규범, 나아가서 원리를 수리적으로 표현하고 역으로 형식적인 수의 일치만으로 전혀 관련 없는 것을 억지로 동류화하는 '수의 이법화[理數]'를 실현한다.

세종의 악률 정비와 도량형 제정

음악에 조예가 깊었던 세종은 이 분야에서도 두드러지는 업적을 남겼다.

아악(雅樂)은 본시 우리나라의 성음이 아니고 실은 중국의 성음인데, 중국 사람들은 평소에 익숙하게 들었을 것이므로 제사에 연주하여도 마땅할 것이다. 우리나라 사람들은 살아서는 향악(鄉樂)을 듣고, 죽은 뒤에는 아악을 연주한다는 것이 과연 어떨까 한다.[26]

이와 같이 세종은 예술에서도 주체성을 강조했지만, 유교 국가의 이상적인 지도자가 되는 것을 목표로 삼아야 하는 조선의 왕으로서 가장 주력한 음악은 역시 아악이었다. 그래서 거문고·비파[瑟]·대금·생황 등의 아악기가 제작되었다. 그러나 악기를 만드는 것보다 악기를 조율하는 것이 먼저였다. 따라서 이 점에서도 음률의 정비는 가장 시급하고 중요한 문제가 되었다.

아악의 조율에 필요한 기본 악기는 경석(磬石)이라고 하는 특수한 돌을 갈아서 만든 편경(編磬)이다. 이것은 또 기본 율관(황종관)을 기준으로 조율해야 했다. 황종관을 만들기 위해 적당한 기장을 구하는 것도 문제였다. 왜냐하면 옛 법에 따르면 황종관의 길이는 90알의 기장을 일렬로 잇고, 그때의 길이를 9치라고 정하기 때문이다. 세종의 명을 받은 박연은 중국산 종이나 편경의 소리와 조화를 잘 이루고, 동시에 기장 90알의 길이에 꼭 맞는 황종관을 만드느라 많은 고생을 했다. 그 결과 확립된 조선의 악률은 옛 중국의 오성십이율(五聲十二律)을 철저하게 모범으로 삼았기 때문에 오히려 종래의 중국 음악과는 다른, 독립된 조선 아악의 기초가 만들어졌다. 이에 관한 실록의 기록은 다음과 같다.

임금이 개연(慨然)히 예전 것을 개혁하여 새로 고칠 뜻을 두어 박
연에게 편경(編磬)을 만들기를 명하였으나, 우리나라에서는 본래
음(音)에 맞는 악기가 없으므로, 연이 해주의 기장을 가지고 그 분
촌(分寸)을 쌓아 고설(古說)에 의거하여 황종(黃鍾) 1관(管)을 만들
어 불어 보니, 그 소리가 중국의 종(鍾)·경(磬)과 황종 및 당악(唐
樂)의 필률(觱篥) 합자성(合字聲)보다 약간 높아 전현(前賢)의 논의
를 상고하니, "토지가 기름지고 메마름이 있어 기장[黍]의 크고 작
음이 있으므로, 성음(聲音)의 높낮이가 시대마다 각각 다르다."고
하였다. …… 이에 해주 기장의 모양에 의하여 밀랍[蠟]을 녹여 다
음으로 큰 낱알[粒]을 만들어서 푼[分]을 쌓아 관(管)을 만들었다.
…… 밀랍을 가지고 기장 낱알 1,200개를 만들어서 관(管) 안에 넣
으니 진실로 남거나 모자람이 없었다. …… 박연이 말하기를, "모
양 제도는 한결같이 중국에서 내려준 편경(編磬)에 의존하였고, 성
음은 신이 스스로 12율관(律管)을 만들매 합하여 이루었다."고 하
니, 여러 대언들이 연(㙉)에게 말하기를, "중국의 음(音)을 버리고
스스로 율관을 만드는 것이 옳겠는가."고 하며, 모두 거짓말이라
여기니, 연이 글을 갖추어 아뢰기를, "지금 만든 편경은 모양의
제도는 한결같이 중국 것에 의하였습니다. 하지만 중국의 성음을
보면 경(磬)은 대려(大呂)의 각표(刻標)한 것이 그 소리가 도리어 태
주(太簇)보다 낮고, 유빈(蕤賓)의 각표한 것이 그 소리가 도리어 임
종(林鍾)보다 높으며, 이칙(夷則)은 남려(南呂)와 같고, 응종(應鍾)은

무역(無射)보다 낮아서, 마땅히 높을 것이 오히려 낮고, 마땅히 낮을 것이 오히려 높으니, 한 시대에 제작한 악기(樂器)가 아니라 생각됩니다. 만약 이것에 의하여 제작하면 결코 화하여 합할 이치가 없기 때문에, 삼가 중국 황종의 소리에 의하여 황종의 관(管)을 만들고, 인하여 손익(損益)하여 12율관을 만들고 불어서 음률(音律)에 맞추어 만들었습니다." 하니, 명하여 중국의 경(磬) 1가(架)와 새로 만든 경 2가와 소(簫)·관(管)·방향(方響) 등의 악기를 들여 모두 새로 만든 율관(律管)에 맞추게 하고, 임금이 말하기를, "중국의 경(磬)은 과연 화하고 합하지 아니하며, 지금 만든 경이 옳게 된 것 같다". (『세종실록』 세종 15년 1월 1일)[27]

황종관의 길이를 정하기 위해서 옛 방법에 따라 기장을 사용하였던 것은 실제로는 번거롭고 무의미한 행위였다. 팔도의 감사에게 지시를 내려서 이상적인 기장을 찾게 하는 등 일부러 법석을 떨지 않아도, 그리고 밀랍으로 대용품을 만드는 어려움을 겪지 않아도 되는 일이었다. 적당히 푼(分)의 내용을 조정하고 그것을 90배 하면 그만이고, 오히려 이렇게 해서 정확하게 '9치'를 얻을 수도 있었다. 또 엄격하게 따진다면, 황종관이 먼저 준비되고 그것을 기준으로 도·량·형이 성립하는 것이니, 박연이 실행한 방법처럼 길이[度]와 들이[量]에 의해 황종관을 제작한다는 것은 율과 도량형의 순서를 바꾼 셈이 된다. 세종의 복고주의 정신은 이것이 불합리한 의장(擬裝)에 지나지 않는다는 것을 충분히 알고 있으면서도 일부러 전통을 따른 것이다.

앞에서도 이야기한 것처럼, 『한서』「율력지」에서 밝힌 황종관은 크기가 고른 기장 100알을 곧게 가로로 이었을 때 그 전체의 길이를 1자로 하고, 1자는 10치, 1치는 10푼, 1푼은 10리(釐), 1리는 10호(毫), 1호는 10사(絲)이다.

그리고 황종관은 길이 9치, 단면적 9푼, 용적 810푼, 기장의 용량 1,200알[28]이다. 그러나 그 내용은 중국과는 다른 조선 고유의 것이다. 따라서 황종관의 진동수도, 12율 5음계도 중국의 것과는 다른 독자적인 내용을 가진다.

세종 28년 9월 27일의 기사에는 새 영조척(營造尺)으로 섬·말·되 등의 용적을 잰 수치가 기록되어 있다.

		세로 가로	깊이	용적
1섬	20말	: 2자×1자 1치	2푼×1자 7치 5푼	=3,920치
	15말	: 2자×1자	×1자 4치 7푼	=2,940치
1말		: 7치×7치	×4치	=196치
1되		: 4치 9푼×2치	×2치	=19치 6푼
1홉		: 2치×7푼	×1치 4푼	=1치 9푼 6리

길이 약 34.10센티미터에 해당하는 황종척의 단위를 종래의 척도로 환산했던 값이 『경국대전』에는 다음과 같이 나타나 있다.

황종척 1척＝주척(周尺) 6치 6리

= 영조척(營造尺) 8치 9푼 9리

= 조례기척(造禮器尺) 8치 2푼 3리

= 포백척(布帛尺) 1자 3치 4푼 8리

그러나 단서가 붙는다. 겉으로는 황종척을 기준으로 다른 척의 양을 새로 정한 것 같아 보이기도 하지만, 사실은 있던 그대로의 내용과 새 황종척의 비율을 구한 것에 지나지 않는다. 이 새로운 척의 출현은 척제에 어떤 변화도 일으키지 않았다. 황종척은 이를테면 상징적인 척일 뿐, 실제는 거나 천문 관계의 척도를 나타내는 주척과 건축이나 기구의 제작에 쓰이는 영조척 등이 일반에게 널리 보급되었다.

척도뿐 아니라 『경국대전』에 실린 다음의 들이와 무게 역시 이미 세종 시대에 황종관을 기준으로 정비되었다고 보아야 한다.

양(量)

1섬 = 20말(큰말, 大斛) 또는 1말 = 10되, 1되 = 10홉, 1홉 = 10작

형(衡)

1근 = 16냥, 1냥 = 10전, 1전 = 10푼, 1푼 = 10리

단, 황종관에 채운 물의 무게를 88푼으로 한다.

또 100근을 단위로 하고 '대칭(大稱)', 30근(또는 7근)을 '중칭(中稱)', 3근(또는 1근)을 '소칭(小稱)'으로 한다.

조선 건국 당시에는 주척의 내용조차 불분명했을 정도로 도량형 제도가 문란했다. 태조 2년에 척도를 정비했다고는 하지만 전국적으로 통일하지는 못했다. 세종 초기까지도 이 상태가 지속되었다. 이는 지방마다 척도의 내용이 다르니 경시서에서 일괄적으로 관장하여 착오를 시정하도록 했으면 한다는 공조의 건의 내용을 봐도 알 수 있다.[29] 그러나 악률의 정비는 필연적으로 도량형 체제의 개정과 통제를 필요로 한다. 다음 제도도 그 원형은 이미 세종 당시부터 비롯된 것으로 보아야 한다.

> 모든 관아 및 모든 읍의 도량형은 공조에서 제정하고 또 이것을
> 제조한다. 모든 읍의 도량형은 각각 한 개씩 표준 척량을 모든 도
> 로 보내고, 관찰사의 검정 낙인을 받아야 한다. 비조(秘造)의 척량
> 은 해마다 추분날에 서울에서는 평시서, 지방에서는 거진에서 검
> 정 낙인을 받아야 한다(『경국대전』, 권6, 공전 도량형).

광무 6년(1902)에 미터법이 채택될 때까지 쓰인 이 도량형제도의 확립 또한 세종의 중요한 업적으로 높이 평가받아야 한다. 그러나 이 제도는 도량형 자체를 목적으로 만들어진 것이 아니라 악률 정비의 부산물이었다는 것, 또 도량형이 형식적으로 완비되었다고 해도 실제 생활에서 그대로 반영된 것이 아님을 잊어서는 안 된다.

의정부에서 아뢰기를, "가게[市肆]에서 쌀을 파는 자가 되도록 이익을 취하려고 다투어 서로 사람을 속여, 사는 데는 큰 말과 큰 되를 쓰고, 파는 데는 작은 말과 작은 되를 쓰며, 혹은 모래와 돌을 섞어 틈을 타서 꾀를 부리어 팔고서는 곧 숨기니, 시전(市廛)에 익지 못한 자는 찾아서 잡을 길이 없습니다. 심한 자는 당패를 만들어서 마음대로 도둑질을 하되, 속임수가 날마다 늘어서 금하고 막기가 어렵사오니, 예전과 같이 본가에서 장사꾼을 데려다가 사고 파는 것을 허락하여 속임수를 없애게 하소서." 하니, 그대로 따랐다.(『세종실록』, 세종 19년 2월 11일)[30]

위와 같은 사실이 있었다고 해서 세종이 도량형을 제정한 것이 유명무실했다는 뜻으로 보아서는 안 된다. 율·도량형 사상이 시대 사조를 결정적으로 지배하던 당시 상황 속에서, 전통에 누구보다 충실해야 할 처지에 있었던 세종에게 도량형 자체에 대한 관심을 요구하는 것은 무리한 주문이다. 오히려 이러한 시대적인 제약 속에서 조선 도량형제도의 기초를 확립했다는 면에서 세종의 공적을 평가해야만 한다. 당시 도량형제가 얼마나 어려운 것이었는지는 다음 글을 보아도 알 수 있다.

거의 마을마다 말[斗]이 같지 않고, 집집마다 자[尺]가 다르다.
殆支村村不同斗, 家家不同尺[『문헌비고』, 락고2, 광무 6년(1902)]

이런 어려움은 일시적인 것이 아니라 조선시대 내내 나타난 현상이었다. 도량형을 엄정하게 실시한다는 문제는 조선뿐 아니라 모든 국가의 지배층에게는 늘 2차적인 의미였다. 이러한 제약을 전제로 생각하지 않으면 세종의 과학 정책을 바르게 평가하지 못한다.

문자의 발명

세종의 왕립 아카데미인 집현전이 이룩한 최대 업적은 바로 한글 창제이다. 세종 25년 12월, 친히 제작한 『훈민정음』 28자는 데카르트적인 의미에서 분석적이자 동시에 종합적인 구조를 지니고 있다는 점에서 그야말로 과학적이고 체계적인 문자이다. 이렇게 체계적인 문자를 발명하게 된 가장 큰 동기는 바로 독립국가로서의 주체성에 대한 자각이다. 이것을 『훈민정음』에서는 다음과 같이 표현하고 있다.

> 풍토의 차이가 있으면 이에 따라 말소리 또한 달라진다. …… 중국의 글자를 빌려서 변통해서 쓰는데, 이는 마치 둥근 자루와 모난 구멍의 어긋남 같다.(『훈민정음』, 정인지, 후서)[31]

여기에서도 주체의식과 관련해서 정통성을 지향하는 태도가 강하게 드러나 있다. 민족의 주체성을 과시하기 위해서 독자적인 문자를 창조하려고 했던 것은 중국의 영향에서 완전히 벗어나기를 원했던 것이 아니다. 오히려 의식적으로 옛 중국의 고전사상에 적극적으로 다가가고자 했던 것이다.

『훈민정음』의 기초 작업에 직접 동원된 학문과 사상은 중국의 음운학과 주자학(朱子學)이다. 주자학이라는 새로운 유학의 기본적인 이론은 주돈이(朱敦頤, 1017~1072)의 『태극도설(太極圖說)』에 있다는 것이 상식이지만, 세종 시대의 학자들은 『성리대전(性理大全)』을 통해서 중국의 음운학과 송학(주자학) 이론을 받아들였다. 또 송학의 선구자 중한 사람인 소옹(邵雍, 1011~1077)의 책 『황극경세성창음화도(皇極經世聲唱音和圖)』가 음운론에 관한 대표적인 책이었다는 점에 주목한다면 이책에 전개되어 있는 소옹 특유의 수리 철학의 영향이 세종 당시 우리나라에도 미치고 있었음이 틀림없다. 성음학이건 송학이건 그 근본 사상은 모두 음행오행설이다. 『훈민정음』에도 이 전통적 이데올로기가 반영되었다.

> 하늘과 땅의 이치는 오직 음양과 오행뿐이다. 곤괘와 복괘의 사이가 태극이 되고 움직이고 고요한 후에 음양이 된다. 무릇 생명을 지닌 무리로서 하늘과 땅 사이에 있는 자 음양을 두고 어디로가나. 그러니 사람의 목소리도 모두 음양의 이치에 따른다.(『훈민정음해례』 제자해) [32]

발성기관의 각 부위를 본뜬 것으로 알려진 28개로 된 한글의 기본 요소를 오성·오행·오시·오음 등으로 분류하고 모음을 음양에 대응시키는 것 등 '제자해'에서는 문자의 구성 원리에 음양오행설을 비롯해서 태극설과 역학 등의 전통 사상이 얼마나 많이 반영되었는지 언급하였다. 또한 이런 낡은 자연 철학적 배경 위에 새로운 것을 만들면서 그 발명에 권위를 부여하려는 의도를 드러내 보이고 있다.

과학 문화의 성겨

계몽 군주 세종의 주위에는 역사상 보기 드문 뛰어난 학자와 과학기술자들이 많이 있었다. 각종 학술·제도·역사를 연구하고 편찬 사업을 정력적으로 수행했던 집현전 학사들을 비롯해서 역산학의 이순지와 김담, 악률의 박연, 천문 기구 제작 기술의 장영실 등이 있었다는 것은 이미 알고 있다. 세종 치세를 '천재의 시대'라고 부를 수 있을 정도로 획기적인 문화 창조가 많았다. 그러나 오해를 해서는 안 된다. 이 황금 시대를 연출하고 주연까지 맡아 활약했던 이는 세종이었으며, 나머지는 모두 조연급도 안 되는 단역에 불과하다. 그러므로 천재란 세종 한 사람을 가리키는 말이 된다. 왜냐하면 이들 인재는 각각 세종이 발굴했으며 세종에게서 일감을 얻음으로써 비로소 자기들의 숨은 능력을 발휘할 기회를 잡았기 때문이다. 수학·

천문학·음악·음운학 등 과학의 특수한 전문적 연구 분야조차 모두 세종이 일일이 앞서서 공부하고 지도함으로써 실현 가능했던 것이다. 당시의 궁정 과학이 거의 세종 개인의 독주였다는 것은 한글 발명의 산실인 정음청(正音廳)이 세종이 죽자 채 오 년도 안 되어서 허울뿐인 기관이 되었다는 사실만으로도 충분히 알 수 있다.

무엇보다도 유학적 교양이 요구되었던 조선의 관인사회에서는 전문 과학기술자의 신분으로는 아무리 왕의 총애와 비호를 받는다고 해도 고급 관료의 위치에 설 수 없었다. 역산의 대가 김담의 경우도 그랬다.

김담(金淡)이 글로써 동궁에게 상신(上申)하기를, "신이 성은(聖恩)을 입사와, 신이 호군(護軍)을 제수받았습니다. 신이 그윽이 생각하옵건대, 신을 부르시어 서울에 오게 하신 것은 역법(曆法) 한 가지 일에 지나지 않사온데, 종사하는 바도 역시 유망(遺忘)된 것을 고열(考閱)하는 데 불과하여, 지난날 전서(全書)[33]를 편찬하던 일에 비할 바가 아니오니, 비록 일이 없다고 말하더라도 틀리지 않을 정도입니다. …… 한 벼슬을 명하고 한 일을 행함에 있어 시정(視聽)을 놀라게 하는 데 이르게 하면, 역시 국가의 아름다운 일이 아니오니, 엎드려 바라옵건대, 특별히 분부하셔서 벼슬을 환수(還收)하시어, 신으로 하여금 상제(喪制)를 마치게 하소서."

담(淡)이 또 두세 번 상서하였으나 끝내 윤허하지 아니하였다. 담(淡)은 성품이 총명하여 학식이 있었는데, 당시 천문(天文)을 아는 자가 담(淡)과 이순지(李純之)뿐이므로, 임금이 부득이 기복(起復)한 것이었다. 그러나 한 가지 재주로서 중상(重喪)을 빼앗는 것이므로, 당시 사람들이 모두 옳지 못하게 여기었다.(『세종실록』, 세종 31년 7월 14일)[34]

같은 달 18일에는 상중(喪中)인 김담에게 호군(護軍)[35]의 벼슬을 주어 이례적인 기용을 했다고 해서 사간원에서 이의를 제기하였다. 천한 관노에서 발탁되어 대호군(종3품)의 현직에까지 승진했던 장영실의 소식은 그 후 실록에는 전혀 나오지 않는다. 천문 의기의 제작이 끝남과 동시에 벼슬을 그만두었다고 보아도 틀림없을 것이다. 이는 곧 그의 과학자로서의 활동도 끝났다는 것을 의미한다. 천문과학의 연구는 관료 체제 내에서만 허용되는 국가 사업이었으며, 더구나 의기 제작은 국가의 비밀에 속하는 것이었다. 또 과학을 계속한다는 것은 막대한 자금을 필요로 하는 일이기 때문에 개인의 서재나 작업장에서 계속 연구를 할 수는 없었을 것이다.

조선시대에 들어서면서부터 왕조 정치에서 국가 권력이 왕 개인에게 집중되는 경향이 한층 뚜렷해졌다. 왕이 위대하고 현명한지 혹은 그렇지 못한지는 사회의 안정과 문화의 발전 등을 가늠하는 가장 중요한 요인이 되었다. 이것은 중국도 마찬가지였다. 그렇지만 왕 중심의 관인사회를 떠나서는 학술이 성립할 여지가 전혀 없었다는 점은 중국과 결정적으로 달랐다. 수학의 예만 보아도 그렇다. 중국에서는 관료 생활과 동떨어진 은자적 명상 속에서 천원술이 태어났고, 상공업이 발달하면서 민간 수학이 성장했으며, 과거와 상관없이 수학을 취미로 가르치는 것으로 사회적인 구실을 하는 수학 전문가가 비록 극소수이기는 하지만 존재할 수 있었다. 그렇지만 당시 한반도의 경제적 문화적 현실에서 이런 일은 일절 불가능했다. 이 현상은 국토의 크기 차이에서 비롯되는 문제였다. 나라라기보다 '세계'라고 부르는 것이 더 잘 어울리는 중국 대륙에서는 지식인들에게 정부의 간섭이 미치지 못했고, 따라서 나름대로 유유자적할 수 있는 생활 공간이 있었다. 그러나 관권의 통제력이 구석구석까지 미치는 비좁은 한반도에서는 '유유자적한 세계'를 도저히 얻을 수 없었다. 게다가 계급의식이 강한 한반도의 사회구조 면에서 보아도 관인사회에서만 통용되는 학문을 지닌 이상 재야에 있어도 잠재적으로는 예비 관인의 신분이었다. 즉, 당시의 모든 학문 지식은 상향적 성격을 가지고 있었다. '잡학'이라는 이름으로 민간의 생활 기술과 구별되는 체계적인 과학기술 역시 정부의 필요에 응한다는 것을 전제로 하지 않으면 아무 의미가 없는 것이었다. 이런 상황에서 관권을 배경으로 하지 않는 순전히 자발적인 과학 공동체가 싹트기까지는 좀 더 시간이 필요했다.

세종이 한글 창제의 필요성을 느낀 직접적인 이유는 "언어가 중국과 다른 한국인이 중국의 문자를 사용한다는 것은 불합리한 일이며, 당연히 한국인에게 알맞은 문자가 필요하다."는 것이었다. 이 정신은 세종에게는 일관된 것이어서 그대로 본초학에도 적용되었으며 "한국인에게 알맞은 약재는 한반도의 풍토 속에서 자생하는 것이어야 한다."는 입장에서 약학 분야를 재구성하게 되었다. 마찬가지로 천문학의 영역에서는 "중국과 한국은 지리적으로 차이가 있기 때문에 중국인의 역학책을 그대로 받아들이는 것은 불합리하다."면서 『칠정산 내외편』을 만든 것이다. 과학이 가설이라고 한다면 세종 시대의 과학을 지배한 가설은 중국의 옛 자연철학에 근거를 둔 것이기는 하지만, 다른 한편에서 그 과학 정신은 한반도의 독자적인 합리주의를 배경으로 하고 있었다. 그러나 이러한 한국적인 주체성은 과학기술의 지속적인 성장을 촉진하는 원동력이 되지는 못했다.

이는 세종 시대의 과학자들이 당시 과학 문화의 핵심적인 주체가 아니었기 때문이다. 과학 공동체를 형성하고 있는 집단의식이 각 구성원의 자율적인 과학 정신에 있지 않았고, 이 집단 또한 세종의 개성이 반영되어 재구성된 소재, 또는 필요에 따라 적절하게 사용된 도구의 집합에 불과했던 것이다. 당시 과학기술의 성과가 세종을 정점으로 하는 과학기술 그룹의 집단적 의식의 표현이었다고 단언할 수 있으려면 구성원 사이에 공통된 과학 지향적인 태도가 있어야 하는데, 이 집단에 그런 면은 보이지 않았다. 이 연구진이 지닌 가능성은 각 구성원의 개인 능력의 산술적인 총합에 지나지 않았다. 더 자세하게 말하자면, 구성원 각자의 개성과 창조력이 상호 침투하고 상호 규정하면서, 전체적으로는 하나의 방향을 제시하는 것과 같은 질적 변화의 징조는 전혀 나타나지 않았다.

과학이나 기술은 문화의 구성 요소로서 시대의 정치적·경제적·지적인 요구의 제약 속에서 사회의 전체적인 작용을 받거나 역으로 작용하면서 형성되어 나간다. 이 사실은 세종 시대에도 당연히 적용된다. 여기에서 말하는 문화는 왕조의 문화이며, 지배층이 '무지한 대중'이라고 했던 일반 서민사회의 문화는 극히 소극적으로 작용했을 뿐, 주류 문화에는 거의 영향을 끼치지 못했다. 전통 사회의 문화는 아래를 향해 작용했지만 그 반대 방향으로는 거의 단절된 상태였다. 따라서 사회 역시 중앙집권적 관료 조직과 관련이 있는 틀 안에서만 영위되었고, 시대성은 왕실과 관료 조직 중심의 정치사적 시대 구분에 따를 수밖에 없었다. 이러한 문화를 등에 업고 사회를 형성하면서 시대의 일반적인 경향을 대변한 계층은 관인 체제의 상층부에 있는 사대부 혹은 그 후보자들이었다. 과학기술의 전문 영역에 관한 기본 방향은 과학자 자신이 아니라 항상 이 사대부층의 비전문가적인 판단에 따라 결정되었던 것이다.

이들은 때로 과학의 발전을 추진하는 시대적 요구를 제시하기도 했지만 대부분은 과학 발전의 걸림돌이 될 뿐이었다. 이 세력과 직접적으로 대결한 것은 과학자들이 아니었다. 보수 전통 진영의 일원이기도 한 세종이 자기가 속한 그 집단과 직접적으로 대결을 벌인 것이다. 여기에 세종의 천재적인 능력과 초인적인 노력으로도 뛰어넘을 수 없었던 당시 궁정 과학의 한계가 있었다.

2. 산학제도 · 산학 · 산사

『경국대전』을 중심으로 본 조선 초기의 산학과 천문

조선 초기의 십학(十學)은 관료 조직 내의 기술학(잡학)에 관한 것으
로, 고려의 제도를 거의 그대로 이어받았다. 태조는 즉위하던 해(1392)
에 의학박사 세 명과 조교 두 명, 율학박사 두 명, 조교 두 명과 함
께 산학박사 두 명을 두었으며, 그 이듬해인 1393년에는 병학(兵學) ·
율학(律學) · 자학(字學) · 역학(譯學) · 의학(醫學) · 산학(算學)의 육학(六
學)을 양민 출신들이 배우게 하였다. 태종 6년(1406)에는 유학(儒學) ·
이학(吏學) · 음양풍수학(陰陽風水學) · 악학(樂學)의 네 과를 더해 '잡과
십학(雜科十學)'의 교육 체제를 만들었다. 그 후 세종 12년(1430)에는
앞에서 언급한 것처럼 10학의 교육과정이 확립됨으로써 교육 내용

도 한층 충실해졌다.

그러나 세종 대에 완성한 10학의 교육제도는 세조의 집권과 함께 무너지기 시작하였다. 세조 10년(1465)에는 천문·풍수·율려(律呂)·의학·음양·사학·시학(詩學)의 7학이 적극 장려되었지만, 세종 당시 그토록 중요시했던 산학이 세조 대에는 제외되었다. 이즈음 문신들 사이에서는 이미 기술학을 업신여기는 경향이 노골적으로 드러나기 시작하였고, 7학 중에서도 사학과 시학을 제외하고는 유학자에게 불필요하다는 견해를 임금 앞에서 피력하는 문관이 있을 정도였다.[36] 세조 대에 시작되어 성종 16년(1486)에 완성되어 공포된 『경국대전』에서는 종래의 10학이 의(醫)·역(譯)·율(律)·음양(陰陽)·산(算)·악(樂)·화(畵)·도(道)의 8학으로 바뀌게 된다.

그렇다면 이런 과정을 거쳐 『경국대전』에 자리 잡은 산학과 천문학제도는 구체적으로 어떤 모습이었을까.

산학제도

세종이 산학 진흥에 힘쓴 직접적인 동기는 아마 이조(吏曹)의 다음과 같은 건의에 자극받았기 때문일 것이다.

무릇 만물의 변화를 다 알려면 반드시 산수(算數)를 알아야 합니다. 육예(六藝) 중에 수가 그 하나에 들어 있는 것도 이 때문입니다. 전조(前朝, 고려)에서 이 때문에 관직을 설치하고 전담하여 관장하도록 하였으니, 지금의 산학박사(算學博士)와 중감(重監)이 곧 그것입니다. 산학은 실로 율학(律學)과 더불어 같은 것이어서 이전(吏典)에 비할 바가 아닙니다. 근래에 산학이 그 직분을 잃어서, 심하기로는 각 아문의 아전으로 하여금 윤번(輪番)으로 이 직에 임명하였으니, 이는 관직을 설치한 본의를 잃은 것이오며, 재정 회계가 한갓 형식이 되고 말았습니다. 청컨대, 이제부터 산학박사는 사족(士族)의 자제로, 중감은 자원(自願)하는 사람으로 아울러 시험을 통해 임용하고, 그들로 하여금 항상 산법(算法)을 연습하여 회계 사무를 전담하도록 하고 ……. (『세종실록』15년, 11월 15일)

이렇게 해서 산학을 할 사람들을 임명한 데 이어 산법교정소·역산소 등을 설치하였으며, 그동안 거의 잊고 있었던 산학을 회복하기 위한 많은 노력을 기울였다.[37] 세조 대에는 산학의 관제를 더욱 정비하였으며, 산학박사 대신 다음과 같은 관직을 두었다.

산학교수(종6품)   1명

별제(종6품)   2명

산사(종7품)   1명

계사(종8품)   2명

산학훈도(정9품)   1명

이 제도는 『경국대전』에 그대로 반영된다. 『경국대전』을 보면 산학은 6조 중 호조(戶曹)에 속한다. 호조는 호구(戶口)·전지(田地)·조세(租稅)·부역(賦役)·공납(貢納)·진대(賑貸, 정부 곡물의 대여) 등의 사무를 관장하는 판적사(版籍司), 왕실 내 여러 가지 지출을 맡은 경비사(經費司) 등 국가 재정을 다루는 부서들로 이루어졌으며, 맡은 업무상 당연히 30명이나 되는 산원(算員)들이 여기 배치되어 있었다.

산학 취재

『경국대전』의 「예전(禮典)」 취재(取才) 조항에 따르면 제학(諸學, 의학, 율학, 산학 등)은 4맹월(四孟月, 1월, 4월, 7월, 10월)에 예조와 각사(各司)의 제조(提調, 각사·청의 책임 대행자로 종1~2품의 품계를 가진 자)가 같이 취재하고 제조가 없는 곳에서는 그 조의 당상관과 같이 취재하도록 되어 있다. 또한 『속대전』 규정에서는 제조, 당상관이 모두 없는 곳에서는 낭관(郎官, 정랑과 좌랑이 있음)이 취재하는 것으로 정해져 있다.

산학 취재는 1년에 4회, 호조가 주관하여 호조의 제조나 당상관이 예조의 위임에 의해 집행한다. 특수한 경우는 취재의 주관자가 정5품 또는 6품인 낭관이 낭청의 책임자가 될 수도 있다. 이와 같은 산학 취재의 책임자는 산학을 본업으로 하는 사람들이 아니므로 산학의 전문 지식에 관한 시험은 산학생도의 교육기관인 산학청에 의존하지 않을 수 없었다.

취재에 합격하면 체아직(遞兒職)에 임명되는데, 『경국대전』에 의하면 체아직은 '근무 일수가 차면 품계가 올라가며, 일정한 품계에 이

르면 거관(去官)하여 품계만 올라가고 어느 한계에 이르면 더 이상 품
계가 올라가지 않는 관직(任滿遷階, 去官散階)'이라고 되어 있다.

　호조와 제과(諸科) 항을 살펴보면 『경국대전』이 발행되기 이전에는
산학 취재 합격자가 산원(算員)으로 임명되고 있었다. 그 내용은 다
음과 같다.

　　[호조] 산원 30명으로 산사(算士) 이하는 모두 체아직으로 재임 기
　　간이 514일이 되면 한 품계 올라가며 종6품에서 그 직에서 물러
　　난다. 계속 근무를 원하는 사람은 900일마다 품계를 올려주되 정
　　3품 이상은 올라갈 수 없다.[38]

　　[제과] 문과, 갑과 제1인에게는 종6품을 주고 나머지에게는 정7품
　　을 준다. 을과는 정8품, 병과는 정9품을 제수한다. 역과 1등자는
　　종7품, 2등자는 종8품, 3등자는 종9품을 제수하며 음양과, 의과,
　　율과 1등자는 종8품, 2등자는 정9품, 3등자는 종9품을 제수한다.[39]

　그러나 산학의 형식이 잘 정비되었다고 해서 그에 비례해 그 내
용이 충실해진 것은 아니었다. 오히려 세종 당시의 산학에 대한 열
의는 식고, 산사들의 능력이나 성의도 떨어지기 시작하였다. 이른바
'산학중감거관법(算學重監去官法)'이라든지 '역산생도권징법(曆算生徒
勸懲法)' 등 쇠퇴한 산학의 수준을 회복하기 위한 정책적인 조치가 취
해진 사실로 이를 확인할 수 있다.[40] 산학자들에 대한 일시적인 처

우 개선이 있었다고는 해도,[41] 궁영 기술의 기능을 새로운 위치에서 평가하고 기술 관리의 위치를 근본적으로 상승시키지 않는 한, 즉 관료 조직 자체에 변혁이 일어나지 않는 한, 좌절감이나 무력감에서 빚어지는 일종의 업무 태만에서 오는 타성이나 그 결과로 발생하는 기술학의 정체(停滯)는 풀기 어려운 문제였다.

잡학 중에서도 의학·역학·율학·음양의 네 과에는 정식 과거제도가 있었다. 그렇지만 산·서·도·악의 네 과에는 각 부서에서 직접 행하는 채용 시험인 '취재(取才)' 법이 있었을 뿐이었다. 『경국대전』에 이렇게 고정적으로 명시된 이래, 관료 조직 내 산학의 격하는 조선 전 시기를 통해서도 끝내 개선되지 않았다. 그러나 『경국대전』에는 호조에서 양성하는 산생의 수가 15명으로 정해졌고, 『속대전』(영조 22년, 1746)에서는 61명으로 그 수가 대폭 늘었다는 점으로 미루어 볼 때, 행정 기조가 확대되고 복잡해지면서 계산 기술을 필요로 하는 업무의 범위가 더욱더 늘어난 것만은 확실하다.

천문제도

『경국대전』이전(吏典) 경관직(京官職) 중 관상감 항목에는 '장천문(掌天文)·지리·역수(曆數)·점산(占算)·측후(測候)·각루등사(刻漏等事)'라는 업무 내용에 이어서 그 관직이 소개되어 있다. 즉, 종1품이나 종2품인 제조(2명) 아래에

천문학 교수(종6품)	1명
지리학 교수(종6품)	1명
천문학 훈도(정9품)	1명
지리학 훈도(정9품)	1명
명과학(命課學) 훈도(정9품)	2명

그 밖의

천문학습독관	16명
금루(禁漏)	30명

등의 기술직이 보인다. 여기에서 특히 주목을 끄는 것은

관상의 3학과인 천문·역수·점산(占算)에 모두 정통한 사람은 특별히 현관(顯官)으로 임명한다.[42]

는 대목이다. '현감'이란 보통 당상삼품관 이상을 가리키지만, 이 경우 고급 기술관으로 승진시킨다는 의미일 것이다. 어쨌든 이 한 가지만으로도 천문 관리에 대한 대우는 산학 이상이었다는 것만은 확실하게 알 수 있다.

고려의 서운관제도는 조선의 태조가 즉위한 후에도 계속되었고, 세조 12년(1467)에 비로소 '관상감(観象監)'으로 고쳐 부르게 되었다.

그 후 연산군 12년(1506)에 잠시 사력서(司曆署)로 격하된 적이 있었으나, 관상감이라는 이름을 되찾고 조선 말까지 그 위치를 지켰다. 세종 대에 음양학·천문학·풍수학의 3부제가 성립되었고, 세조 대에는 음양학을 명과학, 풍수학을 지리학이라는 명칭으로 고쳤다. 그리하여 성종 2년(1471)에는 명과학·천문학·지리학의 3부로 이루어지는 음양과의 제도가 확립되었다.

누각(물시계)을 관장하던 기관은 고려 초기에는 서경유수관(西京留守官)의 부속기관인 누각원이 있었고, 그 후 분사태사국(分司太司局)으로 바뀌었다. 조선 세종 16년에는 장누서(掌漏署)가 평양에 있었다는 기록이 있으나, 그 후의 기록에서는 지방에 이러한 제도가 있었는지 찾아볼 수가 없다. 정식 과거가 실시된 4학 중에서 의, 약, 율의 3학은 명목상일지언정 지방에도 설치되어 있었으나, 음양학만은 중앙에 있었다. 이 점에서는 산학을 비롯한 악(樂), 화(畵), 도(道)의 4학의 경우와 같지만, 4학은 과목의 특수성 때문에 중앙에만 있었던 것이었고, 음양학은 국가조직의 중추적인 위치에 있었기 때문에 중앙에만 둔 것이다.

『경국대전』에는 음양과 중 천문학 채용 고시 과목을 다음과 같이 정리했다.

> 교과서로는 『보천가(步天歌)』[43)와 『경국대전』, 산(천문계산)으로는
> 『칠정산내편』·『칠정산외편』과 『교식추보가령(交食推步假令)』[44)
> (『경국대전』 권3, 「예전」, 제과)

그리고 음양과는 의·약·율과 함께 정식 국가고시인 과거를 치러야만 했기 때문에 예비시험(초시)과 본시험(복시, 覆試)의 두 개 관문을 통과해야 했다. 1차 합격자는 천문학 10명, 지리학과 명과학 각 네 명씩, 그리고 2차 최종 합격자는 천문학 다섯 명, 지리학과 명리학 각 두 명씩이었다. 관상감에서 가르치는 생도의 정원이 천문학은 20명(『경국대전』) → 40명(『속대전』), 지리학은 15명(『경국대전』) → 10명(『속대전』), 명과학은 10명(『경국대전』) → 10명(『속대전』)이었다는 기록만 보면, 해가 거듭될수록 비합리적인 분야는 위축되고, 현실적이고 과학적인 영역이 성장하는 것처럼 보이기도 하지만[45] 사실 그렇지만도 않다. 관리의 채용 인원 면에서 보면 점복(占卜) 위주의 명과학은 네 명에서 여덟 명으로 두 배나 늘었고[46] 실학파의 대표적인 경세가인 정약용조차도 『역학서언(易學緒言)』·『복서통의(卜筮通義)』 등의 점술책을 엮을 정도였다.

거듭 강조하지만, 세종 시대에 삼각산·금강산·마니산 꼭대기에서 시행한 천체 관측 등에서 볼 수 있는 과학적인 태도가 그 후에도 계승되어 발전했을 것이라고 속단해서는 안 된다. 그렇지만 특이하다고 지목되는 천문 현상을 집요하게 관측하는 일은 종종 있었다. 목적이 무엇이든 다음과 같은 끈질긴 관측 활동도 있기는 했다.

현종 5년(1664)의 혜성 관측 기록을 일례로 본다면, 10월 10일에 발견하고 난 후 그 이듬해 정월 초순에 이르기까지 약 80일 간에

걸쳐 연일 관측하여, 그 거극도(距極度)를 측정하여 관측의 약도를
작성하였다. 성수(星宿) 중에 있을 때의 위치의 변화와 미적(尾跡)
의 소장(消長)을 분명히 하였다. 다만 그 사이 팔 일간은 하늘이
흐려서[曇天] 관측을 할 수 없었다.[47]

그리고 이것은 실로 세계 천문학 사상 가장 진귀한 자료이다.[48]
물론 이러한 방법은 유성의 불규칙적인 운동에서도 애써 규칙성
을 찾으려고 하였던 플라톤 이래의 유럽 과학 전통을 기준으로 본다
면 실증적이기는 하지만 과학적이라고까지 말 할 수 없을지도 모른
다. 사실 이러한 태도는 유럽계의 법칙주의와는 다른 종류인 중국의
백과사전적 망라주의— 또는 역사적인 — '유별(類別, classification)' 정
신이 뒷받침하고 있다. 즉, 천체 현상을 정상과 이상으로 나누어 상

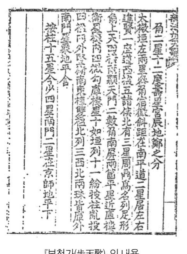

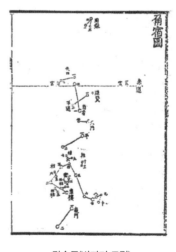

『보천가(步天歌)』의 내용   각수도(별자리 그림)

황에 따라 법칙성[天行建]과 비법칙성[天行不齊] 사이를 거리낌없이 왕
래하는 방법론을 한국 천문학도 충실하게 따르고 있었던 것이다. 말
할 나위도 없지만, '이상현상'은 천명관과 결부하여 정치적인 입장
에서 특히 관심을 모았다. 역을 만드는 것을 국가가 독점하고, 역을
사사로이 만드는 것에 엄벌한다는 것은[49] 이러한 천명관적인 정치사
상과 연관 짓지 않으면 도저히 이해할 수 없다.

산서

『경국대전』에 보이는 산학의 고시 과목은 상명산 · 양휘산 · 계몽산
이지만, 세종 12년에 제정된 산생 양성 교과과정에서는 이 외에도
오조산과 지산(地算)을 더한 다섯 교과였다.

교과라고 해도 수학1이나 수학2처럼 내용 면에서 차이가 있는 것
은 아니다. 수론 · 기하학 등의 이름으로 그 내용에 따라 수학이 분
화하는 것은, 이미 아는 바와 같이, 유럽적인 전통에 속한다. 중국식
의 상고 정신은 '성인의 글'인 고전을 해체하는 것을 용납하지 않는
다. 과학계의 서적도 물론 예외일 수는 없으며, 권위화된 이상 남과
융합하지 않은 본래의 형태대로 받아들여지기를 고집한다. 유럽식
입장에서 본다면 내용이 이중 삼중으로 겹치는 것은 그만큼 헛일인
셈이지만, 중국식에서는 일부러 그 헛수고를 감수한다. 예를 들어 같

은 수학책일지라도 단원(장)을 나누는 것은 수학적인 내용이나 방법의 차이 때문이 아니라 구체적으로 어떤 대상에 적용되는가에 따라 정해진다. 즉, 계산의 사칙·분수·방정식·제곱근 등이 아니고, 방전(농지 면적 측량), 속미(곡물 교환 및 화폐의 환산), 쇠분(계층에 따른 안분비례), 소광(농지 면적을 알고 한 변 구하기), 상공(토목 수학) 등의 방식으로 말이다. 사실 관리를 위한 실용 수학으로서는 이론이나 방법 그 자체보다도 이렇게 각 쓰임새에 따라 항목을 나누는 것이 훨씬 더 편리했을 것이다. 이 점을 염두에 두고, 당시 수학책의 내용을 한번 훑어보자. 그러나 앞에서도 이야기한 것처럼 오조산·상명산·계몽산·양휘산 등에 쓰인 교재는 알 수 있지만, 지산에 쓰인 교재만은 분명하게 알려져 있지 않다. 지산은 일종의 측량술을 다룬 것이라고 추측할 뿐이다.

『오조산경』

고전적인 산경 10서 중에서도 특히 이 수학책을 산사들의 교과서로 택했다는 것이 매우 흥미롭다.[50] 오조란 전조(田曹)·병조(兵曹)·집조(集曹)·창조(倉曹)·금조(金曹)의 5대 관서를 가리키며, 따라서 『오조산경(五曹算經)』은 이러한 부처에서 필요로 한 계산술을 소책자로 만든 수학책이었다. 이 책은 평이하고 실용적인 문제만을 모았으며, 『구장산술』보다도 훨씬 간편한 요약편이다.

　항목별 내용은 다음과 같다.

전조 : 방전·직전·규전·고전(鼓田)·원전(圓田) 등 땅의 영적법
(永積法)

병조 : 병사의 징집·쌀과 포목의 급여·소와 말의 사료 등에 관
한 문제

집조 : 음식에 관한 문제

창조 : 곡물 수확·전적(田積)·곡식 창고의 용적 등에 관한 문제

금조 : 물가에 관한 문제

예를 들면 다음과 같은 문제가 있다.

- 지금 환전(環田, 두 개의 동심원 사이의 땅)이 있다. 바깥 둘레가
30보, 안 둘레가 12보, 경(徑)[51]이 3보일 때 그 면적은 얼마인
가?(전조)

- 지금 장정 23,692명 중에서 5,923명을 징집하려고 한다. 몇 사
람 중 한 명꼴로 뽑으면 되는가?(병조)

- 지금 조(粟) 750섬이 있다. 조 50말에 대하여 현미 30말의 비
율로 교환한다고 하면 모두 현미 몇 곡에 해당하는가?(집조)

- 지금 900무의 관전(官田)이 있다. 1보마다 조 3되 2홉의 수확이
있다고 한다면, 모두 얼마나 되는가?(창조)

- 지금 생사 1근에 대하여 연사(練絲) 12냥의 비율로 교환된다고
한다. 연사 1,587냥이면 생사 얼마에 해당하는가?(금조)

『상명산법』

이 수학책은 아마도 고려 말에 들어온 명나라 초의 간행본인 『이씨 명경당판(李氏明經堂版)』(1337)을 세종 시대에 복간한 것으로 보인다. 안지제(安止齊)가 쓴 이 책은 중국에서는 이후 분실되었다.

상하 두 권의 목차는 다음과 같다.

- 구장명수(九章名數) : 『구장산술』의 목차인 방전·속포 등에 관한 소개 기사.
- 소대명수(小大名數) : 푼[分]·리(釐)·호(毫)·사(絲)·홀(忽)·미(微)·섬(纖)·사(沙)까지의 작은 수, 그리고 큰 수는 억(億) 이후에 조(兆)는 사용하지 않고 '만 억', '십만 억', …… 으로 나타낸다.
- 구구합수(九九合數) : 구구(九九)의 표
- 근형(斤衡) : 근량(斤量) 환산법, 즉 6수(銖)=1푼, 4푼=1냥, 16냥=1근 및 전무장량(田畝丈量)(240보=1무) 등
- 구결(口訣) : 승법(인법(因法))·가법(加法)·유두승(留頭乘), 제법(除法)
- 승제견총(乘除見摠) : 대수×대수, 소수×소수에서의 자리 잡기
- 인법(因法) : "지금 쌀 278섬 6말이 있다. ……(今有米, 二百七十八石六斗 ……)"로 시작하여, 1섬마다 2, 3, ……, 9냥일 때의 값, 즉

  $$278.6 \times 2, \ 278.6 \times 3, \ 278.6 \times 4, \ ……, \ 278.6 \times 9$$

를 산가지 계산으로 나타내고 있다.

- 가법(加法) : 승법의 첫머리에 1이 있을 때, 피승수(被乘數)의 값을 그대로 두고 다음 자리 이하의 승수 부분을 곱한 결과를 차례로 보태면 된다.
- 승법(乘法) : 두 자릿수 이상은 대부분 이 용법을 쓴다는 전제에서 시작하고,

    36량 5전×2량 5전, 36량 5전×2량 4전 5푼, ……

  등의 계산을 산가지로 나타내고 있다.

  또 '제수석례(除數釋例)'의 항목에서는 구귀(九歸)·감법(減法)·귀제(歸除)의 서법(徐法) 세 가지가 소개되어 있다.

- 구귀(九歸) : '구귀가'에 이어서 제수가 1위인 나눗셈의 예를 들고 있다.
- 감법우정신제(減法又定身除) : 제수의 첫머리에 1이 있는 경우

  67냥 9전 8푼÷11, 67냥 9전 8푼×13, 67냥 9전 8푼×15, ……
  의 예가 있다.

- 귀제(歸除) : 제수가 두 자릿수 이상인 경우, 예를 들면
    658냥 9전÷55

  등 네 문제를 다루고 있다.
- 구일(求一) : 제수의 첫머리를 1로 고칠 수 있는 문제, 예를 들면

  458량 6전 7푼÷240근 → 229량 3전 3푼 5리÷120근

과 같은 형식 다섯 문제

• 상제(商除) : 현재의 방법과 같은 나눗셈. 개방술의 알고리듬으로 쓰인다고 설명하고 있다. 두 문제가 실려 있다.

• 약분(約分) : 분수의 약분에 관한 네 문제. 예를 들면 $\dfrac{75}{135}$ 는

$$135-75=60, \ 75-60=15, \ 60-15\times4=0$$

그러므로 약수(최대공약수)는 15라는 것이다.

• 이승동제(異乘同除) :

$a : b = a' : x$, 즉

$x = a'b/a$

또는,

$a : b = x : b'$, 즉 $x = ab'/b$

의 비례산 10문제. 예를 들면,

쌀 5섬 8말 4되의 값이 은 4냥 3전 8푼이라고 한다. 그러면 쌀 1섬 7말 2되는 은 얼마에 해당하는가?

이것과 본질적으로 같은 문제이지만 내용을 더 복잡하게 꾸민 것도 있다.

한 필(疋)은 42자이다. 지금 비단 3,300필이 있다. 관세가 10필에 대하여 비단 1자일 때, 관세의 몫으로 8필을 내놓았더니 그중 남아서 되돌아온 분량은 돈으로 따져 1냥 9전이었다고 한다. 13냥

3전으로는 비단 몇 척을 살 수 있는가?

• 취물추분(就物抽分) : 단위의 값으로 전체의 양을 계산하고 있다.

조 137섬 8말을 배편으로 운반하려고 한다. 1말의 값이 1전 2푼 5리, 그 운임을 3푼 5리로 할 때, 운임으로 지불할 조의 분량은 얼마인가?

이 문제를 다음과 같이 셈하고 있다.

1,378말×3푼 5리÷(1전 2푼 5리+3푼 5리)×1말
=약 30섬 1두 4되 3홉

• 차분(差分) : 비례배분[52]에 관한 13문제를 다루고 있다. 동양 계급 사회에서는 예부터 이러한 문제를 중요하게 생각했다. 따라서 다른 단원에 비해 문항 수가 많다.
갑·을·병 세 사람 사이에서 돈 100냥을 나누는데, 을은 갑의 3분의 2, 병은 갑보다 28냥 적다고 할 때, 세 사람의 몫은 각각 얼마인가?

• 화합차분(和合差分) : 귀천차분(貴賤差分)이라고도 한다. 일종의 학 거북셈[鶴龜算]이다. 여기에는 두 문제가 있다. 그 중 하나는,

삼[麻]과 보리를 합쳐서 38섬 7말 2되인데 그 값은 59냥 2전 4푼 9리 7호라고 한다. 삼 1말의 값이 1전 8푼 5리, 보리는 1전 3푼 6리일 때, 각각 얼마씩 있는가?

- 단필(端疋) : 옷감의 값에 관한 여섯 문제
- 근칭(斤秤) : 근량의 환산에 관한 14문제
- 퇴타(堆垛) : 급수에 관한 네 문제를 다룬다. 한 예로,

직사각형 모양으로 가로 8개, 세로 13개씩 배열한 술병 위에 피라미드처럼 차례로 술병을 쌓아올릴 때, 모두 몇 병이 되는가?

- 반량창교(盤量倉窖) : 2자 5치³(1자×1자×2자 5치)=1섬으로 하여 용적을 구한다. 여기에서는 직육면체·원기둥·각뿔대·원뿔대·원뿔 등을 다룬다.

- 장량전무(丈量田畝) : 『구장산술』의 방전 장에 해당하는 부분이다. 여러 모양의 땅의 넓이를 계산하는 13문제가 있다. 그중 '사부등전(四不等田)', 즉 네 변의 길이가 모두 다른 사각형의 면적은 두 쌍의 맞변의 합을 구하고 그 1/2끼리 서로 곱한다. 또 '우각전(牛角田)'이란 문자 그대로 소의 뿔 모양을 한 땅을 가리킨다. 옆 그림의 두 개의 호(弧)를 각각 a, b, 밑변의 길이를 c로 하고

$$S = \frac{(a+b)}{2} \times \frac{c}{2}$$

와 같은 근사셈으로 넓이를 구
하고 있다.

- 전무유량(田畝紐粮) : 땅 1무
에 대한 수확고 역으로 수확
량 1말에 대한 땅의 면적에 관
한 두 문제

- 수축(修築) : 문자 그대로 성
곽과 제방 등의 수리 및 축조
등에 따르는 용적·높이·동
원인 수·일정 따위를 구하는
아홉 문제. 한 예를 보자.

우각전

윗면의 가로 폭이 1장 4자, 밑변의 가로 폭이 2장 2자, 높이 3장 6자,
세로 폭이 2,520자인 공사에서, 인부 한 사람의 하루치 공정은 부피
[積] 64자라고 한다. 이 공사를 하루에 마치려면 몇 명이 필요한가?

이상 간추린 『상명산법』의 특징으로 장마다 가결(歌訣)의 형식으로
공식을 내세우는 점이 눈에 띈다. 『양휘산법』이나 『산학계몽』의 경
우도 거의 이러한 형식으로 되어 있다. 그러니 이 점은 송·원에서
명 초기로 이어진 시기에 간행된 수학책의 공통적인 특징이라고 말
할 수 있다. 이 수학책에서 쓰이는 그 밖의 계산 수단은 오로지 산

가지 하나뿐이고, 주산(珠算)에 대해서는 한 마디도 언급이 없다. 이러한 측면에서 후에 민간 수학을 집대성한 『산법통종』과는 직접적인 연관이 없다. 이 책은 또 산가지만을 철저하게 사용하면서도 산가지의 사용법에 관한 설명은 하지 않는다. 아마 산가지 사용이 매우 일반적이었기 때문인지도 모른다.

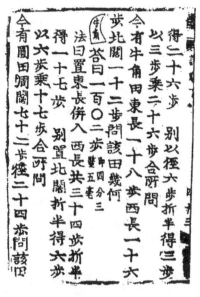

『상명산법』에 나오는 우각전

『양휘산법』

『양휘산법(揚輝算法)』은 양휘[53]의 『승제통변산보(乘除通變算寶)』 세 권(『산법통변본말(算法通變本末)』 권상 · 『승제통변산보(乘除通變算寶)』 권중 · 『법산취용본말(法算取用本末)』 권하), 『속고적기산법(續古摘奇算法)』 두 권, 『전무비류승제첩법(田畝比類乘除捷法)』 두 권 등 도합 일곱 권으로 이루어진 수학책이다. 한국에서 복간된 것에는 권말(卷末)에서 선덕 8년(세종 15년, 1433) 5월 칙명(勅命)으로 경주부(慶州府)에서 간행했다는 후기가 있다. 다음은 이때의 복간본에 관한 기사임이 틀림없다.

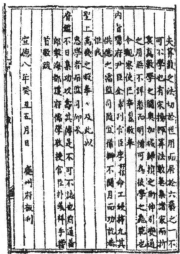

『양휘산법』 표지   『양휘산법』 권말

경상도 감사가 나아가, 새로이 간행한 『양휘산법』 100권을 진상했다. 왕이 이것을 나누어서 집현전, 호조, 서운관, 습산국에 나누어 주었다.[『세종실록』, 세종 15년 8월 을사(乙巳)][54]

『승제통변산보』

세 권의 차례를 보면,

제1권 (『산법통변본말』 권상)

습산강목(習算綱目) : 승제가감용법(乘除加減用法)·인승손삼법칙일
(因承損三法則一)·승제가감정법(乘除加減定法)

상승육법(相承六法) : 단인(單因)·중인(重因)·신전인(身前因)·상
승(相承)·중승(重承)·손승(損承)

상제이법(商除二法) : 실다법소(實多法少) · 실소법다(實少法多)

제2권 (『승제통변산보』권중)

가술오법(加術五法) : 가일위(加一位) · 가이위(加二位) · 중가(重加) · 가격위(加隔位) · 연신가(連身加)

감술사법(減術四法) : 감일위(減一位) · 감이위(減二位) · 중감(重減) · 감격위(減隔位)

구일승법(求一承法) : 오육칠팔구가배(五六七八九可倍) · 오육칠팔구불배(五六七八九不倍) · 이삼수절반(二三須折半) · 이삼불가절반(二三不可折半) · 우사량절뉴(遇四兩折杻) · 우사불가절뉴(遇四不可折杻)

구일제법(求一除法) : 오육칠팔구가배(五六七八九可倍) · 오육칠팔구불배(五六七八九不倍) · 이삼수절반(二三須折半) · 이삼불가절반(二三不可折半) · 우사량절뉴(遇四兩折杻) · 우사불가절뉴(遇四不可折杻)

구귀신구제괄(九歸新舊題括) : 팔십이귀(八十二歸) · 육십구귀(六十九歸)

산무정법(算無定法) : 이괄발수(以括撥數) · 무괄발수(無括撥數) · 정위첩경(定位捷徑)

제3권 (『법산취용본말』권하)

대승성술일지삼백(代承成術一至三百)

대제성술일지삼백(代除成術一至三百)

이상의 제목만으로는 내용 파악은커녕 뭐가 뭔지 전혀 짐작조차 할 수 없을 것이다. 그 내용은 대강 다음과 같다.

제1권

'습산강목'에서는 상승(上乘, 위로 곱한다)·하승에 관한 승제가감용법과, 인[因, 1위수(位數)의 곱셈]·승[다(多)위수의 곱셈]·손[損, 보수(補數)의 곱셈] 등에 관한 인승손의 3법칙을 설명하고 있다.

'상승육법'에서는 ~×1위수인 단인(單因), ~×합성수의 중인(重因), ~×31, 41처럼 차위수(次位數)가 1인 신전인(身前因), 보통의 곱셈인 상승(相乘), 승수와 피승수 사이에 1이외의 공약수가 존재하는 중승(重乘), 보수의 곱셈인 손승(損乘) 등에 관한 계산 알고리듬을 구체적인 예를 들어 설명하고 있다.

'상제이법'에서는 상제법의 예 두 문제를 풀고 있다.

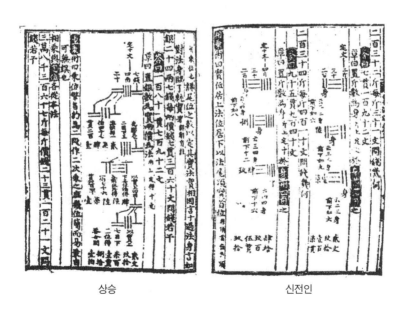

상승   신전인

제2권

'가술오법'에서는 승수의 첫머리(또는 위에서 둘째 자리까지)에 1이 있는 경우에 분배 법칙을 이용한 계산법을 쓰고 있다. 예를 들면, 가일위(加一位)는

$$a \times 61 = (a \times 122) \div 2 = (100a + 20a + 2a) \div 2$$

이고 중가(重加)는

$$a \times 195 = a \times 15 \times 13 = 10 \times (10a + 5a) + 3 \times (10a + 5a)$$

라는 것 등이다.

'감술사법'은 제수의 첫머리(또는 위에서 둘째 자리까지)의 수가 1일 때의 간편한 나눗셈을 설명하고 있다. 가령

$$19152 \div 56$$
$$= 38304 \div 112 \rightarrow 38304 - \dot{3}3600 \rightarrow 4704 - \dot{4}480 \rightarrow$$
$$224 - \dot{2}2\dot{4} \ (\text{몫 } 342)$$

'구일승법'과 '구일제법'에서는 승수 또는 제수를 간단히 전환시키는 곱셈과 나눗셈을 다룬다. 가배·절반·과사양절(過四兩折)은 각각 ~×2, ~÷2, ~÷4가 가능할 때, 그리고 이러한 방법이 성립하지 않는 경우를 각각 불배·불가절반·과사불가절이라는 말로 표현하고 있다.

'구귀신구제괄'에서는 승제법 일반에 관한 계산 알고리듬을 소개하고 있다. 예를 들면

$$22908 \div 83 \qquad = 22908 \div (100 - 17)$$

로 고치고, 다음과 같이 계산한다.

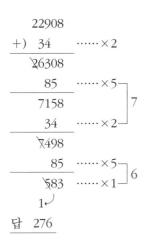

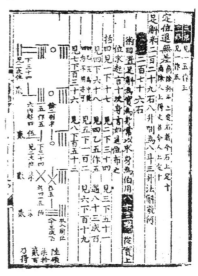

'구귀신구제괄'

제3권

『법산취용본말』에는 1부터 300까지의 범위에서 곱셈과 나눗셈을 상세하게 설명했다.

『속고적기산법』

첫 번째 권의 목차는 다음과 같다.

제1권(상권)

낙서수(洛書數) · 하도수(河圖數) · 사사도(四四圖) · 오오도(五五圖) · 육육도(六六圖) · 칠칠도(七七圖) · 육십사도(六十四圖) · 구구도(九九圖) · 백자도(百子圖) · 취오도(聚五圖) · 취육도(聚六圖) · 취팔도(聚八圖) · 적구도(積九圖) · 팔진도(八陣圖) · 연환도(連環圖)

여기서는 역(易) 사상과 결부된 하도와 낙수를 중심으로 하여 오래전의 마방진(魔方陣)부터 설명한다. 이 신비로운 방진(magic square)은 나중에 최석정의 본격적인 연구를 계기로 한국 사대부 수학에 등장한다.

'육십갑자내음(六十甲子內音)'은 "을해년 정월 초하루가 계유일 때 11월 25일 동지날의 간지는 무엇인가? 을해년 정월 15일에 해가 각숙의 자리에 있다면, 다시 각숙의 자리에 오는 것은 몇칠 후인가?(乙亥年正旦癸酉, 間, 十一月二十五日冬至, 是何日甲', '乙亥年正月初十五日逢角宿, 間, 後何日再會)"등 천문 계산에 관한 문제들이다.

'삼녀부맹(三女婦盟)'에서는 각각 3일, 4일, 5일 만에 돌아오는 세 여인이 함께 되돌아오는 날은 언제인지 알아보는 내용이다.

'정곡법(正斛法)'은 예부터 전해오는 용량을 소개한다.

'제전불구적의답무수(諸田不求積意答畝數)'라는 제목으로 직전 · 제전 · 원전 · 호전 · 환전 등의 넓이를 구하고 있다. 이 계산과 관련해서 제곱근이 딱 나누어 떨어지지 않는 수(부진수)인 경우의 근삿값을 다음과 같이 구한다.

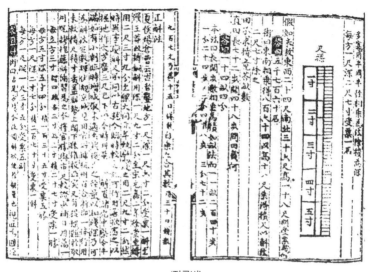

'정곡법'

$$\sqrt{A}=a+b+\cdots\cdots \text{ 일 때}$$

$$\sqrt{A}=a+b+\frac{r}{2(a+b)+1}\,[\because r=A-(a+b)^2]$$

예를 들면,

$$\sqrt{1300}=30+6+\cdots\cdots$$

$$\fallingdotseq 36\frac{4}{2\times36+1}=36\frac{4}{73}=36.0547945\cdots\cdots$$

(참값은 $36.055512\cdots\cdots$)

그 외에도, 흔히 대연구일술(大衍求一術) 또는 전관술(翦管術)이라는 이름으로 불리는 부정방정식(1차 합동식)에 관한 문제가 있다. 이 내용에 대해서는 나중에 다시 언급하게 되므로 여기에서는 생략하기로 한다.

다음은 두 번째 권의 목차이다.

제2권(하권)

취토동롱(雉兎同籠)·능라은가(綾羅隱價)·삼치절직(三雉折直)·삼과공가(三果共價)·삼주분신(三酒分身)·방금구중(方金求重)·개하간적(開河間積)·승제대환(乘除大換)·하상탕배(河上蕩杯)·병사지견(兵士支絹)·정률구차(定率求差)·인승양목(引繩量木)·적인도견(賊人盜絹)·방도총론(方圖總論)·개방부진법(開方不盡法)·도영양간(度影量竿)·이표망목(以表望木)·격수망목(隔水望木)

처음의 '취토동롱'에 있는

꿩과 토끼가 같은 우리 속에 들어 있다. 합해서 35마리, 발의 수는 94개라고 한다. 각각 몇 마리씩 있는가?

는 '학 거북셈'이다. '능라은가'·'삼치절직'·'삼과공가'·'삼주분신' 등도 같은 내용이다.

'방금구중'은 단위 용적을 기준으로 하여 임의의 용적 무게를 구하는 문제이다.

'개하간적'은 일의 공정을 다루고, '정률구차'는 일정한 비율로 분배하는 방법을 설명한다.

'인승양목과 '적인도견'은 이른바 과부족산(過不足算)이고, '방도총론'에서는 유휘·조충지의 원주율에 관해서 다루고 있다.

'도영양간'은 닮은 삼각형을 이용한 측량 문제, '이표망목'과 '격수망목'도 유휘의 『해도산경』에 있는 측량 문제를 다루고 있다.

『전무비류승제첩법』

제1권(상권)의 목차는 다음과 같다.

보법직전(步法直田)·비근필곡(比斤疋斛)·직전보하대척(直田步下帶尺)·비근양필척(比斤兩疋尺)·직전보하대촌(直田步下帶寸)·비근양수필척촌(比斤兩銖疋尺寸)·방리전(方里田)·비방원전(比方圓箭)·원전(圓田)·원전비우각구전(圓田比牛角丘田)·환전(環田)·비방전원전(比方箭圓箭)·규전(圭田)·비구고능전(比句股稜田)·제전(梯田)·비전(比田)·타주원(垛周圓)

위 차례에서 알 수 있듯이 땅 측량에 관한 문제들이다.

방법 면에서는 다음과 같은 특징이 눈에 띈다.

① π값으로 각각 3, 3.14[휘술(徽術)], $\frac{22}{7}$[밀률(密率)]에 관해서 언급하고 있다.

② 『오조산경』에서의 계산법

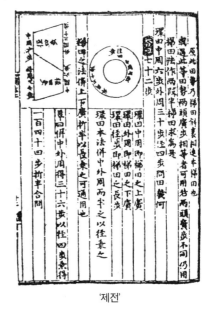

'제전'

의 잘못을 수정하고 있다.

가령 우각전은 반호전(半弧田)이며[55] 요고전(腰鼓田, 장구 모양처럼 가운데가 잘록하게 생긴 논) · 고전(鼓田) 등은 두 개의 사다리꼴 합으로 구해야 한다는 내용 등이 그것이다.

③ 기본 도형을 사다리꼴로 간주하고, 모든 땅을 이 형태로 고쳐서 넓이를 구하고 있다. 환전(環田)을 예로 든다면, 두 개의 동심원의 원둘레를 각각 a, b, 그 사이의 거리를 h라고 할 때,

$$S=(a+b) \cdot \frac{h}{2}$$

이다.

④ 모눈(방안)을 사용하여 문제를 해석적으로 다루고 있다. 즉, 땅을 측량하는 현장에서의 실용 지식이라기보다는 책상 위의 계산으로 옮긴 이론이라는 점이다. 그만큼 수학적인 태도가 두드러졌다고 할 수 있다.

제2권(하권)

하권에서도 『오조산경』의 잘

'원전'

못된 점을 몇 군데에서 수정하고 있다. 그렇지만 여기에서 주로 다루는 것은 2차방정식의 해법이다. 예를 들면,

세로의 길이가 가로보다 12보 짧은 직사각형의 땅의 넓이가 864
보라고 한다. 세로의 길이는 얼마인가?

다음 문제에서는 4차방정식을 푼다.

지름 13보인 둥그런 땅을 절단하였더니 넓이가 32보였다. 현과
시는 각각 얼마인가?

즉, 호전(弧田)의 넓이를 S, 지름 d, 현 x, 시 y로 할 때,

$$4S^2 = 4Sy^2 + 4dy^3 - 5y^4 \quad \because \quad S = y \cdot (x+y)/2, \ d^2 = x^2 + (d-2y)^2$$

따라서 $5y^4 - 52y^3 - 128y^2 + 4096 = 0$이다.

이 식을 풀고 $y=4$보, $x=12$보를 구하였다. 2, 3차의 고차 방정식을 거의 자유자재로 풀 수 있는 이 방법은 미지수[天元一]를 사용하여 전개하는 천원술(天元術)의 바로 앞에까지 이르렀다.

『산학계몽』

주세걸(朱世傑)이 쓴 이 수학책의 정식 이름은 『신편산학계몽(新編算學啓蒙)』이다. 이 수학책은 '대덕(大德) 기해(己亥, 1229) 7월'이라는 표시가 있는 조성(趙城)의 서문에 이어서 곱셈 및 나눗셈의 구구, 근량

의 환산, 산가지를 이용한 수의 표시법, 큰 수와 작은 수,[56] 도량형 표시, 땅 측량의 단위, π에 관한 고금의 수치, 기본 분수의 명칭, 정부(正負, 음양)의 수끼리의 가감승제, 개방술의 알고리듬에 관한 가결 등을 소개한 다음, 본론에 들어가서 20장 259문제를 다음과 같이 논한다.

상권
종횡돈법문(縱橫困法門, 8문제)·신외가법문(身外加法門, 11문제)·
유두승법문(留頭乘法門, 20문제)·신외감법문(身外減法門, 11문제)·
구귀제법문(九歸除法門, 29문제)·이승동제문(異乘同除門, 8문제)·
고무해설문(庫務解說門, 11문제)·절변호차문(折變互差門, 15문제)

중권
전무형가문(田畝形叚門, 16문제)·창돈적율문(倉囤積栗門, 9문제)·
쌍거호환문(雙據互換門, 6문제)·구차분화문(求差分和門, 9문제)·
차분균배문(差分均配門, 10문제)·상공수축문(商功修築門, 13문제)·
귀천반율문(貴賤反率門, 8문제)

하권
지분제동문(之分齊同門, 9문제)·퇴적환원문(堆積還元門, 14문제)·
영부족술문(盈不足術門, 9문제)·방정정부문(方程正負門, 9문제)·
개방석쇄문(開方釋鎖門, 34문제)

상권 및 중권의 내용은 『상명산법』이나 『양휘산법』과 같은 종류의 응용문제, 이를테면 비례산이나 학거북산, 어림셈, 땅의 넓이셈 같은 것이어서 별로 문제 삼을 것은 없다. 그러나 쉬운 문제는 설명 없이 답만 제시하고, 심지어 『양휘산법』에 보이는 포산(布算)에 의한 계산 과정마저도 생략해 버린 것은, 그만큼 문제를 다루는 수준이 높았기 때문이다.

하권의 수학적 내용 중 중요하다고 생각되는 것을 간추리면 다음과 같다.

① 급수(級數)의 문제(퇴적환원)

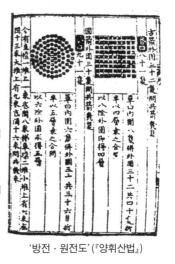

양휘산법에도 있는 급수의 공식으로

$$S = 1 + (8 + 16 + 24 + \cdots\cdots + l)$$
$$= 1 + n(a+l)/2 \cdots\cdots [방전(方筒)]$$
$$S = 1 + (6 + 12 + 18 + \cdots\cdots + l)$$
$$= 1 + n(a+l)/2 \cdots\cdots [(원전(圓筒)]$$

그 밖의

'방전·원전도'(『양휘산법』)

$$S = 1 + 3 + 6 + \cdots\cdots + n(n+1)/2$$
$$= n(n+1)(n+2)/6 \cdots\cdots [삼각타(三角垜)]$$
$$S = 1^2 + 2^2 + 3^2 + \cdots\cdots + n^2$$
$$= n(n+1)(2n+1)/6 \cdots\cdots [사각타(四角垜)]$$

등을 다루고 있다.[57]

② 연립방정식의 문제(방정정부)

여기에서 3원1차방정식

$$4x+5y+6z=1,219$$
$$5x+6y+4z=1,268$$
$$6x+4y+5z=1,263[58]$$

을 포산[59]으로 나타내면 다음과 같다.

이 행렬식을 전환해서 답을 구한다. 연립1차방정식에 이어서 직각삼
각형의 성질과 관련해서 개방법과 2차방성식의 해법에까지 이르고
있다.

③ 천원술에 의한 고차 방정식의 해법

'개방석쇄' 장에서 개방(開方)과 개립(開立)의 문제를 우선 예비로
다룬 다음, 27문제를 천원술을 이용해 풀고 있다.

지금 넓이 8무 5푼 5리의 직사각형 모양의 땅이 있다. 가로와 세로의 합이 92보라면 가로와 세로의 길이는 각각 얼마인가?

즉,

$$\begin{cases} xy=2052(\because \ 8무 \ 5푼 \ 5리=8.55\times240보=2,052) \\ x+y=92 \end{cases}$$

라는 2차 방정식에서 시작하여

정육면체와 구의 각각의 부피, 그리고 방전(정사각형 모양의 밭), 고원전(원주율을 3으로 계산한 원 모양 밭), 휘원전(원주율을 3.14로 계산한 원 모양의 밭)의 각각의 넓이를 모두 더하면 $33622\frac{37}{200}$자尺라고 한다. 정육면체의 한 모서리는 구의 지름보다 4자 짧고, 휘원전의 지름보다 3자 길다. 구의 지름은 방전의 한 변의 $\frac{1}{3}$, 고원전의 원둘레는 정육면체의 한 모서리의 길이와 같다. 각 길이를 구하여라.

정육면체의 한 모서리의 길이를 x라고 할 때,

$$33622\frac{37}{200}=x^3+(x+4)^3\times\frac{9}{16}+\{3(x+4)\}^2+(\frac{x}{6})^2\times3$$

정육면체   구의 부피   방전 넓이   고원전 넓이
부피   (지금과 다르다)

$$+(\frac{x-3}{2})^2\times3.14$$

휘원전 넓이

『산학계몽』에 나오는 천원술

라는 3차방정식의 근을 구하는 문제로 끝난다.

여기에서 천원술에 대해 살펴보자. 천원술이란 한마디로 말해서 미지수[元]가 하나인 대수식 해법의 일종이다. 이 명칭은 "미지수를 x로 삼는다."는 뜻으로, '立天元一(天元의 一을 세운다)'이라고 표현했던 것에서 비롯되었다. 천원, 즉 태극(太極)은 천지가 형성되기 이전의 혼돈 상태에 있는 만물의 근원이라는 뜻이다. 지금까지 알려진 바로 이 천원술이 중국에서 처음 쓰이기 시작한 것은 『수서구장(數書九章)』(진구소, 1249), 원의 이야(李冶)의 『측원해경(測圓海鏡)』(1248) 및 『익고연단(益古演段)』 등에서였다.[60] 종래의 옛 수학책, 가령 『구장산술』에도 일원2차방정식 문제가 있기는 하지만, 그것은 미지수를 다루지

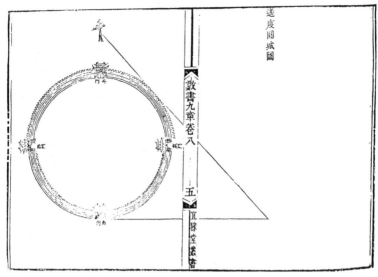

원형의 성(城) 문제를 다룬 『수서구장』

않은 산술적인 문제뿐이었다.

천원술은 오늘날 대수 교과서의 방정식을 세우는 것과 거의 같다. 다시 말해서 천원술은 "천원일(天元一)을 세우고 모(某)로 한다." 이것을 오늘날 교과서에서는 모(某)를 x로 표현하고 있다. 처음에 미지수 x를 정한다. 다음으로 주어진 조건에서 두 개의 같은 다항식을 만든다. 이 두 개의 식을 서로 감하고 방정식을 만들어 한쪽을 0으로 한다[동수(同數)와 상소(相消), 또는 여적(如積)과 상소(相消)]. 천원술에서는 1차 항의 옆에 원(元), 그리고 정수항 옆에 태(太)를 쓰기로 했다. 천원술과 현대적 풀이를 비교해 보자.

원형의 성이 있다. 둘레와 지름은 알 수 없고 동·서·남·북에 문이 있다. 이때 병이 남문을 나와 135보를 걸었을 때, 갑은 동문을 나와 똑바로 16보 걸어가서 병을 보았다. 원형의 지름은 얼마인가?

답 : 240보(『측원해경』)

천원일(天元一)은 지금의 x를 말한다. 원형의 성의 반지름을 x로 해서 구한 것과 천원술의 풀이를 나타내면 다음과 같다.

천원술의 풀이	현대식의 풀이
'천원의 ~'을 x로 한다.	원형의 성의 반지름을 x로 한다.
丨元 丨三‖	OA(높이)$=x+135$ OB(밑변)$=x+16$
丨元 —丅	
丨 丨三丨元 =丨⊥〇	$OA \cdot OB = (x+135)(x+16)$ $\quad = x^2+151x+2160$
丨 丨三丨太 =丨⊥〇	$x=OC$로 나누어 AB(빗변)$= \dfrac{OA \cdot OB}{OC}$ $\quad = x+151+2160x^{-1}$ $[\because AB \cdot OC = OA \cdot OB]$

（산가지） 丨 丨丨丨〇丨丨 丨丨⊥丨＝丨太 ⊥丨丨丨＝丨丨丨〇 丨丨丨⊥丅≡丅〇〇	빗변$^2 = AB^2$ 　$= x^2 + 302x + 27121$ 　　$+ 652320x^{-1} + 4665600x^{-2}$ 이 값을 좌변에 둔다.
（산가지） 丨 三丨丨元 丨丨≡丅	밑변$^2 = OB^2$ 　$= x^2 + 32x + 256$
（산가지） 丨 丨丨⊥〇元 丨≐丨丨＝丨丨丨丨	높이$^2 = OA^2$ 　$= x^2 + 270x + 18225$
（산가지） 丨丨 丨丨丨〇丨丨元 丨≐丨丨丨≐丨	빗변$^2(AB)^2$ $=$ 밑변$^2 +$ 높이$^2(OB^2 + OA^2)$ $= 2x^2 + 302x + 18481$
（산가지） 𠂤 〇 ≐丅≡〇 ⊥丨丨丨＝丨丨丨〇 丨丨丨⊥丅≡丅〇〇	$-x^2 + 8640 + 652320x^{-1}$ 　$+ 4665600x^{-2} = 0$ 즉 $-x^4 + 8640x^2 + 652320x$ 　$+ 4665600 = 0$ $\therefore \ x = 120$

천원술은 산가지를 사용했기 때문에 '기구적 대수학'이라고도 불리는데, 일종의 필산 형식으로 그 과정을 기록하기도 하였다.

$$x^2 + 25x + 460$$

이라는 식을 포산[60]으로 나타내는 방법은 여러 가지인데, 그것을 필산으로 옮겨 쓰면 다음과 같다.

인도 수학의 영향이라는 설도 있으나, 어쨌든 『익고연단』·『수서
구장』 등에 이처럼 ○이 등장하게 되었다. ○은 필산 형식의 도입에
따른 필수적인 표현 수단이었다.

우리나라에 천원술이 전해진 것은 『산학계몽』이 처음이 아닌가 싶
다. 그러나 방정식의 해법에 관해서는 진구소의 『수서구장』에만 설
명이 있을 뿐,[61] 이야의 책이나 『산학계몽』에는 이에 대한 어떤 언
급도 없다. 그러니까 한국에서는 천원술에 의한 해법을 독자적으로
알아낸 셈이 된다.

천원술에 의한 고차 숫자계수 방정식의 해법은 다음과 같다.

편의상

$$p(x) = a_4 x^4 + a_3 x^3 + a_2 x^2 + a_1 x + a_0$$

이라고 하자. $p(x) = 0$의 근의 근삿값으로 임의로 h를 취하고, $x = y + h$를 $p(x)$에 대입하면,

$$Q(y) = b_4 y^4 + b_3 y^3 + b_2 y^2 + b_1 y + b_0$$

를 얻는다. 이때 계수 b_4, b_3, b_2, b_1, b_0는 아래와 같이 구한다.

	a_4	a_3	a_2	a_1	a_0
	a_4	a_3	a_2	a_1	a_0
$+$		a_4h	$a_3{}'h$	$a_2{}'h$	$a_1{}'h$
	a_4	$a_3{}'$	$a_2{}'$	$a_1{}'$	$a_0{}'=b_0$
$+$		a_4h	$a_3{}''h$	$a_2{}''h$	
	a_4	$a_3{}''$	$a_2{}''$	$a_1{}''=b_1$	
$+$		a_4h	$a_3{}'''h$		
	a_4	$a_3{}'''$	$a_2{}'''=b_2$		
$+$		a_4h			
	$a_4=b_4$	$a_3{}''''=b_3$			

다음에 $Q(y)=0$의 근의 근삿값 r을 취한다. 그리하여 $y=z+r$을 $Q(y)$에 대입하여 얻은 $R(z)$에서

$$R(0)=0$$

가 성립할 때, 당초의 $P(x)=0$의 근은

$$x=h+r$$

이다. 만일 답을 얻지 못하면 이 방법을 거듭 되풀이한다.

예 :

$$x^2+4x-672=0$$
$$p(x)=x^2+4x-672$$

라 두고 $p(x)=0$의 근의 1차 근삿값을 20이라 한다면

$$Q(y) = y^2 + 44y - 192$$

$\therefore$

(a_2)	(a_1)	(a_0)
1	4	-192
$+$	1×20	24×20
1	24	$-192 (= b_0)$
$+$	1×20	
$1 (= b_2)$	$44 (= b_1)$	

$Q(y) = 0$의 제1차 근삿값을 4라 하면

$$R(z) = z^2 + 52z$$

$\therefore$

(b_2)	(b_1)	(b_0)
1	44	-192
$+$	1×4	48×4
1	48	$0 (= c_0)$
$+$	1×4	
$1 (= c_2)$	$52 (= c_1)$	

$$R(0) = 0,$$

따라서 $R(x) = 0$의 근은

$$20 + 4 = 24$$

이다. 이 연산 구조가 산가지 셈으로는 다음과 같이 전개된다.

조선시대 산학자들이 천원술을 하는 모습

千	百	十	一	
				商
	┬	⊥	乂	實
			⫿⫿⫿	方
			⎮	廉

상수항(商數項)은 실(實)에, x항은 방(方)에, x^2항은 염(廉)에 나타낸다.

※ 여기서 빗금(\)표시는 음수를 뜻한다.

　그러니까 ┬⊥乂은 -672

⇓

千	百	十	一	
		=		商
	┬	⊥	乂	實
		=	⫿⫿⫿	方
			⎮	廉

실의 첫머리에 있는 6을 보고 상의 10의 자리에 2를 세운다. 상의 2(=20)와 염의 1을 곱한 20을 방의 4에 더한다. 즉,

　　　$20+4=24$

이 24에 또다시 상의 20을 곱한다. 즉,

　　　$20×24=480$

⇓

千	百	十	一	
		=	⫿⫿⫿	商
	⎮	⫥	乂	實
		=	⫿⫿⫿	方
			⎮	廉

실의 -672에 480을 더하여 -192가 된다.

⇓

千	百	十	一	
		=	⫿⫿⫿	商
	⎮	⫥	乂	實
		☰	⫢⫢	方
			⎮	廉

상의 20과 염의 1을 곱한 20을 방에 더하면 방은 44가 된다. 상 4를 1의 자리에 새로 세운다. 이 4와 염의 1을 곱한 4를 방에 더하면 48을 얻는다. 다시 상의 4를 48에 곱한다. 즉,

　　　$4×48=192$

이 값을 실에 더하면 실은 0이 된다.

이상으로 세종 시대 이후 산사 양성에 사용된 교과서의 내용에 대해 살펴보았다. 끝으로 다음 몇 가지는 특히 강조하고 싶다.

첫째, 이들 수학 교과서는 늦어도 『경국대전』이 공포될 무렵에는 이수 시기에 차이를 두어 『상명산법』 → 『양휘산법』 → 『산학계몽』

의 순서로 단계적으로 가르친 것 같다.[62] 양휘가 3부로 된 수학책을 쓰기 이전에 그 입문에 해당하는 『일용산법(日用算法)』을 내놓았으나, 많은 부분이 파손되어 교과서로 쓰일 정도는 되지 못하였고, 『상명산법』이 대신 그 역할을 할 수 있었을 것이기 때문이다. 또 『상명산법』이 『오조산경』의 내용을 대부분 포함하고 있었기 때문에 후자의 탈락은 필연적이었다고 생각된다. 『상명』·『양휘』·『계몽』을 이 순서로 배열해 보면, 책의 서술 방법이 점차로 간결해지면서 동시에 내용은 심화되어 간다는 것, 그리고 이들 교과서의 채택이 중국의 제도를 그대로 반영한 것이 아니라 자주적인 입장에서 이루어졌다는 것을 볼 수 있다. 예를 들어 『산학계몽』은 명 대에는 사라져 그 존재조차 잊힌 정도였으니 말이다.

둘째, 당시 중국에서는 없어졌던 천원술이 이곳에 계승되어 있다. 원 대에 출판되었던 『산학계몽』은 한족의 명나라가 일어서면서 사라졌다. 그렇지만 역산책인 『수시력』은 계속 사용되었다는 점에서 수학책과는 그 비중이 크게 다르다는 걸 알 수 있다. 어쨌든 나중에 청의 학자 나사림(羅士琳)이 한국판 『산학계몽』[63]을 얻어서 복간(1839)할 때까지, 명나라 이후의 중국에서 천원술은 어둠 속에 있어야만 했다.

언제 어떤 경로를 지나 이 수학책이 한반도에 소개되었는지는 분명하지 않으나, 조선 초기에 이미 그것이 있었다는 사실로 보면, 이 책이 고려시대에 전해진 것은 확실한 듯하다. 이 책이 간행된 것이 대덕 3년(고려 충렬왕 25년, 1299)의 일이었고, 이보다 3~4년 후에 최성지(崔誠之)가 왕의 명령에 따라 중국에서 수시력 연구를 마친 후 역서를 가지고 본국으로 돌아왔다. 앞에서 이야기한 것처럼 수시력을 계산하려면 고차 방정식을 다루어야 하고 천원술은 그 열쇠가 된다. 최성지의 귀국 선물에는 이 책이 당연히 포함되어 있었다고 보아야 할 것이다. 그리고 어림잡아 늦어도 세종 재위 중에는 천원술의 방법을 충분히 터득하게 되었다고 짐작할 수 있다.[64] 그렇지 않다면, 고려 천문학자들의 무능을 통렬하게 힐난하고 책망한 정인지의 호언은 무의미한 것이 되니 말이다.

한국의 전통 과학은 수학사라는 시각에서 보더라도, 단지 중국의 옛 수학책을 충실하게 보관하는 정도의 소극적인 것이 아니라 훨씬 적극적인 면이 있었다는 것을 간과해서는 안 된다.

중인 산학자

조선 초기의 관료 조직에는 이른바 잡과십학을 전담하는 기술 관리직의 기능이 크게 평가되어 그 위치가 점차 고정되어 갔다. 이에 따라 '중인(中人)'이라 불리는 특수한 신분층이 형성되었다. 일찍이 중국에도 없었고, 조선 왕조라는 독특한 중세적 전제국가 제도의 소산인 이 기형적인 중간 계층을 이렇게 부르게 된 이유에 대해서는 여러 설이 있으나 그것은 이 책에서 다룰 문제는 아니다. 다만 이 명칭이 공적으로 쓰이기 시작한 것은 아마도 숙종 대(1675~1720)부터의 일이고, 그것도 분명히 '중인'이라는 이름으로 불린 것이 아니라 중서[中庶, 중인서얼(中人庶孼)]라는 약칭으로 통용되었다는 사실만을 덧붙여 두겠다. 명칭이야 어떻든 『경국대전』이 성문화될 시기를 전후하여 기술 관리직을 독점하는 배타적인 계층이 은연중에 형성된 것은 사실이다. 예를 들면,

> 음양과와 천문학은 본학(서운관에서 해당과 전공)의 생도 이외에는 응시를 허락하지 않는다.[『경국대전』, 예전(禮典)·제과(諸科)][65]

는 기사가 보여주는 것처럼, 기술 관리 업무는 사실상 어느 특정 출신들만이 차지하고 있었다.

이 특수 신분에 관해서 우선 상식적으로 추측해 볼 수 있는 것은 정치상의 변동과는 아무 상관도 없이 고려 때부터 계속 천문학의 영역 등 일부 기술직을 거의 세습적으로 담당해 온 층이 있었을 것이라는 점이다. 다음으로는 양반 계층의 서출(庶出)들이다. 『경국대전』의 형전(刑典)에는 '원악향리(元惡鄕吏)'라는 제목 아래에,

> 양가의 여자 및 관비를 첩으로 삼는 자[66]

라는 항목을 만든 점으로 미루어 볼 때, 분수에 알맞게 첩을 두는 것

은 오히려 정당한 행위로 인정받았으며, 정부 고관 사이에서는 이것이 일반적인 풍조였던 모양이다. 그러나 서자의 신분에 대해서는 중국과는 달리 문관(정직)으로 출세하는 것을 제도적으로 차단하였다.

> 죄를 범하여 영구히 서용(敍用) 불능인 자, 장리(贓吏), 재가(再嫁) 또는 행실이 나쁜 부녀(婦女)의 자손 및 서출의 자손은 문과 · 생원 · 진사의 시험에 응할 수 없다.[『경국대전』, 예전(禮典) · 제과(諸科)][67]

또 설령 출사의 길이 트였다고 하여도, 일정한 한도에서 승진을 중단시키는 제약이 제도적으로 가해졌다.

> 2품 이상의 문무관의 양첩 자손은 정3품에, 빈첩 자손은 정5품, 6품 이상인 자의 양첩 자손은 정4품, 천첩 자손은 정6품으로, 또 7품 이하 또는 무관인 자의 양첩 자손은 정5품, 그 천첩 자손 및 천인에서 양민(일반 서민)이 된 자는 정7품의 한도에서 서용한다. 양첩의 자제의 천첩 자손은 정8품의 한도에서 관직에 임명한다. (『경국대전』, 이전 · 한품서용)[68]

다음 기사는 서출에게도 기술 관리로서의 길만은 열려 있었음을 말해 준다.

> 2품 이상의 첩 자손이 사역원, 관상감, 내수사, 혜민서, 산학, 율

학, 수재서에 등용하는 것을 허락한다.(『경국대전』)[69]

요컨대 조선 전기부터 기술 관리직에 서얼 출신이 새로이 참가하여 이 두 그룹이 주축을 이루면서 국영기술을 전수하고 그 관직을 세습적으로 독점하는 중인계급이 점차 형성된 것이다.

그렇지만 일반적으로 하급 관리를 넓은 뜻으로 중인이라고 부르기도 하였다. 무관으로는 군교(군관), 문관으로는 서리(胥吏, 아전)의 직이 이에 해당한다. 중앙 관청의 서리는 녹사·사리 등으로 이루어지는 이른바 경아전(京衙前)이고, 지방의 서리는 향리(鄕吏)라고 불렀다. 그러나 화려한 정치 무대에서 완전히 소외당한 하급 실무 관리라는 점에서는 마찬가지 처지였다고는 해도, 기술 관리직에 있는 신분층과 이속(吏屬, 서리)의 배경 집단은 여러 측면에서 매우 다른 성격을 지니고 있었다.

첫째, 이속은 훨씬 오래전부터 존재했으며, 토착 세력을 기반으로 삼고 있었다.

둘째, 전문 지식의 유무라는 점에서도 차이가 있었다.

셋째, 실질적으로는 신분상의 차이가 있었다. 다음의 기사는 이 사실을 충분히 시사한다.

향리 중 문과·무과·생원 또는 진사에 합격한 자, 특히 전공을 세워 사패(賜牌)를 받은 자, 삼자(三子)가 이속으로 근무하여 그중

일자(一子)가 잡과에 합격한 자 및 경아전의 서리에 속하고 임기가 끝나 퇴관한 자는 모두 그 자손을 향리의 직으로부터 면제시킬 수 있다.(『경국대전』, 이전 · 향리)[70]

넷째, 기술 관리로서 중인은 실학 부문의 국가 고시를 거쳐 임명된 당당한 국가 공무원이었다. 물론 과거라고 해도 고급 관리의 전문인 '취사(取士)'가 아니고, 엘리트 사회로부터 천시를 받은 재예(才藝) 중신의 '취재(取才)제도'에서 선발된 것이었다.

산학 도별표 (숫자는 산사의 수)

도명	본관				합계
경기	(시흥) 안산 2	(양주) 풍양 13	남양 36	(삭주) 천령 6	57
강원	원주 3				3
황해	강음 4	해주 5	우봉 4	해주 2	15
전남	낙안 11	(흥양) 두원 1	(순천) 승평 8		20
전북	전주 34	정읍 42	(무주) 주계 9	금산 1	86
충남	태안 29	청양 4	(홍성) 신평 17	임천 1	51
충북	청주 12				12
경남	합천 28	고성 8	밀양 7		43
경북	경주 53	금산 5	영양 3	영해 1	62
총계					349

다섯째, 이속과는 달리 업무상 일반 서민사회와 접촉하는 일이 거의 없었다. 이것은 기술 관리직들에게는 이속에 비해 자신들이 그만큼 높은 계층에 있다는 긍지를 심어 주었을 것이다.

여섯째, 그들은 실학(잡학)에 종사하는 전문 기술인들이었다고는 하지만 동시에 유학적 소양도 지니고 있었으며, 상류층 문인들과도 사적인 교류가 있을 정도였고, 독서인으로서의 자존심을 숨기려고 하지 않았다.

한국인의 사회 연대 의식의 기저를 이룬 것은 한마디로 혈연관계라고 말할 수 있을 정도로, 동양의 전통사회 중에서도 그 색채가 가장 짙었던 동문 의식은 지금도 관념의 심층에 강하게 뿌리 내리고 있다. 중인 계층이 가벌(家閥)을 중심으로 형성된 것은 당연하다.

기술을 서로 전한다고 하여도 가문마다 전업적으로 세습한 것도 아니고, 중인 사이에서만 폐쇄적으로 성립했던 혼인 관계에서 오는 상호 영향 때문에 세업(世業)이 가령, 역과 → 음양과 → 의과라는 식으로 이행한 것은 흔히 있는 현상이었다. 그러나 산학만은 그 성격상 세전적(世傳的)인 경향을 띠었던 것으로 보인다. 산학 취재의 합격자 명단이자 인사 기록 카드이기도 한 『주학입격안(籌學入格案)』에 기재되어 있는, 15세기 말부터 19세기 말에 이르는 약 400년 동안 배출한 합격자 1,627명의 아버지 직업란을 보면 의과 · 역과 · 운과(천문학) 각각 124명, 75명, 6명을 제외한 나머지는 거의 산학이다.[71] 즉 다른 기술학과의 교류도 주로 의학과 역학에 한정되어 있었으며, 예외적으로 천문학의 경우가 가끔 있었다. 이 경향은 중인이라는 신분 층이 초기의 유동적인 단계에서부터 고정화되는 후기로 옮겨감에 따라 더욱 뚜렷해진다. 다음의 표 1, 2를 비교해 보면 이 현상을 충분히 읽을 수 있다.

잡과십학 중 적어도 천문학·산학·의학·역학에 관한 채용 고시는 극도의 난맥을 이룬 문·무과의 경우에 비한다면 조선 말기까지 거의 정상적으로 운영되었다. 이들 기술학은 어쨌든 형식상으로는

산학 합격자의 가족 배경(표1)

	연도	성명	본인	부	조부	증조부	모계의 조부	장인
선조 12년	1579	최언룡 정인서 강유경 문재춘	별제 훈도 교수 교수수직 동림	산학별제 제용주부 중부참봉 사옹참봉 사복주부	의무부 무과사과	첨정 무과	사직	무과사과 중부참봉
선조 15년	1582	최고성 이해규 최 즙	교수 별제 별제 무빈주부 동림	산학별제 계사 부호군	예빈주부 무과사과 부호군	사직 사과	호군	호군
선조 22 ~23년	1589 ~ 1590	박정복 이 목 남 봉 장 률 임 준 이 침 최 호 진계휘 이대윤	계사 계사 계사 계사 계사 역정 계사 계사 계사 계사	산학별제 산학교수 (기 재 진사 산학교수	없 음) 진사 내의원 (기재 없음) (기재 없음) (기재 없음)	생원 진사		산학별제

산학 합격자의 가족 배경(표2)

	연도	성명	본인	부	조부	증조부	모계의 조부	장인
고종 4년	1867	이건호	계사	산학별제	산학교수	산학별제	산학취재 합격자	산학교수
		홍태신	계사	산학별제	산학교수	산학교수		계사
		이선혁		산학취재 합격자	계사	계사		산학취재 합격자
		김재준	계사	산학훈도	계사	산학취재 합격자	산학교수	산학훈도
		최길원	계사	산학별제	산학별제	산학훈도	산학별제	계사
고종 5년	1868	이제만	계사	계사	산학별제	산학별제	산학별제	산학별제
		홍호석	계사	계사	의직장	산학교수	계사	산학훈도
		이용림	계사	계사	계사	의생도	산학훈도	계사
		이상호	계사	계사	산학훈도	산학훈도	산학별제	
고종 6년	1869	이길상	계사	산학훈도	계사	계사	산학교수	산학별제
		이경상	계사	산학훈도	산학별제	산학별제	산학취재 합격자	산학훈도
		김현규	계사	산학별제	산학별제	산학교수	산학훈도	계사
		홍재학	계사	계사	산학별제	수문장	산학별제	
		이한상	계사	계사	산학별제	계사	계사	

실학으로서의 명목을 그런대로 꾸준히 유지해 온 셈이다. 이 중 산학은 채용 인원의 수로 미루어 짐작해 보면, 시대가 지나면서 그 규모가 더욱 확대된 것을 알 수 있다.

자세한 내용은 앞으로 연구 결과를 기다려봐야 알겠지만, 조선 수학사 속에서 중인이 담당한 역할이 뜻밖에도 컸던 것만은 확실하다.

의과(醫科)·역과(譯科)의 시취(試取) 집계표

※ 『의과방목(醫科榜目)』·『역과방목(譯科榜目)』에 의함

기간	과별	구분	횟수	시취 총수 (명)	1회 평균 수 (명)	선발 정원 (명)
394년 (연산군 4년 ~ 고종28년)	역과	한학	161	1,905	12	13
		몽(蒙)	126	280	2	2
		청(淸)	134	315	2	2
		왜(倭)	141	339	2	2
		계	162	2,839	18	19
328 (연산군 4년 ~고종11년)	의과	전의감	146	1,025	7	
		혜민서	98	238	2	
		은사(恩賜)	1	4	4	
		계	146	1,263	9	9

* 이홍렬(李洪烈), 「잡과시취(雜科試取)에 관한 일고(一考)」, p.372. 표에서 전재.
「백산학보(白山學報)」 3호, 1969. 11.

산학 시취 집계표

※ 『주학입격안』에 의함

기간	횟수		합격자 총수	연평균 합격자 수	1회 평균 합격자 수	비고
	판명	불명				
연산군 4년(1498) ~ 선조 말(1608)	13	5	139	약 1.25		연산군의 폭정, (1495~1506) 왜군의 침략 (1592~1597)
광해군 1년(1609) ~ 인조 말(1649)	35		113	약 2.76	약 3.23	청군 입구(入寇) (1636~1637)
효종 1년(1650) ~ 경종 말(1724)	12	2	320	약 4.27		실학 준비기
영조 1년(1725) ~ 영조 말(1776)		2	190	약 3.65		실학 제1기
정조 1년(1777) ~ 정조 말(1800)	20		180	7.5	9	실학 제2기
순조 1년(1801) ~ 철종 말(1863)	45		428	6.7	약 9.51	실학 제3기
고종 1년(1864)~ 고종 25년(1888)	16		257	10.28	약 16.06	개화기

* 연 2회 이상 실시된 경우도 편의상 1년 1회라고 보고 계산함.

제 **7** 장

조선 중기의 수학과 천문학

1. 임진왜란 이전의 산학과 천문학

시대 배경[1]

연산군에게 가장 심한 박해를 당한 이들은 유학자들이었다. 왕의 불륜에 대한 유학자들의 항의는 관내 경전 소각, 유생에 대한 부역령, 이른바 시정담론의 금지, 교육 과정 및 과거로부터의 경학 추방 등 거의 치명적인 보복으로 되돌아왔다. 당연한 결과이지만 학문(유학)에 대한 이런 탄압은 중앙의 성균관이나 사부학당을 비롯하여 지방의 향교나 촌락 내의 소학당(후의 서당)에 이르기까지 모든 유학 교육 기관을 마비시켰다. 중종반정(中宗反正)으로 즉위한 중종은 새로이 교육 시설을 부활하고, 학령을 선포하는 등 학풍의 진흥에 힘썼다.

그러나 연산군 – 중종 – 명종의 3대에 걸쳐서 '사화(士禍)'라고 불리는 피비린내 나는 당파 간의 권력 쟁탈전이 네 번이나 일어나면서 뜻있는 유학자들은 관직을 떠나 향리에서의 삶을 선택했다. 퇴계 이황, 율곡 이이 등 대유학의 경학이론이 야인 생활의 명상으로 한층 심오하게 전개되었다는 것은 잘 알려진 사실이다. 그렇지만 소옹(邵雍)의 수론적 우주관에 공감하였을 뿐만 아니라 스스로 그 이론을 펼치기도 하였던, 도사풍의 면모를 지닌 화담 서경덕은 처음부터 관직에 진출하는 것을 단념하고 난세의 어려움을 피하고 있었다.

중종의 즉위와 함께 경학이 부활하였고, 과거 시험 과목으로 사서오경 중에서 출제하는 별시를 두기도 하였으나, 실제로는 시문에 대한 소양을 시험하는 정도에 지나지 않았다. 그렇기 때문에 관리로서 필요한 실무 지식이라든지 행정 능력을 묻는 것은 아니었다. 이러한 분위기 속에서 기술직 경시 풍토는 더욱 심해졌다. 그렇다고 해서 기술 관리의 기능이 정지된 것은 아니었다. 세금을 수납한다든지 기타 정부의 각종 경비 지출 등에 관련된 계산 사무의 내용은 당연히 해를 거듭할수록 복잡해졌다.

따라서 실학으로서의 산(算, 籌)에 대한 행정적인 필요는 그 질이 어떻든 간에 수적으로는 오히려 증가하였다. 세종 대를 넘기면서 차츰 과학 기술 정책이 이완되기 시작하자, 기술 관리의 위치가 관료 조직 속에서 또다시 격하되고, 문관층과의 거리는 더욱 벌어졌다. 그러나 다른 한편에서는 기술가 집단의 규모 확대와 전문 지식인으로서의 자부심이라는 두 요인이 관료 체제의 주류로부터 소외당한 것에 대한 자위의 방편으로 크게 작용하였고, 이로 인해 중인의 폐쇄적인 길드 조직이 굳게 다져진 것이라고 생각한다. 이들의 연대감은 후일 취직난의 시대[2]를 만나서 관직에 오르지 못한 문관 후보생들이 아마추어의 몸으로 자신들의 전문 기술직까지 넘보는 데 대항하기 위해서 한층 굳건해졌을 것이다.

농지 측량과 양전척

성종 23년(1492)의 경기도와 충청도, 24년의 경상도와 전라도, 제주도, 연산군 즉위 당시의 전라도, 중종 19년(1524)부터 20년에 걸친 전라도, 그리고 임진왜란 후의 선조 36~37년(1603~1604)의 경기도 강원도 황해도, 또 인조 12년(1634)에 실시되었던 전국적인 양전 사업은 '과세'라는 정부의 재원 확보와 관련된 중대한 국가 사업이었다. 양전은 문자 그대로 풀이하면 농지 측량이란 뜻이지만,[3] 실제로는 훨씬 광범위하게 이 낱말이 사용되었던 것 같다. 예를 들면 농토의 비옥도·황폐화·미등록된 경지·토지대장상의 허위 기재 등에 관한 조사까지도 포함하였다. 그러나 그 기초가 되는 것은 직접 측량한 것이어야 하기 때문에 이에 따르는 기술 요원의 확보와 동시에 필수 조건인 계산 능력, 즉 산술 지식의 유무에 관한 문제를 제기하였다.

조선 건국에서 세종 초기에 이르는 사이, 땅 측량 기준이 된 양전척은 고려의 제도를 그대로 이어받은 것이었다.

> 농부의 손 이지(二指)로 열 번을 재서 상전척(上田尺)으로 삼고, 이지(二指)로 다섯 번 재고, 또 삼지(三指)로 다섯 번을 재서 중전척(中田尺)으로 삼고, 삼지(三指)로 10번을 재서 이를 하전척(下田尺)으로 삼았다.(『세종실록』 12년 8월 10일)[4]

위와 같이 정한 척이 원시적인 '지척(指尺)'이다. 세종 25년 전제상정소를 설치하였을 때 비로소 양전척의 길이를 위의 표에 있는 수치로 고정시켰다.

세종 25년에 정해진 양전척

	주척(周尺)	현행 척
1등전 척	4.77	3.148
2등전 척	5.18	3.419
3등전 척	5.70	3.762
4등전 척	6.43	4.244
5등전 척	7.55	4.983
6등전 척	9.55	6.303

그래서 측량의 단위로

주척 5척 평방=1보

240보=1무, 100무=1경, 5경=1자(字)

로 하는 경무법을 정하였으나, 실제로는 편의상 중간 단위로서 '푼'

을 사용하였다. 즉,

$$24보=1푼, \quad 10푼=1무$$

그리하여 이 경무법에 의해 전국적으로 면적의 표시를 바꾸어야 할 필요 때문에 전법을 새롭게 나타내는 환산조견법(換算早見法)이 인쇄·반포되었다.[5]

그렇지만 실제 측량 현장에서는 많은 혼란이 있었다. 경무법의 모순을 시정하기 위해서 효종 4년(1653)에 개정된 전제에서는 전지의 등급에 따라 각각 다른 척을 사용하는 법을 없애고, 역으로 생산고를 기준으로 다음과 같이 토지의 넓이를 나타냈다.

$$1척 \ 평방=1파(把), \quad 10파=1속$$
$$10속=1부, \quad 100부=1결(=1만 \ 척^2)$$

그리고 $10,000척^2$에 대하여

$$1등전은 \ 1결, \quad 4등전은 \ 55부$$
$$2등전은 \ 85부, \quad 5등전은 \ 40부$$
$$3등전은 \ 70부, \quad 6등전은 \ 25부$$

이다. 즉,

$$1등전 \ 1결의 \ 면적은 \ 10,000척^2$$

2등전 1결의 면적은 약 11,764.7척^2

3등전 1결의 면적은 약 14,285.7척^2

4등전 1결의 면적은 약 1,818.8척^2

5등전 1결의 면적은 25,000척^2

6등전 1결의 면적은 40,000척^2

이라 하였다.

이 결부법에 대하여 실학의 선구자인 유형원은

결부법이라고 해서 척수가 없는 것은 아니지만, 대장에 기재되어 있을 뿐, 실제의 토지 면적과 일치하지 않는다. 자 길이가 각각 다르기 때문에 계산법은 지극히 복잡하고, 담당 관리조차도 이해하지 못할 정도였다. 하물며 일개 농부 따위는 전혀 내용을 알 수 없는 형편이다. 관서에서는 농지의 내용 파악이 용이하지 않고 농민은 무지하기 때문에 서리(일선 실무자)들이 횡포를 부리게 된다. 그들의 호계를 뿌리 뽑고 싶어도 실제로는 불가능한 일이다. 그결과 뇌물·정실·고의적인 누락·허위 등의 폐단이 반드시 일어나고 과세 불공평이 초래된다.(『반계수록(磻溪隨錄)』권1·2, 전제·분전정세절목)

라고 그 모순을 지적하고, 옛 경무법으로 돌아갈 것을 주장했는데 사실은 경무법이든 결부법이든 본질적으로는 정밀 측량의 소홀이라는 같은 문제를 안고 있었다.

토지 측량에 필요한 최소 한도의 지식인 간단한 사칙연산 정도조차 현지 농민에게는 기막힌 마술인 것처럼 비친 당시 현실이었기에, 이보다 훨씬 고급 산법은 관료 조직 내부에서도 희귀한 기술로 여겨졌다. 따라서 이러한 능력을 지닌 산사의 긍지 역시 대단했을 것이다. 그러나 그 이상의 학문적 의의라든지 실용 기술로서의 필요에 의한 수학 연구를 재촉할 만한 자극은 없었다. 그렇다고 순수하게 지적 호기심만으로 수학을 탐구하기에는 산사들이 관료 체제 내에 지나치게 유착하고 있어서 수학 연구가로서 자유롭게 수학을 다루는 처지에는 아직 이르지 못했다.

산학 합격자 수

산학은 비상시국이나 정국의 혼란에서 오는 행정 기능의 마비로 인해 일시적으로 위축되는 일이 있었지만, 그 실학적 성격 때문에 국정이 안정되면 바로 관리 조직으로 다시 들어오는 경향을 내내 보였다. 일본의 조선 침략으로 인해 부득이 끊긴 산학의 취재는 전란의 소강 상태와 함께 바로 부활하였는데, 이는 그 사실을 뒷받침하는 한 예이다. 제2차 침략(정유재란)을 전후한 5년간의 공백은 아마 그 이전의 타격이 겹쳤기 때문이었다고 생각한다.

조선 역대의 산학 합격자 수(연산군부터 인조 말까지)

※『주학입격안』에서 인용

	연도	합격자 수	비고
연산군 4~11년	1498~1505	39	원문에는 '홍치(弘治)'라고 되어 있다 이 연대는 정확히 성종 19년(1488)부터 연산군 11년(1505)까지지만, 역과 · 의과 등과 부합시켜 보았다
중종 1~16년	1506~1521	21	원문에는 '정덕(正德)'으로 되어 있다. 정덕 16년 동안의 총수로 본다
중종 17년~명종 21년	1522~1566	24	원문에는 '가정(嘉靖)'으로 되어 있다. 여기서도 가정 45년 동안의 총수로 본다
선조 1년	1568	5	
11년	1578	8	
12년	1579	4	
15년	1582	3	
16~20년	1583~1587	5	원문에는 '만력(萬曆)'으로 되어 있다
21년	1588	6	
22~23년	1589~1590	9	원문에는 '만력(萬曆)'으로 되어 있다
24년	1591	6	선조 25년(1592) 4월, 왜군의 제1차 침략 시작
26년	1593	2	
27년	1594	6	
28년	1595	1	선조 30년(1597) 정월, 왜군의 제2차 침략 시작, 이듬해 철수
34년	1601	1	
37년	1604	5	
39년	1606	9	
40년	1607	2	
광해군 1년	1609	1	
2년	1610	1	
3년	1611	3	
4년	1612	3	
5년	1613	1	
7년	1615	1	
8년	1616	6	
9년	1617	3	
10년	1618	1	
11년	1619	1	
12년	1620	2	
13년	1621	1	
14년	1622	1	
인조 1년	1623	2	
2년	1624	5	
3년	1625	1	
4년	1626	4	

왕 년	서력	합격자 수	비고
5년	1627	4	
6년	1628	2	
7년	1629	5	
8년	1630	5	
9년	1631	4	
10년	1632	4	
11년	1633	1	
12년	1634	1	
13년	1635	1	인조 14년(1636) 12월, 청군 입구(병자호란), 이듬해 (1637) 정월, 청 태종에게 항복
15년	1637	1	
17년	1639	1	
18년	1640	3	
19년	1641	3	
21년	1643	5	
22년	1644	2	
24년	1646	5	
25년	1647	5	
26년	1648	7	

산학, 즉 관수용 수학이 당대의 수학 전부를 의미하지는 않는다. 오히려 수학사 입장에서는 관료 체제 밖에서의 수학 연구 활동과 저술 내용 등에 더 주목하는 것이 상식이다. 그러나 중인 산학자 사회가 극히 폐쇄적이었다는 점, 수학은 극히 한정된 범위 내에서만 통용되는 특수한 지식이었다는 점, 중인이라는 신분상의 이유 때문에 외부에 공표할 저술을 스스로 삼갔다는 점, 그나마 쓴 수학책을 잃어버리고 말았다는 점 등의 이유 때문에 수학 공동체(중인 산학자 집단) 내부의 연구 활동이나 개인의 연구 성과에 대해서 구체적으로 알려진 것은 전혀 없다. 다만 앞의 표에서 알 수 있듯이 중국에서는 이미 명나라 때 자취를 감춘 산학제도가 이 땅에서는 꾸준하게 이어져

왔다는 점에서 한국 전통 수학의 특징을 찾아볼 수 있다. 즉, 한국 수학에는 끝까지 관학적인 성격이 있었던 것이다.

천문학에 대한 관심

천문학은 동양의 전통적 국가관이라는 차원에서 그 중요성을 인정받았고, 위정자가 직접 천문학의 후원자 역할을 했으며, 체제상으로도 산학에 비해 전혀 흔들림이 없었다. 이것은 『조선왕조실록』을 통해서도 충분히 알 수 있다. 대략적으로 추려본다고 해도 다음과 같은 기사가 얼른 눈에 띈다.

중종 11년(1516) 1월 : 왕, 천문학을 장려하다

중종 21년(1526) 5월 : 간이 혼상(渾象) 1구를 새로 만들다

중종 29년(1534) 9월 : 보루각(報漏閣)을 개조하다

중종 31년(1536) 8월 : 창덕궁 내에 새 보루가을 완성하다

중종 33년(1538) 5월 : 천문 · 지리(풍수) · 명과학(점서)의 새 책을 명으로부터 수입하다

명종 5년(1550) 11월 : 흠경각의 옥루를 개조하다

명종 8년(1553) 3월 : 천문학 · 의학 서적을 인쇄 · 간행하다

선조 4년(1571) 11월 : 관상감에서 천문도 120구를 만들어서 문신 2품 이상인 자들에게 나누어 주다

선조 13년 (1580) 5월 : 간의대의 개수에 공이 큰 도제조 박순이
하에게 포상하다

조선 건국 초기의 왕성한 의욕이 차츰 줄어들고, 한편으로는 당쟁
과 사화 때문에 국정이 점점 작아지는 상황에서는 국영과학의 중심
에 위치한 천문학도 당연히 위축될 수밖에 없었다. 그러나 동양의
전통적 왕조 국가로서의 정통성을 유지하기 위해서 역대 집권자들
은 예외 없이 기회가 있을 때마다 유력한 상징인 천문제도를 정비하
는 일에 관심을 기울였다. 그렇기 때문에 타성적일지언정 천문학은
명목을 갖추고 있었다. 건국 초기부터 일식 관측은 태조 때 2회를
비롯하여, 정종 1회, 태종 3회, 세종 11회, 문종 1회, 단종 1회, 세조
4회, 예종 1회, 성종 3회, 연산군 4회, 중종 6회, 명종 6회, 선조 16
회, 광해군 6회, 인조 17회 등으로 이어진다. 치세 기간이 그만큼 길
었기 때문이기도 하지만, 외환을 겪은 선조(1568~1608)와 인조 대
(1623~1649)에는 오히려 많은 기록을 남겨 주목을 끈다. 항상 지배층
의 관심에서 떠나지 않았고, 그만큼 대접을 받은 천문학은 이 점만
으로도 산학보다 운이 좋았다고 할 수 있다.

2. 전란 이후의 정세

전란의 영향

임진년(1592)과 정유년(1597) 두 차례에 걸친 일본의 침략은 관료 체제를 비롯하여 사회·경제·신분 구조상의 변화를 가져왔다. 이때의 전화가 얼마나 심각하였는지는 한반도에 지원군을 보낸 명 왕조가 그로 인해 국운이 쇠퇴하였다는 사실에서도 짐작할 수 있지만, 전쟁 당사국이었던 조선의 피해는 역사상 일찍이 볼 수 없었던 엄청난 것이었다. 전후 7년 동안 전쟁에 참가한 외국 군의 수효만도 일본군 34만 3,000여 명, 명군 22만여 명이 넘었다. 그러니 우리나라에서는 국왕의 권위나 행정의 기능이 제대로 지켜졌을 턱이 없었고, 경제 파탄과 관기(官紀)의 문란 및 신분제의 혼란은 극에 달했다. 토지대장에 기재된 경지 면적을 예로 보더라도, 전란의 전후 사이에는 세 배 이상의 차이가 나타난다. 이 감소 현상은 양전을 실시할 때 공전을 사유화하고 있던 지방 세력자들이 관리와 공모하여 일부를 등록에서 누락시킨 탓도 있지만, 그렇다손 치더라도 전쟁으로 인해 토지가 황폐해진 것은 사실이었다.

경지 면적의 비교

(단위 : 만결)

연도＼도별	경기	충청	경상	전라	황해	강원	평안	함경	계
전란기	15	26	43	44	11	2.8	17	12	170.8
광해군 당시 (1609~1622)	3.9	11	7	11	6.1	1.1	9.4	4.7	54.2

전답의 감소는 국가 재정의 위축을 뜻하고, 그것은 또 관리들의 녹봉에도 영향을 미쳐 결과적으로 관료 조직을 약하게 만들었다. 그 중에서도 특히 말단 기술직의 위치는 더욱 불안정하게 되었다. 그리하여 산사나 계사들의 직위는 이름뿐인 것이 되고, 산학 양성은 물론 산사 채용 시험조차도 거의 형식에 그쳤다고 볼 수 있다. 산학 교과서이자 동시에 산사 취재 과목이기도 한『산학계몽』이나『양휘산법』은 이미 다른 많은 책처럼 전쟁 때문에 또는 침략군과 난민들의 파괴와 약탈 때문에 정부의 서고에서 자취를 감추었다. 중국 수학사에서 황금기라고 일컬어지는 송·원 시대의 수학을 흡수하고 소화했던 세종 대를 거쳐서 임진왜란이 시작되기까지 약 150년 동안 조

선인의 손으로 수학책도 출간되었을 것이고, 그런대로 독자적으로 다듬어진 조선 수학이 싹트고 있었을 것이다.[6] 그러나 유감스럽게도 이 사실을 입증할 수 있는 문헌이 모두 사라졌다. 세종 후부터 두 차례의 외환을 전후한 시기를 한국 수학사에서는 '공백의 시대'라고 부르는데 그 이유가 바로 여기에 있다. 일본은 이 침략 전쟁 때 조선에서 가져간 수학책으로 일본 전통 수학(와산)의 기초를 다졌으니 그것만으로도 문화적으로 커다란 이득이 되었다. 당시 한일 간 화차대조(貨借對照)를 간추려 보면 대강 다음의 표와 같다.

조선	일본
1592년 일본의 제1차 침략 1597년 일본의 제2차 침략 1598년 일본군 철수	
	*1622년, 일본 최고(最古)의 산서 『할산서(割算書)』(毛利勘兵衛) 출판
*1627년, 정묘호란	*1627년, 吉田光由, 『주겁기(塵劫記)』를 간행
*1637년, 병자호란	
	*1657년, 『격지산서(格地算書)』(柴村藤左工門)
*1660년, 김시진, '국초인본'인 『산학계몽』을 중간	*1658년, 『산학계몽』 복간
	*1662년, 임준 『신편산학계몽주해(新編算學啓蒙註解)』
	*1672년, 『신편산학계몽주해』(星野實宜) 발행
*1674년, 關孝和, 『발미산법(發微算法)』 발행	
*1700년경, 최석정(1646~1715), 『구수략(九數略)』 저술	

농촌 경제를 붕괴시키고 국가 재정과 관료 체제를 하루 아침에 파탄내고, 전통사회의 존속조차도 위기에 빠뜨리게 한 거듭된 국난이었지만, 다른 면에서 볼 때 종래에는 볼 수 없는 새로운 기풍의 숨결을 지식 사회에 움트게 한 최초의 충격이기도 했다. 이 시기에는 고증학적 방법을 소개하여 당시의 백과전서파에 영향을 준 한백겸(1552~1615), 『지봉유설(芝峯類說)』의 저자 이수광(1563~1628), 인조 대에 관상감 제조를 지냈고 아담 샬(Adam Schall, 湯若望)의 시헌력(時憲曆) 도입에 주도적인 역할을 한 『유원업보(類苑叢寶)』의 저자 김육(1580~1658) 등 후세에 실학파로 불리는 선구적인 정치 칼럼니스트들이 계몽적인 저술 활동을 시작하였다. 이러한 사상사적인 전환기를 맞이하여 과학 중에서도 유독 '사상적'인 수학은 당연히 어떤 변신의 과정을 겪어야 했다. 그것이 무엇이었는지는 다음 장에서 이야기하기로 하자.

유학 이데올로기의 위치

수학 사상성의 특징은 수학이 시대의 지배적인 이데올로기에 강한 영향을 받고 있다는 것이다. 따라서 어용 과학의 굴레를 박차고 나와 자율적인 학문으로서 스스로의 길을 개척하기 시작한 실학기의 수학이 본질적으로 얼마만큼 변모할 수 있었는지 그 가능성의 한계를 가늠해 보기 위해서는 조선시대의 대표적인 가치관으로 절대적인 위치를 지킨 유학 이데올로기를 살펴보아야 한다. 유학이 사회적으로 어떻게 기능했는지, 또 한국인의 의식구조 속에 어떤 고정관념을 심었는지 알아 둘 필요가 있다. 이런 의미에서 실학기의 수학을 다루기에 앞서 조선 유학의 성격을 중국과 일본의 경우와 비교하면서 살펴보기로 하자.

후지와라 세이카(藤原惺窩)는 조선의 포로 강항(姜沆)에게 많은 감화를 받았으며, 당시 조선의 정연한 문치(文治)제도에 심취하였다고 한다.[7] 에도 막부의 기틀을 연 도쿠가와 이에야스의 통치 이념은 후지와라가 이상으로 삼은 유교 정신이었고, 그로부터 260년 후 도쿠가와 막부를 넘어뜨린 메이지 유신의 사상적 근거 역시 아이러니컬하게도 유학 이데올로기였다. 그러나 유교의 배경에 있는 천명 사상까지 받아들인 것은 아니다. 따라서 체제를 정비한다는 면에서는 역학(易學)의 의의를 인정하였으나, 조선과는 극히 대조적으로 역(易) 사상이 모든 학문의 근원이라는 동양의 전통은 외면한 것이었다.

동양 삼국 유학의 성격과 의미를 간추려 비교하면 다음과 같다.[8]

첫째, 유학의 관영화와 민영화이다. 중국(명·청조)에서와 마찬가지로 조선은 주자학 하나로 통일되어 있었으며, 근대 실학 운동 속에서도 주자학의 위치에는 본질적으로 변화가 없었다. 이에 비해 일본에서는 주자학과는 다른 가치 체계가 엄연히 존재했을 뿐 아니라, 유학자 사이에서도 주자학에 대한 비판이 활발하게 행해졌다. 이것은 유학의 관영화와 민영화의 차이에서 비롯되는 것이다.

둘째, 학문으로서의 유학의 기능이다. 학문(유학)은 군자의 길을 닦는 것이라는 점에서는 중국과 조선이 마찬가지였지만, 일본의 경우 학문은 국가의 형성과 사회 복지의 증진에 도움이 되어야 한다는 실학의 성격을 띠고 있었다. 하기야 실학파의 주장에도 이용후생(利用厚生)·경세치용(經世致用)·실사구시(實事求是) 등의 구호가 있었으나 그것은 유학 자체를 대상으로 한 것은 아니었다는 점에 유의할 필요가 있다.

셋째, 유학자의 신분이다. 중국에서 이른바 '독서인(讀書人)', 즉 지식인층은 일부의 상층 계급이었는데, 조선에서는 이 경향이 더욱 두드러졌다. 반면 일본에서는 사족(士族)의 하층 또는 서민 출신들이었다.

넷째, 민간에서의 유교이다. 대부분이 문자를 익히지 못한 하층민들은 미신이나 주술 따위에 지배받기 쉬웠다. 중국과 한국의 민간 사회에서는 관혼상제 등의 의식, 심지어 유교에 근거를 둔 일상 윤리일지라도 그 종교의식은 미신의 단계를 벗어나지 못했다. 그 때문에 민간의 유교는 '제사 유교'라고 불릴 정도였다. 민간에서의 이러한 유교의 의식화 및 형식화 경향은 중국보다 한국이 훨씬 더했다. 반면 일본에서는 서민 경제의 향상과 때를 맞춘 유학 중심의 서민 교육이 보급되었으며 유학에 바탕을 둔 서민 윤리가 형성되었다.

다섯째, 상·하층 사이의 윤리 의식이다. 중국이나 한국에서는 상·하층의 윤리 의식에 뚜렷한 괴리가 있었으나, 두 나라보다 훨씬 철저한 일본의 계급사회에서는 서민 교육의 보급 때문에 오히려 상·하층 사이에 윤리 및 종교 의식의 평준화가 이루어졌다.

여섯째, 과거제와 유학의 학문적 성격이다. 과거의 실시는 유학의 권위화와 경학의 절대화를 가져왔다. 그 결과 시험을 보기 위한 지식은 껍데기만 남은 것이 될 수밖에 없었다. 사실 과거에 급제하고 관료가 된 우수한 인재들은 사장(詞章)의 세계에서만 노닐 뿐, 실무는 말단 서리에게 맡겼다. 유학은 특히 한국의 전통사회에서는 관료의 신분적 윤리에 그치고, 서민의 요망이나 발상은 전혀 반영되지 않았다. 그러나 일본은 과거 시험이 없고 신분제가 엄격했던 탓으로 유학자는 무가(武家)의 교사이자 서민의 교사로서 정치권 밖에 있었으며, 이 때문에 학문의 중립적인 위치를 굳히는 결과를 가져왔다. 관학에 대한 비판의 자유는 여기에 근거를 둔다.

일곱째, 아마추어적 교양인과 전문 지식인이다. 유학의 교양을 바탕으로 한 중국과 한국의 관인들은 경전이나 시문 등에만 관심을 기울이는, 일종의 '살롱적 인물'이었다. 청나라 때 양무운동의 선봉들이나 조선 실학파의 지식인들조차도 예외 없이 전문가적인 탐구심은 없었다. 그러나 일본이 유럽 문명을 수입할 때의 태도는 이와 달랐다. 무사 출신은 유럽식 무기나 전술의 우수성을 전문적으로 파헤쳤고, 학자층은 유럽 과학의 장점에 주목했으며, 서민은 유럽 산업의 도입에 힘쓰는 등, 제각기 전문 분야에서 일본의 근대화에 공헌하였다. 이러한 차이는 아마도 계급 윤리의 확립 여부에서 오는 것 같다. 즉, 한국의 전통사회는 양반과 중인, 상민, 천민의 계급제가 엄격했고 유학은 최고 계층인 양반의 전유물이었으나, 앞에서 언급한 것과 같은 평등 심리가 사회적 분업에 대한 의식 내부의 저해 요인으로 크게 작용하였던 것 같다. 일본에서는 무사와 서민의 계급 윤리가 발달되어 있었기 때문에 분업화가 그만큼 쉬웠다.

여덟째, 외래 문화에 대한 자세이다. 조선은 학문으로서의 주자학뿐 아니라 주자가례까지 수용하고, 관혼상제의 예속을 중국식 그대로 답습할 만큼 '사대'를 지켰다. 그 반면 다른 외래 문화에 대해서는 배타적이었다. 그러나 일본의 경우에는 종래 무가의 행동 규범을 예(禮)로 삼을 정도로 사상적인 공백 상태였기 때문에 외래 문화에 대한 개방적인 숭배나 탐욕스러운 흡수가 가능했다. 조선이 일본과 똑같은 외래 사조에 대해서도 그 충격파가 다르게 나타난 것은 각기 다른 사상적 배경이 있었기 때문이다.

같은 시기의 같은 학문이면서도 조선의 유학과 일본 에도 시대의 유학이 성격적으로 다른 것은 이와 같은 이유 때문이다. 이러한 근본적인 학문관의 차이는 당연히 과학에서도 나타났다. 조선에서는 역(曆)을 사사로이 만드는 것을 반란의 예비 행위라는 어마어마한 죄목으로 다스렸으나, 일본에서는 가모(加茂)·아베(安部)·쓰치미카도(土御門) 같은 가문에서 역법과 천문을 세습적으로 사유화하였다. 조선에서는 지리학자가 정확한 지도를 작성했다는 이유로 처형당했으나, 일본에서는 개인 신분으로 공공연하게 지리책을 엮을 수도 있었다.

제 8 장

실학기의 과학 사상과 수학

1. 실학파의 과학기술관

새로운 사조

일본의 조선 침략으로 전통적인 봉건사회의 정치·경제·교육 등 기본 질서가 무너졌다. 그렇지만 무너진 질서를 회복하려는 노력이 사상의 측면에서는 오히려 참신한 기풍을 이룩하는 계기를 마련하였다. 전쟁으로 파괴된 범위가 너무도 넓고, 전쟁의 충격 자체도 심각했기 때문에 그러한 현실은 정치권 밖에 있는 지식인들의 현실 참여를 자극하는 결과를 가져왔다. 하기야 전통적으로 한국의 지식층인 선비들은 초야에 있더라도 정치에 대한 관심을 버리지 않는 것이 특징이다. 옛 질서의 원리부터 재검토하려는 노력은 비판과 대안을 모색하는 방향으로 나아가게 마련이다. 이렇게 해서 후세에 '실학'이라고 불리게 된, 근대 조선의 르네상스 운동이 성장하였다.

조선 초기의 유학은 정확하게 말하자면 살롱(사랑방)용의 사장학(詞章學)에 지나지 않았다. 그 후 퇴계 이황과 율곡 이이 등에 의해서 조선 주자학은 비로소 철학으로 정립되었다. 성리학이 조선 봉건 사회의 이념상의 지배 원리로 군림한 것은 이때부터이다. 성리학과 거의 동시에 대두한 유교 의식에 관한 예학은 당시의 안정된 질서 사회에서는 문자 그대로 '실학'(현실적인 학문)의 구실을 다한 것임은 확실하다. 그러나 왜란과 호란 이후 제도 운영상의 무질서 및 경제 유통 조직의 파괴라는 극한적인 현실 앞에서는 이러한 이데올로기나 윤리 조례 등은 긍정적인 의미를 상실하였다. 이 때문에 예학이 의식화(儀式化)되었고 성리학의 관념화는 더욱 고질적인 정체 현상으로 나타났다. 유학 이데올로기는 현실적으로는 사대부의 계급적인 상징 또는 정쟁의 도구라는 의미만을 지니게 되었고, 당면 문제인 토지제도나 생산기술, 상품 유통 등의 개혁을 위해서는 오히려 악영향을 미칠 뿐이었다. 당연한 일이지만 난국을 타개하는 대담한 대안은 옛 체제에 유착하고 있는 관인 그룹이 아니라 권력 체제로부터 떨어져 있는, 혹은 소외당한 아웃사이더들의 계몽적 실증적인 책 속에서 구해야만 했다.

실학이 대두된 직접적인 계기가 된 당시 현실과 실학파의 계몽 활동의 전개 과정을 수학사적인 측면에서 살펴보면 대체로 다음과 같이 간추릴 수 있다.

첫째, 유럽 과학기술의 수용으로 인한 '서양의 충격'(서학)이다. 이 충격은 서양 문화와의 직접적인 교섭의 결과가 아니라, 중국을 통해 여과되어 들어온 것이었다는 점을 기억해야 한다. 이러한 서양과의 접촉은 이미 16세기 전반부터 시작되었다. 중종 15년(1520)에 역관 이석(李碩)이 '불랑기국(佛朗機國, 프랑스)', '만자국(滿剌國, 말라카)' 등을 소개하였다. 그 후 다음과 같은 경로를 통해 단편적이나마 유럽 과학 문명이 수입되었다.

- 이수광, 『지봉유설』에서 서양 사정을 소개
- 진주사(陳奏使) 정두원(鄭斗源), 예수이트회사(會士) 로드리게스(J. Rodriguez, 陸若漢)와 친교를 맺고, 한역판(漢譯版) 서양 과학책 및 기기를 입수
- 역관 이영준(李榮俊), 유럽식 역산법을 배우다(1631)
- 소현세자(인조의 세자), 북경에서 아담 샬에게서 유럽 과학을 배우다(1645)
- 유럽계 역학 『시헌력』 시행(1653)
- 주청사 이이명(李頤明), 북경에서 흠천감정(欽天監正) 쾨글러 (Ignotius Kögler), 재진현(載進賢) 및 소레즈(蘇林)와 접촉(1720)
- 사은사(謝恩使) 일행을 따라간 홍대용(洪大容, 1731~1783), 흠천감정 할러슈타인(Hallerstein, 劉松鈴)과 대담. 『열하일기(熱河日記)』의 저자 박지원은 그를 조선 최초의 지전설(地轉說) 제창자로 소개하였다.

둘째, 청 대 물질문명에 접근(북학)이다. 숭명배청(崇明排淸)이라는 정통주의적인 명분론은, 강희(康熙) - 옹정(雍正) - 건륭(乾隆)으로 이어진 청 대 문화의 정화에 직접 접촉한 선각자들이 그 위대한 문명을 적극적으로 배워야 한다는 설득력 있는 주장 앞에서 빛을 잃었다. 이른바 북학파의 지상(紙上) 캠페인은 청나라의 문물제도를 모범으로 삼고, 특히 생산기술 면에서의 낡은 폐단을 개선하는 일에 집중되었다.

셋째, '내부에 간직되어 있는 것'에 대한 관심—한국학의 연구—이다. 침략과 우월한 문명의 전파라는, 대륙으로부터의 이중 자극은 한국인의 주체의식을 각성시켰다. 이것은 망각하고 있던 조선의 독자적인 문화에 대한 자각을 가져왔다. 그 결과, 지도 제작을 포함한 지리학을 비롯하여 역사학·언어학·금석학 등의 분야에서 성과를 거두었다. 이 방면의 많은 저작과 저자, 연구가의 이름을 열거하는 일은 오히려 번거로울 뿐이다. 그러나 영·정조의 통치 기간 (1725~1800)에는 국가 사업으로 수많은 서적이 간행되었다는 사실은 덧붙일 필요가 있다.

요컨대 실학파란 어떤 특정한 의식 집단의 존재를 뜻하는 것이 아니다. 그들의 활동 내용도 유학 이데올로기에 대한 비판과 관료제 개혁안, 사회 정책·국학·그리스도교·과학기술의 소개 등 실로 다양한 영역에 걸쳐 있었다. 그러나 '실학'은 실용(實質)과 실증을 대전제로 하는 자각적인 지식인들이 계몽에 앞장섰던 새로운 시대 사조의 총칭이다.

또 실학파의 활동은 그 내용뿐만이 아니라, 과거에는 볼 수 없었던, 아주 오랜 기간에 걸쳐 전개된 지속적인 운동이었다는 점이다. 그 기간을 세분하여 토지제도와 행정 기구 등의 개혁에 중심을 둔 경세치용파의 시대(제1기), 경제 유통 질서와 생산기술의 혁신에 주로 관심을 둔 이용후생파의 시대(제2기), 경서와 금석 등의 고증을 주로 다룬 실사구시파의 시대(제3기)로 나누어 보는 견해도 있으나,[1] 전체적으로는 준비 시기까지 포함하여 16세기 중엽부터 19세기 중엽에 이르는 약 300년 동안의 지식 활동이었다고 할 수 있다.

실학자들의 과학기술관

앞에서 언급한 이수광의 『지봉유설』의 차례를 살펴보자.

> 천문부 · 시령부 · 재이부 · 지리부 · 제국부 · 군도부 · 병정부 · 관직부 · 유도부 · 경서부 · 문장부 · 인물부 · 성행부 · 신형부 · 어언부 · 인사부 · 잡사부 · 기예부 · 외도부(선도 · 수양 · 선문) · 궁실부 · 복용부 · 식물부 · 훼목부 · 금충부 ……

이 차례에서 알 수 있듯이, 백과사전식으로 다양한 내용을 다루었다. 중국의 학풍을 답습한 이러한 서술 형식은 그 후의 실학자들에게도 일관적으로 이어지지만, 이규경(李圭景, 1788~?)의 『오주연문장전산고(五洲衍文長箋散稿)』에서 절정에 이르렀다. 이규경은 60권으로 된 이 책에서 1,400여 가지의 항목에 걸쳐 문자 그대로 고금동서의 문물을 다음과 같은 주제로 엮었다.

천문역법 · 수리 · 시령 · 종족 · 역사 · 지리 · 경제 · 문학 · 문자 · 음운 · 금석 · 고기 · 전적 · 서학 · 서교 · 도교 · 불교 · 서화 · 의약 · 음양 · 오행 · 점서 · 재이 · 제도 · 습속 · 예제 · 복식 · 유희 · 주차 · 교량 · 치금 · 도예 · 병학 · 무기 · 기구 · 양전 · 양조 · 종축 · 초목 · 어충 · 조수 · 광물 ……

이 계몽서에 담긴 학문관 및 수학관의 내용은 무엇이었을까. 이규경은 동서양의 학문을 비교하는 자리에서 다음과 같이 말했다.

중국은 오로지 이기(理氣) · 성명(性命)의 학문에 전념하고, 하늘과 동화하기 때문에 형이상적이며, 서양은 오로지 궁리(窮理) · 측량의 학문을 추구하고 신과 그 힘을 겨루기 때문에 형이하학이라고 할 수 있다. …… 형이상의 학문이 형이하의 세계에서 쓸모가 없다면 마땅히 형이하의 학문을 배워야 한다. 이 사실을 여태 깨닫지 못하였음은 실로 통탄스러운 일이다.[『오주연문장전산고』 권9, 용기변증설(用氣辨證說)][2]

이 현실적인 기술주의는 기하원본(幾何原本)에 관한 해설에서도 유감없이 발휘되어 기하학의 목적을 낱낱이 열거하고 있다.

> 하늘의 두께를 재고, 지구에서 해와 달과 별까지의 거리가 얼마나 멀고 가까운지, 그 크기가 몇 배나 되는지 알아보고, 지구 지름을 알아보고, 산악의 크기와 높은 건물의 높이를 재고, 샘이나 계곡의 깊이를 알아보고, 두 지점 사이의 거리를 재고, 밭, 성곽, 왕궁의 넓이를 잰다.[3]

형이상학적인 수리관에 대해서는 전통의 입장을 존중하여 어떤 내용도 수정하지 않았다.

> 무릇 수라는 것은 모두 낙서에서 시작되었다. 4개의 바른 수는 하늘의 수 3에서 나온 수이
>
> | 4 | 9 | 2 |
> |---|---|---|
> | 3 | 5 | 7 |
> | 8 | 1 | 6 |
>
> 다. 고로 1에서 3에 이르고, 3에서 9가 되고, 9에서 27이 되고, 27에서 81에 이른다. 4개의 귀퉁이 수는 양자의 수 2에서 나온 수이다.
> 고로 2에서 4에 이르고, 4에서 8이 되고, 8에서 12가 된다. 16은 32에 이른다. 그 중심의 수 5는 3과 2의 합이다. 5는 25에 이르고, 25는 125에 이른다.
> 끝없이 가도 변함이 없고, 이 세 수를 천, 지, 인의 수라고 한다.[『오

『주연문장전산고』권4, 원방수변증설(圓方數辨證設)][4)

  말하자면, 수학을 대하는 기본적인 태도는 여전히 그대로였던 것
이다. 과거와 결별하여 새로운 외래 문화를 전적으로 받아들일 것을
제창하고 또 실제로 스스로 앞장서서 그것을 체득하려고 애쓴 일본
근대의 선각자들과는 대조적으로, 한국의 진취 사상은 처음부터 전
통이라는 '질서의 틀'을 의식하고 그 테두리 안에서 이루어졌던 것
이다. 한국과 일본의 전통 문화는 한마디로 '상향형(上向型)'이라고
규정할 수 있으나, 실은 엄격히 따져서 지식의 수용 자세, 더 넓게는
사유 형식, 즉 다른 문화 형태를 지닌 것이었다. 전통적인 성리학의
입장을 탈피하고 철두철미하게 경험주의로 일관한 실천적 사상가였
던[5) 최한기(崔漢綺, 1803~1879)조차도 수학을 이해하는 점에서는 틀림
없는 전통주의자였다.

    수학에 관한 지식의 정도에 따라서 그 사람의 식견을 재어 보고
    수학적 사고의 여부에 의해서 합리적 태도의 여하를 통찰할 수 있
    다.[『인정』권17, 선인 · 수학참어선거(數學參於選擧)][6)

  이같이 제법 과학적인 관리 등용법을 제창하면서도 수학관은 율
역지의 사상 바로 그것이라고 할 수 있을 정도로 전통의 그림자가
짙게 깔려 있었다.

몸가짐을 헤아리는 수(氣數), 시포(矢砲)가 충돌하는 원리가 되는 수, 그리고 도량형으로부터 언어나 동작에 이르기까지 수에 의해 지배되지 않는 것은 없다. …… 본래 기(氣)에는 반드시 이(理)가 있고, 이(理)에는 상(象), 그리고 상(象)에는 반드시 수(數)가 따르는 법이기 때문에 수로 말미암아 상에 통하고 상에 의하여 이에, 그리고 이에 의하여 기에 통하는 것이다.(『인정』 권1, 신기통)[7]

실학을 집대성한 사람으로 잘 알려진 다산 정약용(丁若鏞, 1762~1836)도 정치·경제를 비롯하여 군사·법률·문학·지리·역사·생리학·의학·천문역학·역학(力學)·수학 등에 관해 500여 권에 달하는 책을 썼고, 이를 통해 백과전서적인 해박한 지식과 기술을 터득했다. 또한 기중기와 활자 등도 손수 만들어 사용하였으며, 종두법(種痘法)까지도 익힌 실천가였다. 실제로 그는 농업 기술이 향상하면 곡물을 증산하고, 방직 기술이 발전하면 적은 원료로 많은 실을 얻을 수 있고, 군사 기술은 공격·방어·수송·수축 등에 도움을 주어야 하며, 의술의 발달은 진단과 처방을 보다 더 정확하게 해준다는 등의 상식을 바탕으로 기술을 서둘러 습득해야 하고, 그러기 위해서는 무엇보다도 겸허해야 한다고 역설하였다.

효제(孝悌)를 근본으로 삼고 수양하면 곧 예의와 습속이 도에까지 미친다. 이것은 남에게서 배워서 익히는 것이 아니라 본래적인 성질이다. 그러나 이용후생에 필수적인 백공기예(百工技藝)에 관해서는, 최근의 기술을 현장에서 직접 배우지 않으면 몽매함과 고루함을 타파하고 활용도를 높이는 것이 불가능하다. 기예를 신장시키는 일이야말로 경세가의 급선무이다.(『시문집』 3)[8]

그의 철저한 기술향상론은, 대개 왜구에 대한 공포와 문화적인 우월감이 뒤섞인 복잡한 감정으로 대해 왔던 일본의 기술조차도 실로 공평하게 평가하고 있다.[9] 일본이 단순한 기예 이상의 학문을 소유하고 있음을 인정한[10] 다산의 솔직함은 무엇보다도 경전의 교양을 긍지로 삼았던 여느 한국 유학자의 태도와 다르다는 점에서 주목을 끈다. 또 형 정약전의 수학에 관한 조예를

일찍이 내 사촌인 이벽은 역학에 흥미를 갖고 기하학 원본을 연구했으며 그 내용을 깊이 헤아리고 있었다.[『시문집』 서, 선중씨묘지명(先仲氏墓誌銘)][11]

라고 칭송하고 있으나, 형뿐만이 아니라 다산 자신도 수학을 바르게 이해하고 있었던 것 같다. 형이상학적이고 보편적인 수(象數, 氣數)의 이론과 보통의 수학을 혼동하는 전통적인 수학 사상의 오류를 날카롭게 비판하고 있다는 점에서 그것을 느낄 수 있다.

역수가의 차법(差法)은, 설령 그것이 극히 정밀하다고 하여도 악률에는 들어맞지 않는다. …… 문자를 보면 수리적으로 풀이하려는 태도는, 이를테면 불교도가 불법으로 대학을 해석하고, 정현(鄭玄,

중국의 천문학자)이 성상(星象, 천문)에 조예가 깊다고 해서 그것으로 주역을 설명하려는 것과 같은 이치이다. 이렇게 편협한 태도는 공정함을 이룩하지 못한 일종의 고질이다. 고악(古樂) 그 자체를 도외시하고 오로지 수리적으로 해석하려는 것은 무의미하다. 필경 수학자와 악률가는 상극의 사이이다.[『시문집』, 중형(즘仲氏)에게 보내는 답장]

이처럼 수학의 기능을 제한한 다산은 적어도 이 점에서만은 경험주의자 최한기보다 근대적인 감각이 월등했으며, 따라서 그만큼 전통적인 입장에 구애받지 않았다.

그는 분명히 수학과 철학(역수 사상)의 분리를 시도하였으며 근대

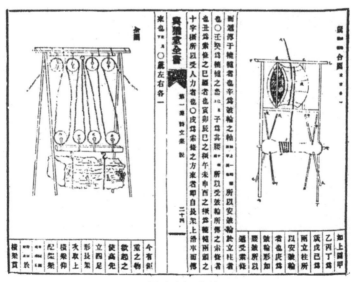

『여유당전서』 제1집

적 과학관에 접근하고 있었다.

> 수만 근의 무게가 되면 1,000명이 덤벼도 100마리의 소가 끌어
> 당겨도 끄떡도 하지 않지만, 어린이의 한 손으로도 그 짐을 거뜬
> 하게 들어 올릴 수 있다.(『시문집』, 기중도설)[12]

이렇게 전제를 한 후 기중기의 이론을 설명하고, 다산은 더 나아
가 도르래[滑車]에 관해서도 언급한다.

> 도르래 하나를 설치하면 50근의 힘으로 100근의 무게를 끌어올
> 릴 수 있다. 만일 두 개의 도르래를 사용한다면 25근의 힘으로
> 100근을 올릴 수 있다. 이것은 짐 전체 무게의 $\frac{1}{4}$ 에 해당하는 힘
> 이다. 세 개, 네 개, …… 의 차례로 도르래의 수가 늘어나면 이와
> 같은 이치로 당기는 힘이 줄어든다. 지금 그림과 같이, 상하 여덟
> 개의 도르래를 사용하면, 전체로 25배의 힘을 낸다. …… 즉, 40
> 근의 힘으로 능히 1,000근의 짐을 움직일 수 있다.(『시문집』 설, 총
> 설)[13]

이 설명도가 다산의 것이 아니라 나중에 엮은이가 그려 넣은 것
이라고 가정하더라도(이 점은 분명하지 않다), 상하 여덟 개의 도르래를
가지고 25배의 힘을 낸다는 그의 계산은 잘못된 것이다. 정답은 256
배인데 인쇄가 잘못된 것 같다.

일반적으로 말해서, 실학파가 근대의 과학기술에 공헌한 바가 있다고 하면, 그것은 이른바 이용후생이나 부국강병의 수단으로서 기술이 지닌 중요성을 정부 당국에 건의하고 '필요선(必要善)'이어야 할 기술의 존재 가치를 새삼스럽게 일반 식자층에 인식시켜, 결과적으로 중인 과학자의 긍지와 의욕을 돋우었다는 점에 그친다. 실학파 학자들이 유럽계의 신지식에 경이감을 품게 된 것은 과학 자체 때문이 아니라 산업이나 군사 또는 일상 생활에서 구체적으로 나타난 문명의 이기 때문이었음은 당연하다. 그렇지만 실학파들의 주장이 항상 결과 위주인 기예론의 주변을 맴돌았다는 점을 간과해서는 안 된다. 따라서 근대 유럽의 기술 혁명과 깊은 연관이 있는 과학 사상이나 과학 방법에 관심을 기울인 실학자는 있을 턱이 없었다. 이런 뜻에서 유럽 과학은 사실 근대 실학기에도 조선에 상륙하지 않았다. 실학파는 사상가로서는 본질적으로 유학 이데올로그였다. 그래서 과학에 관심을 보일 때조차 과학자로서가 아니라 오히려 비전문가적인 처지를 결코 넘어서려고 하지 않았다는 점도 주목해야 한다. 실학 운동은 과학에 대한 전통적인 입장에 아무런 실질적인 변화를 일으키지 않았다.

2. 실학기의 수학자와 수학책

새 수학의 태동

임진왜란 이후 60여 년 만인 17세기 후반(현종 1년, 1660)에 전주부윤 김시진(金始振)의 이름으로 『산학계몽』의 중간본(重刊本)이 인쇄되었다. 그 서문에

> 여태 남아 있는 수학책은 『상명산법』 정도에 지나지 않았으나, 마침 『양휘산법』의 초본을 찾아냈고, 이번에는 국초인본(國初印本)의 『산학계몽』을 입수할 수 있었다. 그리하여 지부 회사인 경선징(慶善徵)과 함께(파손된 부분에 관하여) 본래의 모습대로 바르게 잡았다.

는 구절이 있으나, 여기에서 말하는 '국초인본'이란 세종 시대의 인쇄본을 가리킨다. 경선징에 관해서는 『주학입격안』에 다음과 같이 기록되어 있다.[14]

경선징(慶善徵)
>어릴 때 이름은 선징, 자는 여휴, 병진(1614) 생, 교수, 활인 별시를 지냄(初名善徵, 字汝休, 丙辰(1614)生 敎授活人別提)

본관은 청주(淸州人)
>아버지 인의는 산학 별시, 조부 숙남은 부호군, 증조부 봉순은 성공삼, 외조부 이수경은 산학교수이며 본관은 영천, 처의 아버지 정효갑은 훈도이며 본관은 풍기, 후처의 아버지 이충일은 수학교수이며 본관은 전주.(父籌別提引儀褘, 祖 副護軍淑男, 曾祖繕工參奉洵, 外祖籌(算學)敎授李壽慶, 本永川, 妻 父青松訓導鄭孝甲, 本豊基, 後妻父籌敎授李忠一, 本全州)

그는 산학 출신의 중인이었다. 중간본의 원본인 국초인본은 산학원 발행으로 되어 있는, 경선징의 집에 전해 내려오는 책이 있다고 한다.[15]

『산학계몽』 중간본의 서문에 실린 앞의 단편적인 기사는 외부 침략 이후의 산학 운영에 관한 실정을 추정하는 데 대단히 귀중한 실마리가 된다. 우선 산사 양성용 교과서이자 채용 고시의 출제 범위

이기도 한 『산학계몽』이나 『양휘산법』 등의 중요한 수학책이 그동안 분실되었다는 점을 지적할 수 있다. 이 중간본보다 늦게, 17세기 말 (또는 18세기 초)에 저술된 수학책에서는, 동양 수학의 대표적 고전인 『구장산술』[16]조차도 이미 찾을 길이 없다고 했다.[17] 전란을 겪고 난 뒤 수학책의 불모 상태를 짐작하고도 남는다. 두 번째로는 그동안의 산학 고시의 출제 범위가 『상명산법』 정도의 초등적인 내용에 한정되고, 따라서 산사의 능력도 크게 떨어졌을 거라는 점이다.

여기서 오해가 없도록 분명히 해둘 것이 있다. 수학책의 상실은 전쟁 때문임이 틀림없고 그 결과 산학의 정체가 가속화되었다는 것도 사실이지만, 그렇다고 해서 전쟁을 계기로 그때까지 정상적으로 운영된 산학이 일시에 쇠퇴하기 시작하였다는 뜻은 아니다. 본래 중세적인 농업 국가인 조선의 관료 조직의 특성상 실무에 필요한 수학은 그렇게 고도의 것이 아니었고, 어쩌다가 지적 호기심이 왕성한 세종을 만나 그의 적극적인 장려책을 통해 수학 연구의 붐이 갑자기 일어난 것뿐이었다. 그 여파로 산사들에게도 필요 이상의 수학적 소양이 요구되었던 것 같다. 그 후 지배층의 관심이 점차 뜸해지면서 연구열도 식고 일상의 실무 기술로서 그 기능이 축소된 것이 틀림없다. 그리고 수학책에 관해서는 당초의 인본(印本) 또는 그 필사본 따위가 중인 산학자 사이에서 집안 대대로 몰래 전해 내려왔다고 보아야 할 것이다. 어쨌든 산학을 시들게 한 주범을 전쟁 탓으로만 돌리는 것은 너무도 안이한 판단이고, 무의미하기조차 하다.

제도상으로 본 실학기의 수학

앞에서 '관영 과학'이라는 표현을 자주 사용하였으나, 역대 위정자들은 이러한 과학의 한 분야인 산학을 하나의 독립된 학문으로 생각한 적이 단 한 번도 없었다. 이것은 세종도 예외가 아니었다. 학문이란 역학(易學)적 우주관이든, 유학의 윤리 사상이든, 또는 시문(詩文)이든 심지어 형식에 치우친 예론(禮論) 따위라도 인간이나 인간 사회를 직접 주제로 삼는 인본주의적인 지식이어야 했다. 수를 대상으로 하는 경우에도 그것이 가령 '상수(象數)' 이론처럼 인간 생활과 밀접한 관계가 있는 어떤 실천적 기능을 다룬다면 그 지식 체계는 학문의 영역으로 상승할 수 있는 기본 자격을 지니고 있는 것이다. 그러나 사회생활과 깊은 연관이 있다고 하여도 그것은 지배 원리로 작용하는 것이 아니라 수단으로 사용되었다. 수학을 비롯한 과학기술 분야는 '잡기'라는 이름으로 낮은 위치를 강요당했다. 수 자체에 관한 이론, 즉 순수 수학에 속하는 연구는 실천적인 의미를 지니지 못했기 때문에 처음부터 성립될 수 없었다. 수의 이론은 형이상학적인 기능 아니면 계산술의 어느 한쪽에 관한 것이었으며, 과학(scienc, Wissenschaft)의 의미를 띤 적은 없었다. 실학기의 과학 사상도 근본적으로 이러한 전통적인 기술관에서 한걸음도 나아가지 못했음을 이미 앞에서 살펴보았다. 바꾸어 말하자면 계몽 학자들이 과학기술을 중요시한다고 해서 그것을 존경한다는 뜻은 아니고, 모순된 표현인지도 모르나, 오히려 어떤 의미에서는 멸시하고 있었던 것이 사실이다. 이 점에서는 실학자들도 여느 양반 지식인과 다르지 않았다. 과학 지식을 소개는 해도 자신은 결코 과학자가 되려고 하지 않았기 때문이다.

자유롭게 발언할 수 있는 개인의 처지에서도 그랬는데, 보수적인 체제 속의 과학기술 정책에 어떤 탈전통적인 근대화의 조짐을 기대하는 것은 처음부터 무리였다. 산학 역시 조금이라도 주목을 끌 만한 '충격'적인 일은 벌어지지 않았다. 다음 표에서 뚜렷하게 드러나듯이, 산학의 규모가 근대 실학기에 접어들면서 확대되는 면이 있었던 것은 사실이다. 그러나 그것은 관료 기구의 팽창 또는 구체적인 행정 집행상의 필요에서 빚어진 오로지 과학 외적인 요인에 의한 결과였다.[18] 과학기술을 정책적으로 진흥시키고 정비한 치세가 없었던 것은 아니었다. 그러나 이것을 실학파의 극성스러운 주장과 건의가 정부 정책에 반영되고, 그 당위성이 실천으로 옮겨진 것이었다고 오해해서는 안 된다. 실학 운동이 자극을 주었다는 사실은 부정할 수 없으나, 결과적으로 관료 체제 속에 실현된 내용은 전통적인 잡학이었고, 따라서 이 점에서도 정통주의의 부활에 대한 재확인이 있었을 뿐이다. 산사 채용 인원을 정원제의 틀 안에서 점차 늘려가는 것이 아니라 시기마다 필요에 따라 자의적으로 대폭 증감하는 것을 보면 지배층이 기술학을 일종의 도구로 보는 관점에는 변함이 없었음을 알 수 있다.[19] 이러한 가치 구조의 전통성과 관료 조직의 경직화(硬直化)라는 환경 조건을 전제로 하여 이 무렵의 산학을 평가해야 할 것이다.

조선 역대 산학 합격자 수(효종 대부터 고종 25년까지)

※『주학입격안』에서 인용

연대		합격자 수	비고
효종 1년	1650	3	
4년	1653	4	
5년	1654	3	
6년	1655	2	
7년	1656	12	
8년	1657	1	
10년	1659	1	
현종 3년	1662	1	
4년	1663	1	
5년	1664	5	
6년	1665	4	
현종 7~숙종 16년	1666~1690	86	원문(原文)에는 강희(康熙)로만 되어 있다
숙종 17년	1691	12	
숙종 18~경종2년	1692~1722	185	원문(原文)에는 강희(康熙)로만 되어 있다
경종 3~영조11년	1723~1735	15	원문(原文)에는 옹정(雍正)으로만 되어 있다
영조 12~52년	1736~1776	175	원문(原文)에는 건륭(乾隆)으로만 되어 있다
정조 1년	1777	24	
3년	1779	15	
4년	1780	9	
5년	1781	17	
7년	1783	12	
8년	1784	6	
10년	1786	12	
12년	1788	9	
13년	1789	6	
14년	1790	6	
15년	1791	9	
16년	1792	6	
17년	1793	6	
18년	1794	6	
19년	1795	6	
20년	1796	7	
21년	1797	5	
22년	1798	7	
23년	1799	6	
24년	1800	6	
순조 1년	1801	6	
3년	1803	12	
4년	1804	6	
6년	1806	12	
7년	1807	6	
8년	1808	6	
9년	1809	6	
10년	1810	6	
12년	1812	30	동년 5월 12명, 7월 18명
13년	1813	6	

	서력	합격자 수	비고
14년	1814	6	
17년	1817	15	
18년	1818	5	
19년	1819	10	
21년	1821	12	
22년	1822	5	
24년	1824	8	
25년	1825	11	
28년	1828	16	
29년	1829	22	
31년	1831	14	
32년	1832	26	동년 8월 6명, 12월 20명
헌종 1년	1835	16	
2년	1836	5	
3년	1837	4	
4년	1838	12	동년 9월 4명, 12월 8명
8년	1842	6	
9년	1843	8	
10년	1844	14	
12년	1846	6	
13년	1847	9	
14년	1848	13	동년 3월 9명, 12월 4명
15년	1849	2	
철종 1년	1850	3	
3년	1852	9	
4년	1853	4	
6년	1855	9	
7년	1856	4	
8년	1857	18	동년 1월 9명, 6월 9명
10년	1859	11	
11년	1860	7	
12년	1861	4	
14년	1863	4	
고종 1년	1864	7	
2년	1865	4	
4년	1867	5	
5년	1868	4	
6년	1869	5	
7년	1870	3	
8년	1871	90	
10년	1873	31	
13년	1876	13	
16년	1879	12	
17년	1880	5	
19년	1882	15	
21년	1884	11	
22년	1885	6	
23년	1886	29	동년 2월 24명, 9월 5명
25년	1888	7	동년 2월 11명, 3월 3명, 8월 3명

한국 수학사

역대 산학 합격자 수 증감 그래프

※단 인원 수는 각 왕 치세 동안의 연평균 합격자 수를 나타낸다.

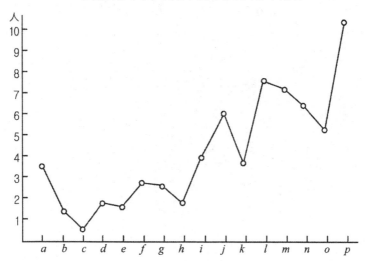

a : 연산군 1~11년
b : 중종 1~16년
c : 중종 17년~명종 22년
d : 선조 1~41년
e : 광해군 1~15년
f : 인조 1~27년
g : 효종 1~10년
b : 현종 1~6년
i : 현종 7년~숙종 17년
j : 숙종 18년~경종 2년
k : 경종 3년~영조 52년
l : 정조 1~24년
m : 순조 1~34년
n : 헌종 1~15년
o : 철종 1~14년
p : 고종 1~25년

명군 영조의 치세(1725~1776)는 실학의 난숙기와 때를 같이한다.

일찍이 볼 수 없었던 가장 강력한 왕권을 확립했던 영조는 관제 개혁과 서자의 정직 진출을 비롯하여 도량형 정비와 통제, 엄정한 양전 실시, 방제 수축, 총포 제작 등 부국강병에 힘을 쏟는 한편, 세종

배치 부서	정원	직무 내용
회계사(會計司)	5	각 사·각 도의 전곡(錢穀), 관리의 녹봉에 관한 회계
판적사(版籍司)	6	본사 소속의 각 부서에 관한 회계, 호남·호서 지방의 토지대장·양곡대장의 관리
지조색(支調色)	6	별례방(別例房) 소속의 각 부서의 회계, 영남·관북 지방의 토지대장·양곡대장의 관리
판별방(版別房)	6	본방 소속의 각 부서의 회계, 호남·관북 지방의 토지대장·양곡대장의 관리
해유색(解由色)	6	소속된 각 부서의 회계, 경기·관서·강화부·개성부·수원부·광주부(廣州府)의 토지대장·양곡대장의 관리
세폐색(歲幣色)	4	본사 및 광흥창(廣興倉)·외도고(外都庫)의 회계
작미색(作米色)	5	별영(別營)·별고(別庫)의 회계, 방출하는 양곡의 대장 관리
수공속색(收貢粟色)※	10	팔도의 노비로부터 수공 및 그 회계 문서 관리
응판색(應辦色)	4	본사(외국 사신의 접대)의 회계
목물색(木物色)※	2	국용(國用)의 목재 출납에 관한 사무
금은색(金銀色)※	2	본새금은의 제련(製鍊)]의 회계
주전소감관(鑄錢所監官)	2	본소의 회계 및 주전(鑄錢)에 관한 문서 관리
선혜청(宣惠廳)※	3	전곡(錢穀)의 출납, 현물 화폐[늠포(廩布)]의 회계
균역청(均役廳)※	2	
병 조(兵曹)※	2	
양 청(粮廳)※	1	
금위영(禁衛營)※	1	
어영청(御營廳)※	1	
수세소(收稅所)※	2	강물에 떠내려 오게 한 목재에 대한 $\frac{1}{10}$세를 부과하는 업무

※ 표를 한 부서는 다른 부서 계사가 겸임 또는 파견 근무한다.

시대의 측우기 복원, 악제의 정비, 활자 주조, 서적의 편찬과 간행, 도서관 건립 등 문치(文治)에 지중하여 국정의 정상 회복을 위해 정력적으로 활동하였다. 물론 천문학에도 비상한 관심을 쏟았으며, 천문도를 작성하고 역술책을 구입하고 편찬하는 일에도 힘썼다. 그 열의는 영조 20년(1744년 7월) 북경에서 흠천감 감정의 지위에 있던 선교사 쾨글러로부터 서양 근대의 역산법을 배워 온 관상감 기사들에게 특별 포상을 내렸다는 기록에서도 엿볼 수 있다. 산학제도 역시 정비되었다. 영조 21년에 공포된 『속대전(續大典)』에서는 산생의 정원이 이전의 15명에서 61명으로 대폭 증가했음을 볼 수 있다. 순조 8년(1808)에 엮은 『만기요람(萬機要覽)』에는 관료 체제 내의 계사 60명의 직무 내용을 다음과 같이 소개하고 있으나, 아마도 그 내용은 영조 시대에 정비된 것으로 생각된다. 그러나 이것은 체제상 형식에 관한 문제이고, 실질적인 산학의 팽창은 이미 숙종 대에 이루어졌다고 보아야 한다.

양전에 관해서는 엄벌주의로 공정을 지킨다는 것이 『속대전』에 명시되어 있다.

전지를 재측량할 때, 감관 등이 사용하는 땅(起耕地)을 사용할 수 없는 땅(廢耕地)으로, 그리고 사용할 수 없는 땅을 사용할 수 있는 땅으로 고의로 고치기도 하고, 또는 땅의 모양을 사실과 어긋나게 기록하고 전지를 사정에 의해 대장에서 누락시키고, 혹은 사실을 왜곡시키는 자는 1부마다 태형(笞刑) 10회에 처하고, 장(杖) 100회로 그 벌을 준다. 도합 1결의 부정을 범한 자는 장 100회에 처한 후, 30리 원방으로 유형을 보낸다. 토호(土豪)와 농민이 결탁하여 부정을 저질렀을 때 정부 고위 관리일지라도 단죄하고 누락시킨 전지를 모두 몰수하여 국고에 귀속시킨다. …… 토호가 전지의 결부 수를 허위 신고하고 죄를 면하기 위해 노비의 명의로 경작자를 사칭할 경우, 정부 고관일지라도 장 100, 3년의 도형(徒刑)에 처한다.(『속대전』, 호전·양전)

그러나 정밀한 양을 실시한다는 것은 이것과는 별개의 문제였던 모양이다. 『만기요람』에는,

땅의 모양이 각양각색이고, 그 명칭도 여러 가지여서 번거롭기 때문에 편의상 방전·직전·제전·규전·고구전의 다섯 종류로 나누어 측량하여 대장에 기록한다. 방전은 한 변의 제곱, 직전은 가로 세로를 서로 곱하고, 제전은 윗변과 아랫변의 각각 반을 합하여 그것의 높이를 구하고, 규전은 밑변의 반과 높이를 곱하며, 고구전은 밑변에 높이를 곱한 반이다.(「재용편 2」, 양전법)

이와 같이 간편한 방법을 써서 대강의 넓이를 셈한다고 되어 있으나, 그것도 실제에서는 더욱 약식화된 예가 많았던 것 같다.

땅의 모양이 분명하지 않은 곳에서는 방전과 직전의 모양을 만들고 이것을 잰다. 그리고 경사를 이룬 땅은 별도로 땅의 모양을 만들어서 측량한다.(『속대전』, 호전·양전)

요컨대 측량의 목적은 정확한 땅의 면적을 구하는 데 있었던 것이 아니었다. 과세에 공정을 기할 수 있는 범위 안에서 어림셈을 하면 충분했던 것이다. 산사들이 양전 현장에 동원되지 않았던 이유가 바로 이것이라고 보아야 한다.[20] 이와 같은 기술 외적인 실용주의와 편의주의가 지배하는 상황에서는 측량 기술의 발달을 기대할 여지

가 전혀 없고, '방전장(方田章)' 속에 있는 전지계산법은 중인 산사들의 탁상공론으로 끝나 버렸다. 나중에 다시 언급하겠지만 기술적인 토지 측량은 조선 말에 이르기까지 끝내 실현을 보지 못하였다. 양전과 관련된 현장의 측량사(引繩者)의 무능함과 간계는 끝까지 국가 재정을 좀먹고 농민을 괴롭히는 고질로 남았다.

산학자와 그들의 대표작

경선징과 『묵사집』

경선징(1616~?)에 대해서는 앞에서 인용한 『주학입격안』 이외에는 인적 사항을 기록한 기사가 아무것도 없다. 물론 인명사전에도 그의 이름은 보이지 않는다. 아마도 중인 출신이기 때문일 것이다. 그러나 당시 그는 산학자로서는 최고였던 모양이다. 『구수략(九數略)』의 저자는,

> 서양으로는 마테오 리치(利瑪竇)와 아담 샬(湯若望)이 있고, 우리나라에는 …… 근세에 있어서는 경선징(慶善徵)이 가장 저명하다.[21]

고 격찬하고 있다. 그가 저술한 산서 중[22] 현재까지 남아 있는 것은 『묵사집(嘿思集)』 한 권뿐이다.

이 책의 차례는 다음과 같다.

상권

포산선습문(布算先習門)(25문제) · 종횡인법문(縱橫因法門)(8문제) ·
단위귀법문(單位歸法門)(8문제) · 수신귀제문(隨身歸除門)(26문제) ·
이승동제문(異乘同除門)(14문제) · 귀제승실문(歸除乘實門)(66문제)

중권

취물추분(就物抽分)(4문제) · 화합차분문(和合差分門)(28문제) · 전무
형단문(田畝形段門)(24문제) · 창돈적속문(倉囤積粟門)(12문제) · 상
공수축문(商功修築門)(19문제) · 퇴타개적문(堆垛開積門)(10문제) · 측
량고원문(測量高遠門)(9문제) · 약분해제문(約分解齊門)(16문제) · 인
잉구총문(引剩求總門)(3문제) · 가감승제문(加減乘除門)(5문제)

하권

화답호환문(和答互換門)(11문제) · 호승화합문(互乘和合門)(18문제) ·
차등균배문(差等均配門)(16문제) · 화취호해문(和取互該門)(10문제) ·
개방해은문(開方解隱門)(43문제)

차례를 보고 알 수 있는 것처럼, 이 책은 『산학계몽』의 스타일을
모방하였다. 그러나 첫머리에 있는 '구구합수(九九合數)'의 대목에서
는 『산학계몽』의 경우와는 거꾸로, 곱셈 구구(九九)가 '구구팔십일(九
九八十一)'로 시작하고 있으며, 이것을 나눗셈 구구에까지 철저하게
적용하고 있는 것이 이색적이다. 이 보수성은 일본의 수학사가를 감
탄시킬 정도로 옛 식에 충실하다.[23] 그러나 고전성으로의 복귀를 단

순히 정체라고 해석한다면 그것은 한국 수학에 대한 무지라고 할 수 밖에 없다. 이 수학책이 저술된 때는 『산학계몽』 중간본 서문이 밝히고 있는 것처럼, 전통 수학 대부분이 거의 잊힐 뻔한 상태였던 시기이다. 따라서 이러한 불모의 상황 아래서 쓰인 산서는 산학을 부활시켜 옛 전통을 되찾겠다는 산학자로서의 사명감과 포부를 마땅히 담고 있어야 한다. 즉, 『묵사집』에 감돌고 있는 짙은 고색(古色)은 동양 전통 수학의 정통성을 되찾으려는 적극적인 태도를 반영하고 있다고 보아야 할 것이다. 그렇지 않고서는 「율력지」나 옛 수학책[24] 등을 인용하여 일부러 구구의 순서를 역전시킨 이유를 달리 찾을 길이 없기 때문이다. 어쨌든 중국 수학의 선(線)을 따르면서 단순한 모방에 그치지 않고 항상 이데올로기 면에서, 그리고 방법 면에서도 엄격하게 정통성을 의식한 한반도 산학자의 지나치리만큼 고지식한 고전 지향성은 같은 동양 수학의 영향권 내에 있던 일본 와산가의 무사상성과는 너무도 대조적이다.

이 책에서 다루는 문제가 당시의 사회 현실을 잘 반영하고 있다는 사실은 저자가 그만큼 수학 지식을 충분히 소화하고 있었다는 것을 시사해 준다. 그러나 내용에서는, 예를 들어

3으로 나누면 1, 5이면 2, 그리고 7로 나누면 3이 남는 …… 수[25]
매일 소나무는 반씩, 대나무는 배로 늘어난다면 며칠 만에 길이가 같아질까?

라든지, 직각삼각형의 두 변의 길이를 알고 남은 한 변의 길이를 구하는 것 정도를 다루고 있어서 이 책에서 다루는 것은 『산학계몽』의 수준에도 미치지 못한다. 하기야 『산학계몽』에는 생략되어 있는 산가지 계산에 대한 설명 '포산선습문(布算先習門)'을 넣는 등 저자의 의도는 처음부터 이 책을 수학 입문서로 쓰려는 것이었기 때문에 수준이 낮은 것은 당연하다고 할 수 있다.

최석정과 『구수략』

서른에 진사 시험에 수석 합격, 그 후 부제학·이조참판·좌의정·우의정·대제학, 마침내는 영의정 등 조정의 현직을 두루 거쳤던 최석정(1645~1715)은 명재상 최명길의 손자로, 명문가에서 태어났다. 그는 당시 사대부가 이상으로 삼은 교양을 고루 갖춘 조선의 전형적인 대귀족 학자·정치가였다. 최석정이 쓴 『구수략』은 중인 수학과는 다른, 조선 사대부층의 수학 사상의 단면을 보여준다는 점에서 아주 흥미롭다.

『구수략』은 동양의 '중세적 보에티우스 수학'이라고 할 정도로 서술 방식이 유럽의 사원 수학과 비슷하다. 보에티우스(Boethius, 480?~525)의 수학은 신학적 및 형이상학적 수론이 중심이며, 현실적인 계산을 도외시한 그 산술(수론)은 신학의 삼위일체설에 바탕을 둔 수의 분류를 주제로 다루었다. 우선 모든 정수는 삼위일체의 '3'을 원리로 하여 다음 셋으로 분류된다.

완전수 : 가령 6처럼 자신을 제외한 모든 약수의 합이 그 자신이
　　　　되는 수
부족수 : 가령 8처럼 자신을 제외한 약수의 합이 자신보다 작은 수
과잉수 : 가령 12처럼 자신을 제외한 약수의 합이 자신보다 큰 수

　그리고 또 우수(偶數, 짝수)는 우수적 우수·우수적 기수(奇數)·기
수적 우수로, 기수는 소수·비소수·호소수(互素數)로 나누어 제시하
고, 이렇게 초월적인 수의 신비성을 문제 삼고 이러한 수의 기능을
신학의 경전 해석에까지도 적용하였다.

　최석정의 『구수략』도 형이상학적인 역학 사상(易學思想)에 의해서
수론을 전개하고 있다는 것이 특징이다. 이 책은 첫머리에 '수원제
일(數原第一)'이라고 내걸고 '수생어도(數生於道), …… 태일자수지시야
(太一者數之始也), 태극자도지야(太極者道之也)'와 같이 수의 본원, 즉 그
존재론적 기초가 무엇인가를 간단하게 설명하고 있다. 이어서

　　　수명제이(數名第二), 명자수지기야(名者數之紀也) ……
　　　수위제삼(數位第三), 위자수지서야(位者數之序也) ……
　　　수상제사(數象第四), 상자수지형야(象者數之形也) ……
　　　수기제오(數器第五), 기자수지물야(器者數之物也) ……
　　　수법제육(數法第六), 법자수지용야(法者數之用也) ……

라는 형이상학적 독단론의 입장에서 각각 수사·단위·산가지의 배

열 방법·산가지(策)·계산의 사칙 등에 대해서 설명한다. 저자는 동양 수학의 대표적인 고전인 『구장산술』의 각 장을 음양 사상과 연결시켜서 다음과 같이 분류하여 이것에 '구장분배사상(九章分配四象)'이라는 어려운 명칭을 붙였다.

> 태양(日), 일, 방전(方田)
>
> 태음(月), 이, 속미(粟米), 소광(小廣)
>
> 소양(星), 삼, 상공(商功), 쇠분(衰分), 영뉵(盈朒)
>
> 소음(辰), 사, 균수(均輸), 구고(句股), 방정(方程)

그 이유에 대해서는

> 방전장은 승법(乘法)이기 때문에 태양에 속하고, 속미장은 제법(除法)이기 때문에 태음에, 그리고 또 소광장(용적 계산)은 가장 심유(深幽)하기 때문에 역시 태음에 속한다.

라는 식이다. 이어 음양설과 수 체계의 상호 관계를 다음과 같이 꾸미고 있다.

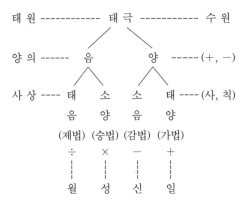

이 표에서 보면 다음과 같은 대응을 성립시키고 있다.

태원, 양의, 사상 ⇄ 수원(+, −), 사칙

사칙(+, −, ×, ÷) ⇄ 일, 월, 성, 신

『구수략』 네 권의 차례는 다음과 같다.

갑권

수원(數原), 수명(數名), 수위(數位), 수상(數象), 수기(數器), 수법(數法)(가감승제 · 승제이법 · 구구도사 · 구구구결 · 총론팔법 · 음양정수이법 · 승제구결 · 음양변수육법 · 승제원류 · 손익구결 · 구일구결 · 쌍일구결 · 지분약법)

을권

통론 사상, 태양지수[累加], 태음지수[累減], 소양지수[相乘], 소음지

수[相除], 사상정수, 태양지수[總乘], 태음지수[總除], 소양지수[準乘],
소음지수[準除], 태양지수[方乘], 태음지수[方除], 소양지수[準乘], 소음
지수[準除]

병권

태양지수[遍乘], 태음지수[遍除], 소양지수[較乘], 소음지수[較除]

정권(부록)

문산(文算), 주산(珠算), 주산(籌算, 산가지 산학), 하락변수(河洛變數)

갑권의 수법(사칙연산)이 덧셈·뺄셈의 구구로부터 설명되고 있다
는 것에서 이 책의 내용이 극히 초보적임을 한눈에 알 수 있다. 곱
셈 구구에 관해서는,

1에 1을 곱하면 1, 2를 곱하면 2, 3을 곱하면 3 ……[26]

으로부터 시작하여 이어서 구구의 표(九九子數名圖), 그리고 마지막에
구구의 노래(九九合數口訣)

1·1은 1, 1·2는 2, 2·2는 4 ……[27]

를 보여주는 등 세 번에 걸쳐 지나칠 정도로 친절하게 설명하고 있
다. 산가지의 배열 방법(數象第四)에 관해서는 『산학계몽』에 의한 포

산구결이라고 전제하여

> 일은 세로, 십은 가로, 백은 세우고, 천은 가로, 천과 십은 같이
> 눕히고, 만과 백은 같이 세우다.[28]

라고 설명한 다음 실제 예를 들고 있다.

Ⅲ ㅗ ㄒ ㅗ Ⅲ ☰ Ⅲ ☰ │

9 8 7 6 5 4 3 2 1

(987,654,321)

ㅗ Ⅲ ㅗ Ⅱ ☰   ☰ Ⅲ － ㄒ

9 4 7 2 5 0 3 8 1 6

(9,472,503,816)

산가지 계산법도 그림으로 나타내고, 일일이 그 알고리즘을 설명하고 있다. 예를 들어 길이 36보, 폭 24보인 직전(直田)의 면적 '36×24'의 계산(포산)은 다음과 같다.

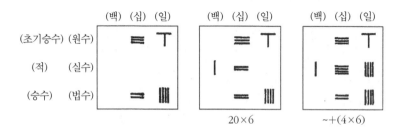

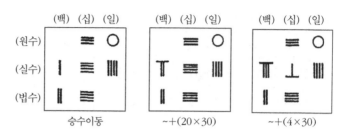

	(백) (십) (일)	(백) (십) (일)	(백) (십) (일)
(원수)			
(실수)			
(법수)			
	승수이동	~+(20×30)	~+(4×30)

이 방법은 피승수의 윗자리부터 곱하는 『손자산경』 등의 옛 산법
의 순서와 반대이다. 옛 법을 따르지 않는다는 점에서는 곱셈 구구
의 경우도 마찬가지이다. 이 책의 특색은 다른 데 있었던 것이다.
『구수략』의 특징은 2권부터 나타난다. 즉,

> 태양은 일(日), 태음은 월(月), 소양은 성(星), 소음은 신(辰)이다. 천
> 지 사이에 이 사상(四象)이 있을 뿐, 수의 이치[數理]가 아무리 오
> 묘하다고 하여도 이 범위를 벗어나지 않는다.[29]

는 대전제에서 출발하여

> 해 1률 : 원수(곱해지는 수) 달 2율 : 법수(나뉘어지는 수)
> 별 3율 : 실(중간의 곱) 진 4율 : 은수(곱)

의 틀 안에서 계산을 고정시킨다. 이 형식을 익히게 하기 위해서, 갑
권에 있는 것과 똑같은 문제를 두 번 다시 등장시키고 있다.
  예를 들어

1년은 12개월, 그리고 매월 30일이라 할 때, 1년의 날 수는 얼마인가?

를 여기에서는 다음과 같은 패턴 속에서 푼다.

1율은 1(하루)   2율은 30(한달의 날수)
3율은 12(1년의 달 수)   4율은 360(1년의 날 수)

저자는 이 새로운 포산을 크게 자랑으로 삼고 있는 것 같으나, 실은 겉치레만 음양 사상으로 꾸며 놓았을 뿐, 이 형식은 실제의 계산법과는 전혀 관계가 없다.

정권의 부록에서는 문산(文算, 寫算, 또는 鋪地錦)·주산(珠算)·주산(籌算)·하락변수(마방진)를 다룬다. 문산에 대해서는 '문산, 속칭 사산, 일명 포지금'이라고 사산(오경), 『구장산법비류대전』 이외에 '포지금'의 이름을 소개하고 있는 것은 『산법통종』에서의 인용이다. 문산과 주산(籌算)의 발생은 인도—아라비아식이라는 것, 그리고 구조적으로는 이른바 격자산(格子算)이라는 점에서 동일하다. 다만 17세기 무렵 유럽에서 역수입된 것이 주산(籌算)이라고 불리게 된 것이다.[30] 즉, 수입의 시기에 차이가 있는 정도이다.

포산

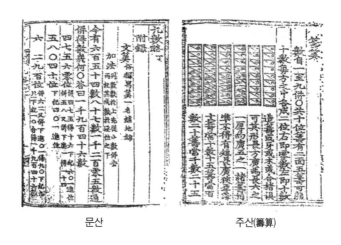

문산   주산(籌算)

　　중국의 수학책을 통해서 알게 된 외래의 근대적 계산법은 중국에
서와 마찬가지로 조선 수학자의 호기심을 약간 자극하는 정도에 그
쳤다. 특히 사대부 출신의 최석정은 독자에게 이방의 기술(奇術)을 알
려준다는 의무 이상의 관심은 없었던 것처럼 보인다. 저자의 보수적
인 자세는 주산(珠算)을 설명하는 자리에서 뚜렷하게 드러난다.

　　중국의 관공서나 상가에서는 산가지 셈산(竹算)을 그만두고 주산
　　을 사용한다. 일본도 마찬가지이다. 그러나 이 주산은 번거롭기만
　　할 뿐, 사실은 산가지 계산에 미치지 못한다.[31]

　　최석정의 중세적 수리 사상은 마지막 마방진에서 그 면목을 여실
히 드러낸다. 『양휘산법』 중에서 차용한 것 외에 스스로 만든 마방

진을 추가해서 '구수음면(九數陰面)·백자자수음양착종면(百子子數陰陽錯綜面)·백자생성순수면(百子生成純數面)·천수용오면(天數用五面)·하면사오면(河面四五面)·낙서사구면(洛書四九面)·중상용구면(重象用九面) 등 어마어마한 명칭을 일일이 붙였다. 여기에서 중요한 점은 마방진 연구는 중국이나 일

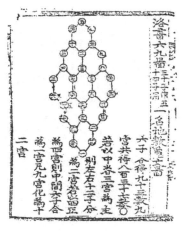

낙서육구면

본에서처럼 단순한 수학 퍼즐이 아니라 아주 심각한 신앙 고백이었다는 사실이다. 마방진을 만든 것은 한국인의 의식에서는 수의 신비적인 기능을 빌려서 우주 질서와 조화를 꾀하고, 그 속에 심취하여 황홀감을 누리는 데 목적이 있었다. 과거뿐 아니라 지금도 우리의 주변에는 수학 외적인 이유로 마방진을 연구하는 최석정의 후예가 의외로 많이 있다.

인용한 책의 목록과 고금 산학자를 소개하는 대목에서는 보수적이고 반상업적이었던 사대부의 '사원수학(寺院數學)'의 진면목을 유감없이 발휘하고 있다.

인용서 목록

『주역(周易)』·『모시(毛詩)』·『상서(尙書)』·『춘추좌씨전(春秋左氏

傳)』·『공양전(公羊傳)』·『주례(周禮)』·『예기(禮記)』·『논어(論語)』·
『맹자(孟子)』·『중용(中庸)』·『대학(大學)』·『이아(爾雅)』(이상 경서)

『장자(莊子)』·『순자(荀子)』·『손자(孫子)』·『회남자(淮南子)』·『음부
경(陰符經)』·『법언(法言)』(이상 제자(諸子))

『구장산경(九章算經)』·『칠정산(七政算)』·『산학계몽(算學啓蒙)』·『산
학통종(算學統宗)』·『승제산법(乘除算法)』·『적기산법(摘奇算法)』·『전
무비류(田畝比類)』·『천학초함(天學初函)』·『주산(籌算)』·『상명산법(詳
明算法)』·『묵사집(嘿思集)』(이상 산서)

고금산학(古今算學)

옛날 황제가 간지를 만들어 달력을 꾸미고 ······.[32]

이라는 서론에서 시작하여, 한국의 산학자 명단을 다음과 같이 열거
하였다.

동국, 즉 신라에는 최치원이 수학의 재주에 정통하였고, 조선에는
남재가 있었으며 계산에 능통하고 황희는 수리에 능통했다. 유가
로는 서경덕이 수학에 정통했다. 이황, 이이는 둘 다 산에 밝았다.
근세 사대부로는 전라감사 김시진, 참판 이관, 군수 임준, 고산 박
률, 그리고 최고의 산사로서 경선징을 들 수 있다.[33]

이 중 최치원·남재·황희·서경덕·이황·이이 등은 산학자라고 부르기는 어렵다. 최석정이 이들 명유학자의 이름을 구태여 꺼낸 이유는 경학의 형이상적 수리까지도 일종의 산학으로 간주하고 있었기 때문인 것 같다. 이것은 산학 아닌 수론(數論)이라는 뜻으로, 여기에서는 예수(藝數)·정산(精算)·서수(書數)·수학(數學)·산법(算法) 등 다양한 표현이 쓰이고 있다. 전문 산학자에 대해서는 '술사(術士)'[34]라는 이름으로 따로 부르고 있다. 이처럼 산·수라는 이름 아래, 형이상적인 수의 사상과 수학상의 이론, 그리고 계산 기술 등의 삼자(三者)를 미분리의 상태로 파악하는 이른바 사대부의 수학관이 적나라하게 노출된 예를 다른 산서에서는 찾기 힘들다.

『구수략』이 단순한 수학책이 아니라 저자가 평생을 통해서 다진 수양과 철학 그리고 신앙 고백의 책이라는 점을 감안한다면, 최석정이 원숙한 나이에 이르렀을 때, 그러니까 17세기 말 또는 18세기 초에 이 책이 발간된 것으로 보인다.

임준의 『신편산학계몽주해』와 박률의 『주학본원』

『구수략』의 고금 산학자 명단에 있는 임준(任濬)과 박률(朴繘)에 대해서는 『조선인명사서(朝鮮人名辭書)』에 각각 다음과 같이 기술되어 있다.

임준, …… 숭정(崇禎) 중(인조 6~22년, 1928~1644), 사마시에 합격하고 순릉참봉(順陵參奉)으로 임용되어, 의금부도사(義禁府都司)를

거쳐 용궁현감(龍宮縣監)이 되다. …… 내외직을 역임하고, 공조좌
랑(工曹佐郞)·평시서령(平市署令)에서 사재감첨정(司宰監僉正)에 오
르다. 외직으로 영주군수를 지내다. …… 구장의 술에 가장 능통
하였고 이르지 못한 바가 없었다. 현종이 동궁 시절에 망해법(望
海法, 측량술)을 알려고 했다. 송시열이 준에게 시켰으나 일을 당
하여 부름에 응하지 못하다. 참판 김시진, 산서를 수집하여 그중
파손 부분을 준으로 하여금 보완하도록 시켰다. 나중에 다른 원
본을 찾아 그 부분을 대조하니 꼭 들어맞았다. 모두 그의 식견에
탄복하다.[35]

　그러나 박률에 대해서는 다음과 같은 극히 간단한 소개 기사가 있
을 뿐, 그의 산학의 조예 따위에는 한마디의 언급도 없다.

　자(字)는 언륜(彦倫). 밀양인. 장사랑 희정(希貞)의 아들. 평안직장
　세정(世貞)의 뒤를 잇다. 선조 대에 문과에 합격하여 장단부사(長
　湍府使)로 그 직을 마치다.

　임준의 저술로는 『신편산학계몽주해(新編算學啓蒙註解)』(현종 3년,
1662)가 있고, 박률의 저술로는 『주학본원(籌學本原)』이 알려져 있다.
그러나 후자의 경우 다른 수학책(홍대용, 『주해수용』)의 인용서 목록에
나와 있는 정도이고 원본은 볼 수 없다. 그러나 복사판이나 수정판
으로 보이는 책은 있다.[36]

홍정하와 『구일집』

홍정하(洪正夏)에 관한 정식 기록은 『주학입격안』에 있는데 그 내용은 다음과 같다.[37]

> 홍정하(洪正夏)
>
> 자는 여광, 갑자(1684년)생, 교수(字 汝匡, 甲子生, 敎授)
>
> 본관은 남양
>
> 아버지 재원은 산학교수, 조부 서주는 산학교수, 증조부 인남은 산학직의 가선, 외조부 경□연은 산학교수이며 본관은 청주, 처의 아버지 이극준은 산학훈도이고 본관은 청주.(南陽人 父籌敎授壽職同樞載源, 祖籌敎授北部注簿叙疇, 曾祖營將壽職嘉善仁男, 外祖籌敎授慶□演, 本淸州, 妻父籌訓導李克俊, 本淸州)

홍정하의 아버지, 할아버지, 증조부, 외조부, 처가 집안이 모두 산학자였다는 내용이다.

이것만 봐도 그가 중인 출신의 산학자였음을 알 수 있다.

홍정하가 쓴 책으로는 『구일집』이 남아 있는데, 이 책은 천·지·인 여덟 권과 부록으로 되어 있다. 내용은,

> 권1 : 종횡승제문(縱橫乘除門, 19문제)·이승동제문(移乘同除門, 8문제)·전무형단문(田畝形段門, 29문제)·절변호차문(折變互差門,

16문제)·상공수축문(商功修築門, 8문제)

권2 : 귀천차분문(貴賤差分門, 22문제)·차등균배문(差等均配門, 18문제)·귀천반률분(貴賤反率門, 3문제)

권3 : 지분제동문(之分齊同門, 6문제)·물부지총문(物不知總門, 13문제)·영부족술문(盈不足術門, 13문제)

권4 : 방정정부문(方程正負門, 14문제)·구척해은문(毬隻解隱門, 9문제)·관병퇴타문(罐瓶堆垜門, 19문제)·창돈적속문(倉囤積粟門, 26문제)

권5 : 고구호은문(勾股互隱門78문제)·망해도술문(望海島術門, 6문제)

권6 : 개방각술문(開方各術門, 상, 58문제)

권7 : 개방각술문(중, 66문제)

권8 : 개방각술문(하, 42문제)

권9 : 잡록(雜錄)

이상의 차례에서 짐작할 수 있듯이 이 책은 『산학계몽』을 골자로 하고 일부 문제를 『구장산술』[38]이나 『상명산법』 등에서 추려내고, 당시의 사회적 실정에 맞게 수치를 약간씩 바꿔 놓은 형태로 되어 있다. 예를 들면,

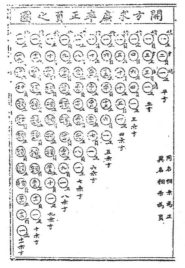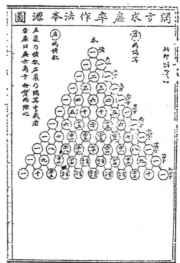

『구일집』에 있는 파스칼의 삼각형

갑을 두 사람이 있다. 각각 은을 얼마씩 가지고 있는지 알 수 없다. 지금 갑이 을의 은 $\frac{1}{4}$ 을 취하면 150냥이 되고, 을이 갑의 $\frac{1}{2}$ 을 취하면 150냥이 된다. 갑과 을은 각각 은을 얼마씩 가지고 있는가?(『구일집』 권4, 방정정부문)

이 있다. 이 문제는 『구장산술』 방정장(권8)의,

갑을 두 사람이 각각 돈을 얼마씩 가지고 있는지 알 수 없다. 갑이 을의 반을 취하면 50전이 되고, 을이 갑의 반을 취하면 50전이 된다. 갑과 을은 각각 얼마씩 가지고 있는가?

에서 인용한 것이 분명하다. 그리고 또,

쌀 58섬4말을 은 43냥8전에 사들였다. 쌀 177섬 2말을 사려면 은이 얼마나 필요한가?(『구일집』 권1, 이승동제문)

직사각형 모양으로 가로 8개, 세로로 12개를 배열한 술병 위에 피라미드처럼 차례로 술병을 쌓아올릴 때, 모두 몇 병이 되는가?(『구일집』 권4, 관병퇴타문)

이 문제들은

쌀 5섬 8말 4되는 은 4량 3전 8푼이다. 쌀 1섬 7말 2되를 사려면, 은이 얼마나 필요한가?(『상명산법』 권하, 이승동제)

직사각형 모양으로 놓여 있다. 가로 5개, 세로 13개를 배열한 술병 위에 피라미드처럼 술병을 쌓아올릴 때, 술병은 모두 몇 개 있는가?(『상명산법』 권하, 퇴타)

와 비슷하다.

정사각형 모양의 밭과 원 모양의 밭이 있다. 둘레의 길이를 합하면 4,459보이다. 원 모양의 지름은 정사각형 모양의 한 변의 길이보다 14보 부족하다(只云圓徑不及方面十四步). 원 모양 밭의 지름과, 직사각형 모양 밭의 한 변의 길이를 각각 구하여라.(『구일집』 권7, 개방각술문)

이 문제는 다음 문제와 비슷하다.

정사각형 모양의 밭과 원 모양의 밭이 있다. 둘레의 길이를 합하면 7무 28보이다. 직사각형 모양의 한 변의 길이가 원 모양의 지름의 길이보다 13보 부족하다(只云方面不及圓徑一十三步). 원 모양 밭의 지름과, 직사각형 모양 밭의 한 변의 길이를 각각 구하여라.(『산학계몽』권하, 개방석쇄문)

'방면불급원경(方面不及圓徑)'을 '원경불급방면(圓徑不及方面)'으로 고친 정도이고, π 값을 3으로 하여 셈하는 것까지 그대로 따르고 있다.

그렇다고 해서 이 책이 다른 책을 표절하거나 기껏해야 다시 엮은 정도에 불과한 책으로 봐서는 안 된다. 『구수략』부터 겨우 10여 년이 지난 다음에 엮인[39] 이 수학책에는 전자에는 전혀 보이지 않았던 천원술을 그것도 『산학계몽』의 27문제보다 훨씬 많은 166문제를 다루고 있다. 그동안 중국 본토에서는 완전히 잊힌[40] 천원술의 전통이 우리나라의 중인 산학자 사회에서 이어지고 있었던 것이다. 돌이켜 생각하면, 김시진의 『산학계몽』 중간본(1660)이나 임준의 『산학계몽주해』(1662) 등 일부 양반 식자층의 이 책에 대한 관심과 연구는, 사실 중인 산학자들의 뒷받침 없이는 불가능했다고 보아야 한다. 그러나 『구일집』에 집약된 천원술 연구 배경에는 산학의 확장이라는 체제의 변혁이 있었다는 점도 아울러 염두에 두어야 한다. 숙종 대(1675~1724)부터 대폭 증가한 산사의 등용이 그것인데, 이로 인해 많은 산학자들이 공인으로서의 신분을 보장받고 연구에 몰두할 수 있게 되었고 이러한 분위기 속에서 그들의 꾸준하고 자발적인 공동 연구를 통해 천원술이 실학기 수학계에 깊이 뿌리를 내리기 시작한 것으로 보인다. 당시의 수학을 알려주는 문헌 중에서 특히 산서가 거의 소멸해 버린 지금, 이것은 추측일 뿐이지만 실학기 수학 연구의 중심은 중인 산사들이었고, 양반층의 수학 애호가들은 들러리에 지나지 않았다고 생각한다.

『구일집』 저자의 주위에는 산사라는 직업인으로서가 아닌, 수학 그 자체에 진지한 연구욕을 품은 동호인들이 적지 않게 있었던 것 같다. 그 예가 「잡록」에 실려 있다. 대단히 흥미를 끄는 내용이기 때문에, 좀 길지만 대강의 내용을 추려서 소개해 보겠다.

계사년(1713) 5월 29일, 저자는 유수석(劉壽錫)과 둘이서 마침 조선을 방문한 중국의 사역(司曆) 하국주(何國柱)를 방문하여 수학에 대해서 이야기를 나누었다. 사역은 상대를 얕잡아 보아서인지,

360명이 1인당 은 1냥 8전을 내기로 한다면 합계가 얼마인가?(1냥은 10전)

은 351냥이 있다. 1섬의 값이 1냥 5전이라고 한다면 몇 섬을 구입할 수 있는가?

이런 유치한 문제를 내놓았다. 물론 당장에 답을 내보였다. 사역

은 이번에는 좀 더 어려운 문제를 제시하였다.

제곱한 넓이가 225자(=자²)일 때 한 변의 길이는 얼마인가?

크고 작은 두 개의 정사각형이 있다. 그 면적의 합은 468자², 그리고 큰 정사각형의 한 변은 작은 쪽의 한 변보다 6자만큼 길다고 한다. 두 사각형의 변의 길이를 각각 구하여라.

막대의 왼쪽 끝에 무게 3냥의 돌을 달고 오른쪽 끝에 물건을 달아매고 꼭 수평을 이루도록 막대를 집어 올렸을 때, 이 점으로부터 왼쪽 끝까지의 거리는 5치 8푼, 그리고 오른쪽 끝까지는 7치 2푼 5리였다고 한다. 잰 물건의 무게는 얼마인가?

이 문제들에 대해서도 정답을 주었다. 곁에서 지켜보고 있던 상사(上使) 아제도(阿齊圖)가 사역의 실력을 치켜세우면서 조선의 백면서생을 얕잡는 참견을 한다.

사역은 산법에 관해서는 천하에서 제4자의 실력가이다. 그의 산학에 대한 조예는 깊이가 한량이 없다. 당신들 따위는 도저히 힘을 견줄 바가 못 된다. 사역은 이미 많은 질문을 하였으나 아직 군들은 한마디의 문제도 묻고 있지 않다. 문제를 제시하고 그 풀이를 시험해 보는 것이 어떠한가?

그래서 홍정하는 다음과 같은 문제를 내놓았다.

지금 여기에 구형(球形)의 옥석이 있다. 이것에 내접한 정육면체의 옥을 빼놓은 껍질의 무게는 265근 50냥 5전이다. 단 껍질의 두께는 4치 5푼이라고 한다. 옥석의 지름 및 내접하는 방석(方石)의 한 변의 길이는 각각 얼마인가?

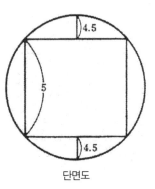

단면도

사역이 말하기를, 이는 아주 어려운 문제이다. 당장에는 풀지 못하지만 내일은 반드시 답을 주겠다(그러나 끝내 해법을 내놓지 못했다. 정답은 정육면체의 한 변이 5치, 구의 지름은 14치이다).[41]

사역은 이 한 번의 질문을 받았을 뿐이고, 또다시 문제를 내고 있다.

사역이 말하기를, 지름 10자의 원에 대한 외접 정팔각형의 한 변의 길이는 얼마인가? 이에 4자라고 답한다. 사역은 그 방법을 물었다. 유수석이 다음과 같이 대답하였다. 병(丙)을 제곱하여 그것을 두 배 한다. 이 제곱근을 구

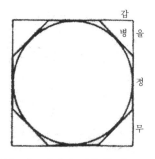

하고 정(丁)을 더하여 을정무(乙丁戊)를 얻는다. 이것이 지름의 길이이다. 이 식을 산가지 계산법으로 풀었다. 사역이 정답이라고 말했다.[42]

사역이 말하기를, 정삼각뿔(正三角錐)이 있다. 한 변의 길이가 10자이면 부피는 얼마인가? 117자 8치 4푼 9리 6호 1사라고 대답하였더니 사역이 정답이라고 말했다.

한변 5자 8치

삼각형 한 개 넓이 62자 5치

사역이 말하기를, 지름 10자인 원에 내접하는 정오각형의 한 변의 길이와 그 넓이는 각각 얼마인가?

한 변의 길이는 5자 8치, 면적이 62자 5치라고 답하였다. 즉, 지름 10자를 제곱하여 그 $\frac{3}{4}$을 구하면 원의 면적 75자²을 얻는데, 그 $\frac{5}{6}$를 잡아 오각형의 면적 62자 5치²을 구한다.

그리하여 $\frac{1}{5}$인 각 삼각형의 면적을 셈하였다. …… 내가 그림을 보았더니 사역은 정답이라고 했다. 유가 사역에게 물었다. 동국(한국)에는 아직 이 풀이가 없다. 어떤 방법으로 푸는가? 이에 대하여 사역은, 원은 360도이고 오각형의 꼭지각의 하나는 72도, 그리고 그 반인 36도에서 정현수(正弦數)를 구하는 것이라고 설명하였다.

유가 거듭 물었다. 원은 오각형 밖에 있음에도 불구하고 그 각을 내접 오각형의 각과 같다고 하는 것은 무슨 까닭인가? 그러면 36도라는 것은 잘못이었다고 앞에서 한 말을 사역이 취소한다.(사역도 삼각함수로 푸는 법을 제대로 이해하지 못하고 있다)

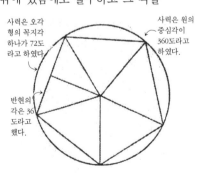

사력은 오각형의 꼭지각 하나가 72도라고 하였다.

사력은 원의 중심각이 360도라고 하였다.

반현의 각은 36도라고 했다.

유 : 정현수는 어떤 방법으로 얻은 것인가?

사역 : 팔선표(삼각함수표)가 있으면 그것으로 곧 값을 구할 수 있으나 일일이 계산한다면 극히 어렵기 때문에 여기서는 대답할 수 없다.

저자 : 이치가 아무리 심오하다고 하여도 배울 수 있다.

사역 : 『기하원본』·『측량전의』 두 권을 읽으면 이해할 수 있다.

유 : 이 두 책은 정말 중요한 산서이다. 어떻게 하면 구해서 볼 수 있나?

사역 : 출발할 때 봉황성(鳳凰成)에 두고 왔다. 귀국하면 보내 주겠다.

유 : 그중에서 중요한 대목을 한두 개쯤 교시(敎示)받으면 우리나라에 길이 남도록 하겠다.

사역 : 그 방법을 글로 써서 설명할 수 없기 때문에 도저히 가르치기는 힘들다.

저자 : 우리 두 사람의 수학 수준은 어느 정도인가?

사역 : 군들의 수준은 상당하다. 17~18개의 문제 중 풀지 못한 것은 불과 두셋에 지나지 않는다.

유 : 풀지 못했던 문제에 관해서인데, 그것들은 노력하면 해결할 수 있는 성질의 것인가?

―사역이 급히 자리를 떠나야 하기 때문에 답을 얻을 수 없었다.―

저자 : 당신이 갖고 온 서적 중에서 우리에게 전해줄 수 있는 것이 없는가?

사역은 자신이 쓴 『구고도설(句股圖說)』을 보여주었다. 그 안에는 다음과 같은 문제가 있었다.

직각삼각형의 넓이가 486자^2, 높이·밑변·빗변의 길이의 총합이 108자라고 한다. 각 변의 길이는 얼마인가?

답. 각각 27자, 36자, 45자이다.

사역 : 높이·밑변·빗변의 길이를 합하면 96자가 된다. 세 변의 길이는 각각 얼마인가?

답. 각각 24자, 36자, 45자이다.

사역 : 어떤 방법으로 풀었는가.

저자 : 세 변이 3 : 4 : 5의 비율을 이루고 있다고 보고 풀었다.

사역 : 옳기는 하다. 그러나 직각삼각형의 세 변이 이 비율을 이룬다는 사실을 이용하지 않고 문제를 푸는 방법을 생각해 보았는가? 직각삼각형에 관해서는 240가지나 다른 해법이 있다는 사실을 아는가?

저자 : 직각삼각형에 관해서는 400여 가지의 문제가 있다.

사역 : 그렇다면 다른 방법을 알고 싶다.

저자와 유(劉)가 20여 문제와 그 답을 구하는 산법을 제시하였더니 사역이 그것을 가지고 갔다. 내가 적은 문제는 다음과 같다(유가 쓴 10여 문제는 여기에서는 생략한다).

넓이 60자^{2}의 직각삼각형이 있다. 빗변과 밑변의 길이의 차가 2자일 때, 각 변의 길이를 구한다(답. 8자, 15자, 17자).

넓이 135자^{2}의 직각삼각형이 있다. 밑변과 빗변의 합이 37자 5치일 때의 세 변의 길이를 구한다(답. 12자, 22.5자, 25.5자).

직각삼각형의 밑변과 빗변의 곱이 544이고, 또 밑변과 높이의 차가 14척일 때의 각 변의 길이를 구한다(답. 16자, 30자, 34자).

직각삼각형의 높이와 빗변의 길이의 곱이 1020, 빗변과 밑변의 차가 18자일 때의 각 변의 길이를 구한다(답. 16자, 30자, 34자).

넓이 240자^{2}의 직각삼각형의 높이와 밑변의 길이의 비가 1.875일 때의 각 변의 길이를 구한다(답. 16자, 30자, 34자).

넓이 96자^{2}의 직각삼각형의 빗변과 높이의 비가 1.25일 때 각 변의 길이를 구한다(답. 12자, 16자, 20자).

넓이 60자^{2}의 직각삼각형의 밑변과 빗변의 곱이 255자^{2}일 때의 각 변의 길이를 구한다(답. 8자, 15자, 17자).

사역 : 산가의 모든 해법 중에서 방정(方程)·정부(正負)의 법이 가장 난해한 부분인데, 군들은 이것을 잘 이해할 수 있는가?
저자 : 방정의 풀이는 산학 중에서는 중위(中位)에 속한다. 별로 어려운 것은 아니다.
저자가 포산(산가지 계산법)을 실제로 해보이자, 사역은 중국에는 이러한 것이 없으니 가지고 돌아가서 모두에게 보이고 싶다고 한

다. 산가지를 주었더니 그중 40개 정도를 받았다.

사역 : 군들의 이름을 적어 달라. 귀국해서 아는 사람에게 소개하
고 싶다.

저자와 유는 각자의 이름을 적었다.

이상의 기사는 한국 근세 수학사의 중요한 일면을 밝히고 있다.

첫째, 당시의 중인 산학자들은 실학파를 포함한 양반 지식인들에
비하면 대륙의 사정에는 극히 어두웠다는 것을 알 수 있다. 특히 사
대부층은 직접 혹은 간접으로 중국 또는 중국을 통한 유럽 문명에
나름대로 접촉할 수 있었으나, 중인 산사들의 처지는 그렇지 않았다.
그저 구태의연한 산학제도에서 옛 모습 그대로의 산서를 대하고 있
었을 뿐, 중국어로 번역된 유럽의 수학책은 아직 입수하지 못했던 것
이 확실하다. 이미 『구수략』에 마테오 리치의 『기하원본』이나 『동문
산지(同文算指)』 등을 담은 『천학초함』이 인용서 목록에 들어 있었다
는 사실을 돌이켜 보자.

둘째, 그 반면에 중국에서는 이미 끊긴 천원술의 전통과 포산법이
계속 이어지고 있었다. 즉, 새로운 외래 수학은 접하지 못했으나 산
가지를 이용한 천원술은 우리나라의 산학자들 사이에서 훌륭하게 계
승되어 왔다. 중국에서는 명 대 이후 천원술뿐 아니라 산가지를 사
용하는 방법마저도 사라지고 만 것이다. 즉,

민중 사이에 주산의 보급이 있었던 반면, 산가지에 의한 방법은 점차 망각되고, 천원술은 그 자취를 완전히 감추어 버렸다.[43]

　그리고 곧 이어서 서양 수학이 들어왔다. 따라서 중국의 수학자가 이미 본국에서는 볼 수 없게 된 이 훌륭한 옛 유산이 조선에 알뜰히 간직되어 있는 것을 목격하고 감격을 느낀 것은 너무도 당연한 일이다. 바꾸어 말하자면 전통 수학은 본고장인 중국이 아니라 조선이 그 정통성을 계승했다는 이야기이다. 재래식 계산 수학에서는 오히려 조선이 앞서 있다는 느낌마저도 준다. 이러한 자부심이 있었기 때문에 "방정이나 정부의 풀이 정도는 우리나라에서는 중정도에 지나지 않는다."고 감히 중국의 수학 대가 앞에서 홍정하가 큰소리를 쳤던 것이다.

　셋째, 나사림(羅士琳)이 『산학계몽』을 복각하기 100여 년 전에 이 책의 존재가 이미 일부 중국 수학자들 사이에서 알려지고 있었을 것이다. 작은 나라의 일개 서생들이 부리는 희한한 재주에 내심 크게 충격을 받았던 사역이 그 지식의 마탕이 된 『산학계몽』을 그냥 두고 돌아갔을 턱이 없다. 어쨌든 이 사건을 통해서도 중국 산학자들 중 일부에서나마 『산학계몽』과 천원술이 소개되기에 충분했다고 믿는다.

　『구일집』의 저자 홍정하와 함께 중국인 사역과 대담을 나눈 유수석은 수학에 관한 전문적인 조예가 깊다는 점으로 미루어 아마 중인 출신의 수학도일 것이라고 추측된다. 그렇지만 그의 이름은 『주학입격안』에 올라 있지 않다. 중국인과 대화를 나눌 수 있었다는 사실까지 고려한다면 어쩌면 역과(譯科) 출신이었는지도 모른다.

으레 산서의 첫머리에 내는 위장 섞인 형이상학에 관해서는 한마디도 없고, 곧바로 본문에 들어간 이 책의 서술 형식은 저자가 중인이라는 신분에서 오는 제한인지도 모른다. 그러나 어쨌든 관수용 수학, 즉 기술 관리용 소책자나 산생의 교과서가 아닌, 수학 그 자체에 대한 왕성한 지식욕과 순수한 과학 정신만으로 엮인 수학책이 나왔다는 것은 적어도 이 시점에서 한국 수학사가 어떤 획기적인 전환기—이를테면 '실학기의 중인 수학'이라고나 할—에 접어들었다는 것을 시사한다. 형식이나 체제 면에서는 이전의 수학책과 조금도 다를 바 없는 전통의 제약 아래에 있었기 때문에, 겉보기만으로는 얼른 알아차리기 어렵지만, 실은 밋밋한 정체의 탈 밑에는 새로운 변화가 분명히 움트고 있었다. 수학에 대한 해석과 연구 자세가 크게 선회하여 종래의 상고주의·실용주의에만 박혀 있던 경화(硬化)된 수학관의 세계로부터 순수한 과학적 앎으로서의 수학을 향한 이륙을 시작했던 것이다.

『동국산서』

실무관리를 위한 이 소책자(전체 분량이 겨우 27매이다)의 저자는 알려져 있지 않으나, 전제(田制)와 관련된 기사 중 숙종 무술년(숙종 44년, 1718)이라는 연대가 나오는 것으로 미루어 볼 때, 영조 치세에 속하는 18세기 중엽쯤의 판본이라고 생각된다.

이 책의 내용은 구인법(九因法)·구귀법(九歸法)·승법유두승(乘法留頭乘)·과분법(課分法)·차분법(差分法)·이승동제법(異乘同除法)·이승동승법(異乘同乘法)·이제동제법(異除同除法) 등 계산 원리에 관해 서술한 기초편과 기민진휼법(飢民賑恤法)·전세가승법(田稅加升法)·환상분습법(還上分拾法)·각곡절속급절가법(各穀折束及折價法) 등의 응용편, 그리고 권말에 구궁수판(九宮數板, 3차 마방진)·문산법도식(文算法圖式) 등이 부록 형식으로 실려 있다.

기초편에서는 곱셈·나눗셈·분수·비례산 등에 대한 기본적인 것을 설명한다. 응용편 중 전제(田制)에 관한 문제에서는 땅의 등급에 따르는 각 수확고를 다음과 같이 정하고 있다.

1등전을 중심으로 2등전 85, 3등전 70, 4등전 55, 5등전 40, 6등전 25, 만척 1결, 천척 10부, 백척 1부, 10척 1속, 1척 1파.
밭에 사용되는 척은 주척 7촌 7푼 5리를 기준으로 한다.

1등급 땅 100에 대하여 다음과 같이 정했다.

2등전 85, 3등전 70, 4등전 55, 5등전 40, 6등전 25

예를 들어 가로와 세로가 55척인 방전(方田)의 수확은 다음과 같이 정한다.

1등전 : 3,025자² = 30부 2속 5파

2등전 : 30부 2속 5파×0.85=25부 7속 1파 25

3등전 : 21부 1속 7파 5

4등전 : 16부 6속 3파 75

5등전 : 15부 1속 2파 5

6등전 : 7부 5속 6파 25

이것을 환산하기 위한 조견표가 실려 있다.

	봉구 (逢九)	봉팔 (逢八)	봉칠 (逢七)	봉육 (逢六)	봉오 (逢五)	봉사 (逢四)	봉삼 (逢三)	봉이 (逢二)
2등	765	680	595	510	425	340	255	170
3등	630	560	490	420	350	280	210	140
4등	495	440	385	330	275	220	165	110
5등	360	320	280	240	200	160	120	80
6등	225	200	175	150	125	100	75	50

* 봉구, 봉팔, …… 은 일등전 900자², 800자², …… 의 수확고, 즉 9부, 8부, …… 를 의미한다. 이등전은 7부 6속 5 파, 6부 8속, ……임을 나타낸다.

권말에는

삼인동행칠십희, 오류문전이십일,

칠월칠석삼오야, 동지한식백오제

(三人同行七十稀, 五柳門前二十一,

七月七夕三五夜, 冬至寒食百五除)

라는 시구가 아무런 설명 없이 실려 있는데, 이것은 『묵사집』(경선징) 중 일차 합동식(전관술)에 관한 다음의 가결에서 유래한 것임이 분명하다.

삼인동행칠십회, 오봉루전이십일,
칠월추풍삼오야, 동지한식백오제
(三人同行七十稀, 五鳳樓前二十一,
七月秋風三五夜, 冬至寒食百五除)[44]

위의 두 시에는 여러 수가 나오는데 3, 5, 7, 21, 35, 105가 있다. 이 수들의 곱의 관계를 보면 3×5 = 21, 5×7 = 35, 3×5×7 = 105가 되는데, 이런 곱셈을 외우는 가결로도 이용되었다.

『동국산서(東國算書)』는 수학책 자체로서의 의의보다는 실학기라는 근대화의 과정에서 관영 기술의 하나로 요구된 산술의 실제적인 내용이 무엇이었는지를 알려 주고 있다는 점, 그리고 『구일집』과 같은 순수한 수학책과는 다른 실무 관리용 수학책이 따로 있었다는 점, 그러니까 수학의 폭이 그만큼 넓어셨음을 뜻한다는 점에서 수학사적으로 큰 의미가 있다.

『동산』

천(天) · 지(地) · 인(人)의 세 권으로 이루어진 이 책의 내용은 다음과 같다.

제1권

명석원법(明釋圓法)·개방구광률(開方求廣率)·종횡승제문(縱橫乘
除門, 12문제)·이승동제문(異乘同除門, 5문제)·전무단문(田畝段門,
6문제)·절변호차문(折變互差門, 6문제)·상공수축문(商功修築門, 6문
제)·귀천차분문(貴賤差分門, 13문제)·차등균배문(差等均配門, 7문
제)·귀천반율문(貴賤反率門, 2문제)·구척해은문(毬隻解隱門, 4문
제)·지분제동문(之分齊同門, 16문제)·물불지총문(物不知總門, 9문제)

제2권

영부족술문(盈不足術門, 8문제)·방정정부문(方程正負門, 8문제)·구
고호은문(勾股互隱門, 77문제)·망해도술문(望海島術門, 7문제)·부
병퇴망문(缶甁堆望門, 8문제)·창국적속문(倉國積粟門, 20문제)

제3권

개방각술문(開方各術門, 83문제)·문답편(問答篇, 8문제)·계몽첩술
(啓蒙捷術)[가령 영부족(假令 盈不足), 3문제·개방석쇄(開方釋鎖), 23문
제]·추록(追錄)[문퇴적환원문(問堆積還源問), 9문제·영부족(盈不足), 2문
제·방정정부(方程正負), 2문제·촉평방개지득법(促平方開之得法), 6문제]

이상에서 제3권의 문답편 이하의 부록을 제외한 나머지는 『구일
집』에 있는 각 장의 제목과 똑같다. 문제의 내용과 해법의 설명까지
똑같지만, 다만 문항의 수에 약간 차이가 있을 뿐이다. 부록에 실린

문답편에서는 역시 『구일집』 잡록 중의 역산·악률에 관한 문제, 그리고 중국의 사역과의 대담에서 나온 문제들을 중심으로 다루고 있다. 좀 색다른 점이 있다면, 『산학계몽』의 일부를 그대로 베껴 쓴 대목이 있다는 정도이다. 따라서 이 산서는 『구일집』이 원본인 것만은 확실하지만, 과연 이러한 재편집을 홍정하 자신이 엮은 것인지, 혹은 후일에 다른 사람이 엮은 것인지가 분명하지 않다. 『동산(東算)』이라는 이름으로 한국인이 저술한 한국의 산서임을 과시한 것은 한국 수학의 주체성을 그만큼 강하게 의식한 탓이었다고도 생각된다. 가감승제 따위의 기본적인 계산 규칙이 일체 생략되어 있다는 점에서 원본인 『구일집』과 마찬가지로 이 책이 실무용 핸드북 또는 산생을 교육하는 교재로는 사용되지 않았음이 틀림없다.

황윤석의 『산학입문』과 『산학본원』

이 2부작은 실학기의 대표적인 계몽학자 중 한 사람으로 알려진 황윤석(黃胤錫, 1719~1791)의 백과사전식 편저 『이수신편(理藪新編)』[45]의 일부이다. 이수('藪'는 數가 아니다)란 '이학(理學)의 총체' 또는 '물리 연원' 정도의 뜻인 것 같다.[46] 이 시리즈의 방대한 내용은 태극도(권1)로부터 시작하여 이기(理氣)·태극·천지·천도(天度)·역법·일월·성신·음양·오행·지리·주역·주자도설·율역지·천문지·오행지·성리성명·통서(通書)·예악·홍무정운(洪武正韻)·훈민정음·속대전·구구방수도(九九方數圖) 등의 고전적 교양과 치도(治道)·

수양·독서·처세, 심지어는 일본의 국문자인 가나(かな)에 이르기까지를 20권에 수록하고 있다. 수학에 관해서는 마지막의 세 권, 즉 권21부터 권23에 걸쳐서 소개되어 있다. 차례는 다음과 같다.

『산학입문(算學入門)』(권21)

구장명수(九章名數)·포산결(布算訣)·행산위(行算位)·소대수명목(小大數名目)·소수(小數)·대수(大數)·양률(量率)·형률(衡率)·근하유법(斤下留法)·양수작근송(兩數作斤頌)·구제율(求諸率)·근칭(斤秤)·도율(度率)·단필(端匹)·평방척촌(平方尺寸)·멱법(冪法)·부(付)·율도량형도(律度量衡圖)·한동곡척촌추조방술(漢銅斛尺寸推庣旁術)·본국속대전(本國續大全)·공전제사제읍행용곡두(工典諸司諸邑行用斛斗)·승(升)·팔도로정(八道路程)·호전(戶典)·관창조조(官倉糶糴)·지율(地率)·전률(錢率)·구구합수(九九合數)·구귀제법(九歸除法)·당귀법(撞歸法)·기일법(起一法)·승제견총(乘除見摠)·인법(因法)·우법(又法)·승법(乘法)·영산(影算)·포지금(鋪地錦)·구귀(九歸)·정신제(定身除)·귀제(歸除)·구일(求一)·상제(商除)·금선탈각(金蟬脫殼)·천산송(天算頌)·부(付)·양휘산법(楊輝算法)·상승육법(相乘六法)·상제이법(商除二法)·가감오술(加法五術)·감법사술(減法四術)·구귀신괄(九歸新括)·낙서구궁산송(洛書九宮算頌)·성두량(石斗量)·전결해(田結解)·변인승손삼법즉일(辨因乘損三法卽一)·인손일체도(因損一體圖)·증성법(增成法)·일장금

도(一掌金圖)·류리금(釉裏金)·장중정위인승법(掌中定位因乘法)·
장중정위귀제법(掌中定位歸除法)·난법가(難法歌)·비례사율(比例四
率)·이승동제(異乘同除)·동승이제(同乘異除)·동승동제(同乘同
除)·고무해세(庫務解稅)·석변호차(析變互差)·쌍거호환(雙據互
換)·구차분화(求差分和)·삼율분신술(三率分身術)·차분균배(差分
均配)·방전구확법(方田求穫法)·잡율(雜率)

『산학입문』(권22)

반량창교(盤量倉窖)·창확(倉穫)·평균취속(平均聚粟)·의벽취속(倚
壁聚粟)·내각취속(內角聚粟)·외각취속(外角聚粟)·원돈(圓囤)·양
방창(兩方倉)·양주창(兩周倉)·산량선재미(算量船載米)·상공수축
(商功修築)·성확(城穫)·하확(河穫)·방보주원보주(方堡疇圓堡疇)·
방정대(方亭臺)·원정대(圓亭臺)·방추(方錐)·원추(圓錐)·원축성
(圓築城)·산토방법(算土方法)·퇴확환원(堆穫還源)·기초저자(起草
底子)·의장평퇴(倚墻平堆)·삼확산자(三穫算子)·원전(圓箭)·방전
(方箭)·삼릉전(三稜箭)·삼각타과자(三角垛果子)·사각타과자(四角
垛果子)·삼각사각과자각일소(三角四角果子各一所)·원구(圓毬)·금
구(金毬)·부병퇴타(缶瓶堆垛)·확앵(穫甖)·염장산퇴량산인법(鹽場
算堆量算引法)·귀천반률법(貴賤反率法)·지분제동법(之分齊同法)·
영부족법(盈不足法)·방정정부법(方程正負法)·구고고법(勾股股法)·
구고의상하(勾股義上下)·죽간술(竹竿術)·규간망원술(窺竿望遠術)·
망해도술(望海道術)·망도별술(望島別術)·확교화상구개평방법(穫較

和相求開平方法)·직전법(直田法)·의고절전고실할원술(議古截田孤失割圓術)·이무회원법(履畝會圓法)·신정 조씨밀률의용제법(新定 祖氏密率依用諸法)·원면평확(圓面平穫)·원체구확(圓體求穫)·원돈(圓囤)·평지취속(平地聚粟)·의벽취속(倚壁聚粟)·내각취속(內角聚粟)·외곽취속(外角聚粟)·부록(附錄)[부 주씨신편산학계몽 목록(附 朱氏新編算學啓蒙 目錄)]

『산학본원(算學本原)』(권23)

직방원률(直方圓率)·구삼고사현오지도(勾三股四弦五之圖)·구삼고삼현사영지도(勾三股三弦四零之圖)·방면구현(方面求弦)·원경구방면(圓經求方面)·방오사칠술(方五斜七術)·양휘교정변고통원개방부진법(楊輝校正辨古通源開方不盡法)·동문산지개평방기영법(同文算指開平方奇零法)·기영병모자법(奇零併母子法)·기영승법(奇零乘法)·기영제법(奇零除法)·방률(方率)·원률삼가(圓率三家)·고법(古法)·휘율(徽率)·밀률(密率)·조충지원산((祖沖之圓算)·제일밀법(第一密法)·제이밀법(第二密法)·제삼약률(第三約率)·천원일술(天元一術)·고법이(古法二)·휘술이(徽術二)·밀률이(密率二)·개방술(開方術)·평방(平方)·입방(立方)·삼승방(三乘方)·사승방(四乘方)·오승방(五乘方)·육승방(六乘方)·칠승방(七乘方)·제승유호도(諸乘維互圖)·광제승방법(廣諸乘方法)·일승개평방(一乘開平方)·일분위우이상가인법(一分爲隅以上加因法)·지분취용법(之分取用法)·지분위우가인법(之分爲隅加因法)·사승방번법(四乘方翻法)·개평방법(開平

方法) · 평립삼사승방반용법(平立三四乘方反用法) · 오승방가배법(五乘方加倍法) · 개방요결(開方要訣) · 쇠분(衰分) · 천원일술보유(天元一術補遺) · 장평화교차연단도(長平和較差演段圖) · 장평화교연단도(長平和演段圖)

『산학입문』(권21, 권22)의 서장(序章) 부분인 소수 · 대수 · 양률 · 형률 등의 항목에서는 고금의 사서 · 역서 · 산서를 많이 인용하면서 저자의 박식함을 과시하고 있다. 구구합수(곱셈구구)는 『산학계몽』과 『상명산법』에 따른다는 단서를 붙여, 1의 단으로부터 시작하고 있다.

전관술(剪管術), 즉 1차 합동식에서는 『손자산경』 · 『양휘산법』 · 『산법통종』 등에서 인용한 예제나 가결 등을 모았고, 부록에는 『산학계몽』이나 『양휘산법』의 서문, 그리고 전자의 목차를 소개하고 있다. 전체적으로 가감승제에 관한 기초편은 『상명산법』, 중간 정도의 난이도 문제는 『양휘산법』과 『산학계몽』, 그리고 고급 문제는 『산학계몽』에서 인용한 것으로 짜여져 있다. 그 밖의 참고서 목록으로 『구장산술』 · 『오조산경』 · 『지명산법(指明算法)』 · 『지남산법(指南算法)』 · 『응용산법(應用算法)』[47] · 『동문산지(同文算指)』(1614) · 『수리정온(數理精蘊)』(1723) 등이 있다.

『산학본원』(권23)의 머리말에는 다음과 같은 단서가 있다.

일찍이 박률이 저술한 산서는 저자가 세상을 떠난 후, 최석정의 서문을 붙여 아들 두세(斗世)의 손으로 간행되었으나, 오류가 많고 결여된 곳도 있어서 힘써서 수정 보완하였다.

박률의 『산학본원』이 『산학계몽』을 근거로 삼았던 것처럼 본서도 원본을 바탕으로 하여 엮은 수정판이다. 내용은 주로 고구현, 즉 직각삼각형의 성질을 이용한 문제로 되어 있다. 예를 들면 다음과 같은 문제가 있다.

직각삼각형의 밑변·높이가 각각 4자·9자일 때 빗변의 길이

직각삼각형의 밑변이 $4\frac{17}{36}$자, 빗변이 $10\frac{5}{84}$자일 때 밑변의 길이

한 변의 길이가 $2\frac{1}{7}$자일 때 대각선의 길이.

'천원일술' 항에서는

『산학계몽』의 천원술과 『수리정온』의 차근법은 같은 것을 다르게 말하고 있을 뿐이다.[48]

라는 글이 보인다. 이보다 훨씬 뒤에 남병길이 『산학정의』에서

생각하건대 차근법은 태극이요, 그 뿌리는 하늘이며 넓다.
많고 적음은 양과 음이다. 이것이 꼭 차근법에서는 천원술이다.[49]

라고 하여 유럽식의 고차 방정식은 천원술의 일종에 지나지 않는다고 주장하고 있지만, 이 점에 대해서는 『이수신편』의 저자가 이미 선구적인 발언을 한 셈이다. 그러나 그가 전문 수학자가 아니었다는 점을 감안한다면, 과연 천원술과 차근법을 비교할 만큼 깊은 연구를 했는지는 의심스럽다. 사실은 수입된 서적을 통해서 읽은 중국 수학자의 다음과 같은 글에서 이 지식을 얻은 것이 아닌가 싶다.

> 성조인황제가 차근법을 내릴 때 서양인은 이 책을 알지브라라고 하는데, 그것을 동래법이라고 번역했다(매국성, 『적수유진』, 1761).[50]

아마 저자는 외국 이민족의 수학보다 동양 본래의 고전적인 산술을 우월한 것으로 보려는 중국인의 국수적 이데올로기에 공감했는지도 모른다. 그런데 흥미로운 부분은 황윤석이 『산학계몽』을 예로 들고 있다는 점이다. 매곡성이 차근법을 동양에서 서양으로 전했다는 뜻으로 '동래법'이라 불렀을 때, 이미 천원술의 존재를 알기 때문이었던 것은 사실이지만 그가 읽은 것은 이야(李治)의 『측원해경(測圓海鏡)』이었지 『산학계몽』은 아니었다. 거듭 되풀이하지만 『산학계몽』은 당시 중국에서는 아직 일반적으로 알려져 있지 않은 책이었다.

황윤석은 30세에 사마시에 급제하고 관계(官界)로 들어온 이후에는 정 6품 익찬(翊贊)이라는 하급 관직을 거쳤을 뿐이지만, 사후 현자로 이름이 날 정도의 대유학가였다. 산서에 대한 조예도 상당했던 모양이지만 이런 점으로 볼 때 아직 아마추어의 테두리를 벗어나지 못하고 있음을 볼 수 있다. 수학책을 엮는 태도가 몰개성적으로 여러 가지를 망라하고 있는 것에서도 이를 알아챌 수 있다. 그러나 산서 자체로서의 의의가 적은 백과전서식의 편집은 오히려 그 공평성 때문에 수학사 연구에 좋은 자료를 제공하고 있다. 즉, 이 책의 내용이 당시의 수학계의 사정을 그대로 반영하고 있다는 전제에서 판단한다면, 다음 사실을 지적할 수 있다.

첫째, 『이수신편』 23권 중 특히 세 권을 수학에 할당하고 있다. 전체에서 수학의 비중과 이 시리즈에서 취급하고 있는 과학의 영역이 수학과 역산에 한정되어 있다는 것은 실학자들 과학관의 유일한 원천이 수학이었음을 의미한다.

둘째, 수학의 주류는 여전히 『상명산법』·『양휘산법』·『산학계몽』이 중심이었다는 것을 알 수 있다. 즉, 『경국대전』에 규정된 산학이 당시까지도 지속적으로 실현되었다는 것을 짐작할 수 있다.

셋째, 『동문산지』·『수리정온』 등 유럽의 근대적인 수학책이 소개되었으나 그 영향이 거의 나타나 있지 않다는 것을 알 수 있다. 이는 여전히 전통적인 고전 수학이 지배하고 있음을 보여주는 것이다.

홍대용과 『주해수용』

대사간의 손자이자 목사의 아들로 태어난 홍대용(洪大容, 1731~1783)은 누구보다도 화려한 실학자로서의 이력을 지니고 있다.

북학파 학자인 박지원·박제가·이덕무 등과 친교를 맺었고, 당시의 유학자와는 달라서 경영보다는 부국강병에 힘을 기울였다. 영조 14년(1765년), 서장관으로 청에 간 숙부 홍억(洪檍)의 군관(軍官) 자격으로 수행, 북경에서 엄성(嚴誠)·반정균(潘庭均)·육비(陸飛) 등과 사귀면서 경의(經義)·성리(性理)·역사·풍속 등에 대하여 토론했다. 천주당을 찾고 서양의 문물을 견학하였으며, 독일인 흠천감정(欽天監正) 할레르슈타인(Hallerstein, 劉松齡), 부감(副監) 고가이슬(Gogeisl, 鮑友管)과 대담했다. 또 관상대(觀象臺)를 견학하여 천문 지식을 넓혔다. 귀국 후 몇 번이고 과거에 응시하였으나 실패하여, 부조(父祖)의 공을 입어 특별 채용되어 군수(郡守)직을 얻었다.

종래의 음양오행설을 부정하여 기화설(氣火說)을 주장한 북학파의 선구자이며, 지구자전설을 논했다. 경제 정책에 관해서는 균전제·부병제를 토대로 농민의 생활을 보장함과 동시에 국가 재정과 국방의 경제적 기반을 확보할 것을 주장하였다. 재주와 학식[才學]이 뛰어난 자는 신분에 상관없이 등용하고 그 방법으로 과거제를 폐지하고 하급 교육기관에서 재능이 있는 자를 추천하는 공거제(貢擧制) 채택을 주장했다. 부락 단위에 이르기까지 학교를 설치하고 여덟 살 이상의 모든 아동을 취학시켜야 한다는 혁명적인 의무교육제를 주장하기도 하였다. 또 신분의 높고 낮음을 묻지 않고 청소년은 모두 노동에 종사해야 한다는 것, 공평한 발언권을 보장하고 언론의 평등을 꾀해야 한다는 것 등을 역설하였다. 주자학에 정통하였을 뿐 아니라 양명학에도 조예가 깊었다.

인명사전에서도 홍대용에 대해서는 소상하게 설명하고 있다.

외유를 통해서 선진 문명을 접했고, 유럽 과학의 우수성도 체험하였던 홍대용은 실학파 학자 중에서도 가장 진취적인 사상가 중 한 사람이었다. 자기 집 안에 사설 천문대까지 설치한 가장 실천적인 과학자이기도 하다. 그렇다면 계몽 사상가 중에서 과학기술에 대한 이해와 조예의 깊이가 일인자 격이었던 홍대용의 수학관은 어떠했을까.

홍대용의 호 '담헌'을 책 이름에 붙인 『담헌서(湛軒書)』 외서(外書) 권4부터 권6에 걸쳐서 수학과 천문학을 다루고 있다. 책의 차례를 보자.

『주해수용 내편(籌解需用 內編)』상(『담헌서』 외집 권4)

총례(總例) · 보승법(步乘法) · 인법(因法) · 가법(加法) · 상제법(商除法) · 귀제법(歸除法) · 구귀법(九歸法) · 정신제법(定身除法) · 사율법(四率法) · 지분법(之分法) · 양전법(量田法) · 쇠분법(衰分法) · 영뉵법(盈朒法) · 면적법(面積法) · 체적법(體積法) · 개방법(開方法) · 군영개방법(營開方法) · 잡법(雜法)

『주해수용 내편(籌解需用 內篇)』하(『담헌서』 외집 권5)

천원해(天元解) · 기윤해(朞閏解) · 천의분도(天儀分度) · 고구총률(勾股總率) · 삼각총률(三角總率) · 팔선총률(八線總率) · 의구율(儀矩率) · 원의율(圓儀率) · 평률(平率) · 비례고구(比例勾股) · 중비례고구(重比例

구고(勾股) · 방환의(方圜儀) · 구의(矩儀)

『주해수용 외편(籌解需用 外編)』하(『외집』 권6)

측량설(測量說) · 별방(辨方) · 정척(定尺) · 정리(定履) · 제기(製器) · 양지(量地) · 측북극(測北極) · 측지구(側地球) · 천문경위도(天地經緯度) · 지반경차(地半徑差) · 지측(地測) · 천측(天測) · 의기설악율해(儀器設樂律解) · 통천의(統天儀) · 혼상의(渾象儀) · 측관의(測管儀) · 측고의(測股儀) · 주의명(主儀銘) · 율영해(律營解) · 변율(變律) · 황종고금이동지의(黃鐘古今異同之疑) · 우조계면조지이(羽調界面調之異)

위의 차례에서 알 수 있듯이, 보통의 산술은 『내편』 상에, 고급 산법인 천원술은 역산에 쓰이는 삼각법이나 측량술과 함께 『내편』 하에 포함되어 있다. 『외편』 하에는 천문학상의 측지 · 측천 기술과 천문의 · 악률 등의 문제를 주로 다루고 있다.

『상편』 상의 내용은 종래의 수학책과는 다른 특징이 있다. 우선 가장 눈에 띄는 것은 제목에서 사율(비례)법 · 약분법 · 면적법 · 체적법 등 근대적인 표현을 사용하고 있다는 것이다. 이것은 실제 필요로 하는 지식만을 대상으로 한다는 저자의 현실주의적이고 합리적인 기본 태도를 반영한 것이며 제목도 그 내용과 잘 어울린다. 예를 들면, 양전법에서는 "양전에는 많은 형태가 있지만, 우리나라에서는 다섯 종류만이 쓰인다."는 전제하에, 방전 · 직전 · 고구전 · 규전 · 제전 등에 관해 각각 한 문제씩만으로 간단하게 끝내고 있다. 거의 같은 시기에 나온 황윤석의 『이수신편』이 수십 가지의 땅의 형태를 다루고 있는 것과는 대조적이다. 그런가 하면 '해부법(解負法)'이라는 제목을 붙여 다음과 같은 실제상의 농지세 문제도 다루고 있다.

> 1등전으로부터 6등전까지의 세율은 동일 면적에 대하여 100분의 15씩의 차이가 있다. 즉, 1등전 100에 대하여, 2등전 85, 3등전 70 …… 6등전 20이다. 다음 물음에 답하여라.
>
> 방전의 한 변이 128척이라고 한다면, 전체 면적 및 1등전에서 6등전까지의 세는 각각 얼마인가?

그 밖에도 문제의 내용을 당시의 사회적 실정에 어울리는 소재로 엮어 내려고 고심한 흔적이 예로 든 다음 문제에서 역력히 드러난다.

> 75영(營), 4사(司), 3초(哨), 2기(旗), 1대(隊)가 있고 병졸마다 화약 6근 6냥 7전 4푼씩을 휴대시키려고 한다. 전체의 화약량은 얼마인가? 단, 1영은 5사, 1사는 5초, 1초는 3기, 1기는 3대, 1대는 총수(銃手) 10인으로 구성되는 것으로 한다.

> 우황(牛黃) 8근 3냥 5전이 있다. 1근이 인삼 7근 13냥 6푼에 상당한다. 모두 인삼과 바꾸기로 한다면, 인삼 얼마에 해당하는가?

> 역(易)은 60괘, 1괘는 6효이다. 모두 몇 효가 되는가?

또한 서문에도 보이는 형이상적인 이데올로기를 쏙 빼버리고 합리적인 기술로만 수학을 다루려는 저자의 태도는 전통적인 산가지 계산(포산)을 의식적으로 일체 무시하고 있는 점에서도 잘 드러난다. 예를 들어, 35×25의 계산을 다음과 같이 설명한다.

$$\frac{\begin{array}{c}三五\\二五\end{array}}{\quad} \Rightarrow \frac{\begin{array}{c}三五\\六○\\一五\\二五\end{array}}{\quad} \Rightarrow \frac{\begin{array}{c}三五\\七五○\\二五\end{array}}{\quad} \Rightarrow \frac{\begin{array}{c}五\\二五\end{array}}{\quad} \Rightarrow$$

$$\Rightarrow \frac{\begin{array}{c}五\\一○\\二五\\二五\end{array}}{\quad} \Rightarrow \frac{\begin{array}{c}五\\一二五\\二五\end{array}}{\quad} \Rightarrow \frac{\begin{array}{c}七五○\\一二五\end{array}}{八七五}$$

이 방법은 겉으로 보기에는 『수리정온』의 방법을 본뜬 것처럼 보이지만, 자세히 보면 본질적으로 차이가 있다. 『수리정온』에 실려 있는 계산 형식이 여기에서는 일체 생략되어 있다는 점도 그렇지만, 그보다도 계산 알고리듬의 차이가 문제이다. 앞에서 그려 보인 설명도는 사실은 구조상 종래의 포산 형식과 동질적이며, 『수리정온』을 모델로 삼은 것은 아니다. 말하자면 이 신식의 필산(筆算)은 겉치레이며 실제 계산에서는 여전히 산가지 계산법을 사용하였다는 의미가 된다.

바로 이 사실 때문에 필산의 형식을 도시(圖示)하지 않았던 것이 아닐까 하고 추측한다.

인용 도서 목록은 다음과 같다.[51]

『산학계몽(算學啓蒙)』(원, 주세걸 지음)·『산법통종(算法統宗)』(명, 정
대위 지음)·『수법전서(數法全書)』(청, 장수성 지음)·『적기수법(摘奇
數法)』(송, 양휘 지음)·『혼개통헌(渾盖通憲)』(서양, 이마두구수, 명 이
지조演)·『상명수결(詳明數訣)』(본국 경선징 지음)·『수원(數原)』(본국
박□찬)·『대귀연원(待歸淵源)』·『수리정온(數理精蘊)』(강희제)

여기에도 『양휘산법』과 『산학계몽』이 빠지지 않고 들어가 있다.
이 책의 지속적인 출현은 과학 세계에서도 전통의 굴레는 그리 쉽사
리 끊어지지 않는다는 것을 보여주고 있다. 아니, 또다시 곱셈 구구

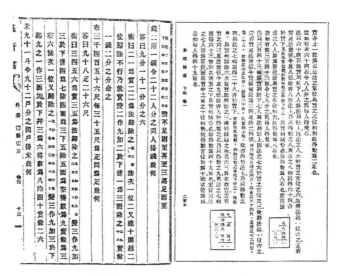

『담헌서』   『수리정온』

의 순서가 뒤바뀌어 구구 팔십일에서 시작하고 있다는 한 가지 사실 (『수리정온』에 구구는 없다)만으로도, 저자 스스로도 의식하지 못한 채 고전 수학의 세계로 되돌아간 것을 예증하고 있다. 홍대용은 수학자 임을 자처한 것이 아니고(그렇게 불렸다면 오히려 독서인으로서의 긍지를 상하게 만들었을 것이다) 다만 새로운 수학을 소개하려는 것에 지나지 않았다고 하여도, 그 의도는 결국 실패로 끝난 셈이다. 전통에 구애받지 않는 실증주의적인 대담한 사회개혁가였지만, 적어도 수학에 대한 사고에는 조금도 새로운 것이 없었다. 『주해수용』의 의의는 결국 이 책이 가진 수학적인 내용에 있는 것이 아니라 수학의 지식을 사회화하였다는 점에 있다.

최한기와 『습산진벌』

역사가들은 최한기(崔漢綺, 1803~1879)의 실학자로서의 위치를 상당히 높이 평가하고 있다.

영의정의 후손. 순조 25년(1825) 사마시에 합격했으나 관직을 마다하고 학문에 몰두하였다. 아들 병대(柄大)가 고종의 시종이 되자 중추부첨지사(中樞府僉知事)의 노인직(老人職)이 수여되었다. 조선 후기의 대표적인 학자이며, 실학이 학문으로서 이론적으로 구명되지 않고 사상적으로 통일된 기본 원리로도 다루어지지 않았던 당시에, 철저한 경험주의 철학의 기반 아래에서 무실 사상

(務實思想)을 전개하여 실학의 철학적 기초를 확립하였다. …… 경
험주의적인 과학철학의 중요성을 주장하고 특히 교육 사상에서는
직업 교육을 제창하였다. 사장(詞章)·훈고(訓詁)를 금과옥조로 하
는 성리학의 배타적이고 고루한 입장을 떠나서 자유분방한 이론
을 전개하였다는 점에서 한국 사상에 대단히 중요한 업적을 남겼
다.[52]

실학파의 백과전서적인 경향(실은 중국 학자의 본래적 경향이기도 하지
만)에서 최한기도 예외일 수는 없었다. 천문·지리·농업·의학·수
학 등에 관한 넓은 지식을 지니고 있었던 그는 천문학 계통의 저술
만으로도 『만국경위지구도(萬國經緯地球圖)』·『의상이수(儀象理數)』·
『우주책(宇宙策)』·『지구전요(地球典要)』가 있다.

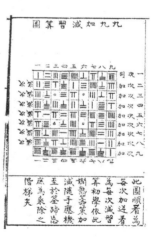

『습산진벌』 서문   '구구가감습산도'

잘 알려진 그의 수학책으로는 『습산진벌(習算津筏)』 5권이 있다. 서문의 날짜는 경술(庚戌), 즉 철종 1년(1850)으로 되어 있다. 차례는 다음과 같다.

권1 : 도량권형(度量權衡)·명위(命位)·구수승결(九數乘訣)·산책
　　　(算策)·일점도설(一點圖說)
권2 : 가법(加法)·감법(減法)·인승(因乘)·귀제(歸除)
권3 : 평방(平方)·대종평방[帶縱平方, 교수(較數)·화수(和數)]
권4 : 입방(立方)
권5 : 대종입방[帶縱立方, 교수(較數)·화수(和數)]

인용 도서에 대해서는 전혀 언급이 없지만, 내용을 보면 『수리정온』의 다음 부분을 요약해서 옮긴 것임을 곧 알 수 있다. 즉, 『수리정온』 하권에서 도량권형·명위(命數法)·가법·감법·인승·귀제(권1), 평방·대종(帶縱)(권2), 입방(권23), 대종교수입방·대종화수입방(권24) 등이 그것이다. 저자가 덧붙인 부분은 다음 몇 가지 정도에 지나지 않는다. 당시 한반도에서 사용되던,

1승법 25치 934푼 336리
1두법 259치 343푼 360리
10두법 ……

의 '아동두승법(我東斗升法)'과

1결 100부, 1부 10속, 1속 10파,
1등전적 10,000척 1결, 2등전적 10,000척 80부, 3등전적 10,000
척 70부, ……

의 '아동전결원(我東田結員)', 구구 팔십일에서 시작하는 옛날 방식의
'구수승결', 그리고 산가지의 모양·배열 방법·가감산의 설명도를
보여주는 정도이다.

그러나 이러한 내용이 저자의 독특한 견해에 의해서 원본『수리
정온』에는 없는 산가지 계산의 형식을 전면적으로 도입하였다는 점

『수리정온』
한자를 이용한 나눗셈 필산법

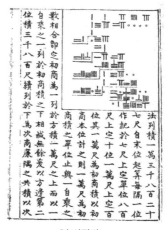

『습산진벌』
왼쪽『수리정온』의 내용을 산가지로 나타낸 것

에 『습산진벌』의 특징이 있다. 위의 그림을 자세히 보면, 전통적인 포산법이 아니라 『수리정온』에 소개된 새로운 필산법을 문자(한자·숫자) 대신에 산가지로 표현하고 있음을 알 수 있다. 이것은 『주학수용』의 경우와 극히 대조적이다. 수학에 대한 조예라는 점에서도(『습산진벌』만으로 평가해 본다면) 최한기는 홍대용보다 멀리 나아가지는 못했지만, 홍대용이 낡은 것을 새로운 형태로 고쳐 보이려고 한 것과는 달리, 최한기는 새로운 것을 일부러 낡은 형태로 재현(再現)했다는 점에서 두 사람의 수학관에 결정적인 차이가 있다. 수학책을 통해서 본다면 『주해수용』에서 느낄 수 있었던 활력이 『습산진벌』에는 전혀 없다. 홍대용에게는 일종의 근대적인 과학자 기질이 엿보였지만, 최한기에게는 유학자 특유의 냉철한 합리적인 사상 이상의 것을 찾아볼 수 없다. 이런 뜻에서 그는 철저하게 전통이 편에 서 있었다고 단언할 수 있다.

산학과 음양술수를 동일시하는 것은 어리석은 짓이라고 꾸짖어 수학이 형이상학이나 미신으로 타락하는 것을 경고했던 그이지만, 그의 수학관은 이른바 신기(神氣)의 합일설(神氣通)이라는 철학을 부연하기 위한 수단에 그쳤다.

제 9 장

조선 후기의 수학과 천문학

1. 근대 수학의 시작

조선 산학의 새 기류

한국 수학은 신라의 통일 이래 중국의 산학을 수용하고 조선 말기까지 관영 산학으로 그 자리를 유지해 왔다. 농본주의와 왕조 체제 아래에서 상업은 수학에 자극을 줄 정도로 활발하지 않았고, 사대부의 교양 수학도 「율력지」의 사상에 얽매어 수학의 독립을 저해했던 것이 사실이다.

그러나 조선 말기에 이례적인 연구 현상이 나타났다. 사대부와 중인의 수학이 결부되면서 관영 수학의 틀을 벗어난 '수학을 위한 수학', 즉 실용성을 무시한 이론 수학이 싹튼 것이다. 조선이 자력으로 근대화할 가능성이 있었던 것처럼, 조선 수학이 일본 제국주의의 개입 없이도 근대화를 할 수 있는 가능성을 보여주는 수학 활동이 나타난 것이다.

남병길과 이상혁의 수학 연구 활동

남병철(南秉哲, 1817~1863)과 남병길(南秉吉, 1820~1869) 형제에 관해서 『한국인명사전』은 다음과 같이 적고 있다.

> 남병철. 문신·과학자 …… 판관 구순(久淳)의 아들. 현종 3년
> (1837) 정시문과(庭試文科)의 병과(丙科)에 급제 …… 철종 2년
> (1851) 승정원 승지가 되고, 1856년에 예조판서, 그 후 이조판서
> 를 거쳐 홍문관 대제학에 임명되는 등 요직을 역임하다. 수학과
> 천문학에 뛰어나고, 수륜차(水輪車), 지구의(地球儀), 사시의(四時儀)
> 를 제작하였다.
> 남상길(南相吉). 문신·과학자·초명(初名) 병길. 병철의 동생. 철
> 종 1년(1850) 증광문과(增廣文科)의 병과(丙科)에 급제, 이조참관과
> 형조판서를 거쳐 철종 13년에는 의정부좌참찬(議政府左參贊)을 역
> 임하였다. 천문학에 정통하여 당대에 이름이 높았다.

조선 후기 최고의 과학자인 두 사람은 이른바 실학파와는 거리가 멀었으며 당시의 파벌 정치 덕분에 영예로운 작위를 누린 사대부였다. 당시의 계몽가 중에서 실제로 수학 연구에 전념한 사람은 아무

도 없었다. 이 두 사람의 존재는 과학 기술의 진흥이라는 구호만으로 끝나고 스스로는 과학의 내부를 파헤치려고 하지 않았던 실학 운동의 취약한 일면을 보여주는 좋은 예이다. 남병철에게는 『추보속해(推步續解)』(4권 3책)·『의기집설(儀器輯說)』(2권 2책) 등의 천문학 책을 비롯하여 측량술에 관한 『해경세초해(海鏡細草解)』(12권 2책)가 있다. 이 책은 천원술의 창시자로 알려진 이야(李冶)의 『측원해경(測圓海鏡)』(1248)의 해설서이다. 여기에서 2차방정식의 해법으로 천원술을 사용하면서 이 방법은 서양의 이른바 차근법과 같다는 말을 덧붙이고 있다.[1] 그는 "총명하기 그지없고, 산술추보(算術推步)에 정통하였다."[2]고 알려졌으나 단명한 탓인지 저서는 많지 않다.

남병길의 수학 활동

동생인 남병길도 장수하지는 못했으나 그가 남긴 천문학과 수학에 관련 저술은 실로 방대하다.

천문학에 관한 책으로는 『시헌기요(時憲紀要)』·『성경(星鏡)』·『추보첩례(推步捷例)』·『성도의도설(星度儀圖說)』·『중성신표(中星新表)』·『항성출중입표(恒星出中入表)』·『태양실누표(太陽實漏表)』·『춘추일식고(春秋日

『측량도해』 '해도산경'

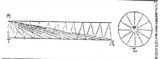

『구장술해』

食攷)』 등이 있고, 측량술과 수학에 관한 책으로는 『양도의도설(量度儀圖說)』·『측량도해(測量圖解)』·『구고술요도해(句股術要圖解)』·『무이해(無異解)』·『산학정의(算學正義)』·『구장술해(九章術解)』·『집고연단(緝古演段)』·『옥감세초상해(玉鑑細草詳解)』 등이 있다.

『측량도해』(1858)는 『구장중차(九章重差)』·『해도산경(海島算經)』·『수서구장(數書九章)』 등의 옛 수학책의 내용에서 직각삼각형에 관한 부분을 추려내어 문제마다 도해를 붙인 일종의 주해서이다. 복고적인 면이 짙은 것은 사실이지만, 그러나 오해해서는 안 된다. 제재가 낡았다고 해서 옛날 수학이 되살아났다는 뜻은 아니기 때문이다. 사대부 수학의 속성 중 하나인 형이상적인 수리관을 내세우지 않고 순수한 수학적 지식이 될 수 있는 것만 다루고 있기 때문이다.

이 편저의 서문은 다음에 이야기할 이상혁의 글이지만, 사대부의 저술에 중인이 권두언(卷頭言)을 싣는 것은 이미 전통 사회의 상식에서 크게 벗어난 태도이다. 이것 역시 수학 그 자체에 대한 저자의 순수한 열의를 반영한 것으로 풀이해도 좋을 것이다. 당시의 수학 해설서 중에서도 가장 완벽했던 도해에서도 수학자의 세련된 감각을

『유씨구고술요도해』

느낄 수 있다. 『수리정온』 등의 영향을 받았기 때문이겠지만, 어쨌 든 그 장점을 깨닫고 종래의 수학책에서는 볼 수 없었던 도해법을 적극 도입하였다는 점에서는[3] '고전 수학의 근대적 해석'이라고 부 를 만큼 청신한 수학 정신을 엿볼 수 있다.

『구고술요도해』라는 책의 이름은, 정확히 말해서 『유씨구고술요도 해(劉氏句股術要圖解)』이다. '유씨'를 붙인 것은 다음과 같은 이유 때문 이다.

언젠가 이상혁이 어떤 집에서 직각삼각형의 풀이에 대한 책이 있 는 것을 보았다고 하기에, 소개를 통해서 얻어본즉 표지에 '유씨 (劉氏)'라고만 적힌 필서본(筆書本)이었다. …… 강희년 동안에 중

국의 사역(司曆) 하국주(何國柱)가 영빈관에 머물러 있을 때 유수
석(劉壽錫)이라는 사람이 하(何)와 수학을 논한 일이 있으나 그의
저서는 발견하지 못했다. …… (『유씨구고술요도해』, 서)

이와 같이 원본을 얻은 경위를 설명한 다음, 혹시 이것이 유수석
의 책이 아닌가 하고 추측하고 있다. 유수석은 하국주로부터 사집등
서본(私集謄書本)의 『구고도설(句股圖說)』[4]을 얻은 사실이 있고, 『구일
집』에 소개된 두세 문제가 이 책에 있는 것과 아주 비슷하다는 점
등으로 짐작하건대 남병길의 추측이 옳은 것 같다. 이것은 논외로
하더라도, 피타고라스 정리를 설명하는 자리에서 『주비산경』에 있는
동양의 전통적인 증명법과 서양식 증명을 함께 설명한, 도해적 방법
에 대한 열의는 확실히 종래의 수학책에서는 볼 수 없는 이 책만의
두드러진 특징이다.

책 이름에도 저자 남병길의 고전적인 경향이 뚜렷하게 나타난다.
『구장술해』는 문자 그대로 중국의 대표적인 고전 수학책인 『구장산
술』에 관한 주해서이다. 그러나 이러한 고전 취미가 남병길 개인의
기질 탓도, 한국 수학의 흐름이 갑자기 시대착오를 일으킨 것 때문
도 아닌, 당시 중국 수학계의 영향을 받은 유행 같은 현상이었다는
사실에 유의할 필요가 있다.[5] 그러니까 이러한 고전 수학으로의 회
귀는 중인층의 산학자 사이에서 시작된 것이 아니라[6] 대륙 문명의
추이에 항상 민감하게 대응해 왔던 사대부 지식층의 이를테면 숙명

같은 곁치장의 하나였던 것이다. 그러나 비록 고전을 다룬다고는 해도 여기에서도 도해를 사용하고 있다는 점에서 근대적인 수학 감각을 느낄 수 있다.

『산학정의』는 이상혁과 공동 작업의 결과이며 조선 산학을 체계적으로 정리하고 집대성했다.

『산학정의』상·중·하편(1867)의 차례는 다음과 같다.

상편

도량형(度量衡)·잡률(雜率)·가법(加法)·감법(減法)·승법(乘法)·제법(除法)·명분법(命分法)·약분법(約分法)·통분법(通分法)·개평방법(開平方法)·대종평방법(帶縱平方法)·개입방법(開立方法)·대종립방법(帶縱立方法)·제승방법(諸乘方法)·구고율(勾股率)·각면률(各面率)·각체율(各體率)·퇴타율(堆垜率)

중편

이승동제(異乘同除)·동승이제(同乘異除)·동승동제(同乘同除)·안분체절차분(按分遞折差分)·안수가감차분(按數加減差分)·화수차분(和數差分)·교수차분(盈數借徵)·화교차분(和較差分)·영뉵(盈朒)·차징(借徵)·방정(方程)

하편

항량(港量)·천원일(天元一)·다원(多元)·대연(大衍)

가법 · 감법 · 승법 · 제법 · 명분법 · 약분법 · 통분법 · 개평방법 · 대종평방법 · 개입방법 · 대종립방법 등의 명칭이 말해주듯이 『수리정온』을 거의 전적으로 본뜨고 있다. 그러나 한편에서는 산가지의 배열 방법을 설명하고 "1단위는 세로, 10단위는 가로, 100단위는 세우고, 천 단위는 눕히고, 6은 5에 더 놓지 않는다. 10단위씩 올라가면서 세로, 가로를 번갈아 놓았다(一縱十橫, 百立千僵, 六不積算五不單張, 滿十進前, 凡算皆然)."[7]이라고 한다든지, 구구 팔십일에서 시작하는 곱셈 구구를 게시하는 것을 잊지 않고 있다. 그뿐 아니라 산가지 계산의 방법까지도 중국 고전 시절로 되돌아가고 있다.

예를 들어 985×88을 생각해 보자. 이 계산을 산가지로 풀면 다음과 같이 나타낼 수 있다.

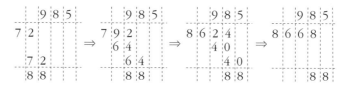

산목계산

『산학정의』는 『동문산지』· 『수리정온』 같은 근대적인 수학책을 인용하면서도 여전히 옛날식 동양 수학에 집착을 보인다. 그런가 하면 실제로 이 책의 주제가 고대의 것도 근대의 것도 아닌 천원술 · 사원술 · 대연구일술(大衍求一術) 등의 송 · 원 시대의 수학[8]이라는 것을 감안한다면 이 수학책의 삼중 구조는 무엇을 뜻하는 것일까. 우선 첫

번째 요인인 고전 지향성에 관해서 살펴보자. 포산의 방법 등에 나타난 수학 외적인 상고주의 사상은, 저자가 수학자이기에 앞서 이러한 전통적인 가치관에 사로잡힌 한 이데올로그임을 뜻한다. 무엇을 주제로 선택할 것인지는 연구자의 의식이 어떤 전통적인 가치 구조의 지배를 받고 있는지에 따라서 결정된다. 남병길이 수학에 대해 보기 드물게 순수한 정열을 기울이면서도 그의 연구 범위가 고전 수학을 벗어나지 못한 것은 바로 이 때문이다. 그러나 수학적인 방법으로 따질 때, 구구셈이나 포산 형식의 순서 등에 나타난 고전성은 여기에서는 한낱 상징의 구실밖에 하지 못한다. 사실 실학 말기 조선의 수학은 정통성 같은 이데올로기와는 상관 없는 충분히 독립된 과학적인 지식 체계로 성장한 상태였다. 따라서 수학적인 내용만을 문제 삼는다면 이것은 이차적인 의미밖에 없다. 그러나 이 시기 조선의 수학계는 천원술을 정점으로 하는 중세 수학과 『수리정온』의 내용—특히 필산 수학—이 신지식으로 소개될 정도에 머물러 있었으며, 『산학계몽』을 중심으로 한 도구를 이용한 계산 방법이 당시 수학계의 주류를 이루고 있었던 것으로 보인다. 수학사에서도 문화사와 마찬가지로 비약은 없었던 것이다.

『무이해』 서문

『무이해(無異解)』(1855)는 저서라기보다는 논문이다. 이 기발한 제목은 문자 그대로 표면상의 차이는 있을지언정 근본적인 해법은 똑같다는 뜻이다. 방정식의 연구로 유명한 청나라의 이예(李銳, 1773~1817)가 차근법은 천원술에서 나온 것이기는 하지만 상소법(相消法)에서는 다르다고 한 주장을 논박한 것이다. 즉, 이예는 차근법에서는 등호의 양쪽 변에 항이 있지만, 천원술에서는 한쪽에만 항이 모인다는 점에서 차이가 있다는 것이다. 남병길은 이 글에서 두 방법이 본질적으로는 같다고 주장한다. 천원술에서는 부근(負根)을 취급하지 않는다는 이예의 설명에 대해서 그 반대 예를 들고 있으며,[9] 또 상소의 방법이 같다는 이유를 설명한다. 여기서 이론의 타당성 여부에 대한 논의는 하지 않기로 한다. 그렇지만 이 문제를 다루는 남병길의 태도에서 수학 그 자체의 세계를 진지하게 파헤치는 수학자의 모습을 볼 수 있다. 설령 의식 면에서는 여전히 "수학은 여섯 예(六藝) 중 하나이기 때문에 유학자는 이것을 결코 소홀히 해서는 안 된다."[10]는 식의 전통적인 교양주의를 벗어나지 못하고 있었지만 말이다.

이상혁의 수학 활동

남병길의 공동 연구자인 이상혁(1810~?)은 중인 출신의 산학자이다. 따라서 그에 대한 기록은 『주학입격안』에 실린 다음 기사 외에는 일절 보이지 않는다.

이상혁(李尙爀)

초명 상혁(初名尙爀), 자는 지수
(志叟), 경오(庚午, 1810)생

별제, 운과정(雲科正)

합천인(陜川人)

아버지 병철은 계사, 조부 만구
는 계사, 증조부 정상은 산학별
시, 외조부 변중관은 의과의 정
이며 본관은 밀양이다.

처의 아버지 한음성의 본관은

청주, 후처의 아버지 한범오의

『익산』의 서문

본관은 신평이다.(父計士秉喆, 祖計士晚求, 曾祖籌別提鼎詳, 外祖

醫科正卞重觀, 本密陽

妻父韓應誠, 本淸州, 後妻父譯前啣韓範五, 本新平)

즉, 산학 고시에 급제한 다음, 역학을 다루는 서운관의 천문관리
직에 있었고, 남병길보다는 10세 연상이었다는 정도의 인적 사항 외
에는 알려진 것이 없다.

이상혁의 저서 가운데 현재까지 알려진 것으로는 천문학책[11]에『규
일고(揆日考)』(철종 원년, 1850), 수학책으로『익산(翼算)』·『차근방몽구(借
根方蒙求)』(철종 5년, 1854)·『산술관견(算術管見)』(철종 6년) 등이 있다.

‘익산(翼算)’이라는 이름은 이 책의 서문을 쓴 남병길이 붙였는데,

양 날개와 같이 정부론(正負論)과 유한급수 이론인 퇴타설(堆垛說)의 두 편이 짝을 이룬다는 뜻으로 붙인 것으로 보인다.

종래의 산학은 주로 이론적인 면보다는 현실적인 문제 풀이에 주력했는데 이상혁은 이론적인 면을 중시했다. 이는 중국에서 활동하던 천주교 신부들이 서양 수학을 도입하면서 야기된 동양 전통 수학에 대한 위기의식의 표현일 수도 있다. 이상혁이 기존의 중국의 산서 『구장산술』, 『방정론』, 『익고연단』, 『측원해경』, 『몽계필담』 그리고 남병길의 『산학정의』 등의 문제들을 해석한 것도 동양 수학의 체계적 정리를 시도하고 있었던 것으로 이해할 수 있다. 조선 산학의 핵은 주학(籌學)이며, 중심은 산가지[算木]이다. 일본 와산(和算)은 산가지를 필산화(筆算化)하면서 기호대수학으로 발전했는데, 이상혁의 방정식론에서 한산(韓算)도 충분히 그럴 가능성이 있었던 것으로 보인다.

남병길이 서문을 쓴 상·하 두 권으로 된 『익산』은 상편의 정부론에서 천원술에 의한 고차 방정식 해법을 설명하고, 하권의 '퇴타(堆垛)'에서는 급수론을 다루고 있다. 『수리정온』에서 인용한 부분도 있으나 주로 이야의 『측원해경』과 『익고연단』 및 주세걸의 『산학계몽』과 『사원옥감』 등의 문제를 예로 삼아 동양 수학의 정수를 자유자재로 다루는 솜씨를 보이면서 당대 제일의 수학자다운 면모를 보인다.

『차근방몽구』는 유럽의 대수방정식에 관한 해설서이다. 이상혁은 중인 출신답게 아무런 저항을 보이지 않고 서양 수학을 받아들였다.

이 점에서 사대부로서 지배 계층의 이데올로기에 세뇌된 남병길의 태도와 큰 차이를 보인다.

밑변·수선의 합이 23자, 밑변·빗변의 차가 9자이다. 밑변·수선·빗변의 길이를 각각 구하라.

이 문제를 다음과 같이 차근법을 사용하여 풀고 있다.

수선의 길이를 x로 한다	(法借一根爲股)
밑변의 길이는 $23-x$	(二十三尺少一根爲勾)
따라서 빗변의 길이는 $32-x$	(三十二尺少一根爲弦)
$(23-x)^2 = 529-46x+x^2,$	(五百二十九尺少四十六根多一平方爲勾積)
$(32-x)^2 = 1,024-64x+x^2$	(一千零二十四尺少六十四根多一平方爲弦積)
$x^2+(23-x)^2$	(五百二十九尺少四十六根多二平,
$\quad = 529-46x+2x^2$	與一千零二十四尺少六十四根多一平方相等)
$\quad = 1,024-64x+x^2$(수선^2+밑변^2=빗변^2)	
$x^2+18x=495$	(一平方多十八根與四百九十五尺相等)
$(x+9)^2=576=24^2$	
$x=15$ (수선의 길이)	(以縱較平方開之得十五尺卽股)
$23-15=8$ (밑변의 길이)	(二十三尺內減十五尺得八尺爲勾)
$8+9=17$ (빗변의 길이)	(八尺加九尺得十七尺爲弦)

『산술관견』

역시 남병길이 서문을 쓴 『산술관견』
은 「각등변형습유(各等邊形拾遺)」·「원용
삼방호구(圓容三方互求)」·「호선구현시(弧
線求弦矢)·「현시구호도(弦矢求弧度)」, 그리
고 부록의 불분선삼률법해(不分線三率法解)
라는 제목으로 이상혁 자신의 연구 결과
를 기록한 책이다.

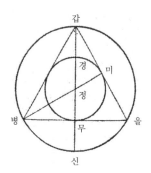

제1장, 「각등변형습유」에서는

『수리정온』은 …… 정다각형에서 한 변의 길이를 중심으로 하여,
그 면적과 내접원 및 외접원의 지름을 구하는 문제를 취급하고 있
으나, 다만 정률비례(定率比例)를 보여주는 상세한 설명이 부족하다.

고 말머리를 꺼낸 다음 보완을 위해서 예제를 내놓는다고 하면서

한 변이 12자인 정삼각형이 있다. 그 면적 및 내접과 외접원의 지
름을 구한다.
답.[12]
면적 : 62자 35치 38푼강(强)
내접원의 지름 : 6자 9치 2푼 8리 2호강
외접원의 지름 : 13자 8치 5푼 6리 4호강

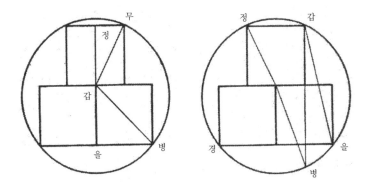

이하 정십각형에 이르기까지 동일한 내용의 문제를 다룬다.

제2장, 「원용삼방호구」의 두 문제는 다음과 같다.

사각형 3개를 (品자형으로) 내접시키는 원의 지름을 구한다.
답. 30자 9치 2푼 3리 3호약(弱)

지름 40자의 원에 같은 크기의 정사각형 3개를(品자형으로) 내접
시킬 때 한 변의 길이를 구한다.
답. 15자 5치 2푼 2리 3호약

여기에서, 둘째 문제는 천원술을 사용하여 풀었다. 이것은 일찍이
없었던 독자적인 방법(古無傳者)이라고 저자는 자부한다.

제3장 「호선구현시」와 제4장 「현시구호도」에서는 매곡성의 『적수유진(赤水遺珍)』에 나와 있는 자르투(P. Jartoux, 杜德美)의 할원첩술(割圓捷術)과 현시첩술(弦矢捷術)이 너무 어렵기 때문에 쉽게 설명한다고 이야기한 후 12문제의 해법을 설명하고 있다. 몇 문제만 살펴보자.

21도 19분 50초의 정현(正弦)을 구한다. 단, 소수점 이하 여덟째 자리까지.
답. (소수점 이하) 36375254

반지름 2,500자, 정시(正矢)* 2,460자 7치 3푼 1리 7모일 때의 호 및 중심각을 구한다. *正矢 $= r(1-\cos\theta)$
답. 호의 길이 : 2,887자 7치 2푼 9호
중심각 : 89도 6분

위와 같은 문제를 푸는 데 필요한 공식이 『적수유진』에 나오는 데 현대식으로 쓰면 다음과 같다.

$$2\pi = 2\left\{3 + \frac{3\cdot 1^2}{4\cdot 3!} + \frac{3\cdot 1^2\cdot 3^2}{4^2\cdot 5!} + \frac{3\cdot 1^2\cdot 3^2\cdot 5^2}{4^3\cdot 7!} + \cdots\cdots\right\}$$

$$\sin x = x - \frac{1}{3!}x^3 + \frac{1}{5!}x^5 - \frac{1}{7!}x^7 + \frac{1}{9!}x^9 - \cdots\cdots$$

$$\cos x = \frac{1}{2!}x^2 - \frac{1}{4!}x^4 + \frac{1}{6!}x^6 - \frac{1}{8!}x^8 + \frac{1}{10!}x^{10} - \cdots\cdots$$

위 공식의 이름은 각각 구주경밀률건법(求周経密率揵法), 구현건법 (求弦揵法)과 구시건법(求矢揵法)이다.

조선에 삼각함수가 도입된 것은 『수리정온』에 의한 것으로 보인다. 홍정하는 청나라 사역 하국주와의 면담을 통해서 팔선표(八線表 : 삼각함수표)의 존재를 알았으나 끝내 그것을 입수하지는 못했다.

이상혁은 『산술관견』의 불분선삼률법해(不分線三率法解)에서 구면삼각형의 변과 각의 관계를 다루었다. 그리고 네이피어(J.Napier)의 공식[13]을 증명하고 있다.

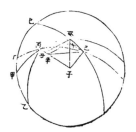

『산술관견』의 '불분선삼률법해' 그림

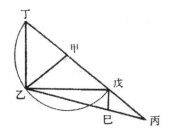

둔각삼각형의 두 변의 길이를 알 때 각을 구하는 방법을 나타낸 그림(『산술관견』)

즉, 구면삼각형 ABC라면 공식은 다음과 같다.

$$\tan \frac{B-C}{2} = \frac{\sin \frac{b-c}{2}}{\sin \frac{b+c}{2}} \tan \frac{180° - A}{2}$$

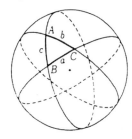

$$\tan \frac{B+C}{2} = \frac{\cos \dfrac{b-c}{2}}{\cos \dfrac{b+c}{2}} \tan \frac{180°-A}{2}$$

1839년 청나라에서 발간한 『천보진원발』이 개념만을 설명하고 있을 때 이상혁은 이 공식을 정확히 증명했다. 삼각법을 거의 스스로 습득한 것이다. 『산술관견』에 나타난 이상혁의 독자적 연구는 일본의 수학사가로 하여금 "모두가 중국 수학의 주해뿐이었던 조선에 그야말로 전인미답의 경지를 개척하였다."[14]는 감탄을 자아내게 만들었다. 이러한 '이류'이 가능했던 것은 사대부 출신인 남병길이 끝까지 떨쳐버릴 수 없었던 형이상적 수리 사상과 교양주의적 수학관을 중인 산학자 이상혁은 갖고 있지 않았기 때문이다. 공동 연구자이지만 남병길과 이상혁의 수학이 이렇게 큰 차이를 보이는 것은 수학적인 소질이나 능력의 문제 때문이라기보다는 두 사람의 의식을 지배한 이데올로기의 차이 때문이었다. 나중에 다시 언급하겠지만 한국과 일본은 동일한 수학 형태를 모델로 하여 출발하였다. 하지만 한국이 원형에 충실하였던 반면 일본은 독자적인 스타일을 이룩하는 극단적인 분화를 보인 이유도 결국 '이데올로기'의 측면에서 파악해야 한다.

그러나 이상혁에게서 그 조짐을 보인 한국 수학이 근대화 혹은 세계화에 접근할 가능성에 대해서는 다음의 두 가지 측면도 포함해서 파악해야 한다.

첫째, 이 전환은 이상혁 한 사람의 연구 활동으로 이루어진 것이 아니다. 수학은 그 자체가 하나의 사유 양식이다. 이상혁이 고전 수학의 부흥 붐 속에서 감히 이데올로기의 간섭을 배제하고 오로지 수학 내부로 눈을 돌릴 수 있었던 것은 그의 주변에 이러한 시도를 가능하게 하는 연구 분위기가 있었기 때문이다. 이는 동료들로 이루어진 수학 공동체가 형성되어 있었음을 뜻한다.

둘째, 이상혁을 비롯한 당시의 한국 수학자는 유럽 수학과는 결코 융합할 수 없는 이질의 수학 형식 위에 서 있었다. 이상혁을 포함해서 전통사회의 수학 연구가들은 산학자들이었다. 이런 면에서 그들의 수학은 개념이나 방법 면에서 유럽 수학과는 전혀 다를 수밖에 없었다. 따라서 유럽 수학과 동양 수학이 정면으로 부딪쳤을 때 합류가 아닌 극복과 소멸이 되었듯이, 산학자이면서 동시에 근대적인 의미의 수학자 구실을 한다는 것은 아예 불가능했다. 수학의 사고(思考) 측면에서 동양 아니면 유럽의 전통 중 하나를 택해야 한다는 딜레마 때문이라기보다도, 줄곧 자신의 사유 세계를 지배해 온 전통을 떨쳐버린다는 것은 쉽지 않은 시도였기 때문이다. 그렇다고 미지의 전통을 체험할 수 있는 입장도 아니었다. 이상혁이 보여준 근대 수학에 대한 이해, 심지어는 그것과의 동화 가능성은 처음부터 이러한 한계를 안고 있었다. 개화의 물결을 타고 직접 밀어닥친 서양 수학 앞에서 결국 산학과 산학자의 무리가 자취를 감춘 것은 역시 이 선택이 작용한 결과였다.

어쨌든, 이상혁이라는 중인 수학자의 이름이 지금까지 알려진 것은 그만큼 그가 수학계에서 큰 역할을 했기 때문인 것은 부인할 수 없다.

푸코(M. Foucault)는 시대마다 고유의 에피스테메(epistémé)가 지식, 과학, 진리 등을 개화시킨다고 주장한다. 필자는 원형으로 시대 문화의 프랙탈(자기닮음)의 관계를 설명해 왔다. 푸코의 에피스테메는 '원형'이라 해도 좋다.

일단 전 세대에 형성된 문화는 오늘의 시대적인 상황에 되먹임 되어 오늘의 문화를 꽃피우게 한다. 그것은 마치 몇 겹의 동심원이 그려져 있는 만다라와 같다.

문화는 원형의 기반 위에 나타나는 것으로 민족 고유의 철학, 예술, 과학, 수학 등에서 공통의 가치 기준을 엿볼 수 있다. 조선의 모든 문화 양상에는 공통적으로 율력지 사상이 개입되어 있다. 한국 수학사는 율력지 사상에 끊임없이 되먹임 되어 왔다. 프랙털 구도 같은 각 시대의 문화 속에 수학은 마치 꽃처럼 피어난 것이다.

조선 말기에 이르러 한민족은 이전과는 판이하게 다른 서양 문화에 충격을 받았다. 그것은 그간의 문화 의식으로 대처할 수 없는 자극이었다. 실학 운동이 일어났고 그 여파는 수학의 근대화로 이어졌다.

실학기 수학의 성격

여기에서 실학기 수학을 전체적으로 조망하고, 그 발전 또는 굴절의 과정을 요약해서 살펴보자.

16세기 후반에 싹이 터 약 300년 동안 계속된 실학파 계몽 운동의 특징은 그들이 과학 기술에 대한 관심이 많다는 사실이다. 특히 조선시대 문화의 중흥기라고 하는 18세기의 영조(1725~1776), 정조(1776~1800)의 문운융성(文運隆盛)의 치세 동안에는 적극적으로 과학 기술 정책을 장려하여 역학·산학·의학 기술 관료를 대폭 증원하는 형태로 나타났다.[15]

이러한 시대 환경 속에서 긍지와 의욕을 갖게 된 중인 산학자들은 실무에 관한 기술 지식 이상의 수학 일반에 관한 연구에 몰두하는 새로운 역사적 전환기를 맞이하게 되었다. 그리고 실학기의 수학은 종래에는 없었던 대단히 중요한 변혁을 몇 겹으로 거치면서 급속도로 성장하였다. 그중에서도 중요한 단계를 다음과 같이 나누어 볼 수 있다.

(1) 중인 산학자들의 의욕적인 수학 연구의 붐 및 저술 활동
　　예 : 홍정하의 『구일집』
(2) 실학자들의 수학 관련 저술 활동
　　예 : 홍대용의 『주해수용』
(3) 사대부 수학과 중인 수학의 합류

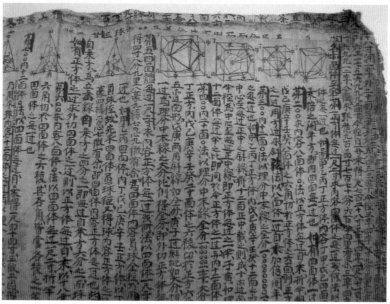

조선 수학자들이 유클리드 기하학을 공부하던 노트(한양대 박물관 소장)

예 : 남병길과 이상혁의 공동 연구 및 저술 활동
　(4) 유럽 수학에 접근한 한국 수학의 독자적 발전 계기
　　예 : 이상혁의 『산술관견』

　위의 (3)에서 '합류'라는 표현을 사용한 것은 흔히 말하는 '융합'의 의미가 아니라, 이원적 경향을 서로가 그대로 간직한 채 이루어진 '제휴'였다고 해야 옳다. 수학에 대한 순수한 지식욕에서 출발하여 수학상의 문제에만 관심을 집중한 중인 수학이 유럽식 대수방정식이나 기하학까지 수용하였던 것은 당연하다고 할 수 있다. 다른 한편 양반 및 사대부층의 수학은 오히려 동양의 고전적 전통 속으로 복귀하려는 현상을 보인다. 이러한 시대착오는 부분적으로는 이미 옹종(雍宗) 대(1723~1735)에 시작한 '산경십서'의 발굴,[16] 건륭 · 가경시대(1736~1820)에 누렸던 고전 연구의 전성기를 거쳐 나사림이 조선판 『산학계몽』을 발간한 1839년 이후까지도 이어진 중국의 고전 수학 부흥 붐과 관련된, 일종의 연쇄 현상이었다. 유럽 근대의 과학 발전관의 입장에서는 도저히 납득이 가지 않는 이 역행은 다른 곳, 보다 근원적인 곳에서 그 이유를 찾아야 한다. 즉 양반 지식층의 사고 방식은 유학 이데올로기라는 기본적인 환경에서 다져진 것으로, 본질적으로 고전의 세계에 근거한다. 이 점은 과학 탐구에서도 예외일 수 없다. 역설적인 표현으로 들릴 수 있지만, 우리나라 전통사회의 지식인들은 진지하게 시대와 마주하려 하면 할수록 어쩔 수 없이

고전의 세계로 되돌아가게 되어 있다. 진취적이어야 할 실학 계몽학자의 경우도 여기에서는 예외일 수 없었다.

그렇다면 이러한 이질성이 전통적 이데올로기와 중인 산학자 사이에 가로놓여 있었음에도 불구하고, 일부러 '합류'했다고 하는 이유는 무엇일까. 그것은 다음과 같은 공통적인 특징이 더욱 뚜렷하게 드러나기 때문이다.

첫째, 수학책을 경전처럼 보는 태도는 이미 보이지 않는다. 사대부 수학에 나타난 고전화 경향은, 그냥 옛 수학책이 다시 등장한 것이 아니라, 그것을 소재로 하여 새로운 방법을 제시하는 형태로 나타난다.

둘째, 백과전서적인 교양의 일부로서가 아니라 전문적이고 독립적인 과학으로서 수학이 차츰 정립되기 시작하였다. 수학책의 저술이 현저하게 많아졌다는 사실만으로도 이 경향을 충분히 뒷받침할 수 있다.

실학 말기에 가까워질수록 수학책은 더욱 많이 간행되었는데, 이는 외세에 대항하기 위한 부국강병책의 하나로 유럽의 과학 기술을 수용하겠다는 시대 풍조에 영향을 받았기 때문이다. 그리고 여러 과학 중에서도 특히 수학에만 관심이 집중된 것은 동양의 전통 중 근대적인 의미의 과학에 해당하는 것이 수학뿐이었기 때문이다. 어쨌든 역사상 처음 맞이한 '수학 시대'가 출현한 것은 독자적인 한국 수학의 형성을 위한 정지 작업의 구실을 한 셈이다. 비상을 위한 시간이 주어졌더라면 하는 가정 아래에서의 이야기이긴 하지만 말이다.

대연술

『산학정의』 하권 마지막 장 '대연(大衍)'에
는 역 계산에 쓰이는 대연술이 소개되어 있
어 주목을 끈다. 대연술은 1차 합동식의 해
법을 다룬 것으로, 본래는 『손자산경』에 실
렸던 내용을 송나라의 진구소가 『수서구장』
(1247년경)에서 훨씬 복잡한 문제에까지 적
용시켰다. '대연'이라는 명칭은 역(易)의 '대
연수(大衍數)'에서 비롯되었다.

『산학정의』 대연

  여기에 실린 두 문제 중 첫 문제는 다음
과 같다.

> 한 사람에 1섬씩 20명에게 술을 배당하면 1말 5되가 남고, 한 사람
> 에 5근씩 16명에게 고기를 나누면 2근 3량(16량 = 1근)이 남는다. 또
> 장 1말씩 15명에게 주면 8되가 부족하다. 전체 인원은 몇 명인가?[17]

이 문제를 알기 쉽게 고쳐 쓰면 다음과 같다.

20명에게 술 한 섬씩 주면 3인분이 남고, 16명에게 고기 5근씩 주
면 7인분이 남고, 15명에게 장 1말씩 주면 12인분이 부족하다.

  즉, 총인원을 x라 하면

$$x \equiv -3 \bmod 20 \Leftrightarrow x \equiv 17 \bmod 20$$
$$x \equiv -7 \bmod 16 \Leftrightarrow x \equiv 9 \ \bmod 16$$
$$x \equiv 12 \bmod 15 \ \Leftrightarrow \ x \equiv 12 \bmod 15$$

이것에 대하여 남병길은 다음과 같이 계산하였다.

	잉(剩)	모(母)	정모(定母)	연모(衍母)	연(衍)($\frac{\text{연모}(衍母)}{\text{정모}(定母)}$)	기수(奇數)	승(乘)	용(用)	총(總)(잉(剩)×용(用))	삼총(三總)
갑	17	20	5 5		$\frac{240}{5}=48$	3	2	96	1632	
을	9	16	16 16	$5 \times 16 \times 3$ $=240$	$\frac{240}{16}=15$	15	15	225	2025	5577
병	12	15	15 3		$\frac{240}{3}=80$	2	2	160	1920	

'모(母)'로부터 '정모(定母)'를 얻는 계산은 다음과 같은 요령으로 한다. 가령, 모수(母數)가 30, 25, 20이었다면, '총등(總等)'(최대공약수) 5로 세 수 가운데 둘만 약분하고 하나는 그대로 두되, 약분한 후에는 어느 두 수 사이에도 5라는 약수가 없도록 하기 위하여 을(乙)의 수 25를 그대로 둔다. 즉 6, 25, 4가 된다.

또 한 번 갑, 병 두 수의 약수로 2가 있으므로 하나만 2로 나누어 3, 25, 4를 만든다. 이와 같이 서로 소(素)가 되는 모수를 만들어, 이것을 정모라고 한다.

위의 예에서 갑, 을, 병의 모가 20, 16, 15이므로 정모는 5, 16, 3이다.

갑	을	병
20	16	15
5	16	15
5	16	3

또 정모의 곱 5×16×3=240을 연모(衍母)로 하고, 연모를 정모로 나눈 것을 연수(衍數)라고 한다. 연수는 48, 15, 80이다. 연수의 정모에 대한 최소 양(陽)의 나머지를 기수(奇數)라고 한다.

$$48 \equiv 3 \bmod 5$$

$$15 \equiv 15 \bmod 16$$

$$80 \equiv 2 \bmod 3$$

즉, 기수는 3, 15, 2이다. 기수를 a, 정모를 m이라 할 때

$$ax \equiv 1 \bmod m$$

을 만족시키는 최소의 양수를 승(乘)이라고 한다.

$$3x \equiv 1 \bmod 5의 \ 해는 \ 2$$

$$15x \equiv 1 \bmod 16의 \ 해는 \ 15$$

$$2x \equiv 1 \bmod 3의 \ 해는 \ 2$$

이므로, 승률은 2, 15, 2이다.

또, 승×연=용이라 한다.

$$2 \times 48 = 96$$

$$15 \times 15 = 225$$

$$2 \times 80 = 160$$

이므로, 용은 96, 225, 160이다. 그리고 승×용=총이다. 즉,

$$갑의 \ 총 = 17 \times 96 = 1,632$$

$$을의 \ 총 = 9 \times 225 = 2,025$$

$$병의 \ 총 = 12 \times 160 = 1,920$$

이다. 총의 합을 그 개수에 따라 3총, 4총 등으로 부른다. 여기서는 3개이므로

$$3총 = 1,632 + 2,025 + 1,920 = 5,577$$

이다. 3총을 연모로 나누었을 때의 최소의 나머지, 즉

$$5,577 \equiv 57 \ \mathrm{mod} \ 240$$

이므로 57은 구하는 답이다.

현대정수론의 수법에서는

$$x \equiv 17 \ \mathrm{mod} \ 20 \ 또는 \ x \equiv 17 \ \mathrm{mod} \ 2^2 \times 5$$

$$x \equiv 9 \ \mathrm{mod} \ 16 \ 또는 \ x \equiv 9 \ \mathrm{mod} \ 2^4$$

$$x \equiv 12 \bmod 15 \ \text{또는} \ x \equiv 12 \bmod 3 \times 5$$

의 세 합동식을 만족하는 수는

$$x \equiv 17 \bmod 2^2 \qquad \cdots\cdots ①$$
$$x \equiv 17 \bmod 5 \qquad \cdots\cdots ②$$
$$x \equiv 9 \bmod 2^4 \qquad \cdots\cdots ③$$
$$x \equiv 12 \bmod 3 \qquad \cdots\cdots ④$$
$$x \equiv 12 \bmod 5 \qquad \cdots\cdots ⑤$$

의 다섯 개의 합동식을 만족하는 수와 같은 것인데, ③을 만족하면 ①을 만족하고, ②와 ⑤는 같으므로(둘 다 $x \equiv 2 \bmod 5$) 이것들은 다음 세 식으로 된 합동식과 같다.

$$x \equiv 17 \bmod 5$$
$$x \equiv 9 \bmod 16 = 2^4$$
$$x \equiv 12 \bmod 3$$

이 해를 구하기 위해서는 다음 세 개의 연립방정식의 해를 구하여야 한다.

$$\left.\begin{array}{l} x \equiv 1 \bmod 5 \\ x \equiv 0 \bmod 16 \\ x \equiv 0 \bmod 3 \end{array}\right\} \quad \cdots\cdots (A)$$

$$x \equiv 0 \ \text{mod} \ 5$$
$$x \equiv 1 \ \text{mod} \ 16$$
$$x \equiv 0 \ \text{mod} \ 3$$

$$\cdots\cdots(B)$$

$$x \equiv 0 \ \text{mod} \ 5$$
$$x \equiv 0 \ \text{mod} \ 16$$
$$x \equiv 1 \ \text{mod} \ 3$$

$$\cdots\cdots(C)$$

여기서 (A), (B), (C)는 다음과 같다.

(A)에서

$$x = 3 \times 16 \times y \text{라 하면}$$

$$(3 \times 16) \times y \equiv 1 \ \text{mod} \ 5$$

여기서 ( )는 연이다.

$$(3) \ y \equiv 1 \ \text{mod} \ 5 \qquad \therefore \ y = 2$$

$$x = 16 \times 3 \times 2 = 96$$

$$x \equiv 17 \ \text{mod} \ 5$$

$$x \equiv 0 \ \text{mod} \ 16$$

$$x \equiv 0 \ \text{mod} \ 3$$

(B)에서

$$x = 15 \times 3 \times y \text{라 하면}$$

$$(5 \times 3) \times y \equiv 1 \ \text{mod} \ 16$$

여기서 ( )는 연이다.

(15) $y \equiv 1 \bmod 16$ $\therefore y = 15$

$x = 5 \times 3 \times 15 = 225$

$x \equiv 0 \bmod 15$

$x \equiv 9 \bmod 16$

$x \equiv 0 \bmod 3$

(C)에서

$x = 5 \times 16 \times y$

$(5 \times 16) \times y = 1 \bmod 3$

여기서 ( )는 기수, y는 승

(2) $y \equiv 1 \bmod 3$ $\therefore y = 2$

$x \equiv 5 \times 16 \times 2 = 160$

$x \equiv 0 \bmod 5$

$x \equiv 0 \bmod 16$

$x \equiv 12 \bmod 3$

이들의 해는 각각

$$96 \times 17 = 1632, \ 225 \times 9 = 2025, \ 160 \times 2 = 1920$$

으로서 총이 되고,

$$x \equiv 17 \bmod 5$$
$$x \equiv 9 \bmod 16$$
$$x \equiv 12 \bmod 3$$

의 해는 240을 mod로 하여 3층

$$1632 + 2025 + 1920 = 5577$$

과 합동인 수를 구하면 된다. 즉,

$$5577 \equiv x \bmod 240$$
$$x = 57$$

이다.

제 10 장

조선시대의 수리 역산

1. 조선 산학책에 수록된 수리 역산

수리 역산은 수학적 근거를 이용하여 역법에 관한 계산을 하는 것으로 수리 역산사는 수학사의 일부이다. 고대 천문학이 비과학적 예언에 결부되기도 했지만, 수학이 뒷받침하는 수리 역산으로 인해 과학으로서의 성격을 유지할 수 있었다.

이 장에서는 조선 수학자가 쓴 수학책인 『구일집』·『주해수용』·『동산』·『산학정의』에 나온 문제들을 중심으로 조선의 수리 역산의 내용을 살펴볼 것이다.

『구일집』에 나오는 천문 역산

앞에서 우리는 홍정하의 『구일집』을 살펴보았다. 홍정하는 역산에 관해서도 비상한 관심을 보였다. 『구일집』 제9권 「잡록」에 실린 천문 역산 문제를 살펴보자.

1. 天體至圓繞地左旋一日一周日月麗天而遲故日不及天一度月不及天十三度十九分度之七問日法

   答曰 九百四十分

   문제 천체는 땅의 왼쪽으로 하루에 한 번 돈다. 해는 하루에 천체의 1도, 달은 하루에 천체의 13도 19분의 7을 돌 때 일법을 구하여라.

   답 940

   해설 일법은 일 년의 날수를 나타내는 분수 부분의 분모의 수이다. 이 문제는 뒤에서 언급할 『동산』에 실린 '기삼백편구백사십분(朞三百篇九百四十分) ⋯⋯' 과 같은 내용이다. 즉, 하루 동안 달이 이동하는 도수(度數)를 $13\frac{7}{19}$도, 또 해가 이동하는 도수는 1도로 하여 그 차는 $(13\frac{7}{19} - 1) = 12\frac{7}{19} = \frac{235}{19}$, 또 주천도수(周天度數)[1]를 $365\frac{1}{4}$로 하여 이 분모의 4와 235를 곱한다. 즉, $235 \times 4 = 940$이다.

이 문제는 홍대용의 『담헌서』에도 수록되어 있는 기본적인 천문
계산 문제이다.

2. 今有圓地周圍三百六十五尺四分尺之一只云大小二蟻並行小蟻日行一
   尺大蟻日行十三尺十九分尺之七問大小二蟻幾日相會
   答曰 二十九日九百四十分日之四百九十九[2)]
   문제 원형의 땅 둘레가 $365\frac{1}{4}$척이다. 크고 작은 개미 두 마리
   가 나란히 출발해서 원형의 땅 둘레를 돌 때, 작은 개미는 하루
   에 1자, 큰 개미는 하루에 $13\frac{7}{19}$자 이동한다면, 며칠 만에 만나
   겠는가?

   답 $29\frac{499}{940}$일

   해설 작은 개미를 태양, 큰 개미를 달로 하면 곧 그대로 한 달
   동안의 일수(日數)를 구하는 문제가 된다. 원지(圓池)는 주천도수
   (周天度數)인 $365\frac{1}{4}$, (달이 이동한 각도－해가 이동한 각도)는 앞
   의 문제와 같이

   $$(13\frac{7}{19}-1)=12\frac{7}{19}=\frac{235}{19} , 365\frac{1}{4}=\frac{1461}{4}$$

   이다. 주천도(周天度)÷(하루 동안 달이 이동한 각도－하루 동안
   해가 이동한 각도)=$\frac{1461}{4}÷\frac{235}{19}=29\frac{499}{940}$

3. 今有周天三百六十五度四分度之一繞地左旋日月麗天而並行日不及天

   一度月不及天十三度十九分度之七問日月幾日相會

   答曰 二十九日九百四十分日之四百九十九

   문제 주천도수가 $365\frac{1}{4}$ 도이다. 해와 달이 나란히 도는데, 해는

   하루에 1도, 달은 하루에 $13\frac{7}{19}$ 도 돈다면 해와 달은 며칠 만에

   만나는가?

   답 $29\frac{499}{940}$ 일

   해설 2번과 같은 문제임

4. 今有周天三百六十五度四分度之一只云月不及天十三度十九分度之七

   問月與天幾日相會

   答曰 二十七日一千一十六分日之三百二十七

   문제 주천도수가 $365\frac{1}{4}$ 도이다. 달은 천체를 하루에 $13\frac{7}{19}$ 도 돈

   다면, 달이 원래 위치에 돌아오는 데 며칠 걸리는가?

   답 $27\frac{327}{1016}$ 일

   해설 주천도수 $365\frac{1}{4}$ 을 달이 움직인 도수 $13\frac{7}{19}$ 로 나눈 몫을

   구하는 문제로

   $$365\frac{1}{4} \div 13\frac{7}{19} = 27\frac{327}{1016}$$

   이다.

5. 今有周天三百六十五度四分度之一只云月不及天十三度十九分度之七

   問月行一日幾度

   答曰 三百五十一度七十六分度之六十七

   문제 주천도수가 $365\frac{1}{4}$도이다. 달은 하루에 $13\frac{7}{19}$도 돈다. 남은 도수는 얼마인가?

   답 $351\frac{67}{76}$도

   해설 $365\frac{1}{4} - 13\frac{7}{19} = 351\frac{67}{76}$

6. 今有日行一日一度月行一日十三度十九分度之七只云二十九日九百四

   十分日之四百九十九而日與月相會問天度幾何

   答曰 三百六十五度四分度之一

   문제 해는 하루에 1도, 달은 하루에 $13\frac{7}{19}$도를 돈다. 해와 달이 동시에 출발해서 $29\frac{499}{940}$일 만에 다시 만난다면, 주천도수는 얼마인가?

   답 $365\frac{1}{4}$도

   해설 문제 2번과 3번의 역산이다.

   $$29\frac{499}{940} \times (13\frac{7}{19} - 1) = 29\frac{499}{940} \times 12\frac{7}{19} = 365\frac{1}{4}$$

7. 今有一歲日行三百六十五日九百四十分日之二百三十五月行三百五十

四日九百四十分日之三百四十八問幾何歲而置閏

答曰 三歲一閏閏則三十二日九百四十分日之六百單一

문제 양력으로 일 년은 $365\frac{235}{940}$ 일이고, 음력으로 일 년은 $354\frac{348}{940}$

일이다. 윤년을 몇 년마다 놓아야 하는가?

답 3년에 $32\frac{601}{940}$ 일의 윤일 수가 생긴다.

해설 $365\frac{235}{940}=365\frac{1}{4}$, 실제로는 고전적인 사분력(四分曆)에 의한

것이다. $\frac{1}{4}$ 을 $\frac{235}{940}$ 로 나타낸 이유는 문제 1번에서 얻은 수치를

그대로 이용하였기 때문이다. 월행(月行) $354\frac{348}{940}$ 은 문제 2번에

서 얻은 수치인 월행의 값 $29\frac{499}{940}$ 에 1년의 달수 12를 곱해서

얻은 것이다. 즉,

$$354\frac{348}{940}=29\frac{499}{940}\times12$$

$$365\frac{1}{940}-354\frac{348}{940}=10\frac{827}{940} \cdots\cdots 1년 동안에 생긴 윤일(閏日) 수$$

$$10\frac{827}{940}\times3=32\frac{601}{940} \cdots\cdots 3년 동안에 생긴 윤일 수$$

문제의 답을 얻는 방법에 관해 설명한 뒤 이 역산(曆算) 문제를 실
은 이유를 다음과 같이 밝히고 있다.

윤년을 3년에 한 번, 5년에 두 번, 8년에 세 번, 11년에 네 번, 14
년에 다섯 번, 17년에 여섯 번, 19년에 일곱 번으로 정하면 모자

라더라도 남는 부분과 서로 어울려 딱 떨어진다.

이것을 표로 나타내면 다음과 같다.

햇수	윤년의 수
3	1
5	2
8	3
11	4
14	5
17	6
19	7

즉, 사분력에 의한 19년 7윤법을 설명한 것이며, 이 표는 그리스의 천문학자 메톤(Meton)의 이름이 붙은 '메톤 주기'이다.

중국에서는 북량(北涼) 조비(趙歐)가 처음으로 파장법(破章法)을 창시했으며, 이 역에서는 장법인 19년 7윤법 대신 600년을 1장으로 해서 221윤달을 두는 방법을 썼다. 장법을 파기했으므로 이 새로운 역법을 파장법이라고 한다. 파장법을 이용한 역 중에서 최초의 것은 현시력인데, 현시력의 채택은 서기 412년의 일이다.

이 파장법을 조충지의 대명력이 답습하였고 그 후 역법이 계속 이를 따랐다. 홍정하 당시의 역법이 파장법을 채택하고 있었는데 홍정하는 "…… 19년 7윤법을 사용하면, 날짜 수에 넘거나 모자람이 없다(七閏之外無餘分而盈虛之數相等是所謂氣朔分齊也)."라고 하며 장법인 사분력의 입장에서 문제를 풀고 있다.

8. 十九年七閏則氣朔分齊問其數幾何而適等

答曰 氣盈六百五十二萬三千三百六十五

朔虛六百五十二萬三千三百六十五

문제 19년 7윤법으로 하면, 어떻게 해서 달과 해의 운행이 딱맞는가, 그 수를 말하여라.

답 달과 해의 운행은 6,523,365라는 수로 딱 들어맞는다.

해설 일 년의 일수를 사분력을 기준으로 삼아 $365\frac{1}{4}$로 하였다 (본문의 설명은 $365\frac{235}{940}$로 했음. 달수의 $29\frac{499}{940}$의 분모와 일치시키기 위해서이다).

본문 설명의 계산법은 다음과 같다.

a. $365\frac{235}{940} = \frac{343335}{940}$

   $343335 \times 19 = 6,523,365$[기가 찼을 때의 수(=19년간의 날 수)]

b. $29\frac{499}{940} = \frac{27759}{940}$ (한 달의 수)

   $235 = 19 \times 12 + 7$(19년간 7윤달을 합한 달수)

   $235 \times 27759 = 6,523,365$(19년간의 날 수)

분모를 미리 통분하고 분자의 수만을 계산한다.

이 계산 결과 a와 b가 같음을 '기영상등(氣盈相等)'이라고 했다.

이 산법은 19년 7윤법을 설명하는 것이다.

9. 三淵先生問曰朞三百註九百四十分者何也

對曰 月不及天十三度十九分度之七內減日不及天一度餘十二度十九分

度之七通分納子又以四因卽九百四十分

문제 삼연 선생이 묻기를 일법에서 분모 부분이 940이 나온 이

유는 무엇인가?

답 1번 해설과 같다.

해설 1번 내용을 문답 형식으로 취급했다. 삼연 선생의 신상에

대해서는 알 수 없다. 중국 역학자일 수도 있다.

10. 又問曰十九歲七閏則氣朔分齊者何也

문제 19년 7윤법에 기삭이 같도록 하는(과부족 없이 날짜가 딱 맞아

떨어지도록 하는) 원리는 무엇인가?

해설 이 문제는 19년 7윤법의 설명이므로, 문제의 본질적인 내

용은 문제 7번에서 10번까지에 공통되는 것으로, 본문에서는 총

괄적으로 설명하고 있다.

즉 일 년이면 윤일 수가 $10\frac{827}{940}$ 일, 19년이면 $206\frac{673}{940}$ 일을 7윤

년의 수로 하고, 19의 10과 9를 천지의 수로 삼고, 9×9=81을

일법으로 하면 과부족 없이 19년 만에 다시 돌아온다.

또 설명의 끝부분에는 다음과 같은 기록이 적혀 있다.

"해와 달의 운행에는 1년에 $10\frac{827}{940}$ 일의 나머지가 있고, 19년이

면 $206\frac{673}{940}$ 일이고 1장이라 한다. 그 사이에 7년을 윤으로 하면,

태양과 달의 운행의 수가 딱 맞는다.

9는 마지막 양의 수이다. 지(음)수의 마지막 수는 10이므로 19는 하늘(양)과 땅(음)의 마지막 수를 합한 수이며, 9의 곱 81을 분수 부분의 분모를 삼으면, 달과 해의 운행에 과부족 없이 다시 시작할 수 있다(一歲閏餘十日九百四十分日之八百二十七十九年則餘二百六日 六百七十三分爲七閏之數是謂一章然必以十九歲而無餘分者盡天數終於九 地數終於十九者天地二終之數積八十一章則其盈虛之餘盡而復始)."

이것은 19년 7윤의 19에 대한 역학적인 해설이다. 주역에서는 일양이음삼양사음 …… 구양십음, 즉 짝수는 음, 홀수는 양으로 보았다. 그리고 이렇게 꼽은 1부터 10까지의 음·양수의 각 마지막의 수를 '천지이종지수(天地二終之數)'라고 하였고, 9×9=81, 즉 마지막 양수의 제곱인 81에 대응시켜서 태초력(太初曆)의 일법($29\frac{43}{81}$, 1개월의 일수)에서 분모를 81로 삼았던 것으로 생각할 수 있다.

홍정하는 역산 문제의 모델을 사분력에 두었다. 여기에서 '一章'은 19년의 주기를 뜻한다. 19년 7윤법을 장법이라고 한 것은 이 때문이다. 또 '1부가 76년(一蔀七六年, 19×4)'이므로 사분력을 76년법이라고도 한다. 사분력에서는 19년(일장)이 영허분제(盈虛分齊)가 되므로 "81장이면 과부족 없이 0이 되므로 처음부터 다시 시작한다(八十一章則其盈虛之餘盡而復始)."는 여기에서는 무의미한 표현이다. 아마도 고전적인 율법의 사상을 별 뜻 없이 그대로 답습한 것으로 보인다.

11. 按堯典中星圖則冬至之日日在虛昏中昴至宋寧宗時冬至日在斗昏中壁

至元廷祐時冬至日在箕八度昏中亦壁中星不同者蓋天度有餘歲日不尖

天漸差而西歲漸差而東故東晋虞喜乃立差以追其變約以五十年退一度

何承天以爲太過乃倍其年而又反不及至隋劉焯取二家中數以七十五年

退一度今甲辰冬至日在何度而昏中何星

答曰 今冬至在箕宿二度

문제 옛 경전을 보니 동짓날에 해는 허혼중묘의 자리에 있었으
나 송나라 영종 때에 동짓날은 두혼중벽의 자리에 있고, 원나라
정우 때 동짓날은 기팔도의 자리이며, 옛 경전에 적힌 자리와 다
른데, 주천도수의 분수 부분과 실제 일 년 날수의 분수 부분이
일치하지 않아서 차이가 발생한다.

진나라 우희는 이것을 조절하기 위해서 세차법을 만들었는데,
50년에 약 1도 물러나는 것으로 했다. 하승천은 그것을 지나치
다 하여 과부족을 조절하여 100년에 1도 물러나는 것으로 했고,
수나라 유작은 이들 두 수의 평균을 취하여 75년에 1도 물러나
는 것으로 했다. 이제 갑진년 동짓날에 해가 하늘의 몇 도 자리
에 있겠는가?

답 기수(箕宿, 이십팔수의 일곱째 별자리의 별들) 2도.

해설 이 문제와 관련해서 다음의 표가 실려 있다.

이것은 세차(歲差)에 관한 문제이다. 중국 역법사를 보면, 동진성
제(東晋成帝) 때(335~342)에 우희(虞喜)가 처음으로 세차를 도입한

것으로 알려져 있다. 우희는 해마다 같은 절기에 태양의 위치가 서쪽으로 움직이며, 그 도수를 50년에 1도씩 물러나는 것으로 잡았다. 『구일집』에서는 이 사실을 "하늘은 점점 동으로 이동한다. 동진의 우희가 그 변화를 50년에 1도로 계산했다(天漸差而漸差而東故東晋虞喜乃立

差以追其變約以五十年退一度)."라고 표현하고 있다.

그 후 하승천(何承天)이 100년에 1도로 하였고, 수나라의 유작(劉焯)이 우희와 하승천의 값의 중간치인 75년에 1도로 하였다고 저자는 설명하고 있다.

우희가 세차 현상을 발견하였을 때, 태양의 위치가 서향 운동을 한 것이라고 설명하였으나, 기원전 2세기경 그리스의 히파르코스 (Hipparchos)는 항성의 위치가 점차 조금씩 움직이는 것으로 해석하고 있었다. 물론 본질적인 의미는 둘 다 같다. 세차의 지식이 중국력에 채택된 것은 서기 510년, 남조 시대 조충지의 대명력부터이다.

홍정하가 원나라 정우(元廷祐, 1314~1323) 때를 전제로 해서 세차 계산으로 문제 11번을 풀이한 내용은 다음과 같다.

정우갑인(廷祐甲寅)(1314)에서 지금 갑진(甲辰)(1724)까지를 411년으로 했는데 이때 갑진은 홍정하가 42세였던 해에 해당한다.

$$411 \div 75 = 5.48$$

『구일집』에서는 5.48의 값을 6으로 어림잡고 있다. 정우갑인이 기팔도(箕八度)였으므로 $8° - 6° = 2°$, 즉 기(箕) 2도의 답을 내고 있다.

또, 요원년갑진에서 송영종 을묘를 …… 3612년(만 3611)

송영종을묘에서 원정우 갑인은 …… 120년(만 119)

원정우갑인에서 홍정하 당시의 갑진 …… 411년(만 410)

따라서 요원년에서 홍정하 당시의 갑진은 …… 4141년

세차를 구하면 $4141 \div 75 = 55.2$ 요나라 때의 동지가 허(虛) 7도이므로 허 7도로 시작해서 여 12도, 우 8도, 두 26.25도까지가 53.25도가 되므로, 기 2도로 더 나아간다.

홍정하는 1900여 년 전의 해의 자리도 구했는데, 세차를 구하면 $1900 \div 75 ≒ 25$이다.

홍정하는 당시를 기 2도로 생각했으므로, 두 23도 더 물러난다. 이것을 홍정하는 두 22도라고 적고 있다.

그리고 또 그보다 1700여 년 전의 해의 자리도 구했는데, 세차를 구하면 $1700 \div 75 \fallingdotseq 22$이다.

1,900여 년 전의 해의 자리가 두 22도이므로, 그보다 1700여 년 전의 해의 자리는 두 0도, 즉 두 초도로 물러난다.

12. 今有朞三百六十五日四分日之一分排於二十四氣則每節幾日

答曰 一十五日二時五刻

문제 1년 $365\frac{1}{4}$일을 24기로 분할하면 각 기를 며칠씩으로 나누면 되는가?

답 15일 2시 5각

해설 $365\frac{1}{4} \div 24 = 15\frac{5.25}{24}$

이것을 하루는 12시, 한 시간은 8각으로 분수 부분을 나타내면 결국 15일 2시 5각이 된다.

홍정하는 이 계산을 복잡하게 하고 있다. 즉, "…… 이 수치는 분자인 5.25 소수점 아래 부분임 …… (十二時乘之於五日得六十時却以四分之一)."

24기는 12개의 중기(中氣)와 12개의 절기(節氣)로 구성되어 있으며, 중기와 절기가 교체된다. 사분력에 의하면 중기에서

중기 또는 절기에서 절기까지의 간격은 $365\frac{1}{4} \div 12 = 30\frac{7}{16}$일$= 30.4375$ 일이며 중기에서 절기나 절기에서 중기까지는 $30\frac{7}{16} \div 2 = 15\frac{7}{32} \fallingdotseq$ 15.21875이며 그것이 바로 이 문제의 내용이다.

11월에 동지가 있으므로 동지를 11월 중이라고 하였고, 그 직전의 절기(대설)를 11월 절이라고 하였다. 근세의 치윤법(置閏法)에서는 중기를 달에 고정하도록 하였다. 삭망월(朔望月)은 29.53685일, 중기와 중기 사이의 간격은 30.4375일이므로 몇 년 사이에는 중기를 포함하지 않은 달이 생긴다. 이 달을 '윤달(閏月)'이라고 하여 그 앞의 달수에 따라 '윤모월(閏某月)'이라고 했다.

24기는 오직 계절의 표준으로서의 의의를 생각했다. 그러나 치윤법에 큰 영향을 주었다. 원래 24기는 일 년의 24등분으로 정의되어 있으나, 시헌력(時憲曆)에서는 태양이 일 년에 황도를 한 번 돈다는 사실에 주목하여 그것을 24등분하고 각 등분점에서의 태양의 위치로 정의했다.

13. 乙亥年三月二十四日甲午太陽逢昴宿問何日再會

答曰 四百二十日

문제 을해년 3월 24일 갑오날 태양이 앙숙의 자리에 있다. 태양이 다시 갑오날 앙숙의 자리에 오는 것은 며칠 후인가?

답 420일

해설 60갑자에 28수의 28을 곱하면, 1680이 나온다.

이것을 4로 나누면 420일이 된다.

이것은 60과 28의 최소공배수를 구한 것과 같다.

14. **乙亥年正月初十日午時太陽逢角宿問何日再會**

   答曰 八十四日

   문제 을해년 정월 초하루 10일 오(午)시에 태양이 각숙의 자리에 있다. 태양이 다시 오(午)시에 각숙의 자리에 오는 것은 며칠 후인가?

   답 84일

   해설 12지에 28수의 28을 곱하면 336이 나온다. 이것을 4로 나누면 84일이 된다. 이것은 12와 28의 최소공배수를 구한 것과 같다.

15. **壬辰年正朝乙酉問十一月二十四日冬至是何日甲**

   答曰 癸卯日

   문제 임진년 정월 초하루는 을유이다. 11월 24일 동짓날은 무슨 날이냐?

   답 계묘이다.

   해설 정월 초하루부터 11월(동짓달까지)의 일수 324에서 동짓날이 24이므로 11월의 날 수 29에서 빼면 29−24=5이다. 이 5를 324에서 빼서 319일로 한 다음, 319÷60=5…19이므로, 을유(乙酉)일부터 19째인 날인 계묘(癸卯)를 구한다.

1	2	3	4	5	6	7	8	9	10	11	12
갑자	을축	병인	정묘	무진	기사	경오	신미	임신	계유	갑술	을해
(甲子)	(乙丑)	(丙寅)	(丁卯)	(戊辰)	(己巳)	(庚午)	(辛未)	(壬申)	(癸酉)	(甲戌)	(乙亥)
13	14	15	16	17	18	19	20	21	22	23	24
병자	정축	무인	기묘	경진	신사	임오	계미	갑신	을유	병술	정해
(丙子)	(丁丑)	(戊寅)	(己卯)	(庚辰)	(辛巳)	(壬午)	(癸未)	(甲申)	(乙酉)	(丙戌)	(丁亥)
25	26	27	28	29	30	31	32	33	34	35	36
무자	기축	경인	신묘	임진	계사	갑오	을미	병신	정유	무술	기해
(戊子)	(己丑)	(庚寅)	(辛卯)	(壬辰)	(癸巳)	(甲午)	(乙未)	(丙申)	(丁酉)	(戊戌)	(己亥)
37	38	39	40	41	42	43	44	45	46	47	48
경자	신축	임인	계묘	갑진	을사	병오	정미	무신	기유	경술	신해
(庚子)	(辛丑)	(壬寅)	(癸卯)	(甲辰)	(乙巳)	(丙午)	(丁未)	(戊申)	(己酉)	(庚戌)	(辛亥)
49	50	51	52	53	54	55	56	57	58	59	60
임자	계축	갑인	을묘	병진	정사	무오	기미	경신	신유	임술	계해
(壬子)	(癸丑)	(甲寅)	(乙卯)	(丙辰)	(丁巳)	(戊午)	(己未)	(庚申)	(辛酉)	(壬戌)	(癸亥)

16. 癸巳年十一月初五日己酉冬至問甲午冬至是何日

答曰 甲午年十一月十六日甲寅爲冬至

문제 계사년 11월 5일은 기유 동지이다. 갑오년 동지는 무슨 날인가?

답 갑오년 11월 16일 갑인 동지

해설 계사(癸巳) 11월 5일에서 갑오(甲午)년 10월 그믐날까지의 일수는 356인데,

$$356 - 6 = 350$$

이다. 이 350을 1년의 날수인 366에서 빼면 $366 - 350 = 16$, 즉 11월 16일이 동짓날이며, 그날 간지(干支)는 366(1년 일수)÷60(간지의 수)=6…6이므로 계사년의 동짓날은 기유(己酉)부터 셈하여

여섯째 날인 갑인(甲寅)으로 간다.

17. 周公至洛定天下之中立八尺表南八千里差一寸問日去地幾里

答曰 日去地八萬里

문제 주나라 공자가 낙양에서 천하의 중심을 정하고 8자의 주비를 세웠다. 그런데 남으로 8,000리 떨어진 곳에 주비를 세우면 그림자의 길이가 1치 적어진다. 그림자의 길이가 1자가 짧은 곳은 낙양에서 얼마나 떨어진 곳인가?

답 8만 리

해설 정인지와 명 사신과의 대화에도 나타나 있다. 『세종실록』에 이 기록이 있다. 이 내용은 앞에서 이미 언급하였다.

요컨대, 당시의 중국 수학의 수준에 비해 결코 뒤떨어지지 않았

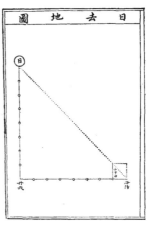

『구일집』 문제 17번

던 조선 후기의 중인 산학자 홍정하이지만, 역산에 관해서는 전통적인 방법을 답습하여 그대로 소개하였을 뿐, 새로운 내용이나 수준 높은 지식을 피력하지는 못하였음을 알 수 있다. 단지 종래의 수학책과 달리 역산의 장을 따로 마련하였다는 점이 특기할 수 있는 정도이다.

홍대용과 『주해수용』(『담헌서』 외집)

이미 앞에서 차례를 살펴본 것처럼, 『담헌서』 외집 권4부터 권6에 걸쳐서는 수학과 천문학을 다루고 있다. 그중 역산에 관해 다음과 같은 문제들이 있다.

1. 周天三百六十五度四分度之一通分內子間爲數幾何

   答曰 一千四百六十一

   문제 주천도수가 $365\frac{1}{4}$도이다. 가분수로 나타낼 때 분자는 얼마인가?

   답 1,461

   해설 $365 \times 4 + 1 = 1,461$

2. 周天三百六十度每七十年恒星行一度問恒星一周天爲年幾何

　　答曰 二萬五千二百年

　　문제 주천도수가 360도이고 항성이 70년마다 1도 움직일 때, 항성이 1바퀴 도는 데 몇 년 걸리는가?

　　답 25,200년

　　해설 문제 1번에서는 일수(사분력에 의한 1년일 $365\frac{1}{4}$과 일치시킨 $365\frac{1}{4}$)로 주천을 삼았으나, 여기에서는 분수 부분 $\frac{1}{4}$을 생략하고 360도로 했다. 원의 둘레(圓周)와 일치시켜서 생각하기 때문이다.

$$360 \times 70 = 25,200$$

3. 月行十三度十九分度之七通分內子間爲數幾何

　　答曰 二百五十四

　　문제 달은 하루에 $13\frac{7}{19}$도를 돈다. 가분수로 나타내면 분자는 얼마인가?

　　답 254

　　해설 $13 \times 19 + 7 = 254$

$$13\frac{7}{19}\,도 = \frac{254}{19}\,도$$

（이상은 『주해수용』 권4에 수록되어 있음）

4. 周天三百六十五度四分度之一日日行一度月日行十三度十九分度之七

問日月相會爲日幾何

答曰 二十九日九百四十分日之四百九十九

문제 주천도수가 $365\frac{1}{4}$ 도이다. 해는 하루에 1도씩 돌고 달은

하루에 $13\frac{7}{19}$ 도를 돈다. 해와 달이 서로 만나는 것은 며칠인가?

답 $29\frac{499}{940}$

해설 홍정하의 『구일집』 문제 2번과 같다.

『후한서』 「율력지」에 의하면 약 19년의 주기로 황백도의 교점

이 역행한다고 한다. 근지점(近地點), 즉 달의 운동이 가장 빨라

지는 자리가 약 구 년마다 동쪽으로 이동한다는 사실을 알았다.

이 지식을 이용하여 삭망월, 교점월 이외에도 근점월(近點月)이

알려지게 되었다.

달의 이동이 일정하지 않다는 것은 특히 중국 역법에서는 일찍

부터 잘 알려져 있었으며, 그 차이를 근점월을 주기로 하는 변

화로 나타냈다. 이 지식이 역법에 처음 채택된 것은 후한 말기

유홍(劉洪)이 편찬했던 '건상력(乾象曆)'에서이다.

이 천문표는 『진서(晉書)』 「율력지」에 자세하게 기록되어 있다.

근점월은 역주(曆周)라고도 불리며 그 수치는 $27\frac{3,303}{5,969}=27.553359$

일(현재의 값 27.554555)이다.

이 값을 주기로 하여 하루 최고 $14\frac{10}{19}$ 도에서 최저 $12\frac{50}{19}$ 도의

달 운동이 행해진다.

문제 2번과 3번에서의 $13\frac{7}{19}$도는 $\frac{1}{2}\left\{14\frac{10}{19}\text{도}+12\frac{50}{19}\text{도}\right\}$의 어림값이다.

이 문제의 해법을 홍대용은 다음과 같이 하였다.

주천도($365\frac{1}{4}=\frac{1,461}{4}$) 내자득(內子得)(1,461)

달 운행이 하루 1도 감하면 $12\frac{7}{19}$도(月行內減日行一度餘一十二度十九分度之七)($13\frac{7}{19}$도-1도$=12\frac{7}{19}$도)

통분하여 얻은 235를 월행의 수로 삼고 분모를 19로 한다.

천도 1,461을 19와 곱하여 27,759를 얻는다.

그것을 나누어지는 수로 두고, 천도의 분모 4와 월행의 수 235를 곱한 940을 나누는 수로 한다[通分內子得二百三十五

以月行分母十九互乘天度一千四百六十一(1,461×19 = 27,759)

得二萬七千七百五十九

爲實次以天度分母四互乘月行二百三十五(235×4 = 940)

得九百四十爲法除之不滿日者命之].

$$\frac{1461}{4} \div \frac{235}{19} = \frac{1461}{4} \times \frac{19}{235} = \frac{27,759}{940} = 29\frac{499}{940}$$

결과적으로 다음과 같이 된다.

주천도÷(하루 동안 달이 이동한 각도 – 해가 이동한 각도)

5. 一日月行一十三度十九分度之七只九百四十分日之四百九十九問

月行度幾何

答曰 七度一萬七千八百六十分度之一千七百二十六

문제 하루에 달은 $13\frac{7}{19}$도를 돈다. 하루 동안 달이 이동한 $\frac{499}{940}$ 도수는 얼마인가?

답 $7\frac{1726}{17,860}$도

해설 $13\frac{7}{19} = \frac{254}{19}$

$\frac{499}{940}$, 분모인 940은 문제 4번에서 얻은 결과이다.

$499 \times 254 = 126,746$

$940 \times 19 = 17,860$

$126,746 \div 17,860 = 7\frac{1726}{17,860}$

이것은 하루 동안 달이 이동한 각도에 달의 분수 부분 $\frac{499}{940}$ 를 곱하는 문제이며, 역 계산에서도 별 의미가 없다.

6. 九百四十分日之四百九十九月行七度一萬七千八百六十分度之一
   千七百二十六只一日問月行度幾何

   答曰 一十三度十九分度之七

   문제 $\frac{499}{940}$일 동안 달은 $7\frac{1726}{17,860}$도 돈다. 그러면 하루 동안 달이 이동한 도수는 얼마인가?

   답 $13\frac{7}{19}$도

해설 $\dfrac{499}{940}$ 라는 수치는 문제 4번을 참조. $7\dfrac{1726}{17,860}$ 도는 문제 5번을 참조

계산 방법을 수식으로 나타내면,

$$7\dfrac{1726}{17,860}=\dfrac{126,746}{17,860},\ 126,746\times940=119,141,240$$

$$17,860\times499=8,912,140$$

$$\dfrac{119,141,240}{8,912,140}=13\dfrac{7}{19}$$

즉, 월 운동(하루)의 평균치인 $7\dfrac{1726}{17,860}\div\dfrac{499}{940}$ 를 셈하는 문제이다. 문제 5번과 6번은 서로 역산(逆算) 관계이다.

7. 日月一會得全日二十九日只十二會問得全日幾何

   答曰 三百四十八日

   문제 해와 달이 한 번 만나는 데 29일 걸린다면, 12번을 만나는 데 며칠 걸리는가?

   답 348일

   해설 $29\times12=348$

   문제 3번에서 얻은 '일월일회(日月一會)'의 값 $29\dfrac{499}{940}$ 의 분수 부분을 무시하여 29일을 택함

8. 日月一會餘分四百九十九只二十會問爲分幾何

答曰 五千八百八十八

문제 해와 달이 한 번 만나는 날수의 분수의 분자 부분이 499라면 12번(원본 20은 착오)을 만나는 날수의 분수의 분자 부분은 얼마인가?

답 5,988(원본 5,888은 착오)

해설 문제 4번에서 해와 달이 한 번 만나는 날수 $29\frac{499}{940}$ 를 얻었는데, 문제 7번에서는 이 날 수의 정수 부분 29에 12를 곱하는 계산을 하였고, 여기에서는 분수 부분의 분자인 499에 12를 곱하는 계산을 하고 있다.

$$499 \times 12 = 5,988$$

9. 十二會餘分之積五千九百八十八每日九百四十分問爲日幾何

答曰 六日九百四十分日之三百四十八

문제 해와 달이 12번 만날 때의 분수의 분자 부분의 합이 5,988이라면, 며칠인가?

답 $6\frac{348}{940}$ 일

해설 $5,988 \div 940 = 6.3702127 = 6\frac{348}{940}$

10. 月行一與日會得二十九日九百四十分日之四百九十九凡十二會問爲日幾何

答曰 三百五十四日九百四十分日之三百四十八

문제 해와 달이 한 번 만나는데, $29\frac{499}{940}$일 걸린다. 12번 만나는데, 며칠 걸리는가?

답 $354\frac{348}{940}$일

해설 문제 4번에서 얻은 $29\frac{499}{940}$가 해와 달이 한 번 만나는 데 걸리는 날수이므로, 12번이면,

$$29\frac{499}{940} \times 12 = (29 \times 12) + \frac{499}{940} \times 12 = 348 + 6\frac{348}{940} = 354\frac{348}{940}$$

이다. 이 문제는 문제 7번, 8번, 9번을 종합한 문제이다.

11. 氣盈五日九百四十分日之二百三十五朔虛五日九百四十分日之五百九十二問一歲閏日幾何

답曰 十日九百四十分日之八百二十七

문제 달의 모자람이 $5\frac{235}{940}$일이고, 해의 넘침이 $5\frac{592}{940}$일일 때, 해와 달의 운행이 일 년에 며칠 차이가 나는가?

답 $10\frac{827}{940}$

해설 $5\frac{235}{940} + 5\frac{592}{940} = 10\frac{827}{940} = \frac{9,400+827}{940} = \frac{10,227}{940} = 10.879787$

여기에서 $10.88 \div \frac{7}{19} = 29.531428$ 따라서 소월(小月)=29, 대월(大月)=30이며 평균은 29.5이다.

단 940과 235는 문제 4번에서 얻은 것임

이 답은 평균치로 되어 있다.

12. 閏日一歲率則十日九百四十分日之八百二十七問三歲五歲十有九歲問

閏日各幾何

答曰 三歲三十二日九百四十分日之六百零一

五歲五十四日九百四十分日之三百七十五

十九歲二百零六日九百四十分日之六百七十三

문제 1년에 달의 모자람이 $10\frac{827}{940}$일이다. 3년, 5년, 19년은 각

각 얼마인가?

답 3년이면 $32\frac{601}{940}$, 5년이면 $54\frac{375}{940}$, 19년이면 $206\frac{673}{940}$

해설 $10\frac{827}{940}$에 각각 3, 5, 19를 곱하면 된다.

13. 十有九歲閏積二百零六日九百四十分日之六百七十三問閏月幾何

答曰 七閏

문제 19년 동안 남는 윤일 수는 $206\frac{673}{940}$일이다. 윤달을 몇 개

달로 해야 하는가?

답 7개 달

해설 문제 12번과 관련해서 다룬 19년 7윤법의 계산 문제이다.

$206\frac{673}{940} \div 29\frac{499}{940} = \frac{194,313}{940} \times \frac{940}{27,759} = 7$

14. 月行一日行十三度十九分度之七凡二十九日九百四十分日之四百九十

九問月行度幾何

答曰 三百九十四度四百七十分度之三百六十七

문제 달이 하루에 $13\frac{7}{19}$도 돈다. $29\frac{499}{940}$일 동안 달은 몇 도 도는가?

답 $394\frac{367}{470}$도

해설 $13\frac{7}{19} \times 29\frac{499}{940} = \frac{254}{19} \times \frac{27,759}{940} = \frac{7,050,786}{17,860} = 394.78085$

$$= 394\frac{367}{470}$$

15. 月行二十九日九百四十分日之四百九十九行三百九十四度四百七十分度之三百六十七只一日問月行度幾何

答曰 十三度十九分度之七

문제 달이 $29\frac{499}{940}$일 동안 $394\frac{367}{470}$도 돈다면, 하루에 몇 도 이동하는가?

답 $13\frac{7}{19}$도

해설 이것은 문제 14번의 역산이다.

(이상 문제 3~14번은 권5 「기규해(朞閨解)」에 수록되어 있다.)

16. 天儀分度

今有候鍾日月輪日輪五十七牙月輪五十九牙每日差二牙問幾何日而復會

答曰 二十九日半

문제 천의분도 문제이다. 지금 후종(천문기계)이 있는데, 해와 달의 환이 있다. 해의 톱니는 57개이고 달의 톱니가 59개이다. 매일 2개씩 차이가 난다면 며칠 만에 다시 만나는가?

답 $29\frac{1}{2}$일

해설 $59-57=2$

$\frac{59}{2}$도$=29.5$

교점월 $29\frac{490}{940}≒29.5$로 간주하여 '후종(候鐘)'의 구조를 꾸몄다.

17. 今有統天儀機輪甲輪小牙八十乙輪小牙六十大牙八丙輪小牙五十四大
    牙六丁輪小牙五十大牙六只云甲輪一轉得五時問各輪一轉得時一日各
    輪轉幾何

    答曰 甲輪一轉五時一日二輪(又三十二牙)

    乙輪一轉四刻一日二十四轉

    丙輪一轉六分一日二百四十轉

    丁輪一轉三分分之二一日二千一百六十轉

    문제 지금 통천의기(천문기기)가 있는데, 갑의 환은 작은 톱니가 80개, 을의 환은 작은 톱니가 60개, 큰 톱니가 여덟 개이다. 병의 환은 작은 톱니가 54개, 큰 톱니가 여섯 개이고 정의 환은 작은 톱니가 50개, 큰 톱니가 여섯 개이다. 갑이 한 번 돌 때, 다섯 시간이 걸린다면, 각각의 환은 한 번 도는 데 몇 시간이 걸리며, 하루에 얼마씩 도는가?

답 갑의 환은 한 번 도는 데 다섯 시간 걸리고, 하루에 두 번(과 32톱니) 돈다.

을의 환은 한 번 도는 데 4각이 걸리고, 하루에 24번 돈다.

병의 환은 한 번 도는 데 6분 걸리고, 하루에 240번 돈다.

정의 환은 한 번 도는 데 $\frac{2}{3}$분 걸리고, 하루에 2160번 돈다.

해설 갑의 단위는 1일=12시로 계산한다.

즉, 한 번 도는 데 다섯 시간이라고 했으므로, 두 번 돌면 10시간이다.

두 시간 더 돌아야 하는데, 갑의 톱니가 80개이므로 두 시간 돌아간 톱니 수는 80÷5×2=32(개)이다.

즉, 갑은 한 번 도는 데 다섯 시간 걸리고, 하루에 두 번과 32톱니 돈다.

을을 구해 보자. 1일=12시, 1시=8각

갑의 환의 작은 톱니와 을의 환의 큰 톱니가 맞물려 있으므로, 80개의 톱니가 한 번 도는 데 다섯 시간 걸릴 때, 여덟 개의 톱니가 도는 데는 시간이 얼마나 걸리는지 구하는 문제다. 다섯 시간은 5×8=40각이므로, 1각에 도는 톱니 수는 80÷40=2(개)이다.

즉, 여덟 개의 톱니가 도는 데 걸리는 시간은 8÷2=4(각)이다.

1일인 12시는 12×8=96각이므로, 96÷4=24회전이다.

즉, 을은 한 번 도는 데 4각 걸리고, 하루에 24번 돈다.

병을 구해 보자. 1일=12시, 1시=8각, 1각=15분

을의 작은 톱니 60개와 병의 큰 톱니 여섯 개가 맞물려 있다.

　　　60÷6＝10(을이 1회전할 때의 병의 회전수)

을의 환이 한 번 도는 데 걸리는 시간인 4각은 4각×15분＝60분과 같다.

병의 회전수가 을의 회전수의 10배이므로, 병이 1회전 하는 데 걸리는 시간은 60÷10＝6분이다.

하루는 12시간×8각×15분＝1,440분이므로, 하루 동안의 회전수는 1,440÷6＝240(번)이다.

즉, 병은 한 번 도는 데 6분 걸리고, 하루에 240번 돈다.

정을 구해 보자.

병의 작은 톱니 54개와 정의 큰 톱니 여섯 개가 맞물려 있다.

　　　54÷6＝9(병이 1회전할 때의 정의 회전수)

정의 톱니가 1회전 하는 데 걸리는 시간은 $6÷9＝\frac{6}{9}＝\frac{2}{3}$(분)이다.

그리고 하루 동안의 회전수는 $1,440÷\frac{2}{3}＝2,160$(번)이다.

즉, 정은 한 번 도는 데 $\frac{2}{3}$분 걸리고, 하루에 2,160번 돈다.

18. 今有乙輪南端小輪牽轉天輪一日一周而過一度天輪凡三百五十九牙問

    小輪牙幾何

    答曰 一十五牙

    문제 지금 을의 환의 남쪽에 소륜이 있고, 그 밑에 천의 환이 있

    는데, 하루에 한 바퀴 돌고, 1도를 더 간다. 천의 환의 톱니는

    약 359개이다. 소륜의 톱니는 몇 개인가?

    답 15개

    해설 을의 환이 24회전 하는 동안 천의 환의 톱니는 360개가 돌

    므로, 360÷24=15로 하였다.

19. 今有日輪爲三百六十五牙凡三百六十五日四分日之一而一周天問一牙

    之轉爲時幾何

    答曰 一十二時一分弱

    풀이 지금 해의 환의 톱니가 365개이고, 하루는 $365\frac{1}{4}$ 일일 때,

    천의 환의 톱니 한 개가 도는 시간을 구하여라.

    답 약 12시간 1분

    해설 $365\frac{1}{4}$ 일을 시간으로 나타내면 $365\frac{1}{4} \times 12 = 4,383$(시간)

    1시간=120분이므로, $4,383 \times 120 = 525,960$(분)이다.

    $525,960 \div 365 = 1441$(약)

    $1,441 \div 120 \fallingdotseq 12.00833 = 12$시+$0.00833 \times 120$(분)

    　　　　　　 =12시 1분약

20. 今有月輪二十九日半與日會一日只轉四牙問輪牙幾何

答曰 一百一十一牙

문제 달과 해의 환이 동시에 돌아서 다시 출발점에 오는 데 $29\frac{1}{2}$

일 걸린다. 달은 하루에 4톱니를 돈다. 달의 톱니 수는 몇 개인

가?

답 111개

해설 $29\frac{1}{2} \times 4 = 118$

$29\frac{1}{2} \div 4 = 7.375$

하루에 1도씩 빠지므로 $118 - 7.375 = 약 111$

(이상은 『주해수용』 권5 「천의분도(天儀分度)」에 수록되어 있다)

『열하일기』에서 저자 박지원은 조선에서 지전설(地轉說)을 선구적

으로 주창한 자로 홍대용을 꼽았으며, 이보다 일찍이 김석문(金錫文,

1658~1735)의 해[日]·땅[地]·달[月]의 '삼대환부공설(三大丸浮空說)'이

있었다는 것을 중국인 대담자에게 자랑삼아 전하고 있다(같은 책, 권

14, 「곡정필담(鵠汀筆談)」). 홍대용과 김석문의 지전설에 관해서는 전자

의 그것이 후자의 『역학도해(易學圖解)』를 인용한 것에 지나지 않는다

는 주장[3]도 있다.

아무튼 두 사람의 지전설은 유럽식 우주론의 역사를 기준으로 보

면 획기적인 견해라고는 볼 수 없는 것이 사실이다. 하지만 홍대용

이 이 우주 구조론의 바탕 위에서 천문학상의 관측을 실제로 진행했다는 점은 큰 의의가 있다. 이것이 한낱 착상으로만 끝나지 않고 천문학의 이론과 고찰의 근거가 되었다는 점에서 홍대용은 김석문보다 훨씬 높은 차원에 서 있다고 보아야 할 것이다. 그의 우주관을 근거로 해서 설계되었을 혼천의(渾天儀)는 그가 「천의분도」 장에서 다루는 내용의 수학 수준으로 대강 짐작할 수 있다.

그의 역산(曆算)에 대한 관심은 기규해(朞閏解)를 따로 논한 것으로 보아도 충분히 짐작할 수 있다. 그러나 이들 천문정수는 대부분 고전적인 사분력이나 19년 7윤법에 의거하고 있다는 점에 유의할 필요가 있다. 이 점은 그 역시 조선사회의 전통적인 교양인 사대부 출신 독서인이라는 한계를 벗어나지 못한 것으로 볼 수 있다.

이러한 한계가 있으면서 홍대용은 지구를 측량하는 단위를 계산하고 있으며(『주해수용』내편 하, 외집, 권9) 또 전통적으로 도량형의 기준으로 삼은 '자(尺)'의 기준을 비판적으로 다루고 있다는 점이 흥미롭다. 홍대용이야말로 적어도 과학 분야의 연구에서만큼은 자신의 신념을 몸소 실천한 조선 후기 최대의 실학자였다.

『동산』에 나오는 역산

『동산』이라는 제목으로 한국인이 쓴 한국인의 수학책임을 과시한 이 저자 불명의 필사본은 천·지·인 세 권으로 이루어져 있다. 권3의 「문답편(問答篇)」(8문) 이하를 제외하고는 모두 앞에서 언급한 『구일집』 각 장의 제목을 따르고 있으며, 문제의 내용과 해법 설명까지 똑같다(문항 수에 약간의 차이가 있을 뿐이다). 따라서 이 수학책은 『구일집』을 원본으로 삼은 것은 확실하지만, 과연 이러한 재편집이 홍정하 자신이 직접 한 것인지, 혹은 훗날 다른 사람의 손으로 엮인 것인지는 분명하지 않다.

이 수학책에 수록된 역산 문제는 다음과 같다.

1. 或問朞三百篇九百四十分者何也

   答曰 月不及天十三度十九分度之七內減日不及天一度餘十二度十九分

   度之七通分納子又以四回卽九百四十分

   문제 일법의 수 940은 무엇인가?

   답 달은 하루 동안 $13\frac{7}{19}$도를 돌고, 해는 하루 동안 1도 돌므로, 그 차는 $12\frac{7}{19}$도, 즉 $\frac{235}{19}$도이다. 그런데 주천도수를 $365\frac{1}{4}$로 하여 235×4=940이 된 것이다.

   해설 『구일집』 역산 문제 중 9번과 같다.

2. 十九歲七閏則氣朔分齊者何也

   答曰 天與日相會數三百六十五日九百四十分日之二百三十五通分納子

得三十四萬三千三百三十五 @(此一年數)又以十九年乘之得六百五十二

萬三千三百六十五 ⓑ(此氣數盈之也) 又日與月相會數二十九日九百四十

分日之四百九十九通分納子得二萬七千七百五十九(此一朔數)又以二百

三十五箇月(此十九年七閏之數) ⓒ乘之亦得六百五十二萬三千三百六

十五(此朔虛之數○卽十九年之數) ⓓ二數相同故謂之氣朔分齊也.

蓋氣盈者天日相會之數朔虛者日月相會之數以此較彼則其數相等不差

故謂之氣朔分齊也○日與天一年一會月與天一年一會月與天一年十三

會而與日十二會○十九年七閏則日與月二百三十五會日與天十九會○

一歲閏餘十日九百四十分日之八百二十七十九年則餘二百六日六百七

十三分爲七閏之數是謂一章然必以十九歲而無餘分者蓋天數終拾九地

數終於十十九者天地二終之數積八十一章則其盈虛之餘盡而復始矣.

문제 19년 7윤법이란 무엇인가?

답 $365\frac{235}{940} = 365\frac{1}{4} = \frac{343,335}{940}$ [이 값이 1년의 수(此一年數)] ⋯@

$343,335 \times 19 = 6,523,365$[이 값이 1년의 수에 19를 곱하고 분모를

940으로 할 때의 분자의 수이다(此氣數盈之也)] ⋯ⓑ

해와 달이 서로 만나는 수 $29\frac{490}{940}$ [해와 달이 서로 만나는 수(日

月相會交明)] $= \frac{27,759}{940}$ ⋯ⓒ

$\frac{27,759}{940} \times 235 = \frac{6,523,365}{940}$ [분모를 940으로 한 19년간의 날 수

(此朔虛之數○卽十九年之數)] ⋯ⓓ

해설 이 문제는 앞에 나온 『구일집』 8번 문제와 같으나 개기영

자천일상회(蓋氣盈者天日相會) ······' 이하의 주는 『구일집』에는 보이지 않는다.

3. 周公至洛定天下之中立八尺之表南八千里差一寸問日去地幾里

注 差一寸者南八千里立八尺表則日影七尺九寸故謂之差一寸也

答曰 日去地八萬里

문제 주나라 공자가 낙양에서 천하의 중심을 정하고 여덟 자의 주비를 세웠다. 그런데 남으로 8,000리 떨어진 곳에 주비를 세우면 그림자의 길이가 1치 적어진다. 그림자 길이가 1자가 짧은 곳은 낙양에서 얼마나 떨어진 곳인가?

답 8만 리

해설 앞에 나온 『구일집』 문제 17번과 동일하다.

요컨대, 『동산』에 나오는 역산은 사소한 표현상의 차이 말고는 『구일집』을 요약해서 소개한 정도에 그친다.

남병길과 역산

남병길이 쓴 많은 저서 가운데 『산학정의』에 실린 역산 문제를 추려 보면 다음과 같다.

도량형 조(條)의 역법관(曆法官)은 전통적인 수학책으로서는 다른 책들과 달리 도수(度數)를 다루어 흥미를 끈다.

1. 曆法官三十度度六十分以下皆以六十遞折分秒微纖忽芒塵又有日十二
   時又爲二十四時時八刻又以小時爲四刻刻十五分分以與前
   문제 역법의 기본은 30도인데, 1도는 60분이고, 60진법으로 내
   려간다. 푼, 척, 미, 섬, 홀, 망, 진이다. 또 날에는 1일을 12시나
   24시(소시)로 한다. 1시는 8각이고 작은 시(소시)로 할 때는 4각
   으로 한다. 1각은 15분이요, 분 이하는 60진법에 위와 같은 단
   위를 사용한다.
   해설 특히 1일을 12시, 24시의 두 가지로 표현한 점이 특이하
   다.

또 상편의 가법(加法) 문항 중에 다음과 같은 것이 있다.

2. 日在九宮二十度三十分二十六秒行六宮十八度二十分五十秒問到何宮度
   문제 해가 9궁 20도 30분 26초의 자리에 있었는데, 6궁 18도 20
   분 50초 더 가면 몇 도의 자리에 있겠는가?
   답 4궁 8도 51분 16초
   해설   9궁 20도 30분 26초
   +   6궁 18도 20분 50초
   ─────────────────────────
       15궁 38도 51분 16초

1궁=30도이다. 따라서 15궁 38도 51분 16초=16궁 8도 51분 16초이다. 그런데 360도=30도×12이므로 한 바퀴를 돌면 12궁이다. 따라서 16궁은 (16≡4 mod 12) 4궁과 같다.

즉, 16궁 8도 51분 16초=4궁 8도 51분 16초 도수를 30도 단위로 하는 궁은 '12'의 사상에 연유한 동양 천문학 특유의 것이다.

또 감법(減法) 중에는 다음과 같은 문제가 있다.

3. 冬至距甲子十二日二十二時三刻零九分合朔距甲子十一日二十三時三刻十分間冬至距朔幾何

答曰 二十二時三刻十四分

문제 지금은 동지 갑자 12일 22시 3각 9분이다. 달이 갑자 11일 23시 3각 10분에 시작해서 몇 시간 움직였는가?

답 22시 3각 14분

해설 이것은 가법의 문제를 역산(曆算) 형식으로 나타낸 것이다. 시(時)·각(刻)·분(分)의 단위를 다루는 계산이며 동지시(冬至時)를 기준으로 하고 있다(1일=24시, 1시=4각, 1각=15분).

통분법(通分法)에 관한 문제로 다음과 같은 것이 있다.

4. 今算得中會二十九日十七時三十六分加七時四十分實會若干

答曰 三十日一時十六分

문제 29일 17시 36분에 7시간 40분이 지났다면, 지금의 시각은?

답 30일 1시 16분

해설 문제 2번과 본질적으로 같은 내용이다.

역법의 기점을 정하는 법

역법에서 기점을 정하기 위해서는 우선 연월일의 시점이 문제가 된다. 즉, 일의 시점은 밤중(夜半), 월의 시점은 초하루(朔), 연의 시점은 동지(冬至)로 각각 삼고, 동지ㆍ초하루ㆍ밤중의 시각과 합치하는 순간을 역(曆) 계산의 기점으로 한다. 또 동지를 11월에 포함시켜서 '11월삭 야반동지'라 한다.

어느 해 11월삭 야반동지로부터 시작해서 19년이 지났다고 가정해 보자. 11월의 첫날이 밤중(야반)보다 $\frac{3}{4}$일 경과한 순간에 동지와 초하루(삭)가 일치한다면, 그 후로 19년이 지나면, 동지 및 삭은 11월의 제1일의 야반 후 $\frac{2}{4}\left(\frac{3}{4}+\frac{3}{4}=\frac{6}{4}=1\frac{2}{4}\right)$ 다음 19년이고 동지 및 삭은 11월의 제1일의 야반 후 $\frac{1}{4}\left(\frac{2}{4}+\frac{3}{4}=\frac{5}{4}=1\frac{1}{4}\right)$ 다음 19년이 된다.

처음부터 셈하여 4장 76년이 지나면 또다시 '11월삭 야반 동지'의 상태가 된다.

$$6,939\frac{3}{4}\times4=27,759 \quad (365.25\times19=6,393)$$

즉, 76년의 날수가 $6,939\frac{3}{4}\times4=27,759$일, 날수의 분수 부분이 없어지는 것과 일치한다.

1장 19년간에 1장마다 연대월(連大月), 윤달의 위치가 다소 변한다. 그러나 76년 전체 주기를 통해서 따진다면 양자의 위치는 변하지 않는다. 사분력은 1장 19년, 1절 76년으로 하기 때문에 특히 76년법이라고도 한다.

중국에서는 간지(干支)를 중요시했기 때문에 60년 주기를 중요하게 생각했다. 이를테면, 1기(紀) 76×20=1,520……, 1원(元) 1,520×3=4,560(연과 일의 간지가 원 위치에 돌아오는 최소 일수) 등이 그것이다.

조선시대 역산의 성격

조선은 건국 이래 중국계 왕조 국가 '대전(大典)' 의 하나인 역법에 관해서 줄곧 비상한 관심을 기울였다. 임진왜란과 병자호란 두 번의 외환을 겪은 선조(1568~1608)와 인조(1623~1649) 대에도 각각 16회, 17회의 일식 관측이 있었다는 기사가 이것을 단적으로 입증한다. 따라서 기술학으로서 역법은 비록 '잡학' 의 하나였을지언정, 국영 과학으로서의 위치는 산학에 비할 바가 아니었다. 이 점에 관해서는

고려시대 이후로 전통이 줄곧 이어져 온 셈이다.[4]

그러나 역산 자체는 시헌력 채용의 과정에서 있었던 여러 해에 걸친 숱한 시행착오가 말해 주듯이 극히 부진하였다. 조선 후기, 실학자와 계몽학자들이 '서양의 충격'에 대한 대응과 관련해서 동양의 전통 과학에 한결같이 관심을 기울인 결과 많은 수학책이 쓰였다. 그러나 개중에는 역 계산을 다루기는 했으나 양적으로 극히 제한되었을 뿐만 아니라, 그 수준도 엄밀히 말해서 역산이라기보다는 초보적인 역법과 관련된 수학 응용 문제 따위만 다룬 책들도 많았다. 역법 자체에 관한 연구에서는 이들 실학자들보다 오히려 보수적인 사대부 출신인 남병철·남병길 형제나 중인 산학자인 이상혁 등의 저술에서 훨씬 전문적인 업적을 볼 수 있다는 점이 주목을 끈다.

이러한 사실과 관련해 조선 실학자들의 지전설을 생각하면, 어떤 암시적인 추정이 가능할 듯하다. 현재 한국 역사학계 일부에서 독창적인 견해로 거론되는 김석문의 지전설[5]이 당시로서는 중국에서 볼 수 없는 독보적인 새로운 설이었다고는 해도 그는 천문학자라기보다 전통적인 유학자였다. 지동설을 소개한 「역학이십사도해(易學二十四圖解)」는 문자 그대로 역학의 이론을 부연한 것이다. 이 글에는 실제로 지진설을 소개한 '적극구천부도(赤極九天附圖)'·'일식도(日蝕圖)'·'월식도(月蝕圖)' 등의 그림이 실려 있기는 하다. 그렇지만 하도와 낙서 같은 오래된 그림이 대부분이다. 따라서 그의 새 우주 구조론은 천문학의 이론 전개였다기보다는 하나의 '기이한 설'을 소

개한 것에 지나지 않는다. 그러므로 역리학자로서 그의 기본 입장에
는 어떠한 변함도 없었다고 보아야 할 것이다. 그는 본질적으로 "물
건 모양은 원과 직사각형이 있고, 수에는 짝수와 홀수가 있고, 하늘
은 원으로 돌며 그 수는 홀수다. 땅은 조용히 있으며 그 수는 짝수
다. 이것이 바로 음양의 원리이다."[6]라고 설명했다. 즉, '천원지방'
의 전통에서 어떤 '코페르니쿠스적 전회'를 꿈꿀 사람은 결코 아니
었다.

그렇다면 동양 왕조 정치의 정통성을 이토록 집요하게 추구한 조
선사회가 그 당연한 추세로 이와 관련하여 천문제도의 유지에 많은
노력을 쏟았음에도 역법―구체적으로 역산―의 내용이 중국에 비
하여 조선 후기까지도 그 후진성을 면치 못했던 이유는 어디에 있었
을까? 이에 대해서 다음 몇 가지를 지적할 수 있다.

첫째, 관영과학으로서 역법 활동은 개역(改曆)이라는 획기적 계기
에 따르는 극히 짧은 시기를 제외하고는 늘 중인 출신 하급 관리의
정형화된 업무로 일관되었다. 그 결과, 실무 기술진이 그 방면에는
거의 문외한인 아마추어 행정 책임자의 지시에 따라야 했으며 이렇
게 과학 연구 의욕이 결여된 경직화된 행정체제는 역법 활동의 매너
리즘화, 정체화를 가져왔을 것이라고 충분히 추정할 수 있다.

둘째, 한국의 역대 왕조 아래에서 역법의 존재 이유는 농사 지도
라는 현실적 이유보다도 정치체제 속의 불가피한 기능이라는 전통
적 개념에 의해 뒷받침된다는 점에서도 과학으로서 역법의 한계가

있었다. 이것은 역법 활동의 시작은 늘 비전문적인 사대부층의 '재량'에 맡겨져 있었으며, 중인 기술진은 거의 기계적인 업무 — 이를 테면 천문계수의 조정 따위 — 에만 종사하도록 제도적으로 못박은 셈이었다.

셋째, 특히 한국이 중국의 수준에 미치지 못했던 것은 한국의 전통사회에서는 역법이 과학으로서 성립할 내재적 계기를 갖지 못했기 때문이다. 역법은 풍작을 이루기 위해서 계절 변화를 미리 정확하게 파악해야 할 필요에서 시작되었다. 따라서 역을 만드는 것은 농업사회의 필수 과업이었다. 중국에서는 태양태음력의 원형을 역사 시대 최초의 왕조인 은 대에 이미 갖추었다(이는 갑골문으로 된 역일자료에서 확인할 수 있다). 이 밖에 제사를 지내는 등 규칙적인 사회생활과 관련해서도 역이 필요했다. 그러나 이러한 실용적인 면을 떠나서 천체의 이상 현상에서 초월자의 섭리를 읽고 그에 대응하는 행동을 취해야 한다는 중요한 관념적인 이유가 있었다. 중국의 전국 시대에 형성된 점성술이 그것이며, 이른바 수명개제(受命改制)의 이데올로기와 관련한 개정삭(改正朔), 즉 개역(改曆)의 정치상의 계기는 이러한 형이상학적인 사상이 역법에까지 반영된 결과였다. 이 자생적인 성립의 근거를 바탕으로 중국에서 역법은 차츰 과학으로 다듬어졌다. 그러나 한국에서는 역 성립의 필연적 과정을 거치지 않은 채 국가 체제의 정비라는 정치적인 이유로 중국에서 만든 중국력을 도입하였다. 이 때문에 한국인의 역법 활동에는 과학적인 연구 의욕이 싹틀

여지가 극히 제한되어 있었던 것이다.

넷째, 조선 후기 실학시대에서 역법을 포함한 전통 과학의 중요성에 대한 자각은 전문인(주로 중인층)들이 아니라 본질적으로는 '독서인' 층인 계몽가들의 아마추어적인 감각을 바탕으로 한 것이었다. 그들의 과학에 대한 관심의 근원은 '격물치지(格物致知)'이며 '궁리(窮理)'를 중요한 구호로 내세운 송학(주자학)의 충실한 계승자의 입장에서 나온 것이었다. 이 점에 실학기 과학 활동의 한계가 있었다.

한국 실학 운동은 방법 면에서 청나라의 고증학(考證學)과 공양학(公羊學)으로부터 결정적인 영향을 받았다. 전자는 그 당연한 추세로 현실을 외면한 채 고서 연구 쪽으로 치달았으나, 후자는 실학을 중시하는 '경세치용(經世致用)'의 입장에 섰다. 한국의 실학기에 이 두 가지 경향이 분명하게 반영된 것은 틀림없다. 특히 공양학파가 공통적으로 상공업의 육성을 강조하였다는 사실은 그 후에 일어난 '양무운동(洋務運動, 1860~1880년대)'의 선구였다는 점에서 주목을 끈다.

그러나 중국 근대 사상의 편력은 한마디로 근대 유럽의 군사력 및 사상에 어떻게 대응해야 하며 이들 외래 문화의 압력을 극복하는 사상적 근거를 스스로의 전통 사상 내부에서 구하려는 데 있었다. 따라서 서구 근대에 대처했던 강유위(康有爲, 1858 ~1927), 엄복(嚴復, 1853~1921) 등의 새로운 사상 그리고 호적(胡適, 1891~1962)의 근대주의에 이르기까지 유교적 색채를 짙게 풍겼던 것은 오히려 당연하다고 할 수 있다.[7] 중국에서와 마찬가지로 조선은 주자학 하나로 통일되어 있었으며 근대 실학 운동 속에서도 주자학의 위치는 본질적으로 변화가 없었다.

이것을 메이지 유신을 전후한 일본의 경우와 비교하면 매우 흥미롭다. 일본에서는 주자학과는 다른 가치 체계가 엄연하게 존재했을 뿐더러, 유학자 사이에서도 주자학 비판이 활발했다. 학문(유학)은 군자의 길을 닦는 것이라는 점에서는 중국과 한국이 마찬가지였으나, 일본에서는 국가의 형성과 사회 복지 증진에 도움이 되어야 한다는 '실학'의 성격을 띠고 있었다. 하기야 실학파의 주장에도 이용후생·경세치용·실사구시 등의 구호가 있었으나 그것은 유학 자체를 비판의 대상으로 삼은 결과는 아니었다는 점에 주목해야 한다.[8]

이것을 서양(역산을 포함한) 수학의 도입과 관련해서 생각하면 다음과 같이 말할 수 있다.

첫째, 중국과 한국에서는 개항 이전, 이후를 통틀어서 서양 수학 그대로가 아닌 한문으로 편역된 서양 수학을 접하였다. 그러나 일본에서는 개항 이전에 이미 중국어 번역뿐만 아니라 네덜란드어로 된 수학 원서를 직접 대하였다.

둘째, 중국과 한국에서는 '중서 수학(中西數學)' 내지 '한서 수학(韓西數學)'이 성립하였다. 그러나 일본에서는 일본의 전통 수학(와산)과 서양 수학은 전혀 별개의 것이었으며 절충적인 '화양 수학(和洋數學)'은 성립하지 않았다.

셋째, 중국에서 서양 수학은 중국인 스스로 취했다기보다 서양 쪽에서 보급한 것이었다. 그리고 한국은 재차 이것을 수용하는 처지였다. 일본은 개항 이후 군부 및 관의 보호 아래 직접 서양 수학을 취하여 '양산(洋算)'을 성립시켰다.

조선 후기에 역산이 본격적인 학문 연구의 대상이 되거나, 전문화되지 못했던 중요한 이유는 그 의의를 스스로 인식하고 계몽을 선도한 주체들이 실질적으로는 구체제에 대한 집착을 버리지 못한 유학적 교양인들이었기 때문이다. 바꿔 말하면 역법에 대한 전통의 입장에 전혀 변화가 없었던 것이다.

제 11 장

전근대의 수 표기 · 계산기

1. 계산기

산가지

한반도에서는 고대부터 한자를 사용하였으며, 당연히 한문으로 된 숫자가 있었다. 그러나 그것은 현재 사용하는 아라비아 숫자와는 달리 계산용이 아닌 기록이 목적이었다. 그러므로 계산을 위해서 별도의 계산 기구가 필요한 것은 당연했다. 한반도에서도 중국의 예를 본받아 공적으로 산가지[算木, 策]를 계산기로 사용하였다. 그러나 처음에는 관료 조직의 내부 또는 사대부층의 엘리트 사회에서만 사용했던 것 같다. 조선 중기까지는 조직적인 계산 능력이 필요할 정도의 상업활동을 한 집단은 오직 관료 체제의 내부나 극소수의 지배계층뿐이었기 때문이다. 앞에서도 인용한 것처럼, 한국에서 '산(算)'에 대한 가장 오래된 기록이 이 사실을 뒷받침한다.[1] 삼국시대에 도입된 이래 산가지는 근대에 이르기까지 줄곧 공적으로 사용된 유일한 계산 수단이었다.

산가지의 제도, 즉 공식 규격은 다음과 같다.

> 한, 북주, 수 세 나라의 산대의 길이가 각각 달랐다[其算法, 用竹, 經
> 一分, 長六寸(『한서』「율력지」) : 以竹爲之, 長四寸, ……. (북주의 견난주
> 가 쓴 『수술기유』]
> 기산법은 대나무를 사용하는 것이고, 세로가 1푼, 길이가 6촌 대
> 나무에 대하여 길이가 4촌, 기산용 대나무는 너비가 2푼, 길이가
> 3촌(其算用竹, 廣二分, 長三寸)(『수서』「율력지」)

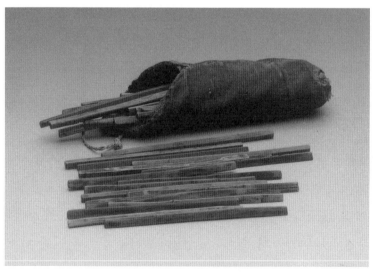

세모꼴로 된 산가지(한양대 박물관 소장)

27.65센티미터(전한척)×0.6=16.59센티미터

29.51센티미터(북주시척)×0.4=11.80센티미터

23.52센티미터(수척)×0.3=7.06센티미터

위와 같이 시대에 따라서 산가지 길이에는 차이가 있었다. 최석정은 『구수략』에서 다음과 같이 설명한다.

고대에는 대나무로 주(籌, 산가지)를 만들었고, 그 원의 지름은 1
푼, 길이를 6촌으로 정했다. …… 이 옛 법은 이미 쓰이지 않고,
지금의 산가지 형태는 원이 아니라 세모꼴[三稜]로 되어 있다.

세모꼴로 되었다는 것은 산목의 재료가 대나무에서 나무로 바뀌었음을 뜻한다. 『구수략』은 산가지의 길이에 대해서는 언급하지 않지만, 이보다 150년 후에 최한기는 『습산진벌』에서 다음과 같이 산가지의 길이를 설명하였다.

산대의 길이를 영조척 2치 5푼, 세모꼴로 만든다.[用籌裁二寸五分
(營造尺) 削三稜 ……]

영조척의 길이를 30.65센티미터라고 하면[2] 산가지의 길이는 약 7.7센티미터이다. 그러나 짐작건대 모든 산가지의 길이가 똑같지는

않았을 것이다. 아마도 당시의 평균치를 근거로 해서 어림잡은 그의 독단인 것 같다. 현재 국립민속박물관에 있는 산가지의 길이는 약 15센티미터이다. 세모꼴이라는 형태도 엄격하게 지켜진 것은 아니었던 모양이다. 다만 형식상 규격을 정해 놓을 필요가 있었을 뿐이다. 산가지는 일상의 계산에 쓰이는 실용적인 도구였을뿐더러 만들기도 간편하고, 재료로 무엇을 사용해도 상관이 없는 데다가 어떤 상징적인 의의 이외에는 규격의 통일은 필요 없었기 때문이다.

대나무나 목재 이외에도 쇠붙이·상아·옥 등이 산가지의 재료로 쓰였다고 하지만,[3] 아직 쇠붙이나 옥으로 만든 것은 발견되지 않았다. 산가지의 용기로는 보통 포대(주머니)라든지 통(筒)이 많이 쓰였다.

『몽계필담』(심괄, 11세기 후반)에 '적주(赤籌)와 흑주(黑籌)로 정원의 수를 구별하고 ……'[4]라는 기사가 있는 것으로 보아 근대에 와서는

1	2	3	4	5	6	7	8	9
10	20	30	40	50	60	70	80	90
100	200	300	……					
1000	2000	3000	……					

산가지 배열

이렇게 채색된 산가지를 사용하지 않게 되었다는 것을 간접적으로 알 수 있다.

산가지로 수를 나타내는 방법에 대해서는 "일은 세로, 십은 가로, 백은 서고, 천은 눕고, 천과 십은 서로 우러러 보고, 만과 백은 서로 마주 대한다['一縱十橫, 百立千僵, 千十相望, 萬百相當', (『손자산경』)]."이라는 고대 중국의 제도가 그대로 충실하게 지켜져 왔다. 즉, 산가지를 배열할 때에는 1의 자리와 10의 자리의 수를 혼동하지 않도록 세로와 가로로 구별하면서 놓고, 이하 100의 자리와 만의 자리는 세로, 1,000의 자리와 10만 자리 등은 가로가 되도록 세로와 가로를 번갈아 가면서 바꾼다.

산가지의 수 표시를 그대로 옮겨 쓴 것이 이른바 '주식 숫자(籌式數字)'이다. 이것은 산가지 배열과 몇 가지가 다르다. 주식 숫자에서는 각 숫자 사이에 간격을 두지 않고 꼭 붙여서 쓸 것, 빈자리는 ○으로 나타낼 것,[5] 음수는 마지막 자리의 숫자에 빗금을 그어 나타낼 것 등이다. 예를 들면 다음과 같다.

2567	23016	−732

고대부터 내려오는 산가지 배열법, 그리고 원나라 초기에 시작된 것으로 보이는 주식 숫자에 의한 기수법(記數法)을 우리 역시 그대

시대별로 나타난 '24x16'의 계산법

(편의상 아라비아 숫자로 써서 나타냄)

책	위치				
『손자산경』	상위	24	24	4	
	중위	2 12	32 64		384
	하위	16	16	16	
『구수략』 17세기 말		24	24	20	
			4 24	64 32	384
		16	16	16	
『습산진벌』 1850년		24	24	24	
		$\dfrac{16}{24}$	$\dfrac{16}{144}$	$\dfrac{16}{144}$	
		12		24	384
『주해수용』 18세기 후반 『산학정의』 1867년			『손자산경』과 같음		

로 따라 했지만 계산 절차는 약간씩 달라져 갔다. 곱셈을 예로 들어 보자.

산가지 계산법은 조선시대 산학의 기본 교과서였던 『상명산법』에 자세히 소개되어 있다. 이 계산 기구가 조선 말기에 이르기까지 여러 계산 수단 중 주류였다는 것은 개화기 직전에 출판된 남병길의 『산학정의』가 잘 보여준다. 산가지 계산은 아마 수학책 그대로가 아니고, 때와 장소에 따라 그 형태가 많이 변했을 것이라고 추정된다. 그렇지만 산가지 계산법이 차츰 민간 사회에 정착한 것만은 사실이다. 17세기 중엽 제주도에 표류한 네덜란드 선원 하멜(H. Hamel)은 자신의 체험기 『하멜 표류기』에서 당시 한국의 풍속을 전하는데, 한국 사람들의 일반적인 계산법을 산가지에 의한 것이었다고 기록했다. 또 개화기 말, 한일병합이 있기 직전에 한국을 방문한 일본인의 견문기에도 이와 비슷한 기록이 있다.

스기하라 기타오(杉原喜多雄)라는 사람이 『30년 전의 조선』이라는 추억의 글을 엮었는데, 그 글에 따르면 그 무렵 한국에는 주판이라는 것이 없었다. 재무서의 한국인 관리들도 세금의 액수라든지 기타 계산을 할 때 주판을 사용할 줄 몰라 산가지라는 것을 사용해 계산했다고 한다. 산가지는 일반적으로 한국에는 널리 보급되어 있었으며, 그것은 복술가가 사용하는 서죽(筮竹) 같은 모양의, 그보다 조금 짧은 4~5치 정도 길이였다고 한다. 산가지라고 해서 반드시 일정한 형태를 지닌 그럴듯한 것이 아니어도, 성냥개비라든지 나무의 잔가지로도 대용할 수 있기 때문에 실제로 시장 등지에 가보면 거리 한복판에서 성냥개비나 나뭇가지를 써서 계산하고 있는 사람들의 모습을 많이 볼 수 있었다고 한다.[6]

주산(籌算)

한국 수학에서 계산술은 전통적으로 산가지로 이루어졌다는 것은 이

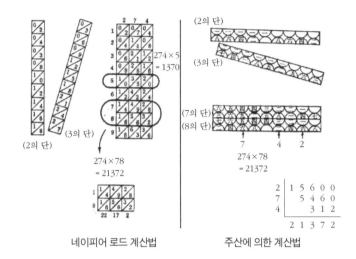

274×5
= 1370

274×78
= 21372

(2의 단)

(3의 단)

네이피어 로드 계산법

(2의 단)

(3의 단)

(7의 단)
(8의 단)

7   4   2

274×78
= 21372

2	1 5 6 0 0
7	5 4 6 0
4	3 1 2
	2 1 3 7 2

주산에 의한 계산법

미 앞에서도 말하였다. 그 밖에도 일부 사람들 사이에서의 일이겠지
만, 『구수략』에 소개된 '주산(籌算)'이 그 후에 사용된 흔적이 있다.

'주산'은 유럽에서 네이피어 로드(Napier's rods) 또는 네이피어의

조선에서 사용한 곱셈 계산 막대(한양대 박물관 소장)

뼈(Napier's bones)라고 불리는 이른바 격자산법(格子算法)이다. 매문정 (梅文鼎)은 이것을 『주산(籌算)』(1678)이라는 책을 통해서 중국식으로 고쳐서 소개하였다. 그는 원형의 세로 금을 가로 금으로 고쳐 긋고, 자릿수[位數]를 구별하기 위해서 쓰이는 빗금을 반원(半圓)으로 바꾸었 다. 그러나 곱셈 구구를 표기한 막대를 사용해서 조작하는 기계적 필산술이라는 기본 구조는 그대로 이어받았다.

주산 그림은 근세의 수학책에 종종 나타나며, 당시 사용된 계산 막대[籌算]가 현재 국립민속박물관에 보존되어 있다.

주판

임진왜란 이후 일본에서는 주판이 일반에게 급격히 보급되었지만, 조선사회에서는 여전히 거들떠보지도 않았다. 그렇다고 당시 조선에 주판셈의 방법이 전해지지 않은 것은 아니었다. 오히려 흔히 '주판 의 책'으로 알려진 정대위의 『산법통종』은 출간되자(1593) 곧바로 조 선에 소개되었다. 그래서 1592년부터 1598년까지 칠 년의 동란 중 에 이 수학책이 일본에 전해졌다고 중국의 수학사가인 이엄(李儼)은 추정한다.[7] 한반도 침략의 병참기지였던 나고야(名古屋)의 마에다(前 田) 가문의 진영에서 일본 최초의 주판이 쓰였다는 설은 이엄의 주

중국식 주판(한양대 박물관 소장)

장과 부합되는 면이 있다.

　『산법통종』은 조선 산사의 정규 교과서로는 채택되지 않았지만, 회계 관리나 수학에 관심을 가진 식자층에서는 대단히 인기가 높았던 모양이다. 조선시대의 중국 수학책 중에서 이 책이 눈에 가장 많이 띄는 것을 보아도 알 수 있다. 이로 미루어 보면, 『산법통종』의 보급률은 상당했던 것 같다. 그럼에도 불구하고 조선시대에 주판을 사용해서 계산을 하였다는 기록은 없다. 오히려 그 반대의 예만 보인다. 주판셈을 소개한 수학책으로 조선 후기의 것으로 추정되는 『주학신편(籌學新編)』이 있는데, 이 책의 저자는 『구수략』처럼 주산을 배격하지는 않지만, 주판의 구조에 대해서 '위 칸 두 알은 각각 5에 해당하고, 아래 칸 다섯 알은 각각 1에 해당한다. 아래 칸의 수가 차면 위 칸의 구슬 한 알이 되고'[8] 라는 기본적인 설명만으로 끝내고 계산 방법에 대해서는 아무 설명도 하지 않았다. 저자 자신도 사실은 주판셈에 대해서는 무지했던 것이 아닌가 의아스러울 정도이다. 이 책이 주판셈에 관한 당시의 일반적인 경향을 반영한다는 전제로 판단한다면, 『구수략』 이후 200년이 지난 개화기에조차 여전히 주산은 냉대받고 있었던 것이다.

『구수략』에서 볼 수 있는 공격적인 반발, 『주학신편』의 엉성하고 소극적인 소개, 심지어는 주판셈에 대해서는 아예 언급조차 하지 않은 수학책이 많았다는 것은 사대부층과 산학자 사회에서는 물론 기타 식자층에도 주판이 보급되지 않았음을 뜻한다고 볼 수 있다. 유학자며 역학자였을 뿐 아니라 조정의 고위 관리였던 최석정의 경우는 물론, 중인 산학자를 포함한 식자층의 일반적인 경향은 본질적으로 상인사회와 절연되어 있었다는 것을 돌이켜볼 필요가 있다.[9] 특히 역학에 심취하였던 최석정의 후예, 즉 보수적인 교양사회는 산가지에 의식적으로 더 집착했다. 죽산(포산)은 역학자에게는 역의 팔괘와 상통하는 권위를 지니는 것이었기 때문이다. 중세 이탈리아에서 교회와 상인 사이에서 아라비아 숫자의 사용을 둘러싸고 반목이 있었다. 마침내 "피렌체의 상인은 로마 숫자를 부기에 사용해야 한다. 즉, 아라비아 숫자의 사용을 금한다."라고 하여 편리한 아라비아 숫자를 사용하지 못하게 하고 불편한 로마숫자를 사용하게 하는 법력을 로마 교황청이 포고한 사건과 비교해 보면 매우 흥미롭다. 조선의 전통사회에서는 수판 사용을 공적으로 금기시하였던 것은 아니었다. 다만 엘리트 지식층의 태도가 그대로 권위적인 것으로 통용되었다는, 바꿔 말하자면 그만큼 상인 자본의 힘이 미약했다는 방증이기도 하다.

일본의 저명한 동양 수학사가는 중국 계산술의 경화 현상을 다음과 같이 설명하였다.

> 명나라 말기 『산법통종』에도 사산(寫算)이라 하여 아라비아식 필산을 전하는 예가 있지만 필산이 중국에서 많이 행해졌다는 흔적은 없다. 이것은 중국인의 상고적인 경향 때문이기도 하지만, 다른 한편으로는 산가지로 하는 계산법이 있었기 때문에 필산을 그렇게까지 필요로 하지 않았던 것이다. 산가지를 이용한 산법은 중국에서는 대단히 중요했다.[10]

그러나 한국의 경우, 포산을 제외한 다른 모든 계산법을 배척하는, 중국보다 훨씬 극단적인 정통주의로 일관했다.

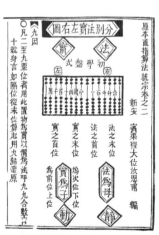

『산법통종』에 나오는 주판

중국이 산가지를 주판으로 바꾼 이후에도 여전히 전통적인 방법을 고수했던 한국 계산술의 보수성은 조선 후기 상업사회에서부터 무너지기 시작하였다. 옆의 그림처럼 상단에 두 개씩의 알[珠]이 있는 중국식 주판이 상인들 사이에서 사용되기 시작했고, 그 유물은 지금도 많이 찾아볼 수 있다. 여기에서 다음 단서를 붙여 둘 필요가 있다. 그것은 읽기·쓰기·주판셈을 서민 교육의 목표로 삼았던 일본의 에도 시대(1603~1866)처럼, 널리 일반에게까지 주산이 확대 보급될 가능성이 조선에서는 보이지 않았다는 것이다. 조선에서는 주판셈과 같은 계산 기술이 중요시될 정도로 서민 생활 속에 상행위가 파고들지 못했기 때문이다. 상업 활동이 민간사회 속에 기반을 두지 못했고, 따라서 유럽의 상업 도시는 차치하고라도 중국이나 일본에 비길 정도의 상업사회조차 형성되어 있지 않았다. 가장 큰 이유는 전통사회의 가부장적 존재로 군림한 관인 조직과의 유착에 의해서만 상행위가 보장받을 수 있었기 때문이다. 상업은 아예 처음부터 독립적으로 성장할 기반을 박탈당했던 것이다.

> 국가 권력은 상업 부문에서 다른 어떤 부문에서보다 아시아적 성격을 발휘하였고, 조선 말기의 상업 자본가의 물질적 이익은 항상 침해당하기 쉬웠다. 아니, 침해당하는 숙명이었다. …… 생산력의 쇠퇴 따위는 염두에 두지 않고, 결과적으로 유통 부문의 쇠퇴에 박차를 가한 셈이 된 관인 계층은 아시아적 봉건 사회의 후진성을 한층 더 혼란에 빠뜨리고 말았다.[11]

이렇게 즉흥적이었다고까지 말할 수 있는 수탈 경제 아래의 민중 생활에서 질서 있는 유통사회의 산물인 '시민 수학'이 중요시될 턱이 없었다. 실용적인 쓸모뿐 아니라 사회적인 통념으로도 말이다.

서산

조선시대 교육의 목적은 한마디로 문인
관료로 입신양명하는 것이었다. 이러한
중국식의 과거 준비 교육은 일본의 '데
라고야(寺小屋, 우리나라의 서당에 해당)'에서
하는 서민 교육과는 성격이 전혀 달랐다.
교육 과정의 중심은 사서삼경이었으며 이
러한 한문책을 암송하는 것이 학생의 필
수이자 최대 과제였다. 당연히 '독서 100
번' 식의 공부가 장려되었고, 몇 번 읽었
는가를 기록하려면 서산(書算)이 필요했
다.

서산용 산기(한양대 박물관 소장)

산기(算器)의 구조는 원리적으로는 주판과 동일하다. 책을 한 번 독
파할 때마다 하나씩 넘기고, 다섯 번을 마치면 위쪽에 있는 것을 한
장 넘기도록 되어 있다. 주산이 보급되지 않았던 대신에, 그 구조를
본뜬 것으로 짐작되는 계산기가 독서가의 서재에서 사용되고 있었
다는 것은 전통적인 교양사회에서 셈[計算]의 실제적인 역할이 무엇
이었는가를 알 수 있는 좋은 일례이다.

이 간편한 산기가 나타나기 전에는 일일이 붓으로 그어서 획수를
표시하곤 하였다.

2. 개성 상인들의 부기법

사개송도치부법과 수사

폐쇄적인 상인사회 내부에서 행해졌기 때문에 주변에 잘 알려져 있지 않으나, 개성 상인들 사이에서 차츰 형성된 이른바 『송도 부기(松都簿記)』 또는 '사개송도치부법(四介松都治簿法)'은 본질적으로 현재의 복식부기(複式簿記)와 같다는 점에서 상업이 수학에 영향을 끼치는 일이 거의 없었던 한국 수학사에서 그야말로 경이적인 발명이었다. 이 부기법에 관한 논문이 여러 편 나와 있으나, 수학사의 측면에서는 아직 본격적으로 다루어지지 않았다. 여기에서는 대략적으로 훑어보기로 하자.

개성은 고려의 수도였을 뿐만 아니라 한반도 전통사회에서 그나마 상업이 가장 활발했던 도시이다. 개성 상인들의 계(契)가 비공개적이고 통제가 심한 길드 조직이었기 때문에[12] 이러한 치부법이 언제쯤부터 시작됐다고 단정하기는 어렵다. 전문가들은 고려시대부터 시작되었을 것이라고 추정하고 있지만[13] 현재 남아 있는 형태의 기록이 시작된 것은 대규모의 고리대 자본이 형성된 이후인 조선 후기부터였다. 조선 후기의 부기에는 '호산(胡算)'이라고 불리는 다음과 같은 숫자가 쓰였다. 개성 상인이 인삼 등의 무역을 통해 중국 상인들이 사용한 이 표기법을 익힌 것이라고 생각된다.

Ⅰ	Ⅱ	Ⅲ	Ⅹ	子	丄	丄	亖	文
(一)	(二)	(三)	(四)	(五)	(六)	(七)	(八)	(九)

호산(표산)

이 호산은 물건의 가격을 표시하기 위해 사용했다. 주산의 모양을 본뜨고 매매 및 교환물은 물론 물품의 단위를 이것으로 표시했으며 그다음에 금액을 합계한 총액을 기재하는 데도 쓰였다(현병주, 『사개송도치부법』, p.18.).

주산이 보급되지 않았던 한반도의 소규모 상업 활동 속에서 왜 부기술만이 유독 발달하였는가에 대한 의문이 당연히 제기될 만하다. 이에 대해 가능한 답 중 하나가, 전통사회의 독특한 상업 형태가 바로 고리대 상업 자본에 의한 것이었다는 점이다. 개성에서는 다른 어떤 도시보다도 상업 자본과 화폐 자본이 밀착한, 그러니까 상인이

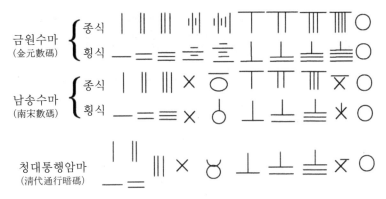

중국에서 사용한 필기용의 숫자(수내청, 『중국의 수학(中國の數學)』)[14]

은행가를 겸할 만큼 대규모의 고리대금업이 성행하고 있었다. '시변(時邊)' 제도는 당시 가장 진보적인 형태의 것으로, 전(前) 자본주의의 마지막 선인 상업 자본의 축적이 진전을 본 개성에서가 아니면 볼 수 없는 현상이었다. 거기에는 이자 결정에 대한 근대적인 모습까지도 느껴진다.[15]

삼국시대 이래 관권이 관리했던 고리대는 일종의 공공연한 수탈 수단일 뿐만 아니라, 서민 사이의 상거래에도 일반적인 것이었다. 이러한 경제구조 속에서는 기록의 중요성이 계산 그 자체보다 훨씬 컸을 것이다. 더욱이 개성의 화폐 자본가 사이에서는 끊임없이 지출·수입되는 대규모의 복잡한 수치를 빠짐없이 기록하기 위한 기장법이 무엇보다도 절실했을 것이다. 발명은 필요에서 태어난다는 말의 실례를 여기에서도 볼 수 있다.

3. 서민들의 셈과 수의 표기

결승과 각기

상고(上古)는 결승(結繩)에서 시작하여, 후세의 성인이 이것을 서계 (書契, 각기)로 바꾸었다(『역』, 계사전).

이 기사가 아마도 동양 문화권에서 셈에 관한 것 중 가장 오래된 문헌일 것이다. 그러나 숫자 를 몰랐던 한반도의 하급 서민층에게는 결승법이 얼마 전까지도[16] 수를 기록하기 위해서 상당히 폭넓게 쓰였을 것으로 추정된다.

우리나라의 결승은 일본의 치밀한 결승에 비

1석 2두

2석 6두

5석 3두

전남 장성 지방 농가의
결승(약100년전)

하면 방법이 여러 가지일 뿐 아니라 구조적으로도 극히 조잡하다. 글을 사용할 줄 모르는 영세 농민 사회에서 소량인 곡물의 대차 관계를 기록하는 일시적인 방편에 지나지 않았기 때문에 볼품없이 엉성한 짜임새 그대로 쓰였던 것으로 추정된다.

문화인류학적으로 보아 원시사회에서 널리 사용된 수 기록의 하나는 각목(tally)에 의한 것이다. 예를 들어 숫자 '五'는 이러한 각목 문자를 바탕으로 하여 성립한 것이다. 이 숫자는 다섯 번 새긴 금으로 이루어졌다.

송나라 사신으로 고려를 방문한 적이 있는 서긍(徐兢)은 『고려도경(高麗圖經)』(1123)이라는 고려 방문기에서 당시의 고려 사정을 간결하면서도 인상 깊은 표현으로 전하였다. 그는 고려의 수도 개성의 화려한 궁궐과 누각, 사원, 그리고 육성(六省)과 구사(九寺) 이하 모든 관

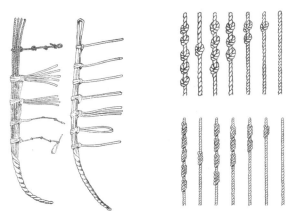

오키나와의 결승

청 및 질서정연한 도시계획에 경탄하면서도, 그것들을 도성 밖에 있는 민가의 초라한 모습과 대조시키는 것을 잊지 않았다. 이 방문기 중 특히 수학사의 입장에서 주목을 끄는 것은 회계 관리가 각기를 이용해서 수를 나타내는 대목이다.

> 고려의 풍습에는 산가지 계산은 없고, 출납 회계를 할 때 회계관이 나무토막에 칼로 한 개씩 금을 긋는다. 일이 끝나면 그것을 버리고 보관하는 법이 없으니 기록하는 법이 너무도 단순하다. 이것은 아마 옛 결승법의 유풍인 것 같다.[17]

산사제도가 이미 성립되었던 고려시대였기 때문에 이러한 원시적인 방법이 중앙 관청에서 행해지지 않았던 것만은 확실하다. 그러나 웅장한 궁궐과 허술하기 짝이 없는 민간의 대비는 귀족적인 문자 문화와 민간 및 지방 관서의 원시적인 셈이라는 평행 관계에 그대로 반영되었다고 보아야 할 것이다. 계산 수단의 발달을 촉구하기에는 너무나도 정체되었던 서민의 경제생활에서 사실 각기 이상의 표시법은 필요 없었고, 따라서 지방 하급 관리의 회계 방법도 이 정도로 족했다고 볼 수 있다. 이처럼 소박한 표기법은 글을 모르는 대중사회에서는 얼마 전까지만 해도 낯익은 풍습이었다. 시골 아낙네를 상대로 하는 일용품 소매상인이 물건을 사는 농가의 기둥에 낫이나 칼 따위로 금을 긋고 외상 액수를 표시하는 것도 일종의 각기라고 볼 수 있다.[18] 또 베틀에 쓰이는 바디살의 개수를 나타내는 수사를 거의 문맹인 농가의 부녀자들에게 알려 주려면 각기를 사용하는 것이 당연한 일이기도 했다.

죽산과 맘보

전남 완도군 소재의 소안도 부락에서는 약 100년 전까지도 죽산이라고 부르는 표기법이 마을 전체의 합의 아래 공통적으로 쓰였다고 한다.

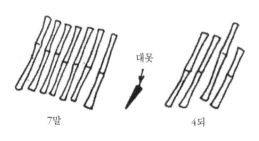

7말

대못

4되

연필 정도의 두께에 길이 약 10센티미터 정도인 가느다란 대나무 끝을 집집마다 갖추고, 특별히 마련한 선반 위에 두·승의 자리를 정하고 빌린 곡물의 양을 나타내는 수만큼 놓아둔다. 10진법을 사용하는 셈이지만 두와 승의 위치를 구별하고 있을 뿐 그 외에는 산가지와 같은 배열법은 따로 정해져 있지 않다.

맘보는 일종의 할부(割符)이다. 노무자가 화물의 출하 지점에서 감독으로부터 화물 한 뭉치당 맘보 한 개씩을 받고, 도착지의 감독에

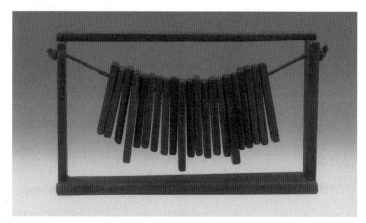

맘보(한양대 박물관 소장)

게 짐과 맘보를 인계하는 것이다. 화물의 운반이 모두 끝났을 때 출발지와 도착지의 감독이 소지하고 있는 맘보의 개수를 서로 대조해서 일치 여부를 알아보는 것이다. 부두나 상점에서 쓰이는 맘보는 일본에서 건너온 것이라고 전해진다.

가결

지금까지 수의 기록에 관해 알아보았다. 그렇다면 계산 방법은 구체적으로 어떠했을까? 필산은 물론 산기에 의한 조직적인 셈을 할 줄 몰랐다면, 손가락셈 따위의 유치한 방법을 무식한 서민 대중이 가장 많이 사용하였다고 보아야 한다.

그러나 그런 방법 외에도 가결을 이용한 방법이 널리 사용되었다. 사장(詞章)이 중심을 이루었던 한국의 지식사회에서 가결이 유행한 것은 지극히 당연한 현상이다. 고전을 암송하는 것을 그대로 계산의 세계에까지 적용해서 공식 등을 비롯하여 상당히 복잡한 계산 알고 리듬을 시 형식으로 꾸며 암송하는 수법이 예부터 수학책에 자주 소개되었다. 『산학계몽』에 나와 있는 예를 살펴보자.

곱셈 구구

$1 \times 1 = 1$, $1 \times 2 = 2$, $2 \times 2 = 4$, $1 \times 3 = 3$, $2 \times 3 = 6$, $3 \times 3 = 9$,

$1 \times 4 = 4$, ……, $9 \times 9 = 81$ [석구수법(釋九數法)]

一一如一, 一二如二, 二二如四, 一三如參, 二三如六, 三三如九,

一四如四, ……, 九九如八十一

나눗셈 구구

1을 10으로 본다.

1÷2는 5요, 2÷2는 10이요,

1÷3은 3과 나머지 1이요, 2÷3은 6과 나머지 2요, 3÷3은 10이요,

1÷4는 2와 나머지 2요, 2÷4는 5요, ……

8÷8은 10이요, 9의 차례가 되면 9÷9는 10이다. [구귀제법(九歸

除法)]

一歸如一進, 見一進成十, 二一添作五, 逢二進成十, 三一三十一,

三二六十二, 逢三進成十, 四一二十二, 四二添作五, ……

逢八進成十, 九歸隨身下, 逢九進成十

근량의 단위 환산법

1근=16냥으로 한 나눗셈으로 냥의 단위를 근의 단위로 환산하는
것이다.
$1 \div 16 = 0.0625$, $2 \div 16 = 0.125$, ……, $14 \div 16 = 0.875$,
$15 \div 16 = 0.9375$ [근하유법(斤下留法)]

一退六二五, 二留一二五, 三留一八七五 …… 十四留八七五, 十五
留九三七五

현재 남아 있는 한국에서 가장 오래된 수학책(역산서)인 고려 때의
『수시력첩법입성(授時曆捷法立成)』에도 곱셈·나눗셈에 관한 가결이 실
려 있다. 『구수략』에는 심지어 덧셈과 뺄셈 구구의 가결까지 실려 있
다.

곱셈 구구처럼, 덧셈 구구, 뺄셈 구구를 암기했다.
$1+1=2$, $1+2=3$, $1+3=4$, ……, $7+1=8$, $7+2=9$, $8+1=9$

$1+9=10, 2+8=10, 3+7=10, \cdots\cdots, 8+2=10, 9+1=10$

$9-1=8, 9-2=7, 9-3=6, \cdots\cdots, 3-1=2, 3-2=1, 2-1=1$

$10-1=9, 10-2=8, 10-3=7, \cdots\cdots, 10-8=2, 10-9=1$

一爲主加一得二, 加二得三, 得三得四, ……

七爲主加一得八, 加二得九, 八爲主加一得九.

進加一加九成十, 二加八成十, 三加七成十, ……

八加二成十, 九加一成十.

九爲主減一爲八, 減二爲七, 減三爲六, ……

三爲主減一爲二, 減二爲一, 二爲主減一爲一.

退減十減一餘九, 十減二餘八, 十減三餘七, ……

十減八餘二, 十減九餘一.

이 밖에도 구전으로 많은 가결이 쓰였을 것으로 짐작한다.

동양 삼국 중에서도 셈에 가결을 활용하는 비율은 한국이 가장 높았으며, 이것은 교양 사회 그리고 조금이라도 셈을 필요로 하는 기술 관료 사회 및 상인 사회의 생계 수단으로 널리 쓰였을 것이라고 추정할 수 있다.

산가지 놀이

전라남도 영암군 구림면에 사는 한 노인의 말에 의하면, 19세기 후반의 그 고장은 상업이 발달한 곳이어서 상인들이 많이 모여 살고 있었으며 그들이 만든 산수 서당도 있었다고 한다. 여기에서 가르친 계산술은 산가지산이 중심이었고, 이에 따라 상인들 사이에 산대놀이(산가지 놀이)가 유행하였고, 으레 그것으로 술내기를 했다고 한다. 예를 들어 다음과 같은 퍼즐이 있다.

그림에서 보는 바와 같이 가로 세로에 배열된 산대의 개수는 모두 3×3=9개씩으로 되어 있다. 지금 손에 산대 여섯 개가 있다. 여섯 개를 적당히 위 산대에 덧붙여, 여전히 가로 세로의 개수가 아홉 개씩이 되도록 하라는 문제이다. 이 문제의 답은 다음과 같다.

이것은 세계 여러 곳에서 볼 수 있는 수 놀이의 하나이다.

문헌에 나타난 옛 수사

삼국시대보다 뒤이지만, 고대 한국의 수사(數詞)에 관한 귀중한 자료가 있다. 대략 12세기 초(1071~1122)에 일본에서 편찬된 것으로 알려져 있는 역어력(譯語曆)에는 고려어가 1부터 10까지 일본의 국문, 즉 '가나문자'로 기술되어 있다.

이 음은 일본의 표음문자로 표시되어 있으며 또 그것도 당시의 일본인이 기록한 것이니 적지 않은 오문(誤聞)과 오사(誤寫)도 있었을 것이다. 또 고려어라고 해도 그것이 제주 말인지 함경도 말인지도 알 수 없다. 게다가 귀가국어(貴加國語)라는 것이 고려어와 나란히 쓰여 있는데 그 내용을 보니 거의 고려어와 같은 것임을 알 수 있다. 아마도 한국의 어떤 지방의 수사가 아닌가 하는 생각이 든다. 우리나라의 문헌에는 귀가국이란 것이 전혀 보이지 않는데 옛 일본에서는 지금의 오키나와를 '귀계도(鬼界島)'라고 부르기도 했다. 그러나 그곳의 말이 고려어와 그처럼 가깝다는 것은 믿기지 않는다.

		一	二	三	四	五	六	七	八	九	十
(고려어)	カナ	カタナ	ツフリ	トイ	サイ	エスス	ハス	タリクニ	チリクニ	エタリ	エツ
	로마자	Katana	Tsufuri	Toi	Sai	Esusu	Hasu	Tarikuni	Chilikuni	Etari	Etsu
(귀가국어)	カナ	カタナ	トツ	トヒ	ソヒ	エソ	ハソ	サソソ サササソ	チリクニ	エタリ	エ
	로마자	Katana	Totsu	Tohi	Sohi	Eso	Haso	Sasaso	Chilikuni	Etari	E

한국의 옛 수사에 관한 중요한 기록으로는 『계림유사(鷄林類事)』가 있다. 이것은 중국 송나라의 손목(孫穆)이 엮은 것으로 알려져 있으며, 고려의 방언 350여 항목이 포함되어 있다.

제 12 장

한국과 일본의 수사

1. 한일 수사의 비교

언어와 사유

언어는 사유 형식을 결정하고 수학은 그것에 따르기 때문에 근대 이래로 수학과 언어학은 평행궤도를 달려왔다. 그리고 20세기에 이르러 수학과 언어학을 하나로 보는 시각(구조주의)이 등장했다. 따라서 서양 수학사가 논리성을 중시하고, 동양 수학이 논리보다 경험주의적인 것을 중시하는 것과 같은 차이가 생긴 이유에도 언어가 중요한 몫을 하고 있는 것이다.

서양의 여러 언어의 계열 사이에는 비록 문법이 다르더라도 예외 없이 엄격한 음운법칙이 성립되며, 하나의 종류로 볼 수 있다. 서양 수학의 역사도 마찬가지로 고대 그리스의 논리 중심 수학으로 수렴될 수 있었다. 그렇다면 동양은 어떨까? 여기서는 특히 문법이 일치하는 한국어와 일본어에 관해서 생각해 보자. 이상하게도 두 나라의 문법은 완전히 일치하지만 엄격하게 음운법칙이 성립하지 않는다.

한국과 일본의 수학이 둘 다 고대 중국의 수학에서 나왔으며, 특히 일본 수학은 한국에서 간 것임에도 불구하고, 한국의 수학은 관리 중심의 수학이 되고, 일본 수학은 취미 위주의 수학이 된 것은 이처럼 음운법칙이 엄격하게 성립하지 않다는 이유 때문일까? 여기서는 서구어의 수사를 살펴보고 한국어와 일본어의 수사를 비교하면서 한국과 일본의 수학의 역사가 달라진 이유가 언어에 있다기 보다는 다른 요소에 의한 것임을 살펴본다.

인도유럽어(인구어)의 수사

1786년 W. 존스 경은 인도 뱅갈 주 왕립 아카데미에서 열린 한 강연에서 산스크리트어, 그리스어, 라틴어는 공통의 조어(some common source)를 갖는다는 충격적인 발표를 했다. 이 발표는 근대 언어학의 역사적인 계기가 되었다. 1814년 덴마크의 언어학자 라스크(R. C. Rask)는 아이슬란드어, 그리스어, 라틴어가 하나의 조어에서 파생했다고 하면서 이들의 변화 과정을 밝히는 법칙을 발표했다. 이어 그림(J. Grimm)은 라스크의 연구를 확대하여 고대 게르만어의 하나인 스코트어의 발음이 그리스어, 산스크리트어, 라틴어 사이의 자음 변화와 추이 관계에 있음을 법칙으로 밝히고 '음운대응법칙(자음전환법칙, 그림의 법칙)'을 증명했다. 실제로 라틴어계의 언어와 게르만계 언어의 수사에 대한 표는 이들 사이의 관계를 명확히 드러낸다.

라틴어 계열			
	프랑스어	이탈리아어	스페인어
1	un, une	uno	uno, una
2	deux	due	dos
3	trois	three	tres
4	quatre	quattro	cuatro
5	cinq	cinque	cinco
6	six	sei	seis
7	sept	sette	siete
8	huit	otto	ocho
9	neuf	nove	nueve
10	dix	dieci	diez
20	vingt	venti	veinte
30	trente	trenta	treinta

게르만어 계열		
	영어	독일어
1	one	eins
2	two	zwei
3	three	drei
4	four	vier
5	five	fünf
6	six	sechs
7	seven	sieben
8	eight	acht
9	nine	neun
10	ten	zehn

이와 같이 두 언어의 낱말을 비교함으로써 '음운대응법칙'을 밝히는 일은 근대 언어학의 기본적인 방법으로 여겨졌다. 이 현상은 마치 수학이 그 내재적 조건만으로 성립되는 현상으로 설명하는 것과도 같다.

그러나 지금까지 설명해 온 것처럼 동양 수학사는 역(易) 철학, 역사, 음악, 천문학 등과 깊은 관련 속에 전개되어 왔다. 이와 같은 이치로 한국과 일본의 언어 비교에서 한·중·일 삼국의 역사, 특히 한문의 유입 과정은 무시할 수 없다. 7세기까지는 거의 같은 음운을 지녔던 한국어와 일본어는 오늘날 발음 종류의 비가 약 30 : 1로 엄청나게 벌어졌다. 하지만 문법은 세계 어느 나라에서도 볼 수 없을 만큼 거의 같다. 왜 그럴까?

수

수사는 쉽게 변하지 않으며, 어떤 언어에서도 고대의 수사는 잘 보존되어 있다. 지금까지 여러 학자들은 한국어와 일본어의 수사에 공통 부분이 적다는 점을 지적하면서 두 언어가 같은 계통어가 아니라고 주장해 왔다.

『삼국사기』와 『계림유사』의 기록을 통해 고구려의 수사를 일부 추측할 수 있는데, 이 수사들은 현재 한국어에는 없지만 일본어에는 남아 있다. 이 사실은 백제와 고구려의 지배계급이 같은 이유로 고구려어가 백제를 거쳐 일본에 전해지고 또 보존되어 왔음을 뜻한다. 즉, 한국어와 일본어의 문법이 같은 이유는 일본어의 뿌리가 고대 한반도의 언어에 있기 때문이며, 현재 한국어와 일본어의 음운법칙이 불규칙해 보이는 것은 한국어의 발음이 많이 분화되었기 때문이지 근본적으로 언어가 달라서가 아니라는 의미이다.

하나 - 河屯(하둔)(계림유사)   둘 - 途孛(도패)(계림유사)   셋 - 密(밀)(삼국사기)

다섯 - 干次(우차)(삼국사기)   일곱 - 難隱(난은)(삼국사기), 一急(일급)(계림유사)

여덟 - 逸答(일답)(계림유사)   아홉 - 鴉好(아호)(계림유사)   열 - 德(덕)(삼국사기)

신무라 이즈루(新村出) 교수는 『삼국사기』「지리지」를 근거로 제시
하면서 위의 수사 가운데 3, 5, 7, 10의 일본어 수사와의 대응을 밝
혔다.

그러나 필자는 『계림유사』, 『삼국사기』「지리지」 등을 참조하여 한
국과 일본의 기본 수사의 어원이 대부분 일치하고 있음을 밝힐 수 있
었다.

일본어 수사의 끝음 쓰(つ)는 한국어 수사 '셋, 넷, 다섯, 여섯'의
받침 'ㅅ'에 대응한다. 본래 'つ'와 'ㅅ'은 모든 수사에 붙었고, '한

		한국어		일본어	
1	하둔	hadu ………………		hito(tsu)	ひと(つ)
2	도패	tope ………………		huta(tsu)	ふたつ
3	밀	miru ……	midu …	mi(tsu)	みつ
4	넷	net ……	nyea ……	yo(tsu)	よつ
5	우차	ucha ……	icha …	itsu(tsu)	いつつ
6	여섯	yoso ………………		mu(tsu)	むつ
7	난은	naon ……	nano …	nana(tsu)	なな
	일급	iruku ……	niru …		
8	일답	iruta ………………		ya(tsu)	や(つ)
9	아호	aho ……	gaho ……	koko(notsu)	ここのつ
10	덕	toku ………………		toho	とお

개'의 '개'와 같은 역할을 했던 것으로 추정된다.

한 가지와 오나지(おなじ)

수는 문명 초기 단계에 반드시 등장하는 기초어의 중심이다. 비교, 다소, 장단 등에 관한 일에는 모두 수가 등장하기 때문이다.

우리말 '한 가지'와 일본어 '오나지(おなじ)'는 '동(同)'이라는 같은 의미이다. '한 가지'는 '하나가지'이다.

하나가지 hanagaji ― anakaji ― onaji おなじ(同)

우리말 '하나'는 여러 일본어와 관련 있다.

하둔(계림유사) ― hana はな(瑞) ― 하쓰(はつ, 初), 하지메(はじめ, 始め)
　　　　　　　　　　　　│
hitotsu ひとつ

'가지'는 사물 낱낱의 부류를 세는 단위로 '나뭇가지', '여러 가지', '온갖' 등에 쓰인다. 가지에 대응하는 일본어는 '가즈(かず)'이다.

가지 kaji ― kazu かず(數, 種)

수(かず)는 동사화되어 가조에루(かぞえる, 수를 세다)가 되었다.

둘과 후타쓰(ふたつ)

『계림유사』에는 둘이 도패(途孛)로 기록되어 있다. 도패는 두패를 표기한 것으로 생각할 수 있다. 세월이 흐르면서 두패는 다음과 같이 분화되었으며, 그 의미는 한결같이 '둘'을 내포하고 있다.

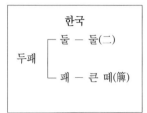
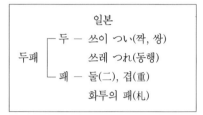

두패는 일본으로 건너가서 다음과 같이 분화된다.

1. 두 tu ― tsu つ ― tsui つい(↔ 짝, 쌍)
   |
   tsure つれ(동행)

쓰이(つい, 對)의 뜻을 잘 나타낸 말이 쓰시마[つしま, 對馬(대마도)]이다. つしま는 'つい(쌍)+しま(섬)', 즉 '두 개의 섬이 붙어 한 쌍을 이루고 있는 섬'이라는 의미이다.

2. 패 ― pe ― he へ(重) ― hu ― huda ふだ(札)
   |
   huta ふた(二) ― hutatsu ふたつ(二個)

동(重)을 지금은 에(え)로 발음한다.

넷, 여섯, 여덟, 아홉

4 : 넷(net)과 よつ(yottsu)

네모(nemo)를 よも(yomo, 四方)라고 읽는다.

n → y 되는 보기

눈 nun → yuki ゆき(雪)

누리 nuri ― yo よ(世)

나이 nai ― yowai よわい(齢)

6 : 여섯 yoso ― moso ― mutsu むつ

여러 yoro　　moro もろ(諸)
　│　　　　　│
여러모로 ― moromoro もろもろ(諸諸)

8 : 『계림유사』는 8을 일답(逸答)이라고 한다.

일답 girutab ┬ yataru やたろ(여덟)
　　　　　　└ yatsu やつ

9 : 『계림유사』는 9를 아호(鴉好)라고 한다.

아호 aho ― gaho ― koko ここ

10 : 『삼국사기』「지리지」에는 10을 덕(德)이라고 한다.

덕 toku ― too とお

요컨대 1에서 10까지 수 가운데 신무라가 지적한 3, 5, 7, 10을 제외한 나머지 수 1, 2, 4, 6, 8, 9가 한국어와 모두 대응한다. 이 사실은 한국어의 기초어 대부분이 어떤 형태로든 일본어와 서로 대응함을 뜻한다.

일본어에서는 10을 소(そ)로 읽는다. そ는 손가락 수 10개를 나타낸다는 설이 유력하다.

손 son — so そ

백(百)의 고유어는 '온'인데, 야오야(八百屋, やおや)의 '오(お)'에 해당한다.

온 on — o お

천(千)의 고유어는 '즈믄'인데 '즈믄'의 '즈'가 '치(ち)'가 되었다. 일본 고대어의 '千'은 ち이다.

38을 고대 일본어에는 미소야쓰(みそやつ)라고 읽었다. (『일본서기』) みそ(miso)는 서른, やつ(yatsu)는 여덟을 뜻한다.

한국과 일본의 사칙연산 용어

한국어와 일본어 사이에는 연산 용어도 대응하고 있다.

1. '더하다'와 일본어 '다스(たす)'는 대응한다.

    더(하다) to ― ta ― ta+su たす(足す)

    足(た)す : 더하다, 보태다

    1たす1は2。 일 더하기 일은 이

2. '빼다'와 일본어 '히쿠(ひく)'는 대응한다.

    빼(다)pe ― he ― hi ― hi+ku ひく(引く)
                     │

         heru(へ(減)る)

    히쿠(引(ひ)く) : 빼다, 감하다

    헤루(減(へ)る) : 줄다, 적어지다

    2ひく1は1。 이 빼기 일은 일

3. 곱하다의 일본어는 가케루(かける)인데 '걸다'에 대응한다.

    걸다 koru ― kake ― kake+ru かける(掛る)

    掛(かけ)る : 곱하다

    2かけ3は6。 이 곱하기 삼은 육

4. '나누다'의 뜻을 가진 '와루(わる)'는 '가르다'와 대응한다.

가르(다) karu — haru — waru わる(割る)

割(わ)る : 나누다

6わる2は3。 육 나누기 2는 삼

한국인이 최초로 일본 열도로 건너간 시기에는 수학이 지금처럼 정비되어 있지 않았고 사칙연산에 관한 말도 제대로 마련되어 있지 않았을 것이다. 고대에 공유했던 말을 토대로 하여 후대에 생긴 말이 이처럼 비슷한 것은 음운의 차이가 아무리 크더라도 그만큼 한국인과 일본인의 사유 형식이 비슷했음을 의미한다.

그러면 한산(韓算)과 와산(和算)은 왜 크게 달라졌을까? 이것은 수학이 사유 형식(언어)보다는 사회적 문화의식에 더 많은 영향을 받는다는 것을 말해준다.

제 13 장

개화기의 수학

1. 신구 수학의 교체

교육 제도의 변화

한국 민족사에서 근대란 결과적으로 일본 제국주의의 희생이 되기
까지의 길을 뜻한다. 그러나 그 나름대로 개화라고 부르기에 어색하
지 않은 외래 문화의 충격을 몸소 겪은 시기가 짧게나마 있었다.
1870년대에서 1910년 한일병합에 이르는 30여 년을 그 성격상 수동
적인 충격의 시대와 자주적인 섭취의 시대로 나누어 생각할 수 있
다.

첫째, 개항에서 갑오경장(1894)까지이다. 문화사적으로는 1876년
부산 개항을 비롯하여 원산 개항(1879), 인천 개항(1882) 등 쇄국의
사슬이 하나씩 풀려가는 시기이다. 신사유람단의 이름으로 일본의
새 문물제도를 시찰하고 신식 기계를 배우기 위해 유학생을 청나라

에 파견하기도 했다. 과학기술사 측면으로는 유럽의 근대 무기와 산업 기계 등에 관한 제조 기술의 흡수를 시도했던 시기이기도 하다. 그러나 이 근대화 운동의 계기가 열강의 군사적 압력에 대항하기 위한 것이었고, 개화파의 주장 역시 선진 과학기술 일반에 관한 것은 결코 아니었다는 사실을 염두에 둘 필요가 있다. 이 무렵 기계 및 병기의 제조, 조선(造船) 공업의 장려, 전신 시설의 설치, 광산 채굴 등에 관한 건의문이 빗발치고[1] 전보국(電報局) · 조지국(造紙局) · 광무국(鑛務局) 등이 정부 조직 내에 새로 설치되기도 했으나, 그것은 오로지 부국강병을 위한 방편이었을 뿐 새로운 정치 · 사회 체제의 출현을 뜻하는 것은 아니었다. 군사 기술만 도입하면 후진성을 떨쳐버릴 수 있다는 '동도서기'식의 우월감은 여전히 변함이 없었다. 요컨대 이 과학화 운동은 '중체서용(中體西用)' 사상에 바탕을 둔 당시 중국의 양무운동과 본질적으로는 같은 성격의 것이었다. 하기야 유럽 과학에 관한 신지식을 얻고 싶어도 다음과 같은 애매한 몇 마디 설명만으로는 전통 과학과의 대강의 차이조차도 파악하지 못하였을 것이다.

이 학문(산학)은 그 이치의 깊이를 따질 수 없다. 한마디로 한다면, 인간과 사물의 유형, 무형의 양적인 의미를 따진 것이다. 인간의 일상적인 문제로부터 천지의 근본적 원리까지를 생각한다. 모든 학문은 산학 없이는 연구할 수 없고, 그 쓰임새의 힘 또한 수학 없이 표현할 수 없다. 따라서 이 세상에 사는 인간은 산학을 모르면 제대로 살 수 없을 것이다. [此學(算學)은 其理의 深妙홈을 淺近혼 議論으로 窮臻ᄒ기 不能ᄒᄃᆡ 一言으로 斷혼 側卽則 人間事物의 有形과 無形의 幾何를 量定홈이니 人의 日用常行으로부터 天地의 玄秘혼 根窟에 至ᄒ고 又 各學의 理致도 此가 無ᄒ면 究格ᄒ기 不能ᄒ며 功用이 亦 此로 不以ᄒ면 筭見ᄒ기 不能ᄒ니 人이 此世에 生ᄒ야ᄒᆞᆫ 此學을 不能홈이 不可혼 者라. 兪吉濬, 『西遊見聞』 13, 算學]

노비 세습제의 폐지와 천주교에 대한 탄압 해제가 선포된 1886년 (고종 23년)에는 사립 이화학당과 국립 육영공원이 설립되었다. 선교사가 세운 이화학당에서의 교과목이 영어·한국어(언문)·창가·역사·영문법·작문·산술 등인데 과학 교과가 산술뿐이라는 점은 흥미롭지만, 이 산술은 전통 수학과는 무관한 유럽식 교육과정에 의한 것이었다. 외국인 교사를 초빙해서 만든 신식 교육 기관인 육영공원의 교칙에는 산학·사소습산법·대산법 등 수학 관련 교과목 명이 보인다. 여기에서 특히 주목을 끄는 것은 '산학'이라는 명칭이 사용된다는 점이다. 당시에는 아직도 구제도에 의한 산사 채용고시가 실시되고 있었다. 즉, 고종 23년에 29명, 고종 25년에 17명의 산사가 뽑혔다는 사실[2]도 미루어 볼 때, 외국인 교사가 담당한 유럽식 수학 이외에 한국인 훈도에 의한 전통적인 산학도 가르쳤던 것이다. 이 개화기 전기에는 전통 수학과 유럽 수학의 병행 양립이라기보다는 극히 일부의 신식 학교 교육 속에서 후자에 관한 입문적인 지식이 소개될 정도일 뿐 여전히 전통 수학이 활개 치던 시대였다.

둘째, 갑오경장(1894)부터 한일병합(1910)까지이다. 1894년은 한반도 근대화 작업의 과정에서 야기된 밝고 어두운 두 개의 면이 격동하는 상징적인 해였다. 동학 농민 운동이 일어나고 청나라와 일본의 군대가 정부군의 원병으로 파견되면서, 끝내 조선에서 청일전쟁이 일어났다. 갑신정변(1884)을 주도한 개화당의 지도자 김옥균이 상해 망명지에서 암살된 것도 이 해이다. 한편으로는 갑오경장의 근대화 선언에 의해 왕실과 정부가 분리되는 근대식 정부 조직이 발족했다. 종래의 과거제도가 폐지되고 재판소가 창설되었다. 재판권의 독립은 그때까지 혼동되었던 사법권과 행정권의 분리를 뜻한다. 노예의 해방, 그리고 신분제의 철폐가 법제화되었다.

갑오경장에서는 양력을 선택하였다. 이것은 과학사 입장에서 보면 매우 중대한 사건이다. 중국에서는 이보다 18년 후인 1912년에 양력을 실시했다. 전통적인 이데올로기의 직접적 소산이자 그것과 항상 밀착해 온 역제는 정부 조직 속에서도 가장 확고한 위치에 있었다. 이러한 기본제도를 무너뜨린 탈전통의 일대 전환이 종주국인 중국보다 먼저 행해졌다는 것은 중국 문화에 대한 예속에서 벗어나 스스로 세계 사조에 대처하겠다는 결의를 나타낸 것으로 보인다. 이 '후기'는 일반 과학에 대한 관심이 드높아졌다는 점에서 주목할 만하지만, 기술로부터 과학으로의 관심의 이행은 주로 교육의 측면에 해당하는 것이고, 또 과학이라고 해도 사실은 수학에 국한되어 있었다.

1895년(고종 32년)부터 실시되기 시작한 새 제도에 의한 학교 교육 속에 산술(또는 수학)의 내용은 전면 유럽식으로 개편되었다.[3] 산학은 이제 한국 수학사에서 영영 모습을 감추었다. 새로 제정된 소학교령 (1895.7.25)에 의하면 심상과(尋常科) 3개년 동안의 이수 과목은 수신·독서·작문·습자·산술·체조이며 고등과 2개년 동안의 이수 과목은 이 과목들 외에 본국지리·역사·외국지리·이과·도화 등이다. 이 중 산술 교육의 목표 및 내용에 관해서는 다음과 같이 규정하고 있다.

　　일용 계산을 익히고 동시에 사상을 정밀히 하고, 유익한 지식을 주는 것을 요지로 삼는다.

　　심상과에서는 처음에 10 이하의 수에서 시작하여 만 이내의 범위에서 가감승제와 통상 소수를 교수하는 것이 좋다. 심상과에서는 필산과 주산을 행하지만 그 병용은 지역의 사정에 의해서 정한다.

　　고등과에서는 필산과 주산을 병용하고 주산은 가감승제의 연습, 그리고 필산에서는 도량형·화폐·시각에 관한 계산 문제로부터 점진하여 간단한 비례 문제와 통상의 분수 및 소수를 교수하지만 수업 연한에 따라 더 복잡한 비례 문제까지 취급하여도 좋다.

　　산술의 교수는 이해력을 정밀히 하고 운산에 익숙하여 그것을 자유로이 응용할 수 있도록 힘쓰고, 또 정확한 말로 운산의 방법과 이유를 설명하고, 겸하여 암산에도 숙달하게 함을 요한다.

한국 수학사상 이때 비로소 필산과 주산이 교육기관을 통해 널리 보급되기 시작하였다는 사실에 주목하자. 그리고 필산은 이전에도 교수되고 있었으나 주산의 지도는 전혀 없었을 것이라는 점까지도 말이다. 왜냐하면 여기에서 주산이 등장한 것은 일본 교육제도의 모방에서 얻은 부산물에 지나지 않고, 외국인이 경영한 이화학당은 물론 전통적인 산학과 유럽 수학을 아울러 가르친 육영공원(育英公院) 등의 수학 교육과정에 주산이 낄 여지가 없었기 때문이다.

또 같은 해에 전통적으로 유학 교육의 본산이었던 성균관도 새로운 시대에 맞게 교육과정을 개편하고, 이수 과목 중에 새로 작문·역사·지리·산술 등을 보충하였다. 사범학교(1895년 설립)와 중학교 (1899)에서는 수학이라는 이름으로 산술 이외에 대수와 기하를 가르쳤다. 예를 들면 사범학교 본과의 수학 교육과정 및 수업 시간 수는 다음 표와 같다. 대수에서는 등차 및 등비 급수, 기하의 영역에서는 삼각형의 합동·닮음·부채꼴의 넓이 공식, 그리고 입방체·삼각뿔·원뿔 등 공간도형의 명칭과 부피에 관한 셈을 가르쳤다.

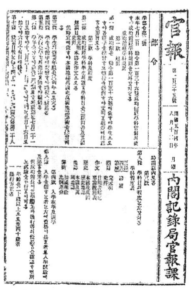

성균관의 교육과정 개편에 관한 「관보」

사범학교 본과에서의 수학 교육과정 및 수업시간 수

주당 시간 수	1학년	주당 시간 수	2학년	주당 시간 수	3학년
3	정수 분수 소수	3	전(前) 학년 의 계속 및 비례백분산	4	대수 · 기하의 초보
(총 시간 수 34)		(총 시간 수 34)		(총 시간 수 34)	

    한국인의 손으로 처음 세운 근대적인 사립 교육기관인 흥화학교 (1895)는 심상과 · 특별과 · 양지과 세 과정을 두고 영어와 일본어 외에 측량술을 전공으로 가르쳤다는 점이 이색적이다. 당시 여전히 해결되지 못한 채 있었던 경지의 정밀 측량이 선각자의 눈에 얼마나 절실한 문제로 보였는지를 단적으로 나타내는 예이다.

    고종 42년(1905), 이른바 '을사늑약' 이후의 교육 개혁은 식민지 정책을 위한 준비 작업의 하나였다는 의미에서 이 개혁을 한국의 독자적인 것이라고 하기는 어렵다. 그러니 이 기간의 수학 교육은 별 의미가 없다.

    당시 쏟아져 나온 많은 수학책(대부분이 교과서) 중[4] 현재 남아 있는 몇 권의 책을 통해서 개화기 말의 수학 및 수학관을 더듬어 보기로 하자.

2. 개화기 말의 수학 및 수학관

대표적 수학책과 수학관

『정선산학』[5]

일본에서 엮어진 유럽계 신수학을 재차 편
집한 『정선산학(精選算學)』(광무 4년, 1900)[6]
은 계산의 사칙·정수의 성질·분수·소
수·명수를 기초편으로 하여 기하·삼각
법·측량까지를 다루고 있다. 편자가 미
리 밝힌 바와 같이 내용은 초보적인 수준
에 그치고 있지만, 수학책으로서의 형식에
몇 군데 주목을 끄는 대목이 있다. 양산(洋

『정선산학』 표지

算)을 전면에 도입하고 있는데도 전통적인 수학관이 여전히 그 뿌리를 남기고 있다는 점이 바로 그것이다. 이 책의 제목부터가 '수학'이 아니라 '산학'[7]이며, 서술 형식에서도 숫자만을 가로쓰기로 나타냈을 뿐 나머지는 모두 세로쓰기이다. 일본은 이미 1880년 대에 가로쓰기가 실시되었기 때문에 이 책의 편자가 참고로 한 수학책은 당연히 새 스타일의 것이었는데도 전통적인 세로쓰기를 고집하고 있다. 편자의 입장에서는 숫자의 표기를 가로쓰기로 나타내는 것만 해도 큰 용단이었던 것 같다.[8] 구구 팔십일부터 시작하는 곱셈 구구도 그러한 고집의 하나이다. 게다가 순한문체로 된 서문에 전통적인 수학관이 이미 거리낌 없이 피력되어 있다.

「승산구구 정선주산」(상)

수학은 문예의 하나로서, 옛 성인이 필수 학문으로 정한 바 있다.[9]

『산술신서』

세로쓰기라는 동양의 전통적인 관습을 무릅쓰고, 실제 편의를 위해 서양식 표기법을 대담하게 도입한 책이 『산술신서(算術新書)』(광무 4년, 1900)였다.[10] 그러나 이 책이 원서인 『근세산술(近世算術)』[11]의 가로쓰

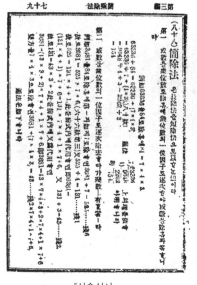

『산술신서』　　　　　　　　『근세산술』

기 방식을 전적으로 따르기에는 아직 시간이 필요했다. 그러나 앞에서 소개한 『정선산학』에 비하면 해법의 과정이 수식을 포함해서 모두 가로쓰기로 되어 있다. 이것은 그만큼 유럽식에 접근했다는 의미이다.

가로쓰기를 시도한 것은 비단 시각상의 습관에 대한 도전으로 끝나지 않고 형식 면에서도 유럽 수학을 본받겠다는 적극적인 의지의 반영이었다. 이후 새로운 수학에서 가로쓰기 경향은 더욱 뚜렷해진다. 그러나 한편에서는 전통 수학의 바탕 위에서 외래의 새 지식을 흡수하려는 주체 의식이 강하게 작용하고 있었다. 다시 말해 수학을 한낱 기술(잡학)로 파악하는 전통적인 수학관이 집요하게 존재하고

있었던 것이다.[12]

『신정산술』

『신정산술(新訂算術)』(광무 5년, 1901)은 1895년 소학교령으로 엮인 심
상과(3년 과정)용 교과서이다. 학년당 한 권씩으로 되어 있다. 처음에
아라비아식 기수법에 관한 설명이 있고 이어서 정수(자연수)의 계산
사칙과 그 응용을 다루고 있다. 비록 외국 교과서를 본뜬 편집이기
는 하지만 그런대로 한국의 현실에 적응시키려는 의도가 역력히 드
러나 보인다. 가령 책 내용의 대부분을 차지한 응용문제[雜題]는 되
도록 한국의 실정에 맞는 소재로 꾸미려고 노력했다.

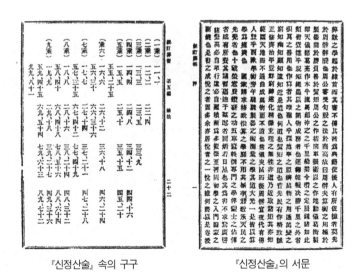

『신정산술』 속의 구구   『신정산술』의 서문

어떤 곳에 6등전이 있는데 1등전은 8만 2,510결이요.

2등전은 6만 5,789결이요. 3등전은 5만 9,400결이요.

4등전은 4만 8,923결이요. 5등전은 4만 1,778결이고,

6등전은 3만 969결이니 총 결수가 얼마인가?(『신정산술』 제2편)

경성에 거주하는 외국인을 근년 조사에 처한즉, 일본인이 1,628

명이요, 청나라인이 1,273명이요, 미국인이 95명이요, 러시아인이

57명이요, 영국인이 37명이요, 프랑스인이 28명이니 총 몇 명인

가?(『산정산술』 제2편)

광무 원년 세출 예산표를 보니, 황실비가 56만 원이요, 의정부소

관이 2만 5,636원이요, 외부소관이 7만 8,718원이요, 내부소관이

118만 468원이요, 도지부소관이 87만 8,195원이요, 군부소관이

97만 9,597원이요, 법부소관이 3만 7,815원이요, 학부소관이 7만

6,778원이요, 농상공부소관이 15만 404원이니 세출 총계가 얼마

인가?(『산정산술』 제2편)

이러한 예제는 당시 사회 사정을 알려 주는 자료이다. 서문에서
볼 수 있듯이, 여전히 전통적인 수학관이 기조를 이루고 있다. 유럽
식의 새 산수 교과서에까지 이렇게 옛날 방식의 수리 사상을 서슴없
이 내걸고 있는 것은 주체성이 앙양될 때마다 고전적인 정통주의로
복귀하는 한국적인 특수 상황 탓도 있다.

『산학신편』

대한예수교 발행인 중학 교과과정용 번역판 교과서는 한글 전용에
전면 가로쓰기 형식을 취하고 있다. 내용은 도량형·시제·순환소
수·비례산·백분율·세금(국세·지방세·토지세·관세·주세·소득세)·
제곱근(평방근) 및 입방근·등차급수 및 등비급수·면적 체적의 계
산·평면 기하 등이다. 미국 교과서를 바탕으로 엮은 것이니만큼 설
명하는 말에도 영어의 영향이 있지만, 도량형의 단위 등에는 한국적
인 실정을 반영하였다.

첫머리에 실린 다음 설명은 『산학신편(算學新編)』(융희 1년, 1907)의
성격을 단적으로 말해 준다.

> 산학(算學, Arithmetic)이라 ㅎ는 거슨 수를 일흠 짓는 법과 회계
> ㅎ는 것과 일용 싱업ㅎ는 것과 지식을 발달ㅎ는디 대단히 요긴흔
> 학문이니라.[13]

수학의 실제적 구실을 일상 생활에 필요한 셈의 지식, 그리고 기
껏해야 회계상의 계산 기술에 국한시킨다는 점에서 이 책은 전통적
인 유형의 하나인 실용 수학(『상명산법』과 같은)의 교재이다. 이 책에
서 처음으로 지금과 같은 곱셈 구구표를 볼 수 있는데, 12단까지 실
려 있다는 점이 이색적이다.

『산학통편』

머리글 없이 바로 본론으로 들어가는 『산학통편(算學通編)』(융희 2년, 1908)은 정수의 성질·분수·소수·제등수(척량법·두량법·중량법·화폐·시간·도수 등)·비례·백분산·개방(개립)·급수(등차·등비)·구적 등의 내용을 담고 있다. 가로쓰기와 세로쓰기를 병용하였으나 앞에서 본 『산술신서』에 비해서는 가로쓰기를 많이 하고 있다. 그러나 자세히 살펴보면 증명법을 도외시하는 종래의 계산 수학이 여전히 그 배경에 깔려 있다. 기하학에 해당하는 '구적(求積)'(제11편)에서

구적(求積)은 물(物)의 장단(長短) 광협(廣狹) 후박(厚薄) 대소를 측(測) ᄒᆞᄂᆞᆫ 산법이니 백가일용에 급(急)혼바 됨으로 통례산서(通例算

『산학신편』 고등

『산학신편』 상

書)에 기(記)ᄒᆞ얏스나 기하학을 연구ᄒᆞᆫ 후가 아니면 산리(算理)를 해(解)키 난(難)ᄒᆞᆫ 처(處)가 다(多)ᄒᆞᆫ 고로 此篇에ᄂᆞᆫ 단(但)히 일용에 급ᄒᆞᆫ 산법을 기ᄒᆞ야 강습(講習)케 ᄒᆞᆫ 자(煮)(제232조)

구적정리ᄂᆞᆫ 적(積)을 구ᄒᆞᆯ 시에 원정(原定)ᄒᆞᆫ 진리를 해석ᄒᆞᆫ 자이니 其설명ᄒᆞᆷ에ᄂᆞᆫ 기하학이 아니면 완전키 난(難)ᄒᆞᆫ 고로 산리(算理)가 심원(深遠)ᄒᆞ야 해(解)키 난(難)ᄒᆞᆫ 처(處)ᄂᆞᆫ 설명을 생략(省略)ᄒᆞᆷ (제252조)

이라는 전제 아래, 가령

제형(梯形)의 중분선(中分線)은 대두(大頭)와 소두(小頭)의 화(和) $\frac{1}{2}$ 과 등(等)ᄒᆞᆷ

을 증명 없이 싣고 있다. 이 책은

제1조 수지관념(數之觀念)이란 거슨 등종물(等種物)의 취집(聚集)ᄒᆞᆷ 을 인(因)ᄒᆞ야 인기(引起)ᄒᆞᄂᆞᆫ 자(者)

라는 수의 정의에서 시작하고 있으나 실은 저자 자신도 이 유럽 근대 집합수의 개념을 파악하지 못한 것으로 보인다. 곱셈 구구는 옛법대로 구의 단으로부터 시작하고 있다.

『초등산술교과서』

국한문 혼용, 완전 가로쓰기인 『초
등산술교과서(初等算術敎科書)』(융희 2
년, 1908)는 일본에서 인쇄된[14] 양장
본이다.

저자 유일선(柳一宣)의 서문은

『초등산술교과서』 상권

> 사물이 있으면 수가 있고, 수가 있
> 으면 이치가 있으니 ……
> (物이 有ᄒ면 數가 有ᄒ고 數가 有
> ᄒ면 理가 有ᄒ니 ……)

라는 전통적인 수리관을 부연하는 것부터 시작하여

> 수학(數學)은 뇌수(腦髓)의 체조과(體操科)오 논리(論理)의 등명대(燈
> 明臺)라 …… 산학(算學)은 그 원리(原理)의 시작 단계(初階)오 그
> 분과(分科)의 일문(一門)이라, 뇌수를 연마(鍊磨)커든 이 단계(此階)
> 에 선등(先登)홀지며 논리(論理)를 분석(分析)커든 차문(此門)을 필
> 규(必窺)홀지라, …… 단(但), 본서(本書)는 수학 정도의 분류로 초
> 등산술이라 명칭ᄒ여스나 중학과에 적용케 ᄒ며 독학자에 편습(便
> 習)케 홈이라.

즉, 논리적 사고와 두뇌 단련에 수학 공부가 유익하다는 점을 강조한다. 또한 지금과 같은 구구표를 내걸면서 그 이유를 다음과 같이 설명하고 있다.

> 此(종래의) 구구법은 이론이 불확실한 결점도 유(有)ᄒ며 차서(次序)가 불일(不一)ᄒ 사(事)도 유(有)ᄒ여 초학자(初學者)가 능(能)히 근본적 사상으로 요해(了解)키 난(難)ᄒ 고로 왕석희랍(往昔希臘) 皮多古婁斯(피타고라스)란 유명한 수학자가 작출(作出)ᄒ 구구표를 자(玆)에 기(記)ᄒ이라.

피타고라스가 구구표를 만들었다는 이야기는 금시초문이지만, 구구표의 형식을 바꾸는 데도 이처럼 장황한 설명이 필요했다는 것은 뒤집어 말하자면 당시 수학계에 여전히 전통적인 색채가 짙게 깔려 있었음을 뜻한다. 내용은 간단한 정수의 사칙·분수·배수·약수 등에 관해서 독학자도 이해할 수 있도록 아주 친절하게 풀이하였다.[15] 정리사(精理舍)라는 출판사를 경영했던 유일선은 이 책을 비롯하여 한국 최초로 수학 잡지도 발간하였다.[16] 현재도 우리나라에는 수학 잡지가 하나도 없는데 당시에 수학 잡지를 발간한 것은 유일선이 그야말로 용기 있는 근대정신의 실천가였음을 말해주는 것이다.

개화기의 수학 및 수학 교육은 한결같이 유럽 수학을 지향하였다는 점이 특징이다. 그리고 표면적으로는 전통적인 산학이 갑자기 사라진 것으로 되어 있다. 그렇다면 1890년 무렵까지 국가에서 정식으로 양성하였던 중인 산사의 행방은 어떻게 된 것일까. 그리고 그토록 많이 배출된 새 수학 담당자[17]의 정체는 과연 무엇이었을까. 그러나 다음 사실만은 틀림없을 것이다. 즉, 신체제로 바뀌었을망정 정부 관서 내의 회계 사무는 여전히 중인 산사의 손에 쥐어져 있었고, 따라서 구식 산법은 계속 사용되었을 것이다. 그 외 신식 학교의 수학 교사직(옛날의 훈도)도 중인 산사들이 차지했을 가능성이 크다. 어쨌든 수학을 전문으로 다룬 사람은 그들 이외에는 존재하지 않았기 때문이다. 일제 강점기의 고등교육 기관의 수학 전문과정으로는 1917년에 설치된 연희전문학교의 수물과(數物科)가 유일하다. 이는 정부가 중인 산사를 대신하는 수학 교사의 양성에 특별히 힘을 쓰지 않았다는 것을 시사한다.

여기에서 개화기 수학 붐의 허실을 엿볼 수 있다. 서양 수학의 도입은 전통 수학의 소멸도 아니고 또 양자의 합류도 아니었다. 적어도 당분간은 그랬다. 이 외래의 신지식에 대한 반응은 서양의 이기에 대한 호기심에서 비롯된 것이며, 따라서 다분히 피상적이었다. 다시 말하면 당시의 수학은 본질적으로는 전통의 틀 안에서 벗어나지 못했다. 이 새 수학 시대의 실상을 살펴보자.

우선 당시 새 제도 하에서 나온 수학책의 대표라고 할 수 있는 『산학통편』[18] 중 "산리(算理)가 심오하여 이해하기 어려운 대목은 설명을 생략한다."는 구절이 있다. 이 솔직한 태도에는 이유가 있다. 수학의 체계적인 이론이라는 것은 전통 한국 수학의 입장에서는 본질적인 과제가 아니었다. 따라서 이 방면으로 무지하다고 해도 그것이 수학자에게는 그다지 수치스러운 일은 아니었다. 이론보다 중요한 것은 구체적인 계산 문제를 푸는 것이었다. 그러니 당연히 정리를 증명하는 것보다도 공식집을 암송(가결)하는 것에 중점을 둘 수밖에 없었다.

다음에 지적할 수 있는 것은 수학의 지식이 실제로는 기술로서 충분히 활용되지 않았다는 점이다. 이에 대해서는 측량 기술의 문제가 가장 좋은 예가 된다. 광무 2년(1898)부터 광무 8년까지 양전사업을 전담한 '양지아문'에서는 미국인 기사 레오 크럼[R. E. Leo Krum(한국명 거렴(巨廉)]을 주임기사로 초빙하고 그 지휘 아래

기술보 십원이내(十員以內) 및 학도 기원을 선용[19]

하고 그 견습생 규칙[20]으로

······ 양지사무(量地事務)를 견습(見習)케 ᄒᆞ디 산술(算術) 혹 외국어(外國語)에 난숙(爛熟)ᄒᆞᆫ 자(者)롤 필요(必要)ᄒᆞᆫ 사(事).
산술기술(算術技術)과 일체응행(一切應行)ᄒᆞᆯ 사무(事務)ᄂᆞᆫ 실지(實地)에 답행(踏行)ᄒᆞ야 이목문견(耳目聞見)으로 학식(學識)을 확충(擴充)할 사(事)

를 제시하는 등 비록 늦었지만 그래도 외국의 선진 기술을 습득하는 것에 대단한 열의를 보였다. 그러나 이른바 삼정(三政)의 문란이라고 알려진 전제(田制)의 폐단으로 인해 농지 측량 문제도 결국 성과 없이 끝나고 말았다. 종래 측량 기술자는 중인 산사가 아닌 지방의 관리였다는 것을 생각해 보면, 이 달갑지 않은 사업에 한국인 보조원들이 얼마나 의욕을 보였는지 알 만하다.

그다음 세 번째로 수학의 대중화 문제가 있다. 1908년(융희 2년)에는 전국 5,000개 학교에 20만 명의 학생을 수용하였다는 통계를[21] 그대로 따른다면, 당시 몇 십만 명의 한국인이 일단 그 내용이나 수준은 접어두고라도, 어쨌든 수학 교육을 받았다는 이야기가 된다. 그렇다고 해서 새 수학이 급속도로 보급되어서 전통 수학의 저항을 무력한 것으로 만들었을 것이라고 속단해서는 안 된다. 사실 과거의 수학은 특수층에만 뿌리를 내리고 있었을 뿐, 저변으로 확대하려는 시도조차 없었다. 그리고 신식 학교 교육이 보급된 이후에도 일반적으로는 여전히 수학에 무관심하였다. 예를 들어서 거의 모든 마을에 있었던 서당에서는 그 전처럼 여전히 셈의 지식은 전혀 가르치지 않았다. 학교의 수학 교육이 얼만큼의 효과를 거두었는지는 역시 의문이다. 1914년 발행된 잡지 「청춘(靑春)」 제1호에서 한국이 낳은 수학의 제1인자라고 하여 『산학계몽』을 복간한 데 지나지 않은 김시진의 이름을 꼽은 것도 이에 대한 반증이라고 할 수 있다. 이는 역사에 대한 무지라기보다는 수학에 관한 상식 자체가 없기 때문이라고 할 수 있다.

근대의 물결이 직접 밀어닥친 개화기 한국의 수학은 백과사전파의 아마추어 취미의 대상에서 벗어나 비로소 과학으로 인식되기 시작하기는 했다. 그리고 아주 당연한 일이지만, 이전의 형이상학적인 수론(數論)이나 관료 조직 속에서만 겨우 제 구실을 한 어용 기술로서의 실용 수학 외에도 한국 수학이 또 다른 가능성을 충분히 지니고 있음을 자각한 것이 이 시기 수학이 거둔 수확이라고 할 수 있다.

이른바 수학적 천분(天分)을 민족성에 결부시키려는 것은 일종의 미신에 지나지 않는다. 다만 전근대적 환경인 중세적인 지배 체제라든지 사회제도, 관습, 그리고 이러한 하부구조 위에 세워진 '인문 중시 = 과학 기술의 천시'라는 가치관의 압력이 의식구조를 어떤 한 방향으로 이끌고, 이 때문에 수학의 부재가 마치 본래적인 국민성 탓인 양 잘못 보일 뿐이다. 물론 환경적인 장애 요인이 제거된 후에도 그동안 기질화되다시피 한 사고의 방향을 돌리려면 많은 시간이 필요하다. 그러나 그 틈을 주지 않고 몰아닥친 한일병합과 식민지화라는 민족의 극한 상황은, 한국인을 편안하게 수학 따위와 씨름이나 하도록 내버려두지 않았다. 엘리트들의 관심은 다시 정치로 향하게 된 것이다. 인문 중심의 전통은 이래서 아무런 상처를 입지 않고도 고스란히 살아남은 셈이 되었다.

후 기

한국 수학의 전통이 항상 중국이라는 우산 밑에서 전개되었음에도 불구하고, 한국 수학이 중국을 그대로 모방한 것이 아니라 나름대로 의식적인 한국화를 이루었다는 것은 사실이다. 다음 기사는 그러한 예를 보여준다.

> 구제(舊制)에는 본학[本學, 산학(算學)]의 생도(生徒)는 내외 십육파 (內外十六派)의 산적(算籍, 산술책)에 모두 정통한 후 비로소 입학을 허락하였으나, 영조 경진(庚辰, 36년, 1760)에 호조판서 홍봉한의 건의에 따라 다음과 같이 분류하였다. 즉, 열 여섯 파 중 열 두 파 에 통달한 자를 추천하고 시험에 세 번 실패한 자는 천거에서 제 외시킨다.[1]

여기에서 '파(派)'란 '유파(流派)'가 아니라 '종류'라고 봐야 한다. 이것은 곧 '내외 16파'란 한국 산학자가 저술한 산서도 교과서로 사용되었음을 가리킨다.

그렇다면 한국화 지향이 꾸준히 추진되고, 사실 실현 가능성이 몇 번이고 있었음에도 불구하고 왜 끝내 중국 수학의 전통을 끊고 독자 적인 수학을 형성할 수는 없었을까. 이 의문 자체가 매우 심각하기 때문에 해답도 쉽지 않다. 그러나 현상적으로는 몇 가지 이유를 꼽아볼 수 있다. 우선 문자와의 관계이다. 세종이 만든 한글은 하나의 사건으로 끝나버렸고, 그 후에도 한자 문화는 계속 절대적인 힘을 발휘했다. 만약 한글이 정식 문자로 두루 사용되었더라면 사정은 크게 달라졌을 것이다. 한글의 사용은 한자 문화와 유착한 전통적인 유학 이데올로기, 그리고 그 배후에 있는 역학(易學)이라든지 음양오행 등의 관념에서 탈출할 가능성을 열어 주기 때문이다. 문자와 사고의 관계를 새삼스럽게 따질 필요는 없지만, 어쨌든 한글은 한자와 다른 사고 방식을 만들었을 것이다. 일본의 와산이 중국의 전통에 사로잡히지 않았던 것도 일본 독자의 '가나(假名)' 문자 사용과 큰 관련이 있다. 한국에도 개화기의 수학이 그런대로 유럽적인 형태로 이행하는 탄력성을 보인 것이 국한문의 혼용과 동시에 일어난 현상이었다는 것을 간과해서는 안 된다.

	한국	일본
수요 면에서의 성격	관학	민간 수학
수학자의 교양적 배경	유학적 교양	관계 없음
이데올로기의 지배	형이상적 수리 사상	관계 없음
공동체의 형성	거의 없음	유파의 형성
일반에 보급	없음	데라고야(寺小屋)에서 교육
실천적인 면	실천적 기술(잡학)	지적 유희(無用之用)

그러나 이러한 '만일'이라는 가정이 성립한다고 해서 한국 수학이 종래의 편향을 벗어나서 곧장 세계 수학의 흐름을 따라 발전했을 것이라고 말할 생각은 조금도 없다. 수학은 문화의 구성요소 중 하

나로 문화 전체와의 복잡한 상호 규정 속에서 그 존재 양식이 형성된다. 한마디로 동양 수학이라고 해도, 주변 사정이 다른 한국과 일본의 수학을 비교할 때, 배경을 이루는 문화를 도외시하고 수학의 내부적 발전만을 문제 삼는 것은 무의미한 일인 것이다.

지금은 수학이 하나이다. 이제는 동양인들도 유럽의 전통 속에서 성장한 수학에 익숙해져 있고, 이 '과학의 여왕'을 이미 과거 속에 장사 지낸 동양 수학의 옛모습과 새삼 견주어 본다는 것은 쑥스러운 느낌이 들 정도이다. 세계 공동의 광장을 바탕으로 하나의 수학이 계속 발전하리라는 것을 의심하는 일은, 이를테면 아라비아 숫자를 폐지하고 일부러 불편한 한자 숫자나 예전의 로마 숫자로 돌아갈지 모른다는 식의 기우에 비유할 만하다. 앞으로 당분간은 세계 수학의 외형이 유지될 것은 확실하다. 한국 역시 식민지 시대의 불모 상태에 종지부를 찍은 1945년 이후, 꾸준하게 세계 수학에 접근했고, 이제는 세계 수학에 상당히 기여를 할 만큼 성장하였다. 그리고 유럽적인 발전관 위에 서서 한국 수학의 장래를 점치는 것이 당연한 일처럼 여겨진다. 그러나 이것이 유럽계 수학이 동양 세계에 정착했음을 뜻하는 것은 결코 아니다.

중국 수학계를 시찰한 일본의 수학자들이 조심스럽게 지적하는, 중국의 응용 수학 일변도의 극히 폭이 좁은 수학 연구 체계[2]는 사실상 중국 수학이 『구장산술』 이래의 전통을 거의 수정하지 않은 채 지내왔음을 보여준다. 그 밖의 과학 정책에 관한 정보를 종합해 보면$^{3)}$, 오히려 유럽과는 다른 독자적인 수학을 의식적으로 추구하고 있다고 느껴질 정도이다. 전통적인 수학관은 한국과 일본에도 여전히 강한 흔적을 남겼다. 이는 "수학이란 무엇이며 또 무엇이어야 하는가."라는 파르메니데스 또는 플라톤 이래 수학에 관한 철학적 반성의 결여인 것이다. 동양의 형이상적 수론은 수학이 아닌 수의 기능에 관한 것이었지, 그 존재성을 따진 것이 아니었다는 사실에 주목할 필요가 있다. 세계 수학의 대열에 끼어 있다고 스스로 자부하는 한국과 일본의 수학계이지만, 수학사라든지 수학 기초론의 문제에 대해서는 두 나라 모두 거의 무관심하다. 이러한 결과주의적인 태도는 일본의 경우 학문의 '무사상성'에서 비롯된 것이지만, 한국에서는 수학을 일종의 기술학으로 간주하는 전통 때문에 철학을 부여하는 것을 거부한다는 실질적인 차이가 있다. 결국 수학의 존재 양식의 문제는 의식의 구조와 관련된다.

앞으로도 상당 기간 동양 삼국의 수학은 내면적으로는 유럽식의 과학(Science, Wissenschaft)과는 거리가 먼 사상 체계 위에서 제각각의 방향으로 나아갈 것이다. 그리고 갈수록 이 간격은 더 벌어질 것이다. 한국 수학 교육의 현실에서 이 조짐을 뚜렷하게 지적할 수 있다. 입시 위주인 중고등학교의 현실은 접어두고라도, 초등학교의 산수 교육에서 결과보다 과정을 중시하는 것은 큰 문제이다.

이 책은 한국 수학의 흐름을 개괄적으로 설명하는 취지로 쓰인 것이므로 수학의 풍토적 배경, 사상 일반과 수학적 사고와의 관계, 중인 수학, 민간의 계산, 동양 삼국의 수학 비교, 산서의 분석 등은 깊이 파헤치지 않았다. 이 문제들에 관해서는 다음 책에서 차분히 다루어 볼 생각이다.

주

제1장 동양 수학의 전통과 한국 수학의 특징

1) 회하(淮河) : 중국 허난성 동백산에서 발원하여 안후이성·장쑤성을 거쳐 황하로 흘러드는 강.

2) 치수(治水) : 하천·호수 등의 범람을 막고, 관개용 물의 편리를 꾀함.

3) 천원지방(天圓地方) : 하늘은 둥글고 땅은 네모지다는 옛날 중국 사람들의 우주관. 중국 진나라 때의 『여씨춘추전(呂氏春秋傳)』에 나오는 말이다.

4) 음양(陰陽) : 천지 만물을 만들어 내는 상반하는 두 가지 기운, 곧 음과 양.

5) 오행(五行) : 우주 간에 운행하는 금(金)·목(木)·수(水)·화(火)·토(土)의 다섯 가지의 원기(元氣). 오행 상생(相生)과 오행 상극(相剋)의 이치로 우주 만물을 지배한다 함.

6) 역수(歷數) : 왕조가 유지된 연수.
  역수(曆數) : 천문 운행을 정하는 수.
  역수 사상 : 왕조 교체 등 중요한 역사적 현상이 천문에 의해 결정된다고 보는 사상.

7) 악률(樂律) : 음을 높낮이에 따라 이론적으로 정돈한 체계.

8) 몬순지대(monsoon 地帶) : 계절풍이 부는 지대. 약 반년을 주기로 겨울에는 대륙에서 대양으로, 여름에는 대양에서 대륙으로 바람의 방향이 바뀌는 대륙 변두리 지대.

9) 田邊尙雄, 『朝鮮音樂調查旅行』, 音樂の友社.

10) 천수답(天水畓) : 빗물을 이용하여 경작하는 논. 천둥지기.

11) 관개(灌漑) : 농사를 짓는 데 필요한 물을 논밭에 댐.

12) 기간산업(基幹産業) : 한 나라의 산업의 바탕이 되는 중요 산업.

13) J. Needham, *The Grand Titration: Science and Society in East and West*, George Allen & Union Ltd., 1969.

14) 최호진, 『근대조선경제사』, p.89.

15) 역서(曆書) : 혹은 책력(冊曆). 천체를 관측하여 해와 달의 운행과 절기 따위를 적은 책.

16) "行三覆私曆罪人李同伊, 殺獄罪人李彝永, 禁中拔劍罪人朴重根, 特命減死定配"(『正祖實錄』, 卷四, 元年 十一月丙戌) : "삼복(三覆)을 거행하여, 책력(冊曆)을 사조(私造)한 죄인 이동이(李同伊) · 살인 죄인 이이영(李彝永)과 금중(禁中 : 궁궐의 안)에서 칼을 뽑은 죄인 박중근(朴重根)을 특별히 사형을 감하여 정배(定配 : 유배)하도록 명하였다."(1777, 정조 1년, 11월 24일, 병술일 첫 번째 기사).

17) 대수적 방법 : 대수학(代數學), 숫자 대신에 문자를 기호로 사용하여 수의 성질이나 관계 따위를 연구하는 학문.

18) 천명사상(天命思想) : 하늘의 뜻에 따르는 사상.

19) 상고주의(尙古主義) : 옛 문물을 귀하게 여기는 사상.

20) 존재론(存在論) : 존재 그 자체 또는 가장 근본적이고 보편적인 규정에 관한 학문.

21) 생성론(生成論) : 사물이 생겨나는 것, 생겨서 이루어지게 하는 것, 변하여 다른 것이 되는 것에 대한 학문.

22) 小倉金之助, 『數學史研究』, 제2집.

23) 점찬술(點竄術) : 예전에 일본에서 발달하였던, 지금의 대수 방정식과 비슷한 계산 방법.

24) 고답적(高踏的) : 속세에 초연하여 현실과 동떨어진 것을 고상하게 여김.

제2장 한국의 전통적 수리 사상

1) 구장산술(九章算術) : 고대 중국에서 쓰인 최초의 수학책. 저자와 저작 시기는 정확히 알 수 없으나, 선진(先秦) 이래의 유문(遺文)을 모은 것이라고 한다. 주(周) · 진(秦) · 한(漢) 대에 걸친 수학적 연구 결과를 집대성한 책이라는 것이 일반적이다. 이후 중국 수학 발달에서 선구적인 역할을 하였다. 이 책은 후대 수학책의 모델로서, 250여 실용문제는 고대사회경제사의 사료(史料)로서도 그 가치를 인정받는다.

2) 포희씨 : 복희(伏戲 : 伏犧)·복희(宓羲)·포희(庖犧)·복희(虙犧)·포희(炮犧) 등으로 쓰기도 한다. 중국 고대 전설상의 제왕 또는 신이다. 진(陳)에 도읍을 정하고 150년 동안 제왕의 자리에 있었다고 한다. 복희 황제는 3황 5제(三皇五帝) 중 수위에 있어 중국 최고의 제왕으로 친다. '복희'라는 이름은 『역경(易經)』「계사전(繫辭傳)」의 기록이 가장 오래된 것으로, 이 기록에서는 복희가 팔괘(八卦)를 처음 만들고, 그물을 발명하여 어획·수렵의 방법을 가르쳤다고 전한다.

3) 팔괘(八卦) : 역(易)을 구성하는 64괘의 기본이 되는 8개의 도형으로, 건(乾)·태(兌)·이(離)·진(震)·손(巽)·감(坎)·간(艮)·곤(坤)을 말한다. 『사기(史記)』「삼황기(三皇紀)」에 보면, 팔괘는 복희가 천문지리를 관찰해서 만들었다고 전한다.

4) 昔在包犧氏, 始畫八卦, 以通神明知德, 以類萬萬之情, 作九九術, ……．

5) B. Russell, *History of Western Philosophy*, George Allen & Union Ltd.

6) 유명론(唯名論, Nominalism)은 실재하는 것은 개체이며, 보편이라는 추상 개념은 개체로부터 추상된 일반적인 이름에 지나지 않는다고 주장하는 입장. 따라서 수의 존재에 관한 유명론이란 수라고 하는 추상적 존재는 없다는 주장이다.

7) "數者 …… 夫推曆, 生律制器, 規圜矩方權重衡, 平準繩, 嘉量"(『漢書』, 律歷志).

8) "蓋曆起於數, 數者自然之用也, 其用無窮而無所不通"(『唐書』, 卷二, 曆志) : 대개 수는 역법에서 생긴다. 수라는 것은 사람의 힘을 더하지 않고 천연(天然)의 조화(調和)의 힘으로 이루어진 일체(一切)의 것의 기능이 되며, 그것은 그 쓰임이 무궁하여 통하지 않는 곳이 없다.

9) '율력'이란 원래 악률(樂律, 음률에 관한 이론)과 역법(曆法)을 이르는 말인데, 요즘의 천문학을 가리킨다.

10) "律曆之數 天地之道也", 『准南子』, 天文訓.

11) 독단론(獨斷論) : 1. 충분한 근거나 명증(明證) 없이 주장하는 설.
　　　　　　　　 2. 이성만으로 실재(實在)가 인식된다고 주장하는 이론.

12) "知數 卽知物也", 『宋元學案』 卷六七.

13) "物生而後有象, 象而後有滋, 滋而後有數", 『後漢書』, 律曆志.

14) 한서 : 중국 후한(後漢)시대의 역사가 반고(班固)가 저술한 기전체(紀傳體)의 역사

서로, 『전한서(前漢書)』 또는 『서한서(西漢書)』라고도 한다. 『사기(史記)』와 더불어 중국 사학사(史學史)의 대표적인 저작이다.

15) "萬物氣體之數, 天下之能事畢矣", 위의 책.

16) 매개 변수 : 몇 개의 변수 사이에 함수관계를 정하기 위해서 사용되는 또 다른 하나의 변수. 파라미터 또는 보조변수(補助變數)라고도 한다.

17) 역수(易數) : 주역(周易), 계사전(繫辭傳)에 보이는 점서(占筮, 점을 치는 것)의 수(數). 민속에서 음양으로써 길흉화복을 미리 알아내는 술법.

18) "故易曰, 天一, 地二, 天三, 地四, 天五, 地六, 天七, 地八, 天九, 地十"

19) 윤법(閏法) : 윤달을 사용하는 역법.

20) 이 19는 흔히 메톤 주기의 이름으로 알려진 19년 7윤법을 가리킨다.

21) "天地之數 …… 終數爲十九易窮則變故爲閏法"

22) 하늘을 만드는 수 3, 땅을 만드는 수 2를 합한 천지를 만드는 수 5를 10배하여 얻은 수 50.

23) 육효(六爻) : 육효는 역(易)에서, 점괘(占卦)의 여섯 가지 획수를 말한다.

24) 육허(六虛) : 천지와 사방을 통틀어 이르는 말. 곧, 하늘과 땅, 동·서·남·북이다. ≒육합(六合)

25) "其數以易大衍之數五十其用四十九成陽六爻得周遊六虛之象也"

26) 황종관(黃鐘管) : 조선 세종 때, 중국계 아악을 정리하기 위하여 음률의 기본인 십이율을 정하는 척도로서 만들어 쓴, 대나무·구리 따위의 관.

27) 일법(日法) : 해의 움직임에 관한 법.

28) 黃鐘其實一*以其長自乘故八十一爲日法.

29) 오행설의 발생에 관해서는 여러 가지 설이 있다. 그러나 그중에서도 정연(鄭衍)시대 전후, 천체의 다섯 행성에 대한 관측에서 비롯되었다는 추측이 가장 그럴듯하다.

30) 오덕종시설 : 중국 전국(戰國)시대의 추연(騶衍)이 주창한 설(說). 천지개벽 이래 왕조는 오행(五行)의 덕에 의해 흥폐(興廢)하거나 경질(更迭)되며, 그 경질에는 일정한 순서가 있어, 정치가 잘 행해질 때는 서상(瑞祥)이 나타난다고 설명한다. 그

오덕(五德)의 전이(轉移)는, 물은 불과 상극이고, 불은 금(金)과 상극이라는 것과 같은 토목금화수(土木金火水)의 오행상극(五行相剋)의 순서이다. 그리하여 진(秦)을 수덕(水德)으로 하고 그 이전의 4조(朝)를 황제(皇帝 : 土德)·하(夏 : 木德)·은 (殷 : 金德)·주(周 : 火德)로 알맞게 배당하였다. 이것을 오행상극설이라고 한다.

31) 삼황(三皇)의 한 사람인 복회씨가 황하의 용마(龍馬)에서 하도를, 그리고 오제(五帝) 가운데 우제(禹帝)가 치수 사업 중 낙수(洛水, 황하강)의 신비한 거북이[神龜]가 등에 지고 나온 낙서를 얻었다는 전설이 있다.

32) 조선시대, 퇴계 이황이나 율곡 이이의 이기론(理氣論) 형성에 교량적 역할을 담당하였던 서경덕은 벽에 하도를 걸어 넣고 3년 동안 공부하였다고 스스로 술회하였다. "壁上糊烏圖(河圖), 三年下董幃……"

33) TLV경(鏡) : 거울 면에 TLV라는 글자 모양의 무늬가 새겨져 있기 때문에 붙은 이름이다.

34) 백제 무령왕릉의 출토품에는 다섯 신이 그려져 있으나 대개의 경우는 사신(四神)이고, 중앙신인 황룡은 보통 생략되어 있다.

35) 귀부(龜趺) : 거북 모양으로 만든 비석(碑石)의 받침돌. 신라 초기부터 쓰기 시작했는데, 대표적인 것으로는 탑골 공원의 대원각사 터의 비(碑)와 경주 서악의 무열왕릉의 비가 있다.

36) 이십팔수(二十八宿) : 천구(天球)를 황도(黃道)에 따라 스물여덟으로 등분한 구획. 또는 그 구획의 별자리. 동쪽에는 각(角)·항(亢)·저(氐)·방(房)·심(心)·미(尾)·기(箕), 북쪽에는 두(斗)·우(牛)·여(女)·허(虛)·위(危)·실(室)·벽(壁), 서쪽에는 규(奎)·누(婁)·위(胃)·묘(昴)·필(畢)·자(觜)·삼(參), 남쪽에는 정(井)·귀(鬼)·유(柳)·성(星)·장(張)·익(翼)·진(軫)이 있다. ≒경성(經星).

37) 지문 사상(地文思想) : 대지(大地)의 온갖 모양에 대한 사상.

38) 탈레스는 기원전 585년 5월 28일에 일어날 일식을 예언했다. 이때, 리디아와 메디아라는 두 나라가 전쟁 중이었는데, 탈레스의 예언대로 대낮인데도 깜깜해지자 양쪽 군대의 대장은 전쟁으로 신이 화가 난 것이라고 여기고 즉시 싸움을 그쳤다고 한다.

39) 舊扶餘俗, 水旱不調, 五穀不熟, 輒歸咎於王, 或言當易, 或言當殺. (『三國志』, 扶餘傳).

40) 청동기 시대, 원래 부여와 고구려 지역에 분포하고 있던 종족으로, 주로 중국 동부 지역에서 활동하던 부족 중 하나이다.

41) 曉候星害, 豫知年歲豊約. (『三國志』, 濊傳).

42) 飯島忠夫, 「三國史記の日蝕について」, 『東洋學報』 제15권. 1926년 일본의 천문학사학자인 이이지마 다다오는 삼국시대 우리나라에서 기록된 일식은 모두 중국 것을 베껴 넣은 것이라고 주장하는 논문을 썼다. 삼국시대의 역사를 쓰던 김부식은 자료가 워낙 부족했기 때문에 중국 사료를 많이 베껴 넣었는데, 그러는 와중에 한국에서는 일어나지도 않았던 일식을 중국 역사 기록을 보고 그대로 베껴 넣어서 삼국시대의 역사를 더 풍부하게 만들려고 했다는 지적이었다.

43) 이에 대한 반론이 박성래, 『민족과학의 뿌리를 찾아서』, 두산동아, 1991.에 실려 있다.

44) 飯島忠夫, 「三國史記の日蝕について」, 『東洋學報』 제15권.

45) 앞의 글.

46) 앞의 글.

47) 이 견해는 이미 세종 대왕도 지적한 바 있다.

"…… 내가 일찍이 『삼국사략』을 보니, 신라에는 일식이 있었는데 백제에서는 쓰지 아니하였고, 백제에는 일식이 있었는데 신라에서는 쓰지 아니하였다. 어찌 신라에서는 일식이 있었는데 백제에서는 일식이 없었다 하겠는가. 아마도 사관의 기록이 자상한 것과 소략한 것이 다르기 때문인가 한다."

(…… 予嘗觀三國史略有新羅日食而不書百濟 百濟日食而不書新羅 安有日食新羅而不食百濟乎 無乃史官所記有詳略之不同歟)(『世宗實錄』, 6년 11월 4일 條)

48) 이이지마도 『삼국사기』의 엮은이가 『한서(漢書)』·『후한서(後漢書)』·『진서(晉書)』·『송서(宋書)』·『위서(魏書)』·『남제서(南齊書)』·『진서(陳書)』·『주서(周書)』·『구당서(舊唐書)』·『구오대사(舊五代史)』 등을 인용하였다는 전제에서 출발하고 있다.

49) 은력(殷曆) : 중국 한나라 초기에 있던 음양력 역법의 하나. 옛 제왕이나 왕조의
이름을 붙인 여섯 종류로 되어 있으며, 일 년을 365일 6시간으로 한다.

50) 『후한서(後漢書)』, 열전(列傳), 王景傳.

51) "공(工)ㆍ서(書)ㆍ산(算)에 봉한 부도(夫道)라는 사람을 등용했다."(점해왕 5년,
A.D. 251)는 기사의 본뜻은, 한자나 수학에 관한 지식이 당시의 신라 사회에 보급
되어 있었다는 의미가 아니라, 오히려 거꾸로 그와 같은 신지식의 소유자가 가끔
있어서 그에게 문서 기록이나 회계 사무 등 중국식의 행정 처리를 맡게 한 후진
사회였음을 시사하는 것이라고 보아야 한다.

52) 누각(漏刻) : 물시계.

53) 오폴처(Theodor Ritter von Oppolzer, 1841~1886) : 오스트리아의 천문학자. 1887년
빈에서 출간된 그의 저서 『식(蝕)의 법칙(Canon der Finsternisse)』은 기원전 1208
년부터 기원후 2161년까지 8,000회의 일식과 기원전 1207년부터 기원후 2163년까
지 5,200회의 월식에 관한 계산 자료를 포함하고 있어 천문학자 및 연대학자에게
아주 중요한 문헌이다.

54) 원성왕 2년(787)의 일식은 시베리아ㆍ오호츠크 해ㆍ캄차카 반도의 남쪽을 지나 북
태평양에 이르는 개기식(皆旣蝕)이기 때문에 경주에서는 관측할 수 없었다. 이것
은 중국의 통보만을 그대로 적어 놓은 것일까?

55) 애장왕 2년(801)의 기사에는 '五日壬戌朔 日當食不食'이라고 되어 있다. 그렇지
만 『구당서(舊唐書)』나 『신당서(新唐書)』에는 그렇게 기록되어 있지 않다. 역의 계
산상으로는 마땅히 일식이 있어야 할 날인데도 실제로는 그 현상이 일어나지 않
았다는 이 솔직한 표현은 신라 천문관의 정확한 역 계산, 그리고 그 실증을 얻기
위한 성의 있는 관측 활동의 흔적이 엿보인다고 풀이해도 좋을 것이다(그날 사실
은 일식이 일어났다. 관측의 잘못 때문에 실측을 하지 못했던 것 같다).

56) "國初, 始用文字, 時有人記事一百卷, 名曰留記"(나라의 창건 당시부터 문자(漢字)
를 사용하였고, 역사책을 엮어서 『유기(留記)』라고 불렀으며, 그 수는 100권을 헤
아렸다)(『삼국사기』, 卷第二十, 本紀條八).

57) "次大王二十年(165)春正月晦, 日有食之, 三月, 太祖大王薨於別宮, 年百十九歲, 冬

十月, 椽那皂衣明臨答夫因民不忍弑王, 號爲次大王"(차대왕 20년 봄, 정월 그믐에 일식이 있었다. 3월, 태조대왕이 별궁에서 죽었다. 나이가 119세였다. 겨울 10월, 연나조의 명림답부가 백성들이 견디지 못하므로 왕을 죽였다. 왕호를 차대왕이라고 하였다) (『삼국사기』高句麗 本紀, 第三).

58) 태조 64년(116)의 일식은『후한서』오행지에서는 다음과 같이 기록하고 있다. "元初三年三月二日辛亥, 日有食之, …… 사관은 보지 못하고 요동(遼東)으로부터 들어서 알다."

59) 『주서(周書)』, 異域, 百濟條. 또 1971년 공주에서 발굴된 무령왕릉(501~522)의 묘지명(墓誌銘) 중 '…… 癸卯年五月丙戌朔七日 …… 乙巳年八月癸酉朔十二日甲申……' '丙午年十二月 …… 己酉年二月癸未朔 ……' 등의 연월일이 원가력과 일치한다. 무령왕이 양(梁)으로부터 영동대장군(寧東大將軍)의 칭호를 받았고, 묘 내에서 양(梁)의 오수전(五銖錢)이 발굴되었다는 사실에 비추어 볼 때, 양(梁)이 509년(天監 8년)까지 사용한 원가력을 그때까지 계속 채용하고 있었음에 틀림없다.

60) 『일본서기(日本書紀)』에는 '백제신찬(百濟新撰)', '백제기(百濟記)' 등의 이름이 보인다.

61) 592년(위덕왕 39년)의 일식 기사는 '가을 칠월 임신 그믐(秋七月壬申晦)'으로 되어 있으나, 오폴처의 표를 참조하면 원가력으로 '칠월 계유 그믐(七月癸酉晦)'이 맞다『수서(隋書)』에는 역시 '칠월 임신 그믐(七月壬申晦)'으로 되어 있다.

제3장 삼국시대의 수학

1) 율령 정치 : 법률, 즉 율령과 법률을 사용하여 국가를 다스리는 정치 형태. 율령을 기본으로 하여 통치하는 나라를 율령국가라고 하며, 중국 당나라 때에 그 제도가 완성되었으며 그 영향은 동아시아 여러 나라에까지 미쳤다.

2) 철술(綴術) : 원주율의 계산과 무한급수 이론을 다루었던 고대 중국의 수학책. 현존하지 않는다.(조충지(祖沖之) 저(著))

3) 여태까지 아무런 설명도 없이 가끔씩 사용해 왔던 '산학'이라는 낱말에 대해 몇 마디 언급할 필요가 있을 것 같다. 산학은 본래 당나라의 관리 교육제도 속에서

수학을 전문적으로 가르치는 아카데미를 뜻했다. 그러나 나중에는 '산학'이라는 말이 수학 자체를 가리키기도 했다. 이 책에서는 '산학'을 '관료 체제 속에서 다루어진 수학'이라는 정도의 의미로 다룰 것이며, 특히 수학 교육 또는 수학을 가르치는 아카데미의 존재에는 '산학제도'라는 표현을 사용할 것이다.

4) "國初, 始用文字, 時有人記事一百卷, 名曰留記"(『三國史記』卷第二十, 本紀 第八).

5) "人稅布五匹, 穀五石, 遊人卽 三年一稅, 十人共細布一匹, 租, 戶一石, 次七斗, 下五斗 (한 사람이 세금으로 포목 다섯 필과 곡식 다섯 섬을 삼 년에 한 번 세금으로 내고, 10명이 함께 세포 한 필을 내는 것이 조, 호당 한 섬을, 다음에 일곱 두, 그 다음에 다섯 두를 낸다)(『隋書』, 八十一, 『北史』, 卷九十四, 高句麗傳).

6) "賦稅則絹布及粟, 隨其所有„ 量貧富, 差等輸之"(부역으로 명주포 내지는 곡식을, 수도 그러하듯, 가난한 사람을 헤아려 차등적으로 부과한다)(『周書』, 卷四十九, 高句麗傳).

7) 김철준, 『한국고대국가발달사』.

8) 양전에 관해서는, 익사한 왕자의 유해를 발견한 자에게 금 10근과 밭 40경(頃)을 주었다는 기록이 있다("高句麗琉璃王三十七年(A.D.18)夏四月…… 王子如津溺水死 …… 賜祭須金十斤田十頃"). 여기에서 추측해 보건대, 일찍부터 경무법(頃畝法 : 옛날 중국에서 쓰던 토지 측량에 쓴 면적 단위법으로 고구려와 조선 세종 때 한때 토지 측량에 사용하였다)에 의한 전제(田制)가 실시되었음을 간접적으로 알 수 있다.

9) "古爾王二十七年春正月, 置內臣佐平掌宣納事, 內頭佐平掌庫藏事 ……"(『三國史記』, 卷第二十四, 百濟本紀 第二).

10) '規'는 컴퍼스, '矩'는 전척(田尺, 곱자), '準'은 수준기(水準器, 면이 평평한가 아닌가를 재거나 기울기를 조사하는 데 쓰는 기구), '繩'은 먹줄(먹통에 딸린 실줄. 먹을 묻혀 곧게 줄을 치는 데 사용)이다. 이들은 모두 목수의 용구이다.

11) "有文籍, 紀時月如華人"(『新唐書』, 卷二百二十, 列傳, 第一百四十五, 東夷).

12) "用宋立嘉曆, 以建寅月爲歲首"(『周書』, 列傳四十一, 異域 上).

13) 일본의 산학제도에 끼친 영향에 대해서는 『일본서기』에 응신기(應神記)에서 추고기(推古記)까지의 기사가 있음.

14) "百濟 …… 別奉勅貢易博士施德王道良, 曆博士固德王保存"(『日本書紀』, 欽明天皇 15년, A.D. 554).

15) 대보령(大寶令) : 천무 천황기에 재정비된 율령.

16) 杉本動, 『科學史』, 山川出版社, p.30.

17) 隋始置算學博士二人於國庠(수나라에서는 산학박사 두 명을 나라의 향교에 두기 시작했다)(『新唐書』, 職官三).
算學博士二人 算助敎二人 學生八十八 并隷於國學(산학박사 두 명, 도와서 수학을 가르치는 사람 두 명, 학생 여든여덟 명을 국학으로 불렀다)(『隋書』, 百官志).

18) 신라에서는 임금을 '왕' 이라 하지 않고 다른 표현을 사용하였다. '이사금' 은 제3 대 유리왕(儒理王) 때부터 사용하다가 마립간으로 변경되었다. 이질금(尼叱今 : 爾 叱今) · 치질금(齒叱今)이라고도 한다. 대체로 제17대 내물(奈勿)에서 22대 지증까 지 여섯 명의 임금을 마립간이라 하였다.

19) "漢祇部人夫道者 家貧無諂 工書算 著名於時 王徵之爲阿湌 委以物藏庫事務"(『三國 史記』新羅本紀 二, 沾解尼師今五年).

20) 백남운, 『조선사회경제사』, 改造社, p.380.

21) 국자학(國子學) : 당나라의 대학. 주 목적은 관리의 양성이었다.

22) 이것을 보면 국가에서 수학 교육에 큰 비중을 두고 있는 듯하지만, 실제로 이러 한 학교제도가 제대로 운영되었는지는 극히 의심스럽다.

23) 이때의 역은 수나라의 황극력(皇極曆)이었을 것이라는 추측이 있다.
"劉焯增 修六書, 名皇極曆, 蓋推古十年當隋開皇二十二年, 勸勒貢曆, 豈非皇極曆耶" (『通證』).

24) 藤原松三郎, 『日本數學史槪說』, 寶文館, 1956 : 養內 淸, 『中國の數學』, 岩波書店, 1974 : 加藤平左工門, 『日本數學史』, 槇書房, 1967.

25) 加藤平左工門, 위의 책, pp.3~4.

26) 『고사기(古事記)』 · 『일본서기(日本書紀)』 편찬의 시작은 681년(天武天皇 9년)이었 지만, 책으로 엮인 것은 각각 712년, 720년의 일이다.

27) 倉部 …… 史八人 眞德王(647~653)置, 文武王十一年(671) 加三人, 孝昭王八年加一人, 景德王十一年 加三人, 惠恭王 加八人 …… (『三國史記』卷三十八, 雜志第七 職官上).

28) 김철준, 위의 책.

29) 『구장산술』이 삼국시대에 산학의 텍스트로 사용되었다는 내용에 대해 구체적으로 언급한 자료는 없다. 그러나 당시 중국의 수학, 일본의 관료 조직 속의 산학, 무엇보다도 통일신라시대의 산학에서 그 방증을 찾을 수 있다.

30) 고대 사회에서 토지 측량을 중요하게 생각했음을 암시하는 다음과 같은 기록이 『삼국사기』에 소개되어 있다.

"파사이사금(婆娑尼師今) 23년(102) 가을 8월에 음즙벌국(音汁伐國)과 실직곡국(悉直谷國)이 강역을 다투다가, 왕을 찾아와 해결해 주기를 청하였다. 왕이 이를 어렵게 여겨 말하기를 '금관국(金官國) 수로왕(首露王)은 나이가 많고 지식이 많다.' 하고, 그를 불러 물었더니 수로가 의논하여 다투던 땅을 음즙벌국에 속하게 하였다."(婆娑尼師今二十三年 秋八月 音汁伐國與悉直谷國爭疆 詣王請決 王難之 謂"金官國首露王 年老多智識" 召問之 首露立議 以所爭之地 屬音汁伐國) (『三國史記』新羅本紀 第一)

31) 『구장산술』 제1장(方田章)에 등장하는 땅의 모양[田形].

32) 여기에서 분수가 등장한다. 즉, 계산법에는 다음과 같은 설명이 있다.

1무가 240보이기 때문에

$$240 \div 1\frac{1}{2} = 240 \div \frac{3}{2} = 240 \times \frac{2}{3} = 160$$

이다.

33) 1파(把)를 최소 단위로 하여 10파=1속(束), 10속=1부(負), 10부=1총(總), 10총=1결(結)의 십진법으로 나타냈다. 토지를 파악함에 있어서 토지의 면적과 수확량을 동시에 표시한 계량법으로 기본 단위는 파(把)·속(束)·부(負:卜)·결(結)로써 줌·뭇·짐·먹이라는 우리말의 한자 표시로 쓰였는데, 곡식단 한 줌을 1파, 10파를 1속, 10속을 1부, 100부를 1결이라 하였다. 언제부터 제도화하였는지 확실하지는 않으나, 『삼국사기』 등을 보면 이미 통일신라시대에 사용되었음을 알 수 있다.

1910년 이후 조선총독부에서 토지조사사업을 벌이고 정반평제(町反坪制)에 의해 토지면적을 파악함으로써 결부법은 폐기되었다.

34) '1두락(斗落)'의 내용이 지방에 따라 150평(坪), 200평 또는 300평으로 되어 있는 것이 그 예이다.

35) 조방농업(粗放農業) : 자본과 노동력을 적게 들이고 주로 자연력에 의존하여 짓는 농업.

36) 이것은 근세 조선시대의 양전법을 염두에 둔 추측이다(『만기요람(萬機要覽)』, 財用編二, 田結, 量田法 참조).

37) 1경(頃)은 100무, 1무는 240보.

38) 조공이라는 형태로 중국과의 통상이 해가 갈수록 늘어가는 것은 다음 기사에도 잘 나타나 있다.

"長壽王 六十年 春二月 遣使入魏朝貢 秋七月 遣使入魏朝貢 自此已後 貢獻倍前 其報賜 亦稍加焉"(『三國史記』卷十八, 高句麗本紀 第六).

(장수왕 60년(472) 봄 2월에 사신을 위나라에 보내 조공하였다. 가을 7월에 사신을 위나라에 보내 조공하였다. 이때 이후로 공물 바치는 것이 이전의 배가 되었고, 그 보답으로 위나라가 주는 것도 조금 늘어났다)

39) 진(泰), 한나라 초기의 관직명이다. 20개의 계급으로 나누어져 있으며 그중 최하위의 다섯 계층이다.

40) "眞骨 室長廣不得過二十四尺, …… 六頭品 室長廣不過二十一尺, 五頭品 室長廣不過十八尺, …… 四頭品至百姓 室長廣不過十五尺"(『三國史記』,卷第二十三, 雜志第二, 屋舍).

41) 1~2세기의 경우는 이야기하지 않는다고 하여도, 3세기에는 고구려의 환도성 천도(丸都城遷都)·적현성(赤峴城)·사도성(沙道城)·봉산성(烽山城)·평양성(平壤城) 등의 증축, 환도성 수축(丸都城修築), 국내성 신축(國內城新築), 국도(國都) 남방의 7성 축성이 있었다. 신라에서는 궁전 중수(重修), 벽골지(碧骨池)의 굴착 등의 사업이 있었다. 5세기에는 신라에서 길이 2,170보에 이르는 제방을 쌓았다. 6세기에는 신라에서만도 파리(波里)·미보(彌寶) 등 10여 개의 성을 세웠다.

42) 사마천의 『사기』 '조선전(朝鮮傳)'에는 한나라의 무제가 고조선(위씨 조선)의 도성 인 왕검성을 수륙대군(水陸大軍)으로 공략하였으나 끝내 실패하였다는 내용의 기 사가 상세하게 실려 있다. 『위지(魏志)』의 고구려전에 소개된 환도성(丸都城)은 남 북으로 약 5정, 동서로 약 7정 반의 면적이며 높이는 약 20척의 석조 건축물이었다 고 한다. 요동성은 수양제가 이끄는 113만 대군 앞에서도 버틸 정도로 견고했다.

43) 이때의 당나라 군사의 분투를 『삼국사기』는 다음과 같이 전한다.
"築山晝夜不息 凡六旬 用功五十萬."[『三國史記』, 高句麗本紀 第九卷, 寶藏王 4년 (645)] (산을 쌓기를 밤낮으로 쉬지 않아 60일 동안 인력을 들인 것이 50만 명이었 다)

44) 탄전(炭典) : 숯 제조 관련 업무를 맡던 관아. 숯은 철 생산과 철물 가공에 필수적 인 요소이다.

45) 철유전(鐵鍮典) : 신라 때에, 복식품·무기·농기구·불상(佛像) 따위를 제작하는 일을 맡아 보던 관아.

46) "新羅以金銀爲錢, 悉無文而莫可分別, 令略綠一品"(『海東釋史』, 錢貨條).

47) 문제의 뜻이 분명하지 않을 것 같아서 현대식으로 나타내면 다음과 같이 된다. 금 과 은 각 1매의 무게를 x, y라고 하면,

$9x=11y$

$(10y+x)-(8x+y)=13$량.

48) "관용 통신 기관으로서, 권력적 통제 장치로서, 또는 비상시의 경찰망으로서 존재 하였다."(백남운, 『조선사회경제사』)라는 정도의 추측은 충분히 가능할 것이다.

49) "文武王二年, 王命庾信, …… 以車二千餘兩 載米四千石 租二萬二千餘石 赴平壤" (『三國史記』 卷第六, 新羅本紀 第六).

50) 의장(意匠) : 물품에 외관상의 미감(美感)을 주기 위해, 그 형상·맵시·색채 또는 그들의 결합 등을 연구하여 거기에 응용한 특수 고안.

51) 거울을 신성시하는 배화교(拜火敎)적 사상을 반영이라는 견해도 있다(米田美代治, 『韓國上代建築研究』, p.182).

52) 『삼국사기』에는 성곽·궁실·묘단(廟壇, 사당)·청사(廳舍)·시사(市肆, 시장 거리

의 가게) · 왕릉 · 교량(橋梁) · 조원(造園, 정원을 만드는 것) 등에 관한 기사가 많이 소개되어 있다. 이것은 당시의 토목 건축 기술이 상당한 수준에 도달했음을 의미한다. 궁실에 관한 다음과 같은 예만으로도 이를 충분히 짐작할 수 있다.

"起臨流閣於宮東 高五丈 又穿池養奇禽" 봄에 임류각(臨流閣)을 궁궐 동쪽에 세웠는데 높이가 다섯 장(丈)이었으며, 또 못을 파고 진기한 새를 길렀다(『三國史記』, 百濟本紀, 第四).

53) 신라 황룡사 9층탑의 건립에는 백제의 선진 건축 기술이 동원되었다는 것은 이미 잘 알려져 있는 사실이다. 그러나 현재에도 거의 완전하게 그 원형이 보존되어 있는 통일신라시대 몇 개의 건축물은 신라 건축 미학의 순수함을 잘 보여주는 것이라고 할 수 있다.

54) 벽돌무덤(전축분)은 중국 한나라부터 송나라에 이르기까지 많이 건축되었다. 한나라의 세력 확대와 함께 남으로는 베트남 북부까지, 동으로는 한국 대동강 유역까지 넓게 퍼졌다. 한반도에서는 한군현의 낙랑군 설치 지역인 대동강 유역에 3~4세기경에 많이 만들어졌으며, 특히 낙랑토성 주변에 많이 분포되어 있다. 남한 지역에서는 백제의 공주 도읍기에 처음 출현하였다. 벽돌덧널무덤(塼槨墳)은 나무 천장무덤으로 벽을 수직으로 쌓아 올리고 천장을 굵은 각재로 가로지르는 형식으로 되어 있다.

55) 맹자가 주장한 것으로, 900무의 땅을 정(井)자 모양으로 아홉 등분하여, 여덟 가구에게 100무씩을 주고, 중앙의 100무는 여덟 가구가 공동 경작하여 그 소출을 조세로 하는, 일종의 노동지대 체제이다. 맹자는 공전을 먼저 경작한 후 사전을 경작하도록 하였다. 그러나 정말로 이 제도가 실시되었는지에 대해서는 이견이 많다.

56) 산경십경(算經十經) 중 으뜸인 중국 최고 옛 수학책(천문학책)의 하나이다. 주(周)대에 그 원형이 엮어졌다고 한다. 피타고라스의 증명(중국에서는 그 주체성을 강조하기 위해서 발견자의 이름을 따서 '진자(陳子)의 증명'이라고 부른다)을 나타낸 그림으로 유명하다.

57) 황금분할에 의한 직사각형의 구성은 다음 그림과 같다.

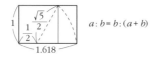

$a : b = b : (a + b)$

58) 이하의 열거는 米田美代治의 앞의 책, pp.205~218에서 인용.

59) 유구(遺構) : 옛날 토목 건축의 구조와 양식(樣式) 등을 알 수 있는 실마리가 되는 잔존물.

60) 米田美代治, 앞의 책, p.243.

61) 건축술 그 자체는 미신·마술·종교라고 하는 사상적인 면에서 독립한 합리적인 기술적 전통 세계에 속한다. 따라서 건축가나 건축 기사는 도면을 사용한다고 하여도 사변적(思辨的)인 모델과는 아무 관계가 없다. 그들은 계속 전진하면서 건물이나 기계를 만들 수 있다. 거울이나 기계는 당시 이용할 수 있는 이론 수준을 뛰어넘는 복잡성을 지녔다. 그들은 명성을 획득하는 데에 이론을 필요로 하지 않았다. J. Ben-Davis, *The Scientists Role in Society*, Prentice Hall, N. R., 1971.

62) 이 말의 의미는, 엄밀하게 논리적으로 따지는 기하학이 당시에는 없었다는 뜻이다. 『주비산경』에 실려 있는 피타고라스 정리의 그림[弦圖]은 동양인이 얼마나 훌륭한 기하학적인 직관을 가지고 있었는지를 단적으로 보여준다. 그러나 중국 수학에서 도형은 언제나 부피나 넓이 따위의 계산술을 위한 것이었다. 작도의 문제는 중국 수학책에는 등장하지 않았다.

63) 米田美代治, 앞의 책, p.142.

64) 이 제도는 왕망(王莽)의 시대(AD 9~22)에 유운(劉韻)이 중심이 되어 한 대의 학자 100여 명이 시황제 이래의 도량형을 정비하고 통일한 것이라고 한다.

65) 황종관(黃鐘管)은 12율의 기본음을 정하는 척도로 사용한 피리.

66) 度者 …… 本起黃鐘之長以子穀秬黍中者一黍之廣度之 …… 九十分黃鐘之長 …… 一爲一分十分爲寸十寸爲尺十尺爲丈 …… 量者本起於黃鐘之龠用度數審其容 …… 以子穀秬黍中 …… 黃鐘之重一龠容千二百黍重十二銖二十四銖爲兩 …… 十六兩爲斤三十斤爲鈞四鈞爲石.

67) 일본은 겐소 천황(顯宗天皇, 485~487) 대에 승(升)을, 스슌 천황(崇峻天皇, 587~592)

대에 權(衡)을, 조메이 천황(舒明天皇, 629~641) 대에 말・되・근・냥 등의 도량형을 도입하였다는 기록이 전한다.

68) 『삼국사기』나 『삼국유사』 중에는 치・자・장・분・말・곡(섬)・근・냥 등의 단위를 사용한 기사가 많이 보인다.

69) 『日本大百科事典』의 '도량형' 항목 참조. 여기에서 '고려' 라고 부른 것은 그 이름을 후세에 붙였기 때문이고, 사실 정확하게 붙이자면 '백제' 라는 명칭이 붙어야 한다.

70) 대보령 속의 도량형제에는 '대척(大尺)' 과 '소척(小尺)' 이 있는데, 이 중 대척이 고려척이고 소척이 당척이라는 설도 있다.

71) 당나라 시대에 주조된 무게 2.4수(銖)의 개원통보(開元通寶)는 후세 화폐의 기준이 되었으며, 그 중량의 단위를 1전[일본은 1문(匁)]으로 하고 그것의 1,000개의 무게를 1관(貫)으로 한다는 제도는 중국・한국 및 일본에서 전통적으로 시행되어 왔다.

72) 吳洛, 『中國度量衡史』, 臺灣商務印書館, pp.297~298.

73) 『한국문화사대계(韓國文化史大系)』Ⅳ, p.1171. (신영훈, 『한국미술사(韓國美術史)』 (2), 고려대학교민족문화연구소).
동일한 동위척이면서도 그 척도의 내용이 달라진다는 것은 외래 문화의 토착화 과정에서 생기게 마련인 지역 간의 차이에 끝나는 것이 아니라 더 나아가서 삼국 간의 문화 수용 과정의 한 단면을 보여주는 것으로도 간주할 수 있다.

74) 여기에서는 米田美代治(앞의 글)의 추론을 우리의 입장에서 보완하여 새로운 가설을 세워 보았다.

75) 脫解尼師今 …… 身長九尺 風身秀朗(『三國史記』新羅本紀 第一).

76) 阿達羅尼師今 …… 身長七尺 豐準有奇相(『三國史記』新羅本紀 第二).

77) 故國川王 …… 身長九尺 姿表雄偉(『三國史記』高句麗本紀 第四).

78) 仇首王 …… 身長七尺 威儀秀異(『三國史記』百濟本紀 第二).

79) 實聖尼師今 …… 身長七尺五寸 明達有遠識(『三國史記』新羅本紀 第三).

80) 智哲老王 …… 此部 相公女子 …… 身長七尺五寸(『三國遺事』第一, 智哲老王).

81) 武寧王 …… 身長八尺 眉目如畵(『三國史記』百濟本紀 第四).

82) 法興王 …… 身長七尺 寬厚愛人(『三國史記』新羅本紀 第四).

83) 安原王 …… 身長七尺五寸 有大量(『三國史記』高句麗本紀 第七).

84) 眞平大王 …… 身長十一尺 駕幸內帝釋宮 踏石梯三石(『三國遺事』卷第一 天賜
   玉帶).

85) 眞德王 …… 資質豊麗 長七尺 垂手過膝(『三國史記』新羅本紀 第五).

86) "琴長三尺六寸六分 象三百六十六日 廣六寸 象六合, …… 前廣後狹 象尊卑也 上圓
   下方 法天地也 五絃象五行, …… 琴長四尺五寸者 法四時五行 七絃法七星".

87) 『삼국유사(三國遺事)』, 卷三, 栢栗寺.

88) "上圓象天 下平象地 中空准六合 絃・柱擬十二月 …… 箏長六尺 以應律數 絃有十
   二 象四時 柱高三寸 象三才."(『三國史記』, 雜志, 第一, 樂)

89) "長三尺五寸 法天・地・人與五行 四絃 象四時也"(『三國史記』, 雜志, 第一, 樂).

90) 음성서는 조하(朝賀)・연례제사(宴禮祭祀) 등에서 연주를 담당하는 부서로, '장(卿
   또는 司樂) 두 명, 대사(大舍), 혹은 주부(主簿)l 두 명, 사(史) 네 명' 이라는 직제의
   사무 관리와 금척(琴尺)・무척(舞尺) 등의 악공들로 구성되었다.

제4장 통일신라시대의 수학과 천문학

1) 이 이하는 국학 전체의 학생에게 해당한다.

2) 중앙의 17관등 중 제12위.

3) 중앙의 17관등 중 제10위.

4) 중앙의 17관등 중 제11위.

5) "或差 算學博士若助敎一人 以綴經三開九章六章敎授之, 凡學生 位自大舍已下至無
   位 年自十五至三十皆充之 限九年 若朴魯不化者罷之 若才器可成而未熟者 雖踰九年
   許在學 位至大奈麻・奈麻 而後出學."
   이 밖에 『삼국사기』에는 "聖德王 十六年 春二月 置醫博士・算博士各一員"(성덕왕
   16년(717) 봄 2월에 의박사(醫博士)와 산박사(算博士)를 각각 한 명씩을 두었다)라
   는 내용의 기사가 보인다.

6) 『唐六典』 卷21.

7) 이 율령의 해설서인 『영의해(令義解)』에 그 내용이 실려 있다.

8) 산학과 유학 과정의 수업 연한이 동일했는지는 의심스럽다. 그 이유는 나중에 언급하겠다.

9) 약률(約率)은 아르키메데스가 이미 발견하였지만, 밀률(密率)은 그리스나 회교 국가에서는 알려져 있지 않았고, 인도는 15세기 그리고 유럽에서는 16세기 말에야 비로소 소개된다.

10) "古之九數, 圓周李三, 圓徑率一, 其術疎外, 自劉歆, 張衡 · 劉徽 · 王蕃 · 皮延宗元徒 · 各設新率 · 未臻折衷 ……".

11) 신라의 산학 교과서 수가 적은 이유를 역사책을 엮은 사람이 잘못하여 누락시킨 탓으로 돌릴 수는 없다. 후에 고려도 신라의 경우와 거의 비슷한 교과서 편제를 보이며, 조선도 수학책의 종류는 다르지만 그 수는 적은 편이다.

12) 가설이라고 하여도 확실한 근거 위에서 세운 것이 아니라 일종의 심증에 지나지 않는다. 그러나 이러한 명제의 진위가 앞으로 직접 간접의 사료 제시에 의해 충분한 검토의 대상이 된다면 그것만으로도 이 가설의 일차적인 의의가 성립하리라고 믿는다.

13) 1조에서 2조로 단계적으로 오르는 것이 아니라 두 과정이 서로 독립적으로 운영되었다고 보아야 한다. 『육장』과 『구장』은 산학의 필수 과정으로, 1 · 2조 어느 경우에나 기초 교과의 역할을 한 것으로 보인다. 여기에서 두 과목을 이수하는 데 구 년이나 걸렸는가에 대해서는 의문의 여지가 많다. 산학의 수학 기간은 실제로는 유학 부문보다 짧았을 수도 있다고 생각한다.

14) "景德王 八年(749) 春三月 置天文博士一員 漏刻博士"[경덕왕 8년, 봄 3월에 천문박사(天文博士) 한 명과 누각박사(漏刻博士) 여섯 명을 두었다](『三國史記』 新羅本紀, 第九).

15) 과학 기술 분야의 교육과정이 명시되어 있는 것은, 문헌상 산학을 제외하고는 의학에 관한 다음 기사뿐이다.

"孝昭王元年(692), 初置 敎授學生 以本草經 · 甲乙經 · 素問經 · 針經 · 脈經 · 明堂經 · 難經爲之業 博士二人"[효소왕 원년(692)에 처음으로 설치하여 학생을 가르쳤

다. 본초경(本草經)·갑을경(甲乙經)·소문경(素問經)·침경(針經)·맥경(脈經)·명당경(明堂經)·난경(難經)을 그 업(業)으로 하였다. 박사(博士)는 두 명이었다(『三國史記』, 卷三十九, 雜志八, 職官 中).

16) 『속일본기(續日本記)』(卷20)에는 역생의 필독서로 『한서(漢書)』「율력지(律曆志)」·『晉書』「율력지」·『구장산술』·『육장』·『주비산경』·『정천론(定天論)』 등의 이름이 보인다.

17) 안동혁 박사(전 한양대학교 산업대학원장)의 증언에 의하면, 한국전쟁 직후 고서 전시회 개회를 추진하던 중, 조선 성종 대(1470~1494) 이전의 것으로 기억되는 동경부(경주) 개간본 『주비산경』을 보았고, 역사가인 故황의돈 씨 댁에서 함께 있던 박승돈(당시 공업연구소 도서관장)씨와 함께 확인했다고 한다. 그보다 이전에 황의돈 씨 자신이 이에 대해 일제 강점기 시절, 어느 잡지에 소개한 적이 있다고 한다. 이 책은 추측하건대 세종 대에 명나라의 『영락대전』 중에서 복각한 것이 아닌가 싶다.

18) 구고는 직각삼각형의 옛 이름이다. 직각삼각형에서 직각을 이루는 두 변 중 짧은 변을 구, 긴 변을 고, 빗변을 현이라고 한다.

19) "數之法出於圓方, 圓出於方, 方出於矩, 矩出於九九八十一, 故折勾, 以爲勾廣三, 股條四, 徑隅五."

20) 중국에서는 피타고라스의 정리라고 하지 않고, '진자(陳子)의 정리'라고 한다. 진자는 물론 이 정리를 발견한 사람이다.

21) "從髀至日下 六萬里而髀無影從此以上至日, 若求邪至日者以日下爲句日高爲股勾股各自乘幷而開方除之 得邪至日從髀所旁至日所十萬里."

22) 첨성대의 구조에 관한 논문은 많다. 그중 다음과 같은 것들이 있다.
   - 전상운, 『한국과학기술사』, 정음사, 1976.
   - Kim Yong-Woon, "Structure of Chomsongdae in the Light of the Choupei Suan-Chin", *Korea Journal*, 1946.
   - 이용범, 「첨성대 존의(存疑)」, 「진단학보」 38, 1974.
   - 김용운, 「첨성대소고」, 「역사학보」 64, 1974.

- 남천우, 「첨성대에 관한 제설의 검토」, 「역사학보」 64, 1974.

- 김용운, 「첨성대의 뒷이야기」, 「자유교양」, 1975.

23) Perhaps we can gain an idea of what the Thang tower would have looked like from a very interesting observatory tower still existent in Korea. This is the Chan Hsing Thai(瞻星臺) at Kyungju near the south-east coast, which was built in the reign of Queen Sungduk of Silla(J. Needham, S.C.C., vol.3, p.297).

24) 첨성대의 정자 모양의 돌은 이중으로 겹친 형태로 되어 있으나, 그것은 정자형을 만들기 위한 축조 기술상의 문제에 속하고, 별자리의 이름을 나타낸 것으로는 마땅히 '井' 하나로 보아야 한다.

25) 원통의 중간에 뾰족하게 나온 정자형 돌은 이 석조물을 무너지지 않게 하는 구조 역학상의 시공일 것이다.

26) 洪思俊 : 1960~1970년에 부여 박물관장을 지냈다. 첨성대를 처음으로 정확히 실측하고 연구했다.

27) 정확히 0.790075······이다.

28) 정확히 0.5994065······이다.

29) 정확히 3.0314465······이다.

30) 그러나 이러한 비를 나타내는 특별한 두 부위를 대응시킨 의미에 대해서는 더 생각해 보아야 한다.

31) "瞻星臺, ······上方下圓, 高二十九尺, 通其中, 人由而上下, 以候天文(「동경잡기(東京雜記)」, 卷一, 古蹟).

32) 和田雄治, 「慶州瞻星臺の說」, 「朝鮮古代觀測鋒報告」, 1917.

33) "眞德王 元年(647) 八月, 慧星出於南方, 又衆星北流"(진덕왕 원년 8월, 혜성이 남방에 나타났다. 또 많은 별이 북쪽으로 흘렀다).

34) 이 기사에서는 혜성의 위치를 명확히 나타내고 있기 때문이다.

- 문무왕 8년, 여름 4월에 살별[彗星]이 천선(天船, 별자리 이름)을 지켰다(文武王 八年, 夏四月 彗星守天船).

- 문무왕 16년 가을 7월에 살별[彗星]이 북하(北河)와 적수(積水) 두 별 사이에서

나타났는데 길이가 6~7보쯤 되었다(文武王 十六年 秋七月 彗星出北河積水之間 長六七許步).

- 문무왕 19년, 여름 4월에 형혹(熒惑)이 우림(羽林, 별자리 이름)을 지켰다. 6월에 태백성이 달의 자리에 들어가고 유성이 삼대(參大, 별자리 이름)를 침범하였다. 가을 8월에 금성[太白]이 달에 들어갔다(文武王 十九年, 夏四月 熒惑守羽林 六月 太白入月 流星犯參大星 秋八月 太白入月).

35) 法興王 二十三年(536) 始稱年號 云建元元年[법흥왕 23년, 처음으로 연호(年號)를 칭하여 건원(建元) 원년이라 하였다](『三國史記』 新羅本紀, 第四).

36) 眞德王 二年, 冬 使邯帙許朝唐 太宗勅御史問 "新羅臣事大朝 何以別稱年號" 帙許言 "曾是天朝未頒正朔 是故先祖法興王以來 私有紀年"(『三國史記』 新羅本紀, 第五).

37) 若大朝有命 小國又何敢焉(『三國史記』 新羅本紀, 第五).

38) 중국 연호를 사용한 것이 신라의 역법까지도 개정하였다는 뜻은 아니다. 신라가 당의 인덕력(麟德曆)을 사용하게 된 것은 문무왕 14년(674)부터이다.

39) "則偏方小國 臣屬天子之邦者 固不可以私名年 若新羅以一意事中國 使航貢 相望於道 而法興自稱年號 惑矣 厥後承愆襲繆 多歷年所聞太宗之讓 猶且因循"(『三國史記』 新羅本紀, 第五, 眞德王 四年).

40) 점성술의 목적을 위해 임시 망루로는 가끔 쓰였을 수 있다는 것까지 부정하지는 않는다.

41) "漏刻典 聖德王十七年始置 博士六人 史一人"[누각전(漏刻典)은 성덕왕 17년(718)에 처음으로 설치하였다. 박사(博士)는 여섯 명이었다. 사(史)는 한 명이었다](『三國史記』 卷三十八, 雜志第七, 漏刻典).

42) 경덕왕 8년, 3월에 천문박사(天文博士) 한 명과 누각박사(漏刻博士) 여섯 명을 두었다.

43) 고려 천문제도 참조.

44) Kim Yong-Woon, 'Origins of Time Keeping Mechanism', *Korean Journal*, Vol.15. 1175.8.

45) 다만, 백제의 일관부(日官部)는 일종의 천문제도로 볼 수 있을지도 모른다.

46) 書雲觀, 掌天文·曆數·測候·刻漏之事, 國初分爲太卜監·太史局(『高麗史』, 百官志).

47) 문무왕 14년(674) 봄 정월에 당나라에 들어가 숙위하던 대나마 덕복(德福)이 역술(曆術)을 배워서 돌아와 새 역법으로 고쳐 사용하였다.

제5장 고려시대의 수학

1) '5. 고려의 산학제도' 참조.

2) 고려 말기에 『양휘산법(楊輝算法)』·『산학계몽(算學啓蒙)』 등의 수학책이 도입된 흔적이 있으나 실제로 당시 산학에 얼마나 큰 영향을 미쳤는지는 의심스럽다. 특히 『산학계몽』은 산학보다도 역술의 분야에서 주로 사용된 것 같다.

3) 이중환의 『택리지(擇里志)』는 이러한 풍수관에 바탕을 둔 인문지리학으로 널리 알려져 있다.

4) "서쪽 강변(西江邊)에 명당(明堂)이 있다는 말이 도선(道詵)의 송악명당기(松岳明堂記)에 적혀 있어, …… 문종(文宗)은 태사령(太史令) 김종윤 등에게 택지(擇地)하게 하여 서강(西江) 병악(餠岳)의 남쪽에 궁궐을 지었다"(『高麗史』, 卷五十六, 志卷第十, 地理一, 貞州).

5) "仁宗十二年, 王, 以妙淸爲三重大統知漏刻院事"(인종 12년, 왕이 묘청에게 누각원의 일을 맡겼다)(『高麗史』列傳, 卷第四十, 妙淸).

6) 太史監候 李神貺, 察風雲水旱之候, 罔有差違, 勿拘考績, 擢授八品(태사감 시중 이시황은 바람과 구름, 홍수와 가뭄을 오래 관찰하였고, 차이가 나는 것을 포착하고 그것에 대해 고찰하였다. 그를 뽑아 팔품을 주었다)(『高麗史』, 世家, 卷第八, 文宗 十二年 六月).

7) 『高麗史』, 列傳, 卷三十五, 伍允孚.

8) 『高麗史』, 志, 卷第七, 5行 1에 "司天少監 知太史局事 林匡漢 ……"(사천대의 일을 살피고 태사국의 일도 아는 임광한 ……)이라는 기록이 보인다.

9) "天有五運, 地有五材, 其用不窮, 人之生也, 具爲五性, 著爲五事, 修之則吉, 不修則凶."

10) 『高麗史』, 五行志.

11) "東方屬木, 木之生數三而成數八, 奇者陽, 偶者陰也, 我國之人, 男寡女衆, 理數然也."(『高麗史』 列傳, 卷第十九, 朴楡)

12) 天數循環, 周而復始, 六百年爲一小元, 積三千六百年, 爲一大周元, 此皇帝王覇, 治亂興衰之期, 吾東方, 自檀君至今, 巳三千六百年, 乃爲周元之會.(『高麗史』 列傳, 卷第二五, 白文寶)

13) 공유라고 할지라도 조세를 거두는 권리[收租權]를 국가가 갖고 있으면 공전(公田), 귀족과 관리 등 중간 지주에게 있으면 사전(私田)으로 구별하였다.

14) 명목상이라도 고려왕조는 농업 장려에 적극적이었고, 지방 장관은 징수관의 직무보다는 농업을 장려하는 관리로서의 기능을 다하지 않으면 안 되었다. 『고려사』「식화지(食貨志)」에는 다음과 같은 기사가 눈에 많이 띈다.

"成宗五年, 敎曰, 國, 以民爲本, 民, 以食爲天, ……, 諸州鎭使, 自今至秋, 並宣停罷雜務, 專事勸農, 予將遺使檢驗, 以田野之荒闢, 收守之勤怠, 爲之褒貶焉."

15) 文武王 元年(661) 三月, …… 近廟上上田 三十頃爲供營之資, 號稱王位田, 付屬本土. (문무왕 원년 3월, 묘에 가까운 곳이 있는 상전 30경을 공양의 자료로 삼아, 이를 왕위전(王位田)이라 이름 짓고 본토에 소속시켰다)(『三國遺事』, 卷第二, 駕洛國記).

16) "成宗十一年, 判, 公田租, 四分取一, 水田, 上等一結, 租三石十一斗二升五合五勺, 中等一結, 租二石十一斗二升五合, 下等一結, 租一石十一斗二升五合, 旱田, 上等一結, 租一石十二斗二升五合五勺, 中等一結, 租一石十二斗一升二合五勺, 下等一結, 缺(又, 水田, 上等一結, 租四石七斗五升, 中等一結, 三石七斗五升, 下等一結, 二石七斗五升, 旱田, 上等一結, 租二石三斗七升五合, 中等一結, 一石十一斗二升五合, 下等一結, 一石三斗七升五合."(『高麗史』, 志, 卷第三二, 食貨一, 租稅)

17) 이 일람표의 수확고는 예상 최저 수확량을 나타내는 수치이다. 예를 들어 7섬, 11섬, 15섬 등은 각각 7~10섬, 11~14섬, 15섬~을 뜻한 것으로 보아야 한다. 또 징수액의 수치는 1결당 값이기 때문에 징수 현장에서는 결 아래 부(負) 단위의 면적을 대상으로 할 때(이 경우가 대부분이었을 것이다) 불필요하게 계산만 번거로워진

다. 따라서 이 액수는 아마도 징수관들이 정부에 납부할 때 일괄해서 셈하기 위한 것이고, 징수 현장에서는 이것을 기준으로 적당히 시행했을 것으로 추정된다.

18) 新羅第三十王敏 龍朔元年辛酉三月日, 有制曰, …… 近廟上上田 三十頃爲供營之資, 號稱王位田, 付屬本土, …… , 淳化二年金海府量田使, 中大夫趙文善申省狀稱, 首露陵王廟屬田結數多也, 宜以十五結仍舊貫, 其餘分折於府之役丁, …… 朝廷然之, 半不動於陵廟中, 半分結於卿人之丁也, …… 後人奉使來, 審檢厥田, 第一結十二負十九束也, …… 不足者三結八十七負一束矣.(『三國遺事』, 卷第二, 駕洛國記)

19) 麗代結負之法, ……, 其以頃畝爲結負明矣.(丁茶山, 『與猶堂全集』 제5집, 제9권, 結負考辨)

20) 文宗二三年, 定量田步數, 田一結, 方三十三步(六寸爲一分, 十分爲一尺, 六尺爲一步), 二結, 方四十七步, 三結, 方五十七步 三分, 四結, 六十六步, 五結, 方七十三步八分, 六結, 方八十步八分, 七結, 方八十七步四分, 八結, 方九十步七分, 九結, 方九十五步, 十結, 方一百步三分(『高麗史』, 志卷三二, 食貨一, 田制).

21) 이 양전보수에 대해서 이견이 없는 것은 아니다(박흥수, 「이조(李朝) 척도(尺度)에 관한 연구」, 「대동문화연구(大東文化研究)」 4집).

22) 동과수조(同科收租) 제도 : 1결의 실적이 각각 다른 토지에 대해 수조액은 모두 동일하게 하는 방식.

23) 이 점에 대해서는 박흥수의 견해와 같다(박흥수, 「신라 및 고려의 양전법(量田法)에 관하여」, 「학술원지(學術院誌)」, 1972.11.).

24) 새 양전척 길이의 비율은 하등전에 관한 것을 기준으로 하여 3 : 2.5 : 2쯤으로 보는 것이 옳을 듯하다(위의 책 참조).

25) (文宗) 二十三年, 定田稅, 以十負, 出米七合五勺, 積至一結, 米七升五合, 二十結, 未一碩.(『高麗史』, 志卷三二, 食貨一, 租稅)

26) 위 기사(문종 23년 條) 바로 앞에 "(文宗) 七年六月, 三司奏, 舊制, 稅米一碩, 收耗米一升, …… 請一斛, 增收耗米七升, 制可"(문종 7년 6월, 삼사가 아뢰되, 옛 제도는 쌀 한 석에 쌀 1되를 손실분으로 징수했습니다, …… 청컨대 1휘(10말)를 손실된 쌀 7되에 대해 더 받는 제도를 가능하게 해주십시오)라는 기록이 보인다. 즉

문종 7년에는 쌀의 징수량에 근거를 두어서 세금을 부과했는데, 그다음 23년에는 농지 면적을 기준으로 세금을 부과한 것이다. 이런 면에서도 23년의 토지제도가 동과수조에 의한 것임을 알 수 있다.

27) 성종 때의 '사분취일(四分取一)'은 중국 고대 양제(量制)에 자주 쓰인 4진법의 전통에 따른 것이지만, 여기에서 $\frac{1}{40}$을 채택한 것도 같은 취지인 듯하다.

28) 太祖龍興, 卽位三十有四日, ……, 自今宜用什一, 以田一負出租三升.(『高麗史』, 卷七十八, 食貨志, 田稅, 祿科田)

29) 주 24 참조.

30) '給田都監, 文宗. 定. 錄事二人, 丙科權務, 吏屬, 記事四人, 記官一人, ……', '整治都監, 忠穆王三年置, 判事四人, 判密直以上爲之, 使九人, 副使七人, 判官十二人, 錄事六人, 分遣諸道, 量田, ……' '折給都監, 辛禑八年置, 以宰樞六八人, 爲別座, 分給之也, 以均田里……'.(『高麗史』, 卷七十七, 百官二)

31) 토지를 측량하고 건축물을 짓는 것을 담당하는 고대 중국 주나라의 관직 이름.

32) 太常卿, 引王詣壇, ……, 侍中·中書令以下, 左右侍衛, 量人從升.(『高麗史』, 志卷十三, 禮一, 吉禮大祀, 圜丘)

33) 「정창원문서」(735년 9월 28일 附)에 기록된 수도권 안[畿內] 반전사 직원 75명 중에서 산사가 20명 정도이다.

34) 高麗太祖卽位, 首正田制, 取民有度.(『高麗史』, 卷七十八, 食貨一)

35) 文宗八年, 三月, 判凡田品.(『高麗史』, 卷七十八, 食貨一)

36) 量田所用周尺計五步木尺造作, 面刻十分, 量田時步外餘數量用量, 繩每步着小標, 每十步 着大標.(『世宗實錄』 二十五年 十一月)

37) 毅·明以降, 權姦檀國, 靳喪邦本, 用度濫溢, 倉廩穀竭, 及至事元, 誅求無厭, 朝覲·饋遺·國爐等事, 家抽戶斂, 薇科萬端, 由是, 戶口日耗, 國勢就弱, 高麗之業, 遂衰, 叔季失德, 版籍不明.(『高麗史』, 食貨一)

38) 成宗十五年 四月, 始用鐵錢, 穆宗五年 七月, 數日, …… 今繼先朝而使錢, 禁用麤布.(『高麗史』, 食貨二, 貨幣)

39) 위의 책.

40) 睿宗元年, 中外臣僚, 多言先朝用錢不便, 七月詔曰, 錢法, 古昔帝王, 所以當國便民, …… 若文物法度, 則捨中國, 何以哉.(위의 책)

41) 男女老幼官吏工伎, 各以其所有, 用以交易, 無泉貨之法, 惟紵布銀瓶, 以準其直, 至日用麁物不及匹兩者.(徐兢, 『高麗圖經』, 貿易)

42) 다음 기사의 서적 중에는 수학책도 포함되었을 것으로 추측해도 무방할 것이다.
"顯宗十八年丁亥, 宋江南人本文通等, 來獻書冊, 凡五百九十七卷.(『高麗史』, 世家, 卷第五, 顯宗二)

43) 주 41 참조.

44) 權勢之家, 反同稱名, 競爲互市, 凡珍異之物, 無不徵斂, 民心苦之.(『高麗史』, 卷八十五, 刑法二, 禁令)

45) 各處當强兩班, 似貧弱百姓, 賖貸未還, 劫奪, 古來丁田因此, 中業益貧.(『高麗史』, 卷七十九, 食貨二, 借貸)

46) 대차(貸借) : 꾸는 사람(借主)이 꾸어준 사람(貸主)의 것을 이용한 뒤 그것을 반환해야 하는 계약을 통틀어 이르는 말

47) 凡公私借貸, 以米十五斗, 取十五斗, 布十五匹, 取十五尺, 以爲恒式.(위의 책)

48) 恭讓王元年十二月, 大司憲趙浚等, 上疏, 凡公私滋息, 一本一利耳, 此來, 貨殖之徒, 惟利是視, 一本之利, 或至于十倍, 假借之徒, 妻賣子, 終不能償, 故國家, 已有禁令, 今供辨都監, 寶米, 滋息無靨窮, 至使貸者, 喪家失業, 非國家恤民之意也, 願自今, 一本一利, 每得剩取.(위의 책)

49) 恭讓王三年三月, 中部將房士良, 上書曰, …… 四民之中, 農最若, 工次之, 商則遊手成群, 不蠶而衣帛至賤而玉食, 富傾公室, 僭擬王侯, 誠理世之罪人也, 竊觀本朝, 農則履畝而稅, 工則勞於公室, 商則旣無力役, 又無稅錢, 願自今, 其紗羅綾段稍子棉布等, 皆用官印, 隨其輕重長短, 逐一收稅, 潛行買賣者, 並坐違制.(위의 책)

50) 백남운, 『조선봉건사회경제제사(朝鮮封建社會經濟史』(上), p.790.

51) '이조 실학기의 과학사상과 수학' 중 최석정(崔錫鼎)의 『구수략(九數略)』.

52) 이 책은 아라비아식 기수법(記數法) 및 명수법(命數法), 정수의 가감승법, 분수계산, 물상(物價), 비솔(比率), 혼합산, 개평(開平), 개립(開立), 구적(求積, 기하학), 1

차와 2차 방정식(부정방정식)의 특수 해법[부근(負根), 허근(虛根)은 다루지 않음] 등을 다루고 있다.

53) 靖宗十二年, 判, 每年春秋, 平校公私枰, 斛斗升平木長木, 外官. 則令東西京四都護, 八牧, 掌之.(『고려사』 卷第八十四, 刑法一, 職制)

54) 위의 책, 卷第八十五, 刑法二, 禁令.

55) 다음 기사는 국권이 특히 어지러웠던 때의 사회상에 관한 것이다. 정도의 차이는 있을지언정 이것이 일시적인 현상이라고는 생각하지 않는다.

"明宗三年(1173) 四月, 執奏李義方, 置平斗量都監, 斗升, 皆用?, 犯者, 鯨配于島, 未踰年, 復如初.(위의 책)

56) 산가지 : 산목(算木)이라고도 한다. 예전에, 수효를 셈하는 데에 쓰던 막대기이다. 대나무나 뼈 따위를 젓가락처럼 만들어 가로세로로 벌여 놓고 셈을 하였는데, 일·백·만 단위는 세로로 놓고, 십·천, 지금의 십만에 해당하는 억 단위는 가로로 놓았다.

57) 元豊 7년(1084) 詔選命官通算學者, 通於吏部就試, 其合格者上等除學士, 中次爲學諭 (『宋史』, 宋會要).

58) 令官公試, 九章義三道. 算問二道, …… 私試, 孟月, 九章二道, 周髀一道, 算問二道, 仲月, 周髀義二道, 九章義一道, 算問一道, 陞補上內舍, 第一場, 九章三道, 第二場, 周髀義三道, 第三場, 算問五道.(위의 책)

59) 學生以二百十人爲額, 許命官及庶人爲之, 其業以九章, 周髀及假設疑數爲算問, 仍兼海島·孫子·五曹·張丘建·夏候陽算法, 幷曆算, 三式, 天文書爲本科, …… 公私試三舍法·略如大學, 上舍三等推恩, 以通仕, 登仕, 將仕郎爲次.(『通考』, 『宋史』)

60) 大觀四年(1110)三月二日 詔算學生倂入太史局, 學官及人吏等幷罷.(宋會要)

61) 위의 책.

62) 宣和二年(1120)七月二十一日詔, 算學, 元豊中雖存有司之請, 未嘗建, 又所議置官, 不過傳授二員, 今張官置吏, 考選而仕使之, 大略與兩學同, 旣失先帝本旨, 賜第之後, 不復責以所學, 何取於教養, 可幷罷官吏.(위의 책)

63) 自衣冠南渡以來, 此學旣廢, 非獨好之者寡, 而九章算經, 亦幾泯沒無傳矣.[鮑澣之,

『九章』 序(1200)]

64) 方今尊崇算學, 科目漸興.(『四元玉鑑』 序)

65) 수시력(授時曆) : 원의 초기에는 금(金)의 대명력(大明曆)이 쓰였는데, 세조는 중국 전토를 평정하자, 1276년 곽수경(郭守敬)·왕순(王恂)·허형(許衡) 등에게 새로운 역법을 편찬하도록 명하여, 1281년 수시력이라는 새로운 역을 만들었다. 이를 위하여 곽수경 등은 높이 40자(尺)에 이르는 규표(圭表)를 써서 동지(冬至) 일시를 정밀히 측정하였고, 1년의 길이가 365.2425일임을 알았는데, 이는 역대 중국 역법 중 가장 정밀한 것으로 인정된다. 한국에는 고려 때인 1291년(충렬왕 17년) 원의 사신 왕통(王通)을 통하여 도입되었으며, 그 후 충선왕 때 최성지(崔誠之)가 왕을 따라 원나라에 가서 수시력법을 얻어와 널리 쓰이게 되었다. 그러나 일월식(日月蝕)과 오성(五星)의 운행에 관하여 계산 방법을 몰랐으므로 이것만은 선명력법(宣明曆法)에 따랐다.

66) Reischauer & Fairbank, East Asia, the Great Tradition.

67) 위의 책.

68) 주판의 사용은 송 말기부터이며, 이때부터 동양 상인의 대표적인 계산기로 쓰여졌다.(위의 책, p.212.)
강남(江南)의 상업 사회에서 주판이 사용된 것은 확실하지만 송 말기부터라고 단언할 만한 충분한 근거는 없다. 이것은 원나라 대의 일로 보는 것이 타당할 것 같다(藪內淸, 『中國の數學』, pp.131~133 참조).

69) 진구소는 젊어서 남송의 수도 항주에서 살았고, 그의 저술인 『수서구장(數書九章)』(1247)의 내용에도 '전곡(錢穀)', '시역(市易)' 등의 장이 있지만, 이 책의 서문에 '際時狄患, 歷歲遙塞, 不自意全於矢石間, 嘗險罹憂, 茌苒十載, 心稿氣落'이라는 술회가 나타나며, 또 일찍이 은자(隱者)에게 수학을 배운 적이 있다고 한다. 이 책의 수준 높은 내용은 천문 수학을 다루고 있기 때문이기도 하지만, 한편으로는 이러한 영향 탓도 있을 것이다.

70) 楊輝, 字謙光, 錢塘人, 景定辛酉(1261) 作, 『詳解九章算法』(吳洛 앞의 책).

71) 藪內淸, 앞의 책, p.108.

72) 周流四方二十餘年, 復遊廣陵, 踵門而學者雲集.(吳洛, 앞의 책)

73) 成宗, 置國子監, 有國子司業博士, 助教, 大學博士, 助教, 四門博士, 助教, 文宗, ……
國子博士二人, 正七品, 大學博士二人, 從七品, 注簿, 從七品, 四門博士, 正八品, 學
正二人, 學錄二人, 並正九品, 學諭四人, 直學二人, 書學博士二人, 算學博士二人, 九
從九品(『高麗史』, 卷七十六, 百官一, 成均館).

74) 國子學生, 以文武官三品以上子孫, 及勳官二品帶縣公以上, 幷京官四品帶三品以上,
勳封者之子, 爲之, 大學生, 以文武官五品以上子孫, 若正從三品曾孫, 及勳官三品以
上, 有封者之子, 爲之, 四門學生, 以勳官三品以上無封 · 四品有封, 及文武官七品以
上之子, 爲之.(『高麗史』, 卷第七十四, 選擧二, 學校).

75) 律 · 書 · 算, 及州縣學生, 並以八品以上子, 及庶人, 爲之, 七品以上子, 請願者, 聽
(위의 책).
중국의 해당 기록은 算學博士掌教文武官八品以下, 及庶人子之爲生者(『唐六典』, 卷
三十一), 許命官及庶人爲之(『通考』, 『宋史』).

76) 三學生, 各三百人, 在學以齒序(위의 책).

77) 조선시대 『경국대전』의 기록과 관련지어 보면, 고려의 제도는 산학생 15인, 율학
생 40인, 서학생 15인 정도였을 것으로 추정하는 견해도 있으나(민병하, 「高麗 '學
式' 考」, 「성대논문집」 11, 1966, p.176.) 적어도 산학에 관한 한 『경국대전』의 정
원 수는 고려와는 상관없이 세종 이후의 실정을 반영한 것으로 보아야 한다.

78) 『唐六典』二十一.

79) 잡로(잡직)는 주반(注膳, 반관서 소속) · 막사(幕士, 尙舍局, 수궁처 등) · 소유(所由,
사헌부) · 문복(文僕, 중서문하성) · 전리(電吏, 중서문하성) · 장수(杖首, 형조) · 율
력리 · 부전리 등 최하급의 말단 관리직.

80) 다음 문종 대의 기사는 보수 면에서 산학 등의 기술학 출신이 일반 유학 출신과
같은 대우를 받았음을 보여준다.
三十年十二月, …… 判, 國制, 製術, 明經, 明法, 明書算業出身, 初年 給田, (製術)
甲科二十結, 其餘十七結, 何論業出身, 義理通曉者, 第二年結田, 其他手品雜事出身
者, 亦於四年後給田.(『高麗史』, 卷第七十四, 選擧二, 科目二)

81) 生徒入學 滿三年, 方許赴監試.(위의 책, 選擧一, 科目一)

82) 儒生在監九年, 律生六年, 荒昧無成者, 入令屛黜.(위의 책, 選擧二, 學校)

83) 국자감 율학 박사의 관위는 종8품이었으나, 산학박사와 서학박사는 율학 조교와 같은 종9품이다.

84) 諸學生課業, ……, 次讀諸經幷算, 習時務策, 有暇兼須習書, 日一紙, 幷讀國語 說說 字林 三倉 爾雅.(위의 책)

85) 凡明算業式, 貼經二日內, 初日, 貼九章十條, 翌日, 貼綴術四條, 三開三條, 謝家三條, 兩日, 並全通, 讀九章十卷, 破文兼義理, 通六机, 每義六問, 破文通四机, 讀綴術四机, 內兼問義二机, 三開三卷, 兼問義二机, 謝家三机, 內兼問義二机.(위의 책, 選擧一, 科目一)

86) 중국계의 수학책은 가령 『손자산경』・『장구건산경』・『양위산법』 등 저자 이름을 머리에 내놓은 책 이름이 많다.

87) 穆宗元年正月, 賜邦憲所擧甲科周人傑等二人・乙科三人・明經七人・明法五人・明書三人・**明算四人**・三禮十人・三博二人 及第, 三月, 左司郎中崔成務, 知貢擧, 取進士, 賜甲科姜周載等七人・乙科二十五人・同進士十八人・恩賜一人・明經二十人・明法二十三人・明書五人・**明算十一人** 及第.(『高麗史』, 卷七十三, 選擧一, 科目一) (강조 : 인용자)

88) 가령 다음 기사는 명종 대(1171~1197)에 산학 시험이 있었음을 간접적으로 입증하고 있다.

明宗朝, ……, 時算業及第彭之緖, 讚承宣宋知仁進士奏公緖, …… 謨作亂.(같은 책, 卷122, 例傳 卷 35, 李商老)]

89) 이 외에 '계사' 아홉 명이 있음.

90) 麗俗, 無等算, 官吏出納金帛, 計吏以片木持刃而刻之.

91) 홍이섭 교수는 『고려도경』의 이 기사에 대하여 그의 『조선과학사』에서 "삼국시대부터 발달된 한 대 이후의 중국 수학을 수용한 한국에서 산가지 계산의 사용이 서경이 고려에 왔던 인종 원년(1123) 대까지 보이지 않았다 함은 의아한 일이며 혹 서경의 국부적인 관찰에서 온 일부의 사실만이 아닌가 한다."고 부정적인 견해를

보이는데, 사실은 오히려 산가지 계산은 중앙 관서의 극히 일부에서만 쓰였다.

92) 수학책이 있었다는 기록으로는 겨우 다음과 같은 정도가 있다.

文宗十年八月, …… 西京留守報, 京內進士明經等諸業擧人, 所業書籍, 率先傳寫, 字
多乖錯, 請分賜秘閣所藏九經·漢·晉·唐書·論語·孝經·子·史·諸家文集·
醫·卜·地理·律·算諸書, 置于諸學院, 命有司, 各印一本, 送之.(『高麗史』卷七,
文宗一)

93) 恭讓王 元年, 置十學校授官, 分隷禮學于成均館, 樂學于典儀寺, 兵學于軍候所, 徐學
于典法, 字學于典校寺, 醫學于典醫司, 風水陰陽等學于書雲觀, 吏學司譯院.(위의 책,
卷七十七, 百官二, 諸司都監各色, 十學)

이 기사에서는 '십학'이라고 하지만 예학·악학·병학·율학·자학·의학·풍수
음양·이학의 여덟 개만이 보인다. 여기에서 누락된 산학(算學)과 역학(譯學)은 각
각 판도사, 사역원에서 다루어졌을 것이다.

94) 교수직으로는 종9품의 산학박사, 실무직으로는 이속인 중감(삼사 소속)이 고작이
었다.

95) 文宗元年三月乙亥朔, 日食, 御史臺奏, 春官正 柳彭, 大史丞柳得詔等, 昏迷天象,
……, 日月食者, 陰陽常度也, 曆算不愆, 則其變可驗, 而官非其人, 人失其職, 豈宜便
從寬典, 請依前奏, 科罪, 從之.(위의 책, 卷七, 文宗一)

96) 文宗十二年戊申, 中書門下省奏, 伏審制旨, 太史監候李神貺, 察風雲水旱之候, 罔有
差違, 勿拘考績, 擢授八品, 神貺, 未知世系, 初入朝行, 再被論奏, 且候察乃其職也,
不宜超授, 制曰, 精於其術, 未有如神貺者, 可依前制.(위의 책, 卷八, 文宗二)

97) 조선의 『산학입격안』에는 산학 출신의 서운관 진출이 적혀 있다.

98) 인종 때 누각원이 있었다는 기사(열전, 묘청조)에서 미루어 보면, 늦어도 이때쯤
에는 누각생의 교육이 어떤 식으로든 실시되고 있었음을 알 수 있다.

99) 成宗八年, 九月甲午, 慧星, 見, 赦, 王, 責己修行, 耆老弱, 恤孤寒, 進用勳舊, 褒賞孝
子·節婦, 放逋懸, 觸欠負, 彗不爲災.(『高麗史』, 天文一, 月五星淩犯 及 星變)

100) 위의 책, 列傳三十五, 伍允孚.

101) 일식 예보의 잘못에 대한 책임을 태사국이 아닌 사천대 소속의 춘관에게 묻고

있다는 기사가 있다.

102) 선명력(宣明曆) : 823년부터 71년간 당나라에서 사용된 역법이다. 서앙(徐昂)이 만들었으며, 일월식(日月蝕)의 계산법에 현저한 진보가 있다. 한국에서는 통일신라 후기부터 고려 충렬왕까지 400년간 쓰였으며, 그 후로도 일식, 월식 계산에 선명력의 방법이 쓰였다.

103) 七年春正月戊戌朔, 元, 遣王通等, 頒新成授時曆, 乃許衡, 郭守敬所撰也.(위의 책, 卷二十九, 忠烈王, 二, 七年)

104) 列傳, 二十一, 崔誠之.

105) 文宗六年三月戊午, 命太史金成澤, 撰十精曆, 李仁顯, 撰七曜曆, 韓爲行, 撰見行曆, 梁元虎, 撰遁甲曆, 金正, 撰太一曆.(위의 책, 卷第七, 文宗一)

106) 선명력은 일월식(日月蝕) 계산법에 현저한 진보를 보여주었다. 일월식 때 태양시차(太陽視差)의 계산법을 개량하여 시차(時差)·기차(氣差)·각차(刻差)의 3차를 구했고, 이로써 시차(視差)의 영향을 거의 완전히 계산해 냈다.

107) 藪內淸, 『中國の天文曆法』, 平凡社. p.335.

108) 五月丁亥, 太史局奏, 日當食, 不食, …… 十一月乙酉朔, 太史局奏, 日當食, 不食.(『高麗史』, 卷五, 顯宗二, 顯宗十五年)

109) 二十一年二月戊辰, 月當食, 不食夏四月乙酉, 敎曰, 上年十二月, 宋曆以爲大盡, 而我國太史所進曆, 以爲小盡, 又今正月十五日, 奏大陰食, 而卒不食, 此必術家未精也, 御史召, 推鞫以聞.(위의 책, 天文一, 五星凌犯 及 星變)

110) 위의 책, 日簿食暈珥 及 日變.

111) 위의 책.

112) 顯宗十六年冬十一月, 己卯朔, 太史奏, 日當食, 不食, 群臣表賀.(위의 책, 卷五, 顯宗二)

靖宗十一年 夏四月, 丁亥朔, 太史奏, 日當食, 陰雲不見, 群臣表賀.(위의 책, 卷六, 靖宗)

그러나 이 속임수가 나중에도 통한 것은 아니었다. 그래서 후에는 오보도 예보에 게으른 것과 똑같이 벌을 준 모양이다.

恭愍王十二月乙丑朔, 日食, 司天臺夏官正 **魏元鏡**奏 日當食, 會天陰不見, 御史臺言, **先時者, 殺無赦, 不及時者**, 殺無赦, 今術者元鏡, 其術不明, 請罪之, 厥後, 全羅道人, 有見日食, 故得免.(위의 책, 志卷一, 天文一, 日簿食暈珥日變 강조 : 인용자)

113) 忠肅王七年正月, 辛巳朔, 元, 來告, 日當食, 故停賀正禮, 百官素服以待, 不食, 元史云, 是日日食, 帝, 濟居損膳, 輟朝賀.(위의 책)

114) 恭愍王元年四月, 癸卯朔, 元, 告日食, 不果食, …… 二年九月乙丑朔, 元, 告日食, 不果食.(위의 책)

115) 恭愍王 六年六月 甲辰朔, 日食.(위의 책)

116) 회원술(會圓術) : 활꼴에서의 호, 시, 현의 관계를 말한다.

117) 至忠宣王, 改用元授時曆, 而開方之術, 不傳, 故交食一節, 尙循宣明舊術, 虧食加時, 不合於天, 日官, 率意先後, 以相牽合, 而復有不効者矣(위의 책, 卷四十九, 曆一).

118) 『국조역상고(國朝曆象考)』(조선 정조 20년, 1796)를 엮은 서호수(徐浩修)는 서문에서 수시력의 방법을 전한 최성지조차도 교식(일식과 월식)과 오성에 관해서는 충분하게 이해하지 못했다고 평가했다.

제6장 조선 전기의 수학과 천문학

1) 命集賢殿校理金鑌 漢城參軍禹孝剛習算法.(『世宗實錄』, 十三年三月十二日)

2) 세종실록, 세종 5년 4월 21일, 같은 해 11월 15일.

'史典算學博士二 重監二 昭格殿直一 養賢庫錄事一內, 博士 重監以算業精熟衣冠子弟及自願各司吏典, 取才……'(산학박사(算學博士)가 두 사람, 중감(重監)이 두 사람, 소격전직(昭格殿直)이 한 사람, 양현고 녹사(養賢庫錄事)가 한 사람인데, 그중에 박사(博士)와 중감(重監)은 산업(算業)에 정숙(精熟)한 의관 자제(衣冠子弟)와 자원(自願)하는 각 관사(官司)의 이전(吏典) 중에서 시험을 보여 충당하고……)

"凡墨物變, 必因算數, 六藝之中, 數居其一. 前朝緣此, 設官專掌, 今之算學博士重監是已. 實與律學同, 非吏典比也. 近年算學失職, 至使各司吏典輪次除拜, 殊失設官本意, 中外會計, 徒爲文具. 請自今算學博士以衣冠子弟, 重監以自願人, 竝取才敍用, 令常習算法, 專掌會計. 其冠帶, 依律學例."(이조에서 계하기를, "무릇 만물의 변화함

을 다 알려면 반드시 산수(算數)에 인할 것으로서, 육예(六藝) 중에 수가 그 하나에 들어 있습니다. 전조(前朝)에서 이로 인하여 관직을 설치하고 전담하여 관장하도록 하였으니, 지금의 산학박사(算學博士)와 중감(重監)이 곧 그것입니다. 실로 율학(律學)과 더불어 같은 것이어서 이전(吏典)에 비할 바가 아닙니다. 근년에 산학이 그 직분을 잃어서, 심하기로는 각 아문의 아전으로 하여금 윤번(輪番)으로 이 직에 임명하였으니, 극히 관직을 설치한 본의를 잃은 것이오며, 중외의 회계가 한갓 형식이 되고 말았습니다. 청컨대, 이제부터 산학박사는 사족(士族)의 자제로, 중감은 자원(自願)하는 사람으로서 아울러 시험하여 서용하고, 그들로 하여금 항상 산법(算法)을 연습하여 회계 사무를 전담하도록 하고, 그 관대(冠帶)에 있어서는 율학의 예에 의하도록 하소서.")

3) 같은 책, 세종 13년 3월 2일.

4) 같은 책, 세종 5년 3월 24일의 기사에 '實案副代言 習算國 提調'라는 관직명이 보인다.

5) 같은 책, 세종 15년 8월 25일. "慶尙道監司進新刊宋『楊輝算法』一百件, 分賜集賢殿 戶曹, 書雲觀習算局."(3장의『양휘산법』항목 참조)

6) 같은 책, 세종 12년 10월 23일.

7) 같은 책, 세종 25년 3월 17일.

8) 같은 책, 세종 12년 10월 23일.

9) 같은 책, 세종 32년 윤 1월 7일.

10) 같은 책, 세종 12년 3월 18일.

11) 兒玉明人 編,『十五世紀の朝鮮刊銅活字版數學書』, 東京, 1966. pp.8~9.

12) 禮曹啓: "曆象授時, 乃國家之重任, 今書雲觀諸述者, 或以閑散官差定, 未便. 今後述者, 不拘取才, 皆授官職."(예조에서 계하기를 "역상(曆象)으로서 천시(天時)를 지시(指示)하는 것은 곧 국가의 중대한 임무이온데, 지금 서운관(書雲觀)의 여러 기술(記述)하는 관직에, 혹은 한산관(閑散官)으로서 사무를 담당케 하니, 적당하지 못한 일입니다. 금후부터는 역서 기술하는 자는, 인재를 시험하여 뽑는 법에 구애하지 말고 모두 관직을 주게 하소서.")(『세종실록』세종 3년 6월 10일)

13) "以書雲觀推步者昧於算法, 以直提學鄭欽之爲提擧, 正郎金久冏別坐, 掌其事."(서운관(書雲觀)의 추보(推步)하는 사람이 산법(算法)에 어두우므로, 직제학(直提學) 정흠지(鄭欽之)로 제거(提擧)를 삼고, 정랑(正郞) 김구려(金久冏)로 별좌(別坐)를 삼아 그 일을 맡게 하였다)(위의 책, 세종 4년 윤12월 16일)

14) 命闕內更點之器, 其考中國體制, 鑄銅以進.(『世宗實錄』世宗六年五月六日)

15) 『세종실록』에는 '혼천의'로 되어 있으나 이는 기록의 잘못임이 틀림없다. 왜냐하면 같은 해 7월에 간의대(簡儀臺) 설치에 관한 기사가 있고, 또 혼천의 진상에 관한 기사가 8월에도 있기 때문이다.

16) 予命製簡儀, 於慶會樓北垣墻之內, 築臺設簡儀, 欲構屋于司僕門內, 使書雲觀入直看候, 如何.

17) 大提學鄭招, 知中樞院使(事)李蕆, 提學鄭麟趾, 應敎金鑌等, 進渾天儀, …… 自是上與世子, 每日至簡儀臺, 與鄭招同議, 定其制度.

18) 渾象, 圭表, 簡儀與夫自擊漏, 小簡儀, 仰釜·天平·懸珠日晷等器, 制作無遺, 其欽若昊天, 開物成務之意至矣.

19) 세종 시대의 해시계에 관한 자세한 설명은 권상운이 쓴 『한국과학기술사』(과학세계사)에 있다.

20) 愚夫愚婦昧於時刻, 作仰釜日晷二件, 內畫時神, 蓋欲愚者俯視知時也, 一置惠政橋(牛)〔泮〕, 一置宗廟南街.

21) 卷八十 五 ~ 六項.

22) (上御經筵, 論曆象之理, 乃謂, 藝文館提學臣鄭麟趾曰) 我東方邈在海外, 允所施爲. 一遵華制. 獨觀天之器有闕.

23) 『세종실록』세종 15년 6월 28일 기사에는, 일반용 누기(漏器)가 고장이 나고, 관리도 소홀해서 시각이 맞지 않기 때문에 그것을 버리고 궁중의 누기를 기준으로 하여 시각을 알릴 것을 의정부에서 건의하였고, 세종은 그렇게 시행하도록 명령하였다.

24) 한 해의 시작을 11월(天正), 12월(地正), 1월(人正)로 번갈아 가면서 정한다는 설.

25) 九者所以究極中和爲萬物元也.(『漢書』, 律曆志)

26) 雅樂, 本非我國之聲, 實中國之音也. 中國之人平日聞之熟矣, 奏之祭祀宜矣, 我國之人, 則生而聞鄕樂, 歿而奏雅樂, 何如.(『世宗實錄』, 世宗十二年九月十一日)

27) 『世宗實錄』 권59, 1항 참조.

28) 『樂學軌範』 卷一.

29) 공조에서 아뢰기를, "각 고을이 저울·말[斗]·되[升]는 각각 그 장관(長官)이 바르게 교정하여 나누어 주었으나, 포백척(布帛尺)의 제도는 일찍이 바르게 교정하지 아니했기 때문에, 경외(京外)의 척도(尺度)가 한결같지 못하여 서로 길고 짧으니, 청컨대 각 고을로 하여금 죽척(竹尺)을 만들어 올려 보내게 하여, 경시서(京市署)로 하여금 그 시(市)의 표준 척도(尺度)에 준하여 바로잡아 환송하게 하소서." 하니, 그대로 따랐다.(工曹啓: "各官稱子斗升, 則各其長官平校分給, 而布帛尺體制, 則不曾平校, 故京外尺度不一, 互有長短. 請令各官造竹尺上送, 令京市署, 校其市準尺度還送" 從之)(『세종실록』 세종 13년 4월 7일)

30) 議政府啓: "市肆賣米者, 務要射利, 競相誑人, 買用大斗大升, 賣用小斗小升, 或雜沙石, 乘機騁謀, 隨賣隨隱, 不習市廛者, 無由尋捕. 甚者結爲黨與, 恣行(摽)〔剽〕竊, 姦僞日滋, 難以禁防, 依舊聽於本家邀致買賣, 以絶姦僞."

31) 然四方風土區別聲氣赤隨而異焉 …… 假中國之字以通其用, 是猶枘鑿之鉏鋙也.

32) 天地之道, 一陰陽五行而已, 坤復之間爲太極. 而動靜之後陰陽, 凡有生類在天地之間者, 捨陰陽而何之, 故人之聲音, 皆有陰陽之理.

33) 이순지, 김담 등이 중심이 되고 수도를 표준으로 한 실측 추산에 의해 『칠정산내외편』을 비롯하여 『대통력일통궤(大統曆日通軌)』(一册印本), 『교식통궤(交食通軌)』(一册印本), 『태양통궤(太陽通軌)』 등의 역서를 교정·편집하였던 사업을 가리키고 있는 것 같다.

34) 『世宗實錄』 권125, 4~5항 참조.

35) 정4품의 관직. 상(喪)을 입기 전에는 종3품인 '부정(副正)'이었다.

36) "監察 金宗直啓曰, 今以文臣, 分肄天文地理·陰陽·律呂·醫藥·卜筮·詩·史·七學, 然詩史, 本儒者事耳, 其餘雜學, 豈儒者所當力學者哉, 旦雜學, 各有業者, 若嚴立勸懲之法, 更加敎養, 則自然感精, 其能不必文臣然後可也." 이런 솔직한 발언 때

문에 김종직은 파면당했다.

37) "오로지 우리 세종(世宗)께서 역법(曆法)의 밝지 못함을 탄식하고 생각하시어 역산(曆算)의 책(册)을 널리 구하였는데, 다행히 『대명력(大明曆)』·『회회력(回回曆)』·『수시력(授時曆)』·『통궤(通軌)』와 『계몽(啓蒙)』·『양휘전집(揚輝全集)』·『첩용구장(捷用九章)』 등의 책을 얻었습니다. 그러나 서운관(書雲觀)·습산국(習算局)·산학중감(算學重監) 등에서 한 사람도 이를 아는 자가 없었습니다. 이리하여 산법 교정소(校正所)를 두고 문신(文臣) 3, 4인과 산학인(算學人) 등에게 명하여 먼저 산법(算法)을 익힌 뒤에야 역법(曆法)을 추보(推步)하여 구하게 하였더니 수년 안에 산서(算書)와 역경(曆經)을 모두 능히 통달하였습니다. 그래도 오히려 후세(後世)에 전하지 못할까 염려하여, 또 역산소(曆算所)를 설치하고 훈도(訓導) 3인과 학관(學官) 10인이 산서(算書)와 역경(曆經)을 항상 익히게 하고, 매일 장부(帳簿)에 적어서 열흘마다 취재(取才)하여 그 근만(勤慢)을 상고하여 부지런한 자를 권장하고 게으른 자를 징계하여 학업(學業)을 연마하게 하였기 때문에 산법(算法)을 아는 자가 서로 잇달아 나왔습니다."(惟我世宗慨念曆法之未明, 博求曆算之書, 幸得『大明曆』, 『回回曆』, 『授時曆』, 『通軌』及『啓蒙』, 『楊輝全集』, 『捷用九章』等書. 然書雲觀, 習算局, 算學重監等無一人知之者. 於是別置算法校正所, 命文臣三四人及算學人等先習算法, 然後推求曆法, 數年之內算書與曆經皆能通曉. 然猶慮未傳於後世, 又設曆算所訓導三人, 學官十人, 算書, 曆經, 常時習熟, 每日置簿, 每旬取才, 考其勤慢, 勸懲鍊業, 故知算法者相繼而出.)(『세조실록』, 6년 6월 16일 신유)

38) 算員三十 算士以下遞兒兩都目任滿五百十四加階從六品去官 願仍任者九百加階正三品而止.

39) 文科甲科第一人授從六品餘正七品. 乙科正八品階 丙科正九品階.

譯科一等授從七品二等從八品階三等從九品階.

陰陽科·醫科·律科一等·從八品二等正九品階三等從九品階.

40) 이조에서 말하기를 '산학중감(算學重監)은 전곡(錢穀)의 회계(會計)를 전장(專掌)하여 그 임무가 가볍지 않은데, 산법(算法)에 정(精)한 자는 사(仕)가 차면 거관(去官)하고, 신속자(新屬者)는 산법에 정하지 못하여 경외(京外)의 회계가 쉽게 마

감(磨勘)되지 못하니, 청컨대 사역원(司譯院)·사율원(司律院)이 예(例)에 따라 중감(重監)으로 거관(去官)한 산업(算業)에 정(精)하고 익숙한 4인을 가려서 그대로 그 직임에 오랫동안 있게 하고' (吏曹據戶曹關啓 : '算學重監專掌錢穀會計, 其任匪輕, 而精於算法者仕滿去官, 新屬者算法未精, 京外會計未易磨勘. 請依司譯院, 司律院例, 擇重監去官算業精熟者四人, 仍久其任')(『세조실록』, 4년 5월 11일, 정유)
이조에서 말하기를 "근년 이래로 학관(學官)이 오로지 도목(都目)에서 빠지므로 실망(失望)하여 잇달아서 면(免)할 기회를 엿보아 벼슬하지 않으니, 다른 사람들도 또한 이에 소속하려고 하는 자가 없습니다. 신은 수년이 지나지 않아서 형세가 장차 폐하여 없어질까 두려우니, 원컨대 지금 다시 장려하고 권장하는 휼전(恤典)을 보이시어, 사람마다 흥기(興起)하여 전심(專心)으로 학업(學業)에 힘쓰도록 하여서 공효(功效)를 이루도록 하소서." (近年以來, 學官專以關都目, 失望續續窺免不仕, 他人亦無欲屬者. 臣恐不過數年, 勢將廢革也. 願今復示獎勸之典, 使人人興起, 專心力學, 以致成功.)(같은 책, 6년 6월 16일 신유)

41) 『경국대전』(卷之三, 禮典, 獎勵)에는 "율원과 산원 중에서, 그 업무에 정통한 자는 위에 보고하여 경(京)·외(外)의 이직(吏職)을 준다."고 되어 있다.

42) 三學天文曆等兼通者別敘顯官.(『經國大典』, 吏典 觀象監)

43) 별자리(성좌)의 내용을 가결(歌訣) 형식을 섞어 외우기 쉽게 엮은 것.

44) 『교식추보가령』은 일식과 월식을 비롯한 천문 셈법을 위한 공식을 엮은 책이다.

45) 그 밖에 『속대전』에는 천문학 교수 외에 세 명의 천문학겸교수(종6품)를 더 기록하고 있다. 이에 비하여 지리학겸교수와 명과학겸교수는 각각 한 명씩만 있을 뿐이다.

46) 『大典會通』, 禮典, 諸科.

47) 홍이섭, 『조선과학사』, 정음사, 1949. p.161.

48) 위의 책.

49) 『정조실록』 원년 11월 병술일 기사에는 역(曆)을 사사로이 만든 죄인을 사형에서 감형하여 유배시켰다는 기록이 나온다.

50) 송나라 말기에 저술된 『양휘산법』에서는 『오조산경』 안에 있는 계산법을 몇 군데

에서 문제 삼고 있다(『양휘산법』 참조). 다시 말하자면 『오조산경』은 그만큼 당시 중국에서 널리 쓰였던 수학책임을 알 수 있고, 그렇다면 당연히 이 실용 수학책은 고려에도 전해졌을 것이다. 그렇지만 이 책은 다른 옛 수학책(『구장산술』・『주비산경』・『손자산경』 등)과 함께 『영락대전(永樂大典)』(1407)에 수록되어 있었다는 점에서, 조선조 특히 세종 대에 발굴된 것인지도 모른다.

51) 경(徑)이란 큰 원의 반지름과 작은 원의 반지름의 차를 뜻한다. 여기서는

$$S = (2\pi r_1 + 2\pi r_2) \times \frac{r_1 - r_2}{2}$$

의 형식으로 셈하기 때문에 이 값이 필요하였던 것 같다.

52) 비례배분 : 어떤 수량을 어떤 비 또는 연비와 같아지도록 나누는 일.

53) 13세기 후반에 활약한 수학자. 남송의 수도 항주에서 가까운 전당(錢塘) 태생. 수학 교사로 생계를 유지했을 것이라는 추측을 할 수 있을 뿐, 이력은 분명하지 않다.

54) 慶尙道監司, 進, 新刊揚輝算法一百件, 分賜, 集賢殿 戶曹 書雲觀習算局.(『世宗實錄』, 十五年八月乙巳)

55) 호전(弧田)의 면적 $S = \frac{c(a+b)}{2}$ (a : 윗변, b : 아랫변, c : 중간폭)

따라서 우각전, 즉 우호전 $\frac{1}{2}S = \frac{c(a+b)}{4}$

이 식은 『상명산법』의 방법과 같다. 시대적으로 『양휘산법』의 저술이 앞섰다는 점으로 미루어 볼 때, 상명산법이 양휘의 것을 나중에 도입하였다고 볼 수 있다.

56) 최대 단위는 무량수(無量數, 10^{128}), 최소는 정(淨, 10^{128}). 이 표시법은 수의 크기나 명칭 등으로 미루어 볼 때, 인도 수학의 영향을 받은 것으로 보인다.

57) 이 둘도 양휘의 『상명구장산법』(1261)에 보인다.

58) 今有, 羅四尺, 綾五尺, 絹六尺, 直錢一貫二百九十文, 羅五尺, 綾六尺, 絹四尺, 直錢一貫二百六十八文, 羅六尺, 綾四尺, 絹五尺, 直錢一貫二百六十三文, 羅, 綾, 絹尺價, 各幾何.

59) 산반(算盤, 산가지를 놓고 계산하는 판 혹은 보자기) 위에 산가지를 놓고 수를 나타내는 방법.

60) 유럽에서는 19세기(1819)에 이르러서야 영국의 호너(W. G. Horner)에 의해서 처음으로 이러한 방법이 발표되었다. 그러니까 이 점에서는 중국이 유럽보다도 6세기나 앞선 셈이다.

61) 엄격하게 따진다면, 『수서구장』에서는 천원술의 방법은 아직 다루지 않았다. 다만 산가지 계산이 충분히 발달하여 그 방법으로 분명히 천원술을 낳을 계기가 되어 있었다는 것은 확실하다.

62) 채용 시험에서의 시험 범위는 곧 양성 과정에서의 교과서이기도 하다는 전제에서의 이야기이다.

63) 이때의 원본은 전주부윤인 김시진(金始振)이 『국초인본(國初印本)』에 의해 내놓은 순치 17년(현종 1년, 1660)의 중간본이다.

64) 천원술을 사용하여 문제를 풀었다는 사실은 후세의 기사에 나타난다.

65) 陰陽科天文則本學生徒外勿許赴.

66) 良家女及官婢作妾者.

67) 罪犯永不叙用者贓吏之子再嫁失行婦女之子及孫庶蘗子孫勿許赴文科生員進士試.

68) 文武官二品以上良妾子孫限正三品賤妾子孫限正五品六品以上良妾子孫限正四品賤妾子孫限正六品七品以下支無職人良妾子孫限正五品賤妾子孫及賤人爲良者限正七品良妾子之賤妾子係限正八品.

69) 二品以上妾子孫, 許於司譯院 · 觀象監 · 典醫監 · 內需司 · 惠民署 · 圖畵署 · 算學 · 律學 · 隨叙用.

70) 凡鄕吏文武科生員進士者特立軍功受賜牌者三丁一子中雜科及屬書使去官者血免子孫役.

71) 『주학입격안(籌學入格案)』의 처음 부분은 가족란의 탈락이나 잡과 출신이 아닌 경우도 다소 눈에 띈다.

제7장 조선 중기의 수학과 천문학

1) 이 장에서 중기라고 부르는 시대는 왕조정치의 제도적 규범인 『경국대전』이 완성된 성종의 뒤를 이은 연산군(1495~1506)부터 임진왜란(1592~1598), 병자호란

(1636~1637) 등 거듭된 외환을 겪은 직후의 시기까지로 정한다. 그러난 이것은 일반적인 시대 구분을 따른 것이 아니고 다분히 편의적인 설정이라는 점을 밝혀둔다.

2) 이익, 『성호집(星湖集)』 卷三十, 朋黨論.

3) 『대한한사전』·『표준국어대사전』, 국어국문학회 편.

4) 將農夫手, 二指計十, 爲上田尺, 二指計五·三指計五, 爲中田尺, 三指計十, 爲下田尺.

5) 『세종실록』 26년 정월 경오.

6) 『만기요람』 참조.

7) 阿部吉雄, 『日本朱子學と朝鮮』, 동경대학출판회.

8) 이하 일본 유학의 성격에 대한 서술에서는 다음을 참고하였다. 阿部吉雄, 「日本儒學の特色」, 『東洋思想』 10, 동경대학출판회, pp.263~280.

제8장 실학기의 과학 사상과 수학

1) 한국역사학회 편, 『실학연구입문』, p.6.

2) 中原則專主理氣性命之學故與天同化此形上之道也 西乾則專治窮理測量之數故與神爭能此形下之哭也 …… 形上之學摔難悟得形下之用則庶可焉而我人蒙不覺悟可勝歡也.

3) 重天之厚薄, 日月星去地, 遠近幾何, 大小幾倍, 地球圓經道里之數, 又, 量山岳, 與樓臺之高, 井谷之深, 兩地相距之遠近, 土田·城郭·宮室之廣.

4) 凡數, 皆起於洛書, 其四正者三天之數也, 故, 自一而三, 自三而九, 自九而二十七自二七而復於八十一也, 其四隅者兩者之數也, 故, 自二而四, 自四而八, 自八而十六, 自十六而復於三十二也, 其中宮者三兩之合也, 故, 自五而仍得二十五, 自二十五而仍得一百二十五, 至干无窮而不變, 爲三者盡天地人之數.

5) 박종홍, 「최한기의 경험주의」, 『실학사상의 탐구』, 현암사, p.324.

6) 以數學之知不知, 測其人之識量精廳, 以數學之推不推, 測其人之氣稟用偏.

7) 氣從有理, 理必有象, 象必有數, 從數而通象, 從理而通氣.

8) 技藝論, 三, 孝悌根於天性明於聖賢之書苟擴而充之修而明之斯禮義成俗此固無待乎 …… 百工技藝之能不往求其後出之制則末有能破蒙陋而興利漂者也此謀國者所宣講也.

9) 詩文集, 書, 示二兒.

10) 曆數家之差法雖極精微於樂家差率之法全不相合 …… 觀文字心蒙之以數學如先儒愛禪者以佛法解大學又如鄭玄好星象以星象解周易此視偏而不周之病也 如何古樂之亡專由數學數學者樂家之相剋也.

11) 嘗從李檗, 遊聞曆數之學, 究幾何原本, 剖其精奧.

12) 重各數萬斤千人之所不能動百牛之所不能輓者 …… 小孩一腕之力可起累鉅萬之重.

13) 滑車則能以五十斤之力起一百斤之重 …… 假有兩對之滑車于車各有四輪則四十斤之力能動一千斤之重.

14) 『주학입격안』, 崇禎 13년(1640) 庚辰條.

15) 稻葉岩吉, 위의 책, p14. 필자는 아직 그 사실 여부를 밝히지 못했다.

16) 『구장산술』은 고려시대에 산학 교과서로 쓰였고, 조선시대에 들어와서도 『영락대전』(1407)을 통해 이 책이 알려져 있었기 때문에, 세종 대를 전후한 시기에 다른 중요한 옛 수학책들과 함께 복간되었음을 알 수 있다.

17) 此書(九章算術, 不傳於東國, 求之燕肆亦不可得 …… 九數略 丙, 九章名數).

18) 예를 들어 고종 8년(1871)과 고종 10년(1874)에는 이례적으로 많은 산학 합격자를 냈다. 그러나 이것은 고종 즉위 초부터 실시한 대규모의 양전사업과 관계가 있는 것으로 보인다. 측량의 결과 토지 등기·과세 등에 관한 모든 대장을 정비하는 회계 업무가 폭주했기 때문인 것 같다. 산학제도가 정비된 영조 대에는 산사 합격자 수의 연평균이 오히려 그 전 대보다 낮다. 즉, 산사의 수의 증감은 오로지 관료 체제 내의 실무 기술에 대한 수요의 정도에 비례한다는 것을 알 수 있다.

19) 이 무원칙성은 어떤 치세에 산사 합격자 수가 늘어난 추세를 보이면 바로 다음 대에는 반드시 감소한다는 특징을 보인다. 이 현상을 다음과 같이 해석할 수 있다. 즉, 필요하면 그때마다 산사의 수를 늘리고, 다시 포화상태에 도달하면 줄이는 일관성 없는 자연 조절 방식을 취한 것 같다.

20) 고종 때 본격적인 토지 측량을 위해 외국 기사가 초빙되었을 때에 비로소 수리 지식을 갖춘 조수를 붙여 따르게 하였다.

21) 西有利瑪竇·湯若望, 東國, …… 最著術士, 則稱慶善徵云(『九數略』, 丙, 古今算學條).

22) 『주해수용(籌解需用)』(홍대용, 『담헌서(湛軒書)』外集)의 인용서목의 항에 '상명수
결, 본국경선징 선'이라고 소개되어 있다.

23) 藤原松三郎, 「支那數學史の研究」 IV-1, 『朝鮮數學』, 其二, p.80.

24) '圓出於方, 方出於矩, 矩出於九九八十一' 이라는 구절은 『주비산경』의 서문에도
있다.

25) 이 일차 합동식의 문제를 푸는 요령을 알리는 다음과 같은 가결(歌訣)이 실려 있다.

삼인동행칠십희(三人同行七十稀), 오봉누전이십일(五鳳樓前二十一)
칠월추풍삼오야(七月秋風三五夜), 동지한식백오제(冬至寒食百五除)

이 구는 산법통종에 있는 다음 가결을 일부 고쳐 쓴 것으로 짐작된다.

삼인동행칠십희(三人同行七十稀), 오수매화이십일지(五樹梅花二十一枝)
칠자단원정반월(七子團圓正半月), 제백령오편득지(除百令五便得知)

그렇다면 『묵사집』의 저자는 『산법통종』을 참조한 셈이 되는데, 이 산서에 담긴
민간 수학의 분위기는 전혀 옮겨져 있지 않다.

26) 一爲主乘一得一, 乘二得二, 乘三得三 ······.

27) 一一如一, 一二如二, 二二爲四 ······.

28) 一縱, 十衡, 百立, 千僵, 千十相望, 萬百相望.

29) 太陽爲日太陰爲月少陽爲星少陰爲辰天之間只有四象而已數之理雖至深至申責亦外
於與哉.

30) 제11장 참조.

31) '九數略丙 , 按此法下算煩亂取數局滯不及竹算遠甚而近世 中國官司市肆皆用珠算
而廢竹算未 可曉也 ······ 倭國亦用此算'.

32) 古者, 黃帝命大撓, 作甲子, 容成造曆 ······.

33) 東國, 則新羅, 崔文昌致遠, 精於藝數, 我朝, 南忠景在, 號精算, 黃翼成喜, 通書
數, 儒家則, 徐文康敬德, 邃於數學, 李文純滉, 李文成珥, 二先生俱明算法, 近世
朝士, 金觀察始振, 李參判偘, 任郡守濬, 朴股山, 最著術士, 則稱慶善徵云.

34) 술사 중 이관은 인명사전에서도 특별히 산학과 관련된 언급이 없기 때문에 그 진위를 밝힐 수 없다.

35) 김시진과의 관련 기사는 아마 다음 사실을 근거로 삼았던 것일 게다.

국초인본의 『산학계몽』은 …… 말미의 두 매가 파손되어 거의 내용을 알아볼 수 없었으나, 산학에 정통한 대흥현감 임준이 한 번 보고 그 결함을 보충하였다. 마침 다른 원서를 입수하여 대조하였던바 조금도 틀린 데가 없었다(중간 『산학계몽』 序).

36) 황윤석, 『산학본원』 참조.

37) 『주학입격안』의 일부(日附, 날짜)의 강희 30년(1691)과 雍正(1723)의 기록 사이에는 '강희 월 일'이라고만 되어 있다. 아마도 그의 산사 합격은 강희 40년 대, 즉 1700~1710년(숙종 26~36년) 쯤의 일이었을 것이다.

38) 『구수략』에는 『구장산술』이 없는 것으로 되어 있다. 최석정과 거의 동시대에 이 책의 내용이 인용된 것으로 미루어 보아, 중인 산학자의 집에는 더러 보관되어 있었던 모양이다.

39) 본문 중에 계사(癸巳)(1713) 5월 29일의 기사가 보인다. 『구수략』의 간행을 18세기 초로 가정해서 이러한 추측을 내렸다.

40) 중국에서 『산학계몽』이 복간되고, 따라서 천원술이 다시 일반에게 알려지게 된 것은 1839년부터의 일이다.

41) 여기에서 『구일집』의 저자는 옥석 1치^{3}의 무게를 3냥(1근=16냥), 구의 부피를

$$V = r^3 \times 3(= \pi) \times \frac{3}{2}$$

으로 하여 천원술에 의해 답을 구하고 있다. 단면도를 그려 보면 4.5와 5의 차가 이상하게 벌어지게 되지만, 그 이유는 π의 값과 구의 부피를 구하는 공식에서 차질이 생기기 때문이다. 그의 계산은 틀리지 않았다.

42) $\sqrt{2}x + x = 10$이라고 식을 세운 것은 옳다. $\sqrt{2} = 1.4$로 계산하고 있다.

43) 小倉金之助, 『數學史硏究』2, 岩波, p.128.

44) 그리고 또 이 시결은 『산법통종』의 그것과 관련이 있다는 것은 이미 앞에서 언급하였다.

45) 『이수신편』의 저술 연대는 영조 20년(1744) 또는 영조 50년(1774)이라는 두 설이 있다. 그러나 수학 체계의 기술로부터 짐작해 보면, 후자일 가능성이 높다. 그 이 유는 나중에 설명하겠다.

46) 『이수신편 해제』, 아세아문화사, 1975.

47) 『지명산법(指明算法)』·『지남산법(指南算法)』·『응용산법(應用算法)』에 대해서는 알려져 있지 않다.

48) 算學啓蒙之天元一, 數理精蘊之借根方, 各異而實同也.

49) 按借根方卽太(太極)也, 根則天廣也, 多少卽正負也, 是借根方卽天元一法.

50) 聖祖仁皇帝授以借根方法, 且諭曰, 西洋人名此書阿爾熱八達(algebra)譯言東來法 也.

51) 『수학계몽』은 『산학계몽』, 『수학통종』은 『산법통종』, 『수법전서』는 『산법전서』의 오기.

52) 『한국인명사전』.

제9장 조선 후기의 수학과 천문학

1) 天元一法, 卽西洋借根方也(二卷, 第十四問).

2) 『조선인명사전』.

3) 그러나 이 공로는 이상혁도 함께 나누어 가져야 할 것이다.

4) 홍정하, 『구일집』, 人, 雜錄.

5) 중국에서는 18세기 후반, 고전 발굴 수록을 위한 『사고전서(四庫全書)』(1773~1787) 편찬 사업이 이루어졌다. 이 복고 운동의 일환으로 『구장산술』을 비롯한 『산경십 서』, 그리고 송·원 수학책의 발굴과 고증이 활발하게 이루어졌다. 재발견된 옛 수 학책의 주석 작업은 19세기 후반까지도 지속되었다. 남병길(1820~1869)의 수학 활 동은 중국 수학의 이러한 시대성을 다분히 반영하고 있는 것이 사실이다.

6) 중국 수학사에 나타난 청나라 때의 복고주의 운동은 중화사상이라는 수학 외적인 이데올로기가 주역을 맡았다. 이 영향은 오로지 수학상의 개념이나 방법에서 주제 를 찾았던 '중인의 수학'에는 미치지 못했다고 보아도 좋을 것이다. 다음에 설명 할 이상혁의 수학책에는 이 점이 뚜렷하게 나타난다.

7) 상편 가법의 이 구절은 대체로 1위(位)의 수는 종, 10위의 수는 횡, 100위의 수는 입, 1000위의 수는 강, 6은 여섯 개를 놓지 않고 5를 산가지 하나로 나타낸다. 십이 되면 윗자리에 놓는다. 모든 산은 이와 같이 한다.

8) 물론 천원술 이외에도 개평·개립·구적·급수·연립1차방정식 등도 다룬다. 이 외에도 천원술을 사용하지 않은 2, 3차의 고차 방정식 등도 다루고 있다.

9) 천원술뿐만 아니라 일반적으로 포산에서 음수를 사용한 것은 사실이다. 그러나 이 것은 계산을 진행시킬 필요 때문에 편의상 쓰인 것에 불과했고, 음수를 양수와 같은 수적 존재로 다루지는 않았다. 천원술에서도 결과적으로는 근으로 요구하는 것은 양수였고, 음수는 제외되었다. 남병길은 조작 과정에서 나타나는 음수와 수 자체로서의 음수를 혼동하고 있다.

10) 夫算居六藝之一, 而學者之所不可忽也(『算學正義』序).

11) 중인 관리가 저술한 천문학책으로 지금까지 알려진 것으로는 아마 이 책이 처음일 것이다.

12) 이하 답만을 적고 해법은 생략한다.

13) 네이피어의 공식 : 구면삼각형의 꼭짓점과 대변을 이용하여 나타낸 공식으로 이 공식으로 구면삼각법에서의 탄젠트 정리를 증명할 수 있다.

14) 藤原松三郎, 앞의 책, p.320.

15) 정확히 말해서 숙종(1675~1720) 때부터의 일이다.

16) 본격적인 발굴 사업은 『사고전서』(1773~1787)의 편찬과 관련된다.

17) 今, …… 二十人酒一石則剩一斗五升, 每十六人肉五斤則剩二斤三兩, 每十五人醬一斗則醬少八升, 問人數幾何.

제10장 조선시대의 수리 역산

1) 주천(周天) : 천체가 그 궤도를 한 바퀴 도는 일.

2) 이 문제는 홍대용의 『담헌서』에 다음과 같은 형식으로 되어 있다.
"周天三百六十五度四分度之一日日行一度月日行十三度十九分度之七問日日相會爲日幾何."

3) 이용범, 「김석문의 지전론과 그 사상적 배경」, 「진단학보」, 제41집.

4) 산학은 "律·書·算 及州縣學生, 並以入品以上子, 及庶人, 爲之, 七品以上子, 請願者, 聽."(高麗史, 卷七十四, 選擧二, 學校)

즉, 산사의 채용은 비교적 용이하였을 뿐 아니라, 직책도 그리 중요하지 않았으며, 따라서 직무 수행상 과오에 관해서는 역관의 경우처럼 다음과 같은 제재 대상이 되는 일은 극히 드물었을 것이다.

"文宗元年三月乙亥朔, 日食, 御史台秦, 春官正柳 彭 太史丞柳得詔等, 昏迷天象……, 日月食者, 陰陽常度也, 曆算不愆, 則其變可驗, 而官非其人, 人失其職, 豈宜便從寬典, 請依前秦, 科罪, 從之"(위의 책, 卷七, 文宗一).

5) 민영규, 「十七世紀李朝學人의 地轉說」, 「동방학지」 16., 이용범, 「金錫文의 地轉說과 그 思想的 背景」, 「진단학보」 41.

6) "物有圓方, 數有奇偶, 天動爲圓, 其數奇, 地靜爲方, 其數偶, 此配陰陽之義, ……."

7) 김용운·김용국, 「近代化 過程에서 본 中國 科學」, 「中蘇硏究」 제1권 제1집, 한양대학교, 1980.6.

8) 김용운·김용국, 『한국수학사』, p.211.

제11장 전근대의 수 표기 · 계산기

1) 부도(夫道)가 공·서·산에 뛰어난 재주를 가졌기 때문에 등용하고, 물장고의 관리를 맡겼다는 기록이 신라 첨해왕 5년(251) 기록에 나온다.

2) 덕수궁에 보관되어 있는 황종척의 길이는 34.10센티미터라고 한다(전상운, 『한국과학기술사』, p.152). 그렇다면 황종척 1에 대한 영조척의 비율이 0.899(『경국대전』, 도량형)이기 때문에 영조척의 길이는 34.10센티미터×0.899=30.6559센티미터이다.

3) 이엄(李儼), 『中國數學史』, p.64.

4) 이 때 적주와 흑주는 현대적 개념의 적자(−), 흑자(+)의 의미를 가지고 있으며 중국 최고(最古)의 수학책인 『구장산술』에도 이와 같은 음수의 개념을 발견할 수 있다.

5) '0'의 사용에 주목하여 산가지에 의한 산기 계산과는 본질적으로 구조를 달리하는 필산이 행해졌다고 보는 수학사가도 있다.(藪內淸, 『中國の數學』, 岩波, p.82. 참조)

6) 吉岡修一郎, 『數とロマンス』.

7) 萬曆二十六年(1598) 八月 豊臣秀吉死, 朝鮮之事乃平, 相傳程大位之算法統宗(1592),

亦於斯役輸入日本.(李儼, 『中國算學史』, 商務印書館, p.169.)

8) '梁上二銖, 各當五數, 梁下五銖, 各當一數, 梁上之銖, 轉下成數, 梁下之銖, 轉上成數.'

9) 이른바 양반 중에는 부상적(富商的) 대토지 소유자로서 또는 '객주'를 통한 고리대업으로 일종의 상행위를 했던 사람도 있지만, 이것은 양반 일반의 생활 및 의식구조와는 별개의 문제이다.

10) 三上義夫, 「支那數學の特色」(下), 「東洋學報」 16, pp.90~91.

11) 최호진, 『근대조선경제사』, 경응서방, pp.84, 134.

12) 개성 지방의 도매 상인의 동업자 사이에 '계'라는 것을 조직하고, …… 서울에 있는 '각전(各廛)'이나 '도중(都中)'보다 한층 엄격한 통제상의 규정을 가지고 있었다. 개성의 '전계'는 '육의전'과 마찬가지로 동업자 사이에서 절대적인 권력을 가지고 있었고, 그 승인을 받지 않으면 상인은 개전할 수 없고, 만일 위배할 때에는 난전이라 하여 그 전의 상품을 몰수하였다(위의 책, pp.125~126.).

13) 윤근호, 「송도사개치부법 연구」.

14) 현재 남아 있는 가장 오래된 기장(記帳)은 1700년대의 것이라고 한다.

15) 위의 책, p.284.

16) 산간 벽지에서는 1950년대 이전까지만 해도 결승의 유품이 있었다고 한다.

17) 麗俗無籌算, 官吏出納金帛, 計吏以片木持刃而刻之, 每記一物, 則刻一痕, 已事則棄而不用, 不復留以待稽考, 其政甚簡, 亦古結繩之遺意也.(徐兢, 『高麗圖經』 권23, 雜俗二, 刻記)

18) 시골의 방물장수들이 외상값을 기둥에 금을 그어 나타내고, 외상값을 받으면 지운다는 옛 풍습이 예전 초등학교 교과서에 소개되었다.

제13장 개화기의 수학

1) 김영호, 「한말서양기술의 수용」, 「아세아연구」 3, p.315.

2) 『주학입격안』.

3) 일본이 학교 교육(소학교부터 대학교까지)에 '양산(洋算)'의 전용을 실시한 것은 1872년이었다.

4) 다음 표는 1908년부터 1910년까지 5년 동안의 기록이다. 수학과 관계된 교과서가 단연 많다.

교과용 도서 검정 신청 및 검정서

종별 부수	수신	국어	한문	역사	지리	이화	수학	박물	체조	농상공	교육	일어	법경	사서	계
검정출원부수	12	16	13	16	20	8	6	14	1	2	1	5	2	-	116
인가부수	3	4	3	6	6	7	4	12	1	1	1	3	2	-	53
불인가부수	5	2	2	3	5	0	1	0	0	0	0	0	0	-	18
조사 중	4	10	8	7	8	1	1	1	0	1	0	0	0	-	41

교과용 도서 인가 신청 및 인가서

종별 부수	수신	불서	기독교	국어	한문	일어	영어	역사	지리	이화	수학	박물	체조	창가	농상공	법경	교육	박기	도서	습자	수공	가정	계
인가출원부수	12	4	15	22	32	28	49	19	32	42	60	32	4	3	43	18	9	7	11	3	1	2	448
인가부수	4	4	15	9	22	18	48	7	24	42	60	32	4	2	42	17	6	7	11	3	1	2	380
불인가부수	8	0	0	13	10	10	1	12	8	0	0	0	0	1	1	1	3	0	0	0	0	0	68

5) 이 책은 교열자 권재형, 편집자 남순희의 이름으로 엮였다.

6) 此書ᄂᆞᆫ 日本現行 算書中 精要ᄒᆞᆫ者를 選取ᄒᆞ야 編輯ᄒᆞᆫ事 (『정선산학』 상, 범례).

7) 이『정선산학』의 '算'은 정확히는 '筭(산)'으로 되어 있다.

8) 此書ᄂᆞᆫ 我文으로 譯出ᄒᆞ야 以便覽者홈이나 至於其數ᄒᆞ야ᄂᆞᆫ 亞剌比亞數字가 甚히 便利ᄒᆞᆫ 故로 數例華式과 記號問題 等에ᄂᆞᆫ 各數字를 仍用ᄒᆞᆫ事.(『정선산학』 상, 범례)

9) 數居六藝之一, 是聖門設科之必資也 …….

10) 漢字及國文은 堅書로 原則이라 然이나 算術에 至ᄒᆞ야ᄂᆞᆫ 其勢 橫書키를 不欲이나 難得이며 且 實際의 便利홈과 紙數의 漫費홈을 不可不念이라 故로 有時堅看ᄒᆞ며 有時橫看ᄒᆞ야 冊樣의 不完不美ᄒᆞᆫ 譏訕를 甘受ᄒᆞ더라도 諸例解釋홈에ᄂᆞᆫ 漢國文 及 算字를 不拘ᄒᆞ고 西洋文字의 記法을 依ᄒᆞ야 橫書홈이 甚多ᄒᆞ니라.(『산술신서』 범례)

11) 本書의 原名은 『近世算術』이니 日人 上野淸氏의 著述홈이라 其編纂의 目的은 尋常師範及尋常中學校나 或此와 相當ᄒᆞᆫ 學科를 敎授ᄒᆞᄂᆞᆫ 諸學校의 敎科用書의 適功키를 望ᄒᆞᄂᆞᆫ者이니라.(위의 책)

『근세산술』의 정확한 명칭은 『보통교육근세산술』(1888)이고, 저자 우에노 기요시(上野淸)는 당시 많은 저서를 남긴 일본 민간 수학의 대표적인 교육자 중 한 명이다.

12) 당시의 학부 편집국장 이규환의 다음 서문을 두고 하는 말이다.

數之爲書, 上自周髀算經, 下逮海鏡玉鑑等, …… 及泰西算法之書出, 然后 明於定理 與性質以立其學, 演夫原則與通法以神其術 …….

13) 뒷면의 영문은 다음과 같이 되어 있다.

Arithmetic : New Series. Advanced Volume Being Parts one and two, combined, of Arithmetic By Eva. H. Field, M. D., 2nd Edition, revised and enlarged. Korean Religious Tract Society. Hulbert Educational Series, No. 7. 1907.

14) 일본, 동경인쇄주식회사 橫濱分社 인쇄로 되어 있다.

15) 필자가 소유하고 있는 것은 상권뿐이어서 하권의 내용은 다루지 못했다.

16) 「수리잡지(數理雜誌)」, 유일선 주간, 1905년 11월~1906년 9월, 통권 8권이라는 사실만 알 뿐 그 내용은 아직 모른다.

17) 앞 주의 표에 보이는 민간 수학자에 의한 수학 교과서의 수만으로도 이것을 충분히 짐작할 수 있다.

18) 이 책은 발행된 그해(1908)에 3판까지 나왔다.

19) 광무 2년 7월 14일 부(附), '양지기사 구비에 관한 의정서'.

20) 광무 3년 4월 24일 부(附), 관보(官報), '양지아문견습생규칙'.

21) 차석기 · 신천식, 『한국교육사연구』, 재동문화사, p.334.

후기

1) 『만기요람』, 財用篇四, 算學.

2) 대담, 「中國の數學事情」, (彌永昌吉 · 森口繁一, 「數學セミナ-」, 1975년 9월호).
일반 대학에서는 모두 응용 수학뿐이고, 중국 최고의 수학 연구기관인 중국과학원 수학연구소에서는 다음 일곱 개 부문으로 수학을 나눈다고 한다.
미분방정식, 확률과 통계, 운주학(O.R.), 제어이론(制御理論), 5학과(대수 · 수론 · 함수 분석 · 함수론 · topology), 계산기과학, 전자계산기 제작.

순수 수학의 5개 과가 하나로 묶여 있다는 점에서도 중국의 수학 연구 경향을 짐작할 수 있다. 실용성을 강조한 나머지 기하학을 공리(公理)에서 출발시키는 것은 생략한다는 점도 지적하고 있다.

3) 소련(지금의 러시아)과의 유착으로 이루어진 '12개년 계획'(1956~1957)이 추진 중이던 중국의 대학 및 고등 교육기관은 '전업(專業)'의 바탕 위에서 운영되었다. 전업은 소련의 대학제도를 본받은 것으로, 이른바 전공과는 달라서 국가의 각 건설 부문의 필요에 응해 계획적으로 배치된, 계열별 전공 과목의 체계군을 가리키며, 학생은 이 전업을 습득함으로써 국가가 요구하는 전문가가 되고, 졸업 후 각 건설 부문에 종사할 수 있게 만드는 제도이다. 전업의 교수는 전문성을 지닌 동시에 철저하게 이론과 실천의 결합을 목적으로 삼고, 실용적·실천적 성격을 강하게 내세운다. 그러나 중국과 소련의 밀월 관계가 끝이 난 후, 소련의 시스템(전업)은 비판의 대상이 되었고, 1960년 대에는 이른바 '대약진'을 결부시키는 반공반학 학교의 실천적 성격이 소련식의 전업마저도 단위기술주의(mono-technism)의 경향 때문에 강력히 배척했다. 그 후 '문화혁명'은 기존의 대학을 모두 폐쇄시켰고, 그 본래적 기능은 4년 동안 정지되었다. 그동안 대학 교수 등의 전문가가 홍위병의 격렬한 비판의 대상이 되었고, 학생들은 '우홍좌전(정치적 자각을 지니면서 전문기술을 익힌다)'을 실천할 것을 요구받았다. 과학기술 관계의 문헌 간행도 중단되었다. 이렇게 중국의 과학은 날이 갈수록 실천적인 성격이 두드러진 기술로 변해 가는 경향을 보였다.

영문초록

Korean Mathematical History

Kim, Yongwoon

Kim, YongKuk

This book describes the characteristic features of Korean traditional mathematics with an emphasis on its interwoven relation with Korean philosophy and social condition. It covers the period from the days of earlier 3 kingdom period(B. C. 57~A. D. 687) down to the end of Yi-dynasty which ended at the beginning of the 20th century.

Korean traditional mathematics could be classified into three categories. The first category is what is called Confucianist mathematics. The Confucianists in Korean Traditional society were educated in Chinese classics and the influence of the sophisticated chinese mystic philosophy clearly characterizes their mathematics. For instance, the study of the theory of magic square was conducted under the Asiatic mystic number theory.

Secondly, professional mathematicians should be mentioned.

According to the authentic records of 3 Kingdom history (Samguk-saki), mathematicians were employed by each dynasty since the second century. In particular, mathematicians formed a guild and more than 1600 mathematicians passed civil examination in the period from 16th to 19th century. They were called 'Chung-In' meaning literally the middle class men and formed a hereditary system. They engaged in the job of accounting, taxation and etc. However, at the end of Yi-dynasty some of them studied pure mathematics and coordinative study was kept conducted with the upper class people. Western mathematics which had been introduced into China by Catholic missionaries was imported to Korea by the mathematicians of this group.

Thirdly, astronomical mathematics was investigated. Asiatic historical philosophy rendered history as a manifestion of calendar and extraordinally astronomical events were faithfully recorded in the authentic history. In particular, the prediction of eclipse as well as calendar making was the most important job for the astronomer. They were requird to have mathematical knowledge for the works.

In the traditional Korean society astronomers formed a group and independenty learmed mathematics.

This book treated mathematical works of these three categories with the chronological consideration.

색인

인명

ㄱ

강보(姜保) 223~4
강항(姜沆) 342
견란(甄鸞) 87
경선징(慶善徵) 363, 373~6
곽수경 219
그림, J.(Grimm, J.) 544
김담(金淡) 245, 265~7
김부식 62, 67
김빈(金鑌) 239
김석문(金錫文) 495, 504
김시진(金始振) 362, 393, 577
김육 341
김진(金鎭) 239~40
김춘추(무열왕) 57

ㄴ

나사림(羅士琳) 315, 402, 451

남병길(南秉吉) 413, 430~8, 440, 446
남병철(南秉哲) 430~1
네이피어(Napier, J.) 445
니덤(Needham, J.) 27, 29, 41, 152

ㄷ

디오판토스 41

ㄹ

라스크, R. C.(Rask, R. C.) 544
라이샤워, E. O.(Reischauer, E. O.) 202
라이프니츠 47
러셀, B.(Russel, B.) 21, 40
로드리게스, J.(Rodriguez, J.) 351
리치, 마테오 373, 401
린턴, 랠프(Linton, R.) 20

ㅁ

매곡성 414
매문정(梅文鼎) 521

ㅂ

박률(朴繘) 387~8, 413

박연(朴堧) 239~40, 256~8, 265

박지원 351

보에티우스(Boethius) 376

부베, J.(Bouvet, J.) 47

비트포겔, W.(Wittfogel, W.) 18~9

ㅅ

사마천 67

샬, 아담(Schall, Adam) 341, 351, 373

서긍(徐兢) 531

서전(書傳) 240

소레즈(蘇林) 351

소송(蘇頌) 240

소옹(昭雍) 264, 328

소현세자 351

손목(孫穆) 540

신무라 이즈루(新村出) 547, 551

심괄 224

ㅇ

아르키메데스 41

양휘(楊輝) 202~3

오경(吳敬) 237

오락(吳洛) 127

오폴처(Oppolzer) 71

왕효통(王孝通) 88

요네다 미요지(米田美代治) 118~21

유수석(劉壽錫) 394~403, 434

유일선(柳一宣) 572~4

유클리드 41, 108

이규경(李圭景) 354

이상혁 432, 435, 438~48

이석(李碩) 351

이수광 341, 351, 353

이순지(李純之) 239, 245, 265

이순풍(李淳風) 88

이야(李冶) 202, 306, 310, 414, 431

이영준(李榮俊) 351

이예(李銳) 438

이이명(李頤明) 351

이장(李藏) 239~40

임준(任濬) 387~8, 393

ㅈ

장영실 239~40, 265, 267

장형(張衡) 240

정대위(程大位) 237

정두원(鄭斗源) 351

정약용 279, 357~60

정인지(鄭麟趾) 225, 232, 239~40, 245

정초(鄭招) 239~40, 245

정흠지(鄭欽之) 245

조군경 149

조충지(祖沖之) 87

존스, W. 544

주돈이(朱敦頤) 264

주세걸 203

진구소(秦九韶) 202, 310, 453

<hr>

ㅊ

최석정(崔錫鼎) 234, 376~87

최성지(崔誠之) 219, 315~6

최한기(崔漢綺) 356, 422~6

추연(鄒衍) 47

<hr>

ㅋ

칸트, 임마누엘(Kant, I.) 6

쾨글러, I.(Kögler, I.) 351, 370

크럼, R. E. Leo(Krum, R. E. Leo) 575

<hr>

ㅌ

탈레스 60

토인비, A. J.(Toynbee, A. J.) 19

<hr>

ㅍ

푸코, M.(Foucault, M.) 448

프톨레마이오스 250

플라톤 7

피보나치 195

피타고라스 45, 573

<hr>

ㅎ

하국주(何國柱) 394~401, 434, 445

하멜, H.(Hamel, H.) 519

한백겸 341

할러슈타인(Hallerstein) 351

허형 219

헤로도토스 108

헨델 45

홍대용(洪大容) 351, 415~22, 426

홍정하(洪正夏) 389~403, 445

황윤석(黃胤錫) 408~15

후지와라 세이카(藤原惺窩) 342

<hr>

책명

ㄱ

경국대전 259~60

계림유사 540, 546~52

계산론 195

고려도경 210, 531

고려사 176, 186, 190, 209

   식화지2 191

   역지 219

   오행지 177

   천문지 176

구고도설 434

구사 91~2, 143

구수략 234, 237, 376~87, 401, 515, 520, 523, 536

구일집 389~403, 434, 464~81

구장 141~3, 200

구장산법비류대전 237, 383

구장산술 39, 88, 91, 96~106, 173, 207~9, 212, 224, 306, 378, 581

구장술해 434

근세산술 565

기하원본 401

ㄷ

담헌서 417

당육전 125, 134

동국산서 403~6

동문산지 401, 436

동산 406~8, 496~9

ㅁ

만기요람 371

몽계필담 224, 516

무이해 438

묵사집 373~6

ㅂ

복서통의 279

본기 61

ㅅ

사가 207~9

사기(사마천) 67

   천관서 121

사원옥감 203

산경 31

산경십서 138, 148, 199~200, 212, 236

산경십이서 88

산법통종 237, 383, 521~2

산술관견 442~5

산술습유 199

산술신서 565~6

산학계몽 203, 212~3, 232~3, 236~7, 289, 301~16, 310, 339, 362, 393, 535

산학계몽주해 393

산학본원 408~13

산학신편 569~70
산학입문 408~13
산학정의 413, 435~7, 499~502, 518
산학통편 570~2, 575
삼개 79, 106, 141~3, 207~9
삼개중차 91~2, 143
삼국사기 23, 60~74, 80, 85, 95~7, 102, 125, 129, 137, 147, 158~9, 546
　악지 132
　지리지 547, 550
삼국유사 125, 129
삼등수 138
상명산법 203, 212~3, 236~7, 284~90, 303, 315, 518
상해구장산법 202
속고적기산법 295~9
손자 143, 200
손자산경 91, 453
송도부기 527
수리정온 420, 424~6, 436, 445
수서 74
　율력지 125, 141~2
수서구장 306, 310, 453
수술기유 87, 138
수시력 237, 315
수시력해설서 223

수시력첩법입성 223~4, 536
습산진벌 422~6, 515
승제통변산보 291~5
시헌력 351
신정산술 567~8
신편산학계몽주해 387~8

─────── ㅇ ───────

아메스(Ahmes)의 파피루스 39
알마게스트 250
양휘산법, 칠권본 202, 212~3, 232, 236~7, 289~91, 303, 339, 384
여씨춘추
　12기 49
역사 108
역산 200
역학도해 495
역학서언 279
예기
　월령 49
오경산술 87
오조 143, 200
오조산경 89, 91, 236, 282~3, 315
오주연문장전산고 354~6
원론 108
위서

천상지 73

유원업보 341

유씨구고술요도해 433~4

육장 79, 91~2, 106, 141~3

이수신편 408, 414

이씨명경당판 284

익고연단 306, 310

익산 439~40

일본서기 83, 90

일용산법 315

일월산법 202

ㅈ

장구건 200

장구건산경 87

전무비류승제첩법 299~301

정삭 160

정선산학 564~5

주비 143, 200

주비산경 91, 111, 148, 151, 153~4, 199, 235, 434

주서

　북사 백제전 82

주학본원 387~8

주학수용 426

주학신편 523

주학입격안 321, 363, 402~3

주해수용 415~22, 481~96

중국도량형사 127

지봉유설 351, 353

집고산경 88

ㅊ

차근방몽구 440~1

천문 200

천문지 61

천보진원발 446

천학초함 401

철술 80, 87, 91, 141~3, 199, 207~9, 212

초등산술교과서 572~3

측량도해 432

측원해경 306, 414, 431

칠정산 내편 234, 245~7

칠정산 외편 245, 248~50

ㅌ

태극도설 264

ㅎ

하멜 표류기 519

하후양산경 87, 200

한서

오행지 69

왕망전 69

율력지 43~46, 124, 251, 259

해경세초해 431

해도 143, 200

해도산경 89, 91

황극경세성창음화도 264

회남자 251

　천문훈 49

후한서

　오행지 61, 69

관용 과학(官用科學), 관영 기술 28, 172

관인제도(官人制度, mandarinate) 25

교식법(交食法) 225

구고법(勾股法) 148

구구법 39

　곱셈 구구 535, 565, 572

　나눗셈 구구 535~6

국자감 233

귀가국어 539

규구경, TLV경 55, 163, 165

그리스 수학 7, 17~9, 41

길드(Guild) 25~6, 33, 35

사항

ㄱ

가결 534~7

각기, 각목(tally) 531~3

각저총(角觝塚) 56

개방법 225

개천설(蓋天說) 149

격자산법 521

결부법 332

결승, 결승법 530~3

경무법 330~2

고구현 413

ㄴ

낙서 50~3

네이퍼 로드, 네이퍼의 뼈 520~1

누각전(漏刻典) 85

누각제도 160~2, 244, 278

ㄷ

다뉴세문경(多鈕細文鏡) 109

대보령(大寶令) 83~4, 91, 125

대연력(大衍曆) 88

대연술(大衍術) 453~60

대통력(大統曆) 239

동화총(東下塚) 57

ㅁ

마방진(魔方陣, Magic square) 41, 51, 384

맘보 533~4

매개변수 43

메소포타미아 17~8, 24

무열왕릉 비의 귀부 57

무용(無用)의 용(用) 32~3

무용총(舞踊塚) 56

물시계 242

ㅂ

방격등할(方格等割), 방격지 등할 112~6

방안구분법(方眼區分法) 111

벽돌덧널무덤 110

부르바키(Bourbaki) 학파 6

부목(符木, tally) 210

비수력 사회의 수학 19

ㅅ

사개송도치부법(四介松都治簿法) 527~9

사대사상(事大思想) 35

사행천(蛇行川) 22

산가지 198, 309, 380, 401, 513~9, 533

산가지 계산, 산가지산, 산가지 셈 312, 425

산가지 놀이 537~8

산기대수학(算器代數學) 31

산대 210

산사제도(算士制度) 35, 272~4

산학박사 273

상고주의(尙古主義) 31

상방(尙方) 56

상소법(相消法) 438

생성론 31

서산 526

서운관 214, 238~41

석굴암 117~23

선명력(宣明曆) 219~20, 245

수력 사회(hydraulic society) 18~19

수력 사회의 수학 19, 107

수물과(數物科) 574

수시력 222~5, 239, 245, 248, 250

습산국 232

식민사관 34

십간·십이지 49~50

ㅇ

아시아적 사회 18

양로령(養老令), 양로율령 91, 139

양산(洋算) 564

에피스테메 448

역어력 539

오덕종시설(五德終始設) 49

(음양)오행설 47~55

오폴처 표 71~3

와산[和算] 19, 32, 508

와산가 32~3

원가력(元嘉曆) 73

원리(圓理) 32

육호분(六號墳) 57

율력지 사상 132~4, 429

율령 정치 79~86

음양론, 음양 사상, 음양 이원론 46~9

이원성

　역동적 이원성 29

　정태적인 사고의 이원 구조 29

　관료조직과 실용수학의 이원적 구조 35

이집트 17~8, 24

일식 기사, 일식 예보 60~74

일자(日者) 81

임진왜란 32

ㅈ

점찬술(點竄術) 32

정태적(情態的, static) 사회, 항상적 (恒常的, homeostatic) 사회 27

조상숭배 56

존재론 31

주산 383, 519~21, 562

주식 숫자(籌式 數字) 517

주판 521~6

죽산 → 포산

지문(地文) 사상 58

지척(指尺) 330

ㅊ

차근법 438

척도

　당척(唐尺) 129

　동위척(東魏尺) 129, 131

　전한척(前漢尺) 131

　한척(漢尺) 129

　후한척(後漢尺) 131~2

천명사상(天命思想) 31

천수답(天水畓) 23

천원술 203, 268, 304~14, 393, 438

천원지방(天圓地方) 55~6, 149

천정천(天井川) 21

첨성대 57, 151~60

칠형도(七衡圖) 153

────────────
ㅍ
────────────

팔괘 55

팔선표(八線表) 445

평양 청암리 건축군 유적지 112, 121

평형 하천(平衡河川, grade river) 22

포산 309, 381~383, 401, 523, 533

풍수설, 풍수지리설 58, 175

프랙탈 448

피타고라스 정리 111, 148~51, 434

피타고라스학파 41

피라미드 157

필산 562

────────────
ㅎ
────────────

하도 50~3

한산(韓算) 19

해시계 55, 162~5, 241

형이상학적 수론 7

혼천의(渾天儀) 157

홍사준 154

화전(貨錢) 109~10

황국사관(皇國史觀) 63

황금분할 113

황종관(黃鐘管), 황종률 44, 127, 254~9

황종척 259~61

황하 문명 20~1

회원술(會圓術) 224

회회력(回回曆) 239, 250

───────── 기타 ─────────

2진기수법 48

4원소론 48

81분법 44

한국 수학사

수학의 창을 통해 본 한국인의 사상과 문화

| 펴낸날 | **초판 1쇄 2009년 1월 14일** |
| | **초판 5쇄 2020년 5월 6일** |

지은이	**김용운 · 김용국**
펴낸이	**심만수**
펴낸곳	**(주)살림출판사**
출판등록	**1989년 11월 1일 제9-210호**

주소	**경기도 파주시 광인사길 30**
전화	**031-955-1350　팩스 031-624-1356**
홈페이지	http://www.sallimbooks.com
이메일	book@sallimbooks.com

ISBN　978-89-522-0939-9　03410